KB090587

개정3판

Foodservice Industry

외식산업현황과
창업실무매뉴얼

신봉규 · 변광인 · 김혜숙 공저

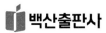
백산출판사

머리말

식당의 성공요인은 맛과 서비스, 위생이다. 베스트 서비스는 단순히 최고급 메뉴만을 제공하는 것이 아닌 고객이 식당에 들어서는 순간부터 식당을 떠날 때까지 전 과정에서 종업원과 고객 사이에 접촉이 이루어지는 수많은 접점(진실의 순간)마다 자발적이고도 진심어린 서비스를 받았다고 느낄 때를 말한다. 즉 단순한 기능적 서비스가 아니라 마음에서 우러나는 인간적인 서비스로서 정신적인 만족감을 말한다.

경영자들은 식당경영에 있어 가장 중요한 것과 성공요인은 맛, 구전효과, 입지, 서비스, 경영주 마인드, 시설(분위기) 순이라고 말한다. 그러나 식당 운영과정에서 가장 투자를 많이 하는 것은 직원교육이나 상품 R&D(연구개발)보다는 시설이나 인테리어로 조사되고 있다. 소프트웨어(맛, 서비스, 신뢰성)보다는 눈에 보이는 외형에 치중하는 경영형태를 단적으로 나타내고 있는 것이다. 식당성공의 가장 중요한 요소인 상품과 서비스의 질적 수준을 높이기 위한 투자보다는 외형에 더 많은 부분을 투자하는 왜곡된 모습이 그대로 드러나고 있는 것이다. 이와 같이 음식점은 개업 또는 개선 후 장사가 반짝(2~3개월간) 잘될 수는 있다. 그러나 장기간 고객들의 입에서 입으로 전해지는 유명업소는 될 수 없다. 배, 비행기, 거북선 등의 테마 레스토랑이나 번화가 인테리어에 의존하는 카페나 커피숍들도 개업 초기에는 장사가 잘되는 것을 보아왔지만 몇 개월이 지나면 고객들로부터 외면당하는 것을 볼 수 있다. 눈에 보이는 것으로 잠깐 고객을 만족시킬 수는 있어도 장기간 만족시킬 수는 없기 때문이다. 마음에서 느끼는 감동만이 단골고객을 유지시키고 성공식당을 만들 수 있다.

저성장기의 식당 경영전략은 기본에 충실한 점포를 만드는 것이다. 맛있는 상품, 정성스런 서비스, 위생적인 환경으로 가치를 창출하는 것이다. 고객은 이 세 가지 요소, 즉 QSC로써 지불한 금액과 비교하여 가치(Value)를 계산해 보고 만족할 때 재방문하는 것이다. 차별화란 곧 고객에게 가심비, 가성비, 이익을 주는 것이다.

2023년
신 봉 규

차 례

01 우리나라 외식산업의 발전과정

제1절 외식산업의 개요

1. 외식산업의 개념

1) 외식(外食)의 정의

외식(外食)을 단순히 한자로 풀어보면, 가정 이외의 장소에서 먹는 식사를 뜻한다. 그런데 가정 이외의 장소에서 해결하는 식사 형태는 외식뿐만 아니라 급식(給食)도 포함되며 이를 영문으로 표기하면 푸드서비스(Food service)라는 단어 하나로 표기된다. 하지만 국내에서는 '외식'과 '급식'이라는 단어가 오래전부터 이분화되어 국내 학자들과 전문가들 사이에서 다르게 정의되어 왔다. 예를 들면, 외식경영학 및 외식업에 종사하는 전문가들 관점에서는 푸드서비스산업을 외식산업으로 정의하고 외식산업 내에서 다시 일반 외식업과 단체급식업으로 분류하고 있다. 반면, 급식경영학자들 관점에서는 푸드서비스(Food service)를 '식사(食)를 제공한다(給)'는 의미로 보고 급식산업 내에 일반 외식업과 단체급식업으로 분류하고 있다.

외식업소나 단체급식소 모두 가정 이외의 장소(外)에서 음식(食)을 만들어 제공하는 공통된 특징을 갖는다는 측면에서 푸드서비스산업을 외식산업으로 해석하는 것이 타당하나 외식을 '식사와 관련된 음식, 음료, 주류 등 가정 이외의 장소에서 만들어져 제공되는 것'이라고 포괄적으로 정의하는 것이 일반적인 견해이다.[1] 또한 미국에서는 Food Service, 영국에서는 Catering industry로 정의해서 가정 밖에서 음식을 제공하는 서비스업이다.

---

[1] 김태희(2003), "외식산업의 현황과 과제"

2) 외식과 내식의 구분

(1) 내식적 내식

전통적인 의미의 내식. 즉, 식재료를 외부에서 구입하여 가정 내에서 완전 또는 부분적인 준비와 조리과정을 거친 음식에 대한 식사행위이다.

(2) 외식적 내식

식사행위가 비록 가정 내에서 이루어지더라도 음식의 생산지가 가정이 아닌 다양한 업태의 음식점 등에서 제공되는 완전히 조리된 음식을 중심으로 이루어지는 식사행위(택배음식, 출장요리, 포장요리 등)이다.

(3) 내식적 외식

집에서 여러 형태의 각종 식재료를 이용하여 준비한 음식을 밖으로 가지고 나가서 식사하는 행위(가족 나들이에 집에서 준비한 식사나 직장에 가지고 가기 위해 집에서 준비한 도시락 등)이다.

(4) 외식적 외식

일반적으로 음식점이라 불리는 식당 안에서 식사하는 행위로 정의할 수 있다.

〈표 1-1〉 식생활 중 내식과 외식의 구분

구분		주요 내용	특성
식생활	내식적 내식	가정 내의 일상적인 식사형태, 가정 내 직접 조리·가공	순수내식
	외식적 내식	완제품이나 반제품을 구입하여 가정에서 식사하는 형태	가정의 연장성 식사형태
	내식적 외식	가정 내의 조리품을 가지고 가정 밖에서 식사하는 형태	
	외식적 외식	가정 밖의 음식점에서 대금지불을 통해 식사하는 형태	순수외식

출처: 김용휘, 중부대학교 호텔외식산업학과

3) 외식산업의 정의

산업(産業)이란 인간이 생계를 유지하기 위해 일상적으로 종사하는 생산적 활동이나 모든 분야의 생산적 활동 전반을 지칭하는 것이기도 하지만, 같은 종류의 제품 또는 서비스를 공급하는 기업, 즉 복수의 '기업들'이 존재하고 있으면서 이들이 서로 경쟁관계에 있는 동일한 분야를 의미한다.[2]

---

2) 사전적 정의

외식산업은 과거에 영세한 개인이 음식점을 주로 운영해 왔기 때문에 식당업, 요식업, 음식업 등으로 불려왔으나, 오늘날 외식산업의 개념은 음식과 서비스라는 같은 종류의 상품을 공급하는 외식기업들이 다수 존재하면서 경영 면에서 체계성을 갖추고 시장에서 서로 경쟁하고 있는 산업을 의미하며 고용창출, 국민 삶의 질 향상, 국가경제 발전에 기여하고 있다는 측면에서 산업으로 인정받기 시작했다.

과거의 식당업, 요식업 개념이 생리적 욕구를 충족시키기 위한 음식 제공이었다면, 현재의 외식산업은 음식이라는 상품뿐만 아니라 서비스, 분위기, 고객 가치(Value)를 동시에 제공하는 산업으로 확대된 개념으로 해석할 수 있으며, 비슷한 욕구를 가진 시장(Market)을 대상으로 고객들의 기대와 니즈를 충족시키기 위해 다양한 메뉴와 콘셉트(Concept)들이 개발되면서 외식산업은 갈수록 세분화, 전문화되어 가고 있는 추세이다. 프랜차이즈 운영 형태 및 체인화에 의한 외식산업의 다점포 전개 방식의 확산은 규모의 경제(Economies of scale) 달성이 어려운 서비스산업의 한계를 뛰어넘어 외식산업을 표준화, 시스템화, 산업화하는 데 많은 기여를 하고 있다.

우리나라가 외식산업이라는 용어를 사용하기 시작한 것이 언제부터인지는 정확하지 않다. 미국의 경우 1950년대 공업화 단계에 진입하면서 Food service industry or dining-out industry로 불리기 시작했고, 일본의 경우 1970년 초에 외식관련 전문지나 매스컴 등에서 이 용어를 사용하고 1978년 일본 정부의 공식문서인 경제백서에 이 용어가 정식으로 포함되었다.[3]

한국은 1979년 10월 롯데리아가 일본 롯데리아의 기술지원을 통해 국내에 도입되면서 소개되었고, 1980년대 초 MBC방송과 각종 언론매체에서 외식산업이라는 용어를 사용하기 시작했다. 1980년대 후반에 맥도날드 등 미국 유명 브랜드가 활발하게 도입되면서, 기존의 요식업, 식당업, 음식업의 명칭이 외식산업이라는 단어로 통일되어 전 사회적으로 자연스럽게 보편화되어 왔다.[4]

한국표준산업분류표에 따르면, 외식산업은 대분류상으로는 도·소매 및 숙박업에 속하고, 다시 중분류상으로는 도·소매 및 숙박업에 속하며, 소분류상으로는 음식업에 속한다. 이러한 외식산업은 식사를 만든다는 측면에서 소매업에 속하기도 하고, 인적 서비스의 의존성을 강조하면 용역업에도 속한다고 볼 수 있다. 따라서 외식산업은 식품제조업, 소매업, 서비스업의 세 가지 산업적 성격을 합한 복합산업으로 정의되기도 한다. 또한, 산업구조 면에서 생계형 영세음식점과 기업형 대형 음식점으로 극단적인 이중적 구조를 갖고 있으며, 식품제조업과 동시에 소매업의 성격을 지닌 서비스산업의 한계영역에 위치하는 매우 독특한 산업형

---

3) 신재영·박기용(1999), 『외식산업개론』, 대왕사, pp. 34-35
4) 김동승(1998), 『외식창업마케팅』, 백산출판사, p. 15

태를 갖고 있다.

　이와 같이 외식업을 산업의 일환으로 포함시켜 다시 분류하기보다는 제조업, 숙박업 혹은 소매업으로부터 분리하여 독립된 하나의 산업체계로 설정되어야 한다는 주장이 설득력을 얻고 있다. 현재 미국의 경우는 외식산업의 부문을 음식서비스업(Food service industry)으로 이미 독립시켰고, 소규모의 음식업소도 외식산업의 범주에 속하느냐의 문제는 소규모 공장, 소규모 소매상을 제조업 혹은 소매업에 포함시킬 것이냐는 문제와 마찬가지로, 외식산업에 포함시켜야 한다는 것이 일반적인 시각으로 받아들여지고 있다.

　다양한 유형 면에서 외식산업을 어느 범위까지 설정해야 할 것인가는 어떤 외식 상업용 시설까지를 대상으로 하여야 할 것인가가 관건이다. 외식 상업시설의 측면에서 외식산업은 가정 밖에서의 식사 혹은 이에 따르는 서비스를 제공하는 상업시설로 정의되고 있다. 외식산업의 개념에 대한 정의를 정리해 보면 〈표 1-2〉와 같다.

〈표 1-2〉 외식산업의 개념

분류	연구자(기관)	개 념
보고서	aT 해외산업 정보조사 (2013)	• 협의적 의미로는 일정한 장소에서 조리 가공된 음식을 상품화하여 금액 지불을 통해 소비자에게 제공되는 가장 밖의 식생활 전체를 총칭하며, 고객에게 음식과 서비스를 제공하는 산업 • 광의적 의미로는 가정 밖에서 이루어지는 상업적인 식생활 전체를 총칭하는 식품제조업이자, 음식과 서비스를 제공하는 산업
기관	표준산업분류표 10차 개정 (통계청, 2017)	구내에서 직접 소비할 수 있도록 접객시설을 갖추고 조리된 음식을 제공하는 식당, 음식점, 간이식당, 카페, 다과점, 주점 및 음료점 등을 운영하는 활동과 독립적인 식당차를 운영하는 산업활동. 또한 여기에는 접객시설을 갖추지 않고 고객이 주문한 특정 음식물을 조리하여 즉시 소비할 수 있는 상태로 주문자에게 직접 배달(제공)하거나 고객이 원하는 장소에 가서 직접 조리하여 음식물을 제공하는 경우도 포함됨
법령	식품위생법 (2017)	식품접객업 : 제36조제2항에 따른 영업의 세부종류와 범위는 다음과 같음 가. 휴게음식점영업: 주로 다류(茶類), 아이스크림류 등을 조리·판매하거나 패스트푸드점, 분식점 형태의 영업 등 음식류를 조리·판매하는 영업 나. 일반음식점영업: 음식류를 조리·판매하는 영업으로서 식사와 함께 부수적으로 음주행위가 허용되는 영업 다. 단란주점영업: 주로 주류를 조리·판매하는 영업으로서 손님이 노래를 부르는 행위가 허용되는 영업

분류	연구자(기관)	개 념
법령	식품위생법 (2017)	라. 유흥주점영업 : 주로 주류를 조리·판매하는 영업으로서 유흥종사자를 두거나 유흥시설을 설치할 수 있고 손님이 노래를 부르거나 춤을 추는 행위가 허용되는 영업 마. 위탁급식영업 : 집단급식소를 설치·운영하는 자와의 계약에 따라 그 집단급식소에서 음식류를 조리하여 제공하는 영업 바. 제과점영업 : 주로 빵, 떡, 과자 등을 제조·판매하는 영업으로서 음주행위가 허용되지 아니하는 영업
	외식산업 진흥법 (2018)	외식이란 가정에서 취사(炊事)를 통하여 음식을 마련하지 아니하고 음식을 사서 이루어지는 식사형태를 말하며, 외식산업이란 외식상품의 기획·개발·생산·유통·소비·수출·수입·가맹사업 및 이에 관련된 서비스를 행하는 산업과 그 밖에 대통령령으로 정하는 산업을 말함

2. 외식산업의 범주

가정 이외의 장소에서 만들어진 식사들은 영리(Commercial)를 목적으로 판매되는 음식과 비영리(Non-commercial)를 목적으로 제공되는 음식으로 구분할 수 있다. 영리를 목적으로 판매되는 외식형태는 이익을 목적으로 음식을 판매하는 경우를 말하며, 일반 레스토랑, 호텔 식음료 매장, 백화점이나 할인점 같은 소매업소의 즉석음식 판매서비스, 위탁급식서비스, 출장연회, 스낵과 음료매장, 바(Bar)와 주점, 자동판매기 등이 모두 포함될 수 있다. 공통적으로 외부에서 조리된 음식이 상품화되어 일정금액을 받고 판매되는 식사를 의미한다고 볼 수 있다. 위탁급식의 경우 전문급식업체가 고객사와 계약을 맺고 고객사의 직원 또는 조직구성원들에게 식사를 제공하되, 영리를 목적으로 운영되기 때문에 무상의 단체급식과는 다르게 분류하는 것이 바람직하다. 또한 백화점이나 할인점 등에서 판매되는 조리된 음식의 경우 포장해서 가지고 가거나 푸드코트에서 식사를 하고 갈 수 있어 고객의 밀 솔루션(Meal solution) 대안의 하나로 볼 때 외식산업의 범주에 포함시킬 수 있다. 최근 들어, 급성장하고 있는 소매업의 가정식사대용식(HMR : Home Meal Replacement), 즉석식품 또는 일본에서 말하는 중식(中食)은 현대인들의 라이프스타일 변화가 가져온 대표적인 식사형태로서 우리나라의 경우 외식시장에서 가장 빠르게 성장하고 있는 시장이다. 일본 통계자료를 보면, 외식시장 규모를 산출할 때에도 기존의 외식률(外食率)과는 달리 HMR시장을 포함한 식(食)의 외부화율(外部化率)을 분석하여 제시하고 있는데, 고객의 입장에서 보면 밖에서 즐기는 외식뿐만 아니라 가정에서 하는 외식도 HMR 또는 밀 솔루션(Meal solution)의 하나로 생각하기 때문에 외식산업 범주에 포함시키고 있다.

우리나라의 경우 아직까지 HMR시장이 성숙되지 않은 상태이며 몇몇 외식업체들이 HMR 브랜드를 론칭했다가 폐점하기는 했으나, 소득수준 증대, 라이프스타일 변화 및 여성 경제활동인구 증가 등으로 향후 전망이 밝은 외식시장 중 하나로 떠오르고 있다. 이러한 전망 때문에 많은 외식업체들과 소매업체(편의점, 백화점, 외식산업의 소비변화와 전망점, 슈퍼, 할인점, 홈쇼핑 등)들이 가장 많은 관심을 가지고 전략적으로 연구·개발하고 있는 상품도 바로 HMR, 즉석식품이라고 할 수 있다.

비영리를 목적으로 제공되는 외식형태는 특정 다수인에게 제공되는 식사인 단체급식 혹은 집단급식을 말한다. 단체의 특성에 따라 학교급식, 사업체급식(일반사무실, 공장, 기숙사, 연구소, 관공서, 연수원 등), 병원급식, 사회복지시설, 군대급식, 교도소급식 등으로 나눠질 수 있고, 기업의 목표달성을 위해 종사원들에게 부수적으로 제공되는 직영방식의 식사 서비스를 말한다. 하지만 기업들이 핵심역량을 강화하고 경영 효율화를 달성하기 위해 직영급식을 점차적으로 위탁급식업체(Food service contractor)에 위탁하여 운영하는 추세이다. 우리나라의 경우 IMF 외환위기를 전후해서 위탁급식시장이 급성장했으며, LG, 삼성, 현대, 한화 등 대부분의 대기업들이 위탁급식사업에 진출함으로써 국내 급식산업의 수준을 한 단계 끌어올리는 데 많은 기여를 하였다. 학교급식과 같이 정부가 직접적으로 관여하지 않는 한 직영급식의 위탁화는 계속될 것이며, 비영리를 목적으로 제공되는 외식시장의 규모는 지속적으로 감소할 것으로 전망된다.

고객 라이프스타일의 변화와 편리성 욕구 증대로 보다 나은 고객가치 제공을 위해 외식업, 위탁급식업, 소매업 등의 사업영역 경계선은 더욱 희미해져 가는 추세이며, 식재정리기술 수준의 발달 및 홈쇼핑, 전자상거래의 발달 등으로 향후 영리를 목적으로 판매되는 외식산업의 범위는 점차 확대되어갈 것으로 기대되고 있다.

3. 외식산업의 특징

외식산업은 경영자, 종업원, 고객 등이 삼위일체가 되어 전문성을 바탕으로 사업경영이 이루어지기 때문에 서비스산업에 대한 업종 및 업태 마인드, 공감대, 동질성, 소속감 고취가 무엇보다 중요하며, 동시에 고객 최우선주의가 중심이 된 Q(quality), S(service), C(cleanliness)를 갖춘 토털서비스를 제공한다(홍기운, 1999 : 123). 이같이 외식산업은 생산과 판매라는 일반적인 상업행위의 과정 속에 서비스업의 특성을 지니고 있어, 타 산업과 구별되는 생산활동과 운영체계를 지니고 있다. 특히 경제, 사회, 문화, 기술적인 변화가 가져온 소비자의 소비패턴 변화가 가속화되면서 외식산업도 환경변화에 적응하기 위해 다양한 형태로 발전되고 있다.

외식산업이 타 산업과 구별되는 차이점은 다음과 같다.

첫째, 외식산업은 서비스산업의 한 부분으로 고객에 대한 서비스의 의존도가 높은 산업이다. 일반적으로 제조업은 기술자본 집약적인 산업임에 반해 외식산업은 고도의 숙련도를 요구하는 인적 의존도가 높은 노동집약적 산업이다. 인적 의존도가 매우 높기 때문에 여타산업에 비해 단품생산적인 요소가 강하고 인건비가 높은 특징을 가지고 있다.

둘째, 외식산업은 생산과 판매, 소비가 동시에 이루어지는 동시성 산업이다. 외식산업은 고객이 상품을 생산·판매하는 곳을 방문하여 소비하는 산업으로 일정장소에서 생산과 소비가 이루어지는 산업이다. 배달서비스는 생산과 소비가 동시에 이루어지지 않지만, 생산된 상품은 일정한 서비스를 통하여 짧은 시간 내에 고객에게 판매된다. 따라서 외식산업은 생산이 완료된 상품은 장기저장이 불가능한 특징을 가지고 있다.

셋째, 외식산업은 여타산업에 비해 시간과 공간의 제약을 크게 받으며 수요예측이 불확실한 산업이다. 인간이 식사하는 시간은 아침, 점심, 저녁시간으로 한정되어 있어 이 한정된 시간에 대부분의 매출이 일어나므로 인력관리 및 공간이용에 큰 문제가 있으며, 또한 각종 행사 및 계절, 일기 등의 변화로 정확한 고객의 수를 예측하기 어려운 산업으로 식자재의 적정 구입량을 결정하기 어렵다.

넷째, 타 상품의 자재는 어느 정도 보존 가능하다. 그러나 외식산업의 식자재는 상품의 보존 및 기간이 까다롭고 짧아서 부패의 위험성이 매우 높은 특성을 지니고 있다. 따라서 높은 비용지출과 부패한 식자재를 사용할 때 위생에 따른 문제점이 야기된다.

다섯째, 외식산업은 타 산업에 비해 다품종 소량생산의 특성을 지니고 있다. 한두 가지의 음식만 전문적으로 취급하는 점포도 있지만, 대부분은 여러 종류의 음식을 주문에 의하여 생산하여 판매한다.

여섯째, 외식산업의 원자재 가격이 타 산업의 원자재 가격보다 낮은 편으로 통상 식자재비는 매출액의 30~35% 정도가 평균으로 유지되고 있다. 따라서 상품구매가 현금으로 이루어질 경우 운영자금의 회전속도가 여타산업에 비해 매우 빠른 편이다.

일곱째, 외식산업은 여타산업에 비하여 적은 자본과 특별한 기술적 노하우 없이 누구나 쉽게 참여할 수 있는 산업이다. 그래서 과포화 상태이다. 우리나라 음식점 및 주점업소 수는 2017년 기준으로 67만여 개이지만 20만 개 정도가 적당하다.

여덟째, 외식산업은 높은 인적 자원에 대한 의존도로 인하여 높은 이직률을 보이는 산업이다. 외식산업이 3D업종으로 불리면서 근무하기 힘든 업종의 하나로 인식되어 타 산업에 비해 종사자들의 높은 이직률을 보이는 특성을 지니고 있다.

아홉째, 표준화(Standardization), 단순화(Simplification), 전문화(Specialization)를 통한 시스템 산업, 전문성 및 운영기법의 노하우를 이용한 프랜차이즈 산업 등의 특성을 가지고 있다.

마지막으로 입지여건에 따라 영업실적의 차이가 나는 입지의존성이 매우 높은 산업이다.

4. 외식산업현황5)

1) 외식산업현황

국내 전 산업에서 외식산업이 과연 어느 정도의 비중을 차지하는지 매출액과 사업체 수 및 종사자 수로 살펴본 결과, 해당 시기의 물가를 반영한 명목 국내총생산(GDP)에서 외식산업이 차지하는 비율은 전체 중 약 7.2%로 단일산업으로는 높은 비중을 점하고 있다. 하지만 사업체 수 기준으로 전국 사업체 수 약 395만 개 중 외식사업체는 약 68만 개로서, 전체의 약 17.0%를 차지한다.

〈표 1-3〉 국내총생산에서 외식산업이 차지하는 비중

	국가 전체 GDP 대비 외식산업 매출액	
	국내총생산(명목, 원화 표시/단위 : 10억 원)	음식점 및 주점업(단위 : 100만 원)
매출액(GDP)	1,641,786,000(100%)	118,829,157(7.2%)
	국가 전체 사업체 수 대비 외식산업 사업체 수	
	전국 사업체 수(개)	음식점 및 주점업(개)
사업체 수	3,950,192(100%)	675,199(17.0%)
	국가 전체 종사자 수 대비 외식산업 종사자 수	
	전국 종사자 수(명)	음식점 및 주점업(명)
종사자 수	21,259,243(100%)	1,988,527(9.0%)

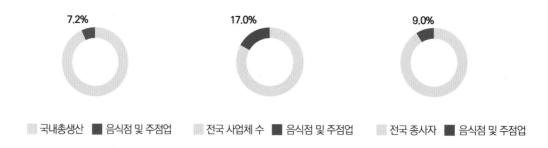

출처: 국민계정(한국은행); 전국사업체조사(통계청); 직종별 사업체노동력조사(고용노동부); 도소매업·서비스업조사(통계청)

---

5) 한국외식사업연구원(한국외식산업통계연감, 2018); 한국외식신문(2019), http://www.kfoodtimes.com/news/articleView.html?idxno=6277

2) 산업분류별 외식산업 현황

2020년 음식점 및 주점업의 매출은 약 139조 899억 원으로 2019년 매출인 약 144조 391억 원 대비 약 3.1% 정도 감소하였으며, 이는 코로나19로 인한 결과로 나타났다.

2020년 기준 외식산업 매출액 및 종사자 수는 감소하였으나, 사업체 수는 증가하여 음식점 운영 시 관련 업계 종사자는 많은 어려움이 있었을 것으로 추정된다.

〈표 1-4〉 2020년 국내 외식산업 현황

산업분류별	사업체 수(개)	종사자 수(명)	매출액(백만 원)	영업비용(백만 원)
음식점 및 주점업	804,173	1,919,667	139,889,581	131,910,006
음식점업	574,938	1,491,559	117,101,035	110,182,315
한식 음식점업	344,599	830,831	62,423,127	58,239,345
한식 일반 음식점업	213,916	485,819	35,114,539	32,732,684
한식 면요리 전문점	23,908	57,860	3,578,572	3,254,910
한식 육류요리 전문점	75,622	208,403	16,943,256	15,932,695
한식 해산물요리 전문점	31,153	78,749	6,786,760	6,319,056
외국식 음식점업	66,624	215,883	16,183,412	15,517,094
중식 음식점업	27,974	87,968	6,643,270	6,165,695
일식 음식점업	16,524	51,631	4,264,647	4,106,064
서양식 음식점업	16,472	60,557	4,305,013	4,302,490
기타 외국식 음식점업	5,654	15,727	970,482	942,845
기관 구내식당업	12,887	67,566	9,674,173	9,424,133
출장 및 이동 음식점업	1,024	2,881	147,057	153,507
출장 음식 서비스업	759	2,566	138,804	146,803
이동 음식점업	265	315	8,253	6,704
기타 간이 음식점업	149,804	374,398	28,673,266	26,848,236
제과점업	24,777	76,246	6,024,022	5,751,931
피자 햄버거 샌드위치 및 유사 음식점업	23,581	94,240	7,167,795	6,832,852
치킨 전문점	42,743	84,822	7,460,346	6,836,690
김밥 및 기타 간이 음식점업	48,822	99,491	6,112,898	5,608,109
간이음식 포장 판매 전문점	9,881	19,599	1,908,205	1,818,654

산업분류별	사업체 수(개)	종사자 수(명)	매출액(백만 원)	영업비용(백만 원)
주점 및 비알코올 음료점업	229,235	428,108	22,788,546	21,727,691
주점업	120,769	186,328	10,396,379	9,822,226
일반 유흥주점업	30,310	43,616	2,212,285	2,126,208
무도 유흥주점업	1,273	2,779	143,471	181,244
생맥주 전문점	10,585	18,388	1,065,032	1,005,206
기타 주점업	78,601	121,545	6,975,591	6,509,568
비알코올 음료점업	108,466	241,780	12,392,167	11,905,465
커피 전문점	89,892	208,936	11,129,202	10,708,025
기타 비알코올 음료점업	18,574	32,844	1,262,965	1,197,440

출처: 2022 통계청, FIS식품산업통계

〈표 1-5〉 음식점 및 숙박업 총괄(제10차 산업분류 개정 기준)

시도별	전국	서울특별시	부산광역시	대구광역시	인천광역시	광주광역시
사업체 수(개)	865,333	145,757	57,553	38,760	41,888	22,795
종사자 수(명)	2,093,205	432,643	141,053	88,027	101,750	54,897
남(명)	810,030	186,910	53,473	34,235	38,670	21,071
여(명)	1,283,175	245,733	87,580	53,792	63,080	33,826
매출액 (백만 원)	151,057,576	36,260,838	9,184,742	5,491,820	7,613,092	3,785,768
영업비용 (백만 원)	143,143,752	35,805,507	8,793,145	5,036,568	7,202,811	3,585,102
인건비 (백만 원)	26,839,067	7,565,550	1,667,004	896,024	1,305,221	603,143
급여총액 (백만 원)	23,861,396	6,636,950	1,489,318	810,682	1,161,478	546,660
임차료 (백만 원)	11,288,561	3,680,898	727,603	412,213	580,311	226,922
기타경비 (백만 원)	105,016,124	24,559,059	6,398,538	3,728,331	5,317,279	2,755,037
영업이익 (백만 원)	7,913,824	455,331	391,597	455,252	410,281	200,666

시도별	대전광역시	울산광역시	세종특별자치시	경기도	강원도	충청북도
사업체 수(개)	23,831	21,110	4,442	180,827	42,471	31,621
종사자 수(명)	58,359	45,764	11,346	459,082	95,300	66,517
남(명)	22,658	14,745	4,508	177,278	37,039	24,626
여(명)	35,701	31,019	6,838	281,804	58,261	41,891
매출액(백만 원)	3,899,598	3,180,223	812,264	36,403,106	5,970,438	4,599,686
영업비용(백만 원)	3,644,132	2,944,143	763,703	34,398,363	5,508,156	4,279,351
인건비(백만 원)	698,910	502,692	143,322	6,489,564	1,043,514	735,707
급여총액(백만 원)	627,833	449,181	129,032	5,779,522	915,663	651,929
임차료(백만 원)	265,870	192,092	60,506	2,844,938	298,533	253,562
기타경비(백만 원)	2,679,352	2,249,359	559,875	25,063,861	4,166,109	3,290,082
영업이익(백만 원)	255,466	236,080	48,561	2,004,743	462,282	320,335

시도별	충청남도	전라북도	전라남도	경상북도	경상남도	제주특별자치도
사업체 수(개)	41,225	31,169	36,085	54,929	68,183	22,687
종사자 수(명)	89,482	69,217	76,107	109,050	139,158	55,453
남(명)	32,668	26,123	26,123	38,524	48,542	22,837
여(명)	56,814	43,094	49,984	70,526	90,616	32,616
매출액(백만 원)	6,117,240	4,309,308	4,669,694	6,794,274	8,348,941	3,616,544
영업비용(백만 원)	5,656,283	4,007,691	4,234,028	6,233,638	7,656,259	3,394,872
인건비(백만 원)	981,902	664,329	671,731	942,333	1,176,877	751,244
급여총액(백만 원)	881,209	603,965	608,442	844,008	1,060,068	665,456
임차료(백만 원)	343,118	213,943	191,270	325,689	476,682	194,411
기타경비(백만 원)	4,331,263	3,129,419	3,371,027	4,965,616	6,002,700	2,449,217
영업이익(백만 원)	460,957	301,617	435,666	560,636	692,682	221,672

출처: 통계청, 『서비스업총조사』, 2020

3) 최근 5년간 외식산업 현황

최근 5년간(2016~2020년) 음식점 및 주점업의 매출 추이를 보면 매출액의 경우 2016년도에는 약 118조 8853억 원, 2017년에는 약 128조 299억 원, 2018년에는 138조 183억 원, 2019년에는 약 144조 391억 원으로 꾸준하게 증가하였으나, 2020년에는 코로나의 영향으로 매출이 감소하였으며(약 139조 889억 원), 종사자 수 또한 2,191,917명에서 1,919,667명으로 272,250명 감소하였다.

〈표 1-6〉 최근 5년간 외식산업 현황(사업체, 종사자, 매출액)

산업별	항목	2016	2017	2018	2019	2020
음식점 및 주점업	사업체 수(개)	675,056	691,751	709,014	727,377	804,173
	종사자 수(명)	1,988,472	2,036,682	2,138,772	2,191,917	1,919,667
	매출액(백만 원)	118,853,262	128,299,793	138,183,129	144,391,991	139,889,581
음식점업	사업체 수(개)	485,038	496,915	506,407	518,794	574,938
	종사자 수(명)	1,539,505	1,575,626	1,647,466	1,674,179	1,491,559
	매출액(백만 원)	99,311,876	107,483,063	114,868,886	120,065,179	117,101,035
주점 및 비알코올 음료점업	사업체 수(개)	99,311,876	107,483,063	114,868,886	120,065,179	117,101,035
	종사자 수(명)	448,967	461,056	491,306	517,738	428,108
	매출액(백만 원)	19,541,386	20,816,730	23,314,243	24,326,812	22,788,546

출처: FIS식품산업통계정보

업종별 사업체 수(개), 최근 5년 통계 　음식점업　주점업　음식점 및 주점업

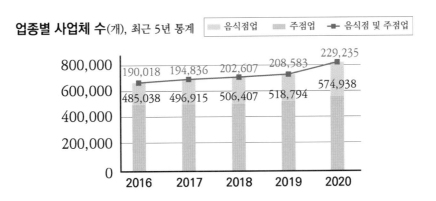

업종별 종사자 수(명), 최근 5년 통계 　음식점업　주점업　음식점 및 주점업

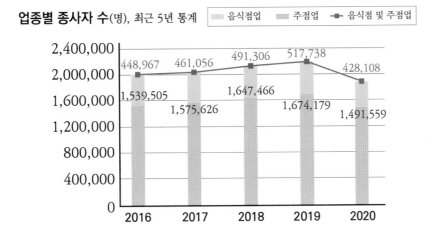

업종별 매출액(백만 원), 최근 5년 통계 　음식점업　주점업　음식점 및 주점업

[그림 1-1] 최근 5년간 업종별 사업체, 종사자, 매출액

4) 최근 5년간 외식산업 매출액 추이

2016~2020년 최근 5년간 음식점 및 주점업의 매출액 추이를 보면 2016년에는 약 118조 853억 원 2019년에는 약 144조 391억 원으로 꾸준히 증가하였으나, 2020년에는 약 139조 889억 원으로 매출이 감소하였다. 이는 코로나19로 인한 영향으로 추정된다.

주요 업종별 매출액 추이를 보면 한식 육류요리 전문점, 중국 음식점업, 기타 간이음식점업, 피자 햄버거, 샌드위치 및 유사 음식점업, 치킨전문점, 김밥 및 간이음식점업의 매출은 증가추세를 보여, 코로나19로 집에서 먹기 힘든 음식(중식, 육류구이전문점), 간편 및 배달음식(치킨, 피자, 샌드위치 등)을 선호한 것으로 나타났다.

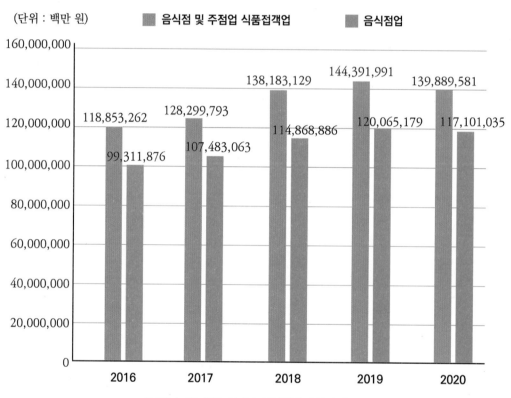

[그림 1-2] 최근 5년간 외식산업 매출액 추이

〈표 1-7〉 외식산업 매출액 추이

(단위 : 백만 원)

산업별	2016 매출액	2017 매출액	2018 매출액	2019 매출액	2020 매출액
음식점 및 주점업	118,853,262	128,299,793	138,183,129	144,391,991	139,889,581
음식점업	99,311,876	107,483,063	114,868,886	120,065,179	117,101,035
한식 음식점업	56,109,615	60,146,341	63,132,792	65,947,501	62,423,127
한식 일반 음식점업	31,968,094	34,152,478	34,572,560	35,790,474	35,114,539
한식 면 요리 전문점	2,934,406	3,134,635	3,535,730	3,703,156	3,578,572
한식 육류 요리 전문점	15,333,801	16,155,222	18,134,259	19,471,146	16,943,256
한식 해산물 요리 전문점	5,873,314	6,704,006	6,890,243	6,982,725	6,786,760
외국식 음식점업	13,275,398	14,978,987	16,148,805	16,549,125	16,183,412
중식 음식점업	4,509,029	5,272,970	5,802,680	6,282,830	6,643,270
일식 음식점업	3,469,456	3,968,345	4,451,432	4,432,859	4,264,647
서양식 음식점업	4,590,310	4,753,961	4,783,493	4,710,015	4,305,013
기타 외국식 음식점업	706,603	983,711	1,111,200	1,123,421	970,482
기관 구내식당업	8,897,189	9,509,326	10,113,324	10,521,197	9,674,173
출장 및 이동 음식점업	162,964	176,455	159,807	186,361	147,057
출장 음식 서비스업	162,964	176,455	159,807	186,361	138,804
기타 간이 음식점업	20,866,710	22,671,954	25,314,158	26,860,995	28,673,266
제과점업	5,404,490	5,381,570	5,936,409	5,977,512	6,024,022
피자 햄버거 샌드위치 및 유사 음식점업	5,281,846	5,684,654	6,168,086	6,758,639	7,167,795
치킨 전문점	4,261,766	4,994,363	5,365,202	6,200,994	7,460,346
김밥 및 기타 간이 음식점업	4,214,176	4,644,593	5,191,216	5,695,228	6,112,898
간이 음식 포장 판매 전문점	1,704,432	1,966,774	2,653,245	2,228,622	1,908,205
주점 및 비알코올 음료점업	19,541,386	20,816,730	23,314,243	24,326,812	22,788,546
주점업	11,394,443	11,896,969	12,437,010	11,875,208	10,396,379
일반 유흥 주점업	3,125,000	3,340,703	2,997,373	2,896,332	2,212,285
무도 유흥 주점업	354,181	375,669	411,697	375,833	143,471
생맥주 전문점	791,567	823,635	919,172	1,050,923	1,065,032

산업별	2016 매출액	2017 매출액	2018 매출액	2019 매출액	2020 매출액
기타 주점업	7,123,695	7,356,962	8,108,768	7,552,120	6,975,591
비알코올 음료점업	8,146,943	8,919,761	10,877,233	12,451,604	12,392,167
커피 전문점	7,131,077	7,850,364	9,687,014	11,067,973	11,129,202
기타 비알코올 음료점업	1,015,866	1,069,397	1,190,219	1,383,631	1,262,965
이동음식점업					8,253

한식 음식점업의 경우 2016년 약 56조 109억 원에서 2019년 약 65조 947억 원으로 꾸준하게 증가하였으나, 2020년 코로나19의 영향으로 약 62조 423억 원으로 전년도 대비 약 5.2% 감소하였다.

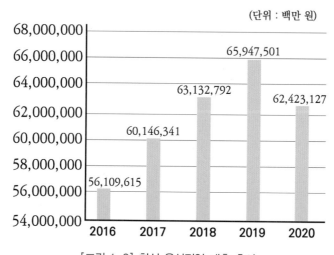

[그림 1-3] 한식 음식점업 매출 추이

외국식 음식점업의 경우 역시 꾸준히 증가하다가 2020년 코로나19로 매출액은 감소하였다. 그러나 중식 음식점의 경우 2019년 약 6조 2천억 원에서 2020년 약 6조 6천억 원으로 매출액이 증가하였다.

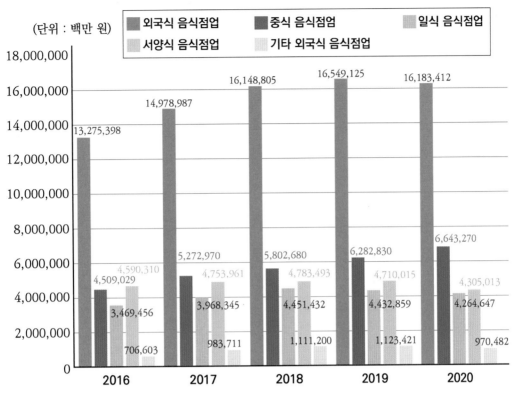

[그림 1-4] 외국식 음식점업 매출추이

5) 업종별 사업체 추이

2016년~2020년 음식점 및 주점업의 사업체 수는 2016년 675,056개, 2020년 804,173개로 약 16% 정도 증가하였다. 업종별로 보면 모든 업종에서 사업제 수가 증가하였으며, 2020년도에는 이동음식점업을 업종에 추가하여 사업체 수를 산정하였으며, 2020년 이동음식점의 사업체 수는 265개로 조사되었다.

〈표 1-8〉 외식산업 업종별 사업체 추이

(단위 : 개)

산업별	2016 사업체 수	2017 사업체 수	2018 사업체 수	2019 사업체 수	2020 사업체 수
음식점 및 주점업	675,056	691,751	709,014	727,377	804,173
음식점업	485,038	496,915	506,407	518,794	574,938
한식 음식점업	308,310	310,692	313,562	317,225	344,599
한식 일반 음식점업	191,952	192,124	188,565	190,476	213,916

산업별	2016 사업체 수	2017 사업체 수	2018 사업체 수	2019 사업체 수	2020 사업체 수
한식 면 요리 전문점	21,117	21,455	22,028	22,669	23,908
한식 육류 요리 전문점	66,408	67,733	72,878	74,536	75,622
한식 해산물 요리 전문점	28,833	29,380	30,091	29,544	31,153
외국식 음식점업	48,323	52,238	55,136	58,386	66,624
중식 음식점업	23,404	24,839	24,546	25,615	27,974
일식 음식점업	10,549	11,714	13,436	13,982	16,524
서양식 음식점업	11,489	11,831	12,607	13,540	16,472
기타 외국식 음식점업	2,881	3,854	4,547	5,249	5,654
기관 구내식당업	11,237	11,178	11,325	11,203	12,887
출장 및 이동 음식점업	584	598	563	621	1,024
출장 음식 서비스업	584	598	563	621	759
기타 간이 음식점업	116,584	122,209	125,821	131,359	149,804
제과점업	16,883	17,075	19,390	21,470	24,777
피자 햄버거 샌드위치 및 유사 음식점업	16,741	17,785	19,017	20,290	23,581
치킨 전문점	35,107	38,099	36,791	37,508	42,743
김밥 및 기타 간이 음식점업	41,726	41,933	43,212	44,495	48,822
간이 음식 포장 판매 전문점	6,127	7,317	7,411	7,596	9,881
주점 및 비알코올 음료점업	190,018	194,836	202,607	208,583	229,235
주점업	122,599	121,018	119,162	114,970	120,769
일반 유흥 주점업	30,582	32,319	29,905	29,448	30,310
무도 유흥 주점업	1,659	1,814	1,934	1,944	1,273
생맥주 전문점	6,741	7,194	7,562	8,035	10,585
기타 주점업	83,617	79,691	79,761	75,543	78,601
비알코올 음료점업	67,419	73,818	83,445	93,613	108,466
커피 전문점	51,551	56,928	66,231	76,145	89,892
기타 비알코올 음료점업	15,868	16,890	17,214	17,468	18,574
이동음식점업					265

출처: 2022 FIS 식품산업통계정보, 통계청

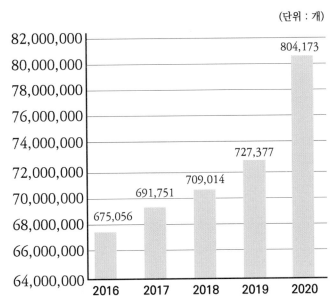

(단위 : 개)

[그림 1-5] 최근 5년간 외식산업 사업체 수 추이

6) 업종별 종사자 수 추이

최근 5년간 음식점업 및 주점업의 종사자 수는 2016년 1,988,472명, 2017년 2,138,682명, 2018년 2,138,772명, 2019년 2,191,917명으로 꾸준히 증가하였으나, 2020년에는 1,919,667명으로 전년도 대비 272,250명 감소하였다.

이는 코로나19로 인한 매출감소, 비대면 서비스 활성화에 의한 결과로 보인다.

〈표 1-9〉 외식산업 업종별 종사자 추이

(단위 : 명)

산업별	2016 종사자 수	2017 종사자 수	2018 종사자 수	2019 종사자 수	2020 종사자 수
음식점 및 주점업	1,988,472	2,036,682	2,138,772	2,191,917	1,919,667
음식점업	1,539,505	1,575,626	1,647,466	1,674,179	1,491,559
한식 음식점업	892,441	911,595	944,568	956,829	830,831
한식 일반 음식점업	531,381	541,886	539,764	545,848	485,819
한식 면 요리 전문점	56,259	57,654	61,497	65,947	57,860
한식 육류 요리 전문점	220,813	224,798	251,831	254,553	208,403
한식 해산물 요리 전문점	83,988	87,257	91,476	90,481	78,749

산업별	2016 종사자 수	2017 종사자 수	2018 종사자 수	2019 종사자 수	2020 종사자 수
외국식 음식점업	219,510	229,161	240,316	238,904	215,883
중식 음식점업	85,804	92,087	92,334	95,963	87,968
일식 음식점업	47,283	50,235	58,697	56,548	51,631
서양식 음식점업	73,616	70,248	70,712	67,130	60,557
기타 외국식 음식점업	12,807	16,591	18,573	19,263	15,727
기관 구내식당업	66,674	68,751	72,258	68,233	67,566
출장 및 이동 음식점업	2,702	2,654	2,441	2,811	2,881
출장 음식 서비스업	2,702	2,654	2,441	2,811	2,566
기타 간이 음식점업	358,178	363,465	387,883	407,402	374,398
제과점업	68,347	66,790	75,988	79,871	76,246
피자 햄버거 샌드위치 및 유사 음식점업	95,871	90,265	96,332	100,808	94,240
치킨 전문점	79,355	88,378	88,330	93,199	84,822
김밥 및 기타 간이 음식점업	98,732	99,682	107,975	113,232	99,491
간이 음식 포장 판매 전문점	15,873	18,350	19,258	20,292	19,599
주점 및 비알코올 음료점업	448,967	461,056	491,306	517,738	428,108
주점업	264,331	263,266	258,587	254,996	186,328
일반 유흥 주점업	81,941	81,686	72,374	71,196	43,616
무도 유흥 주점업	8,116	7,598	7,740	7,147	2,779
생맥주 전문점	15,643	16,922	18,062	20,284	18,388
기타 주점업	158,631	157,060	160,411	156,369	121,545
비알코올 음료점업	184,636	197,790	232,719	262,742	241,780
커피 전문점	152,523	164,512	197,088	224,328	208,936
기타 비알코올 음료점업	32,113	33,278	35,631	38,414	32,844
이동음식점업					315

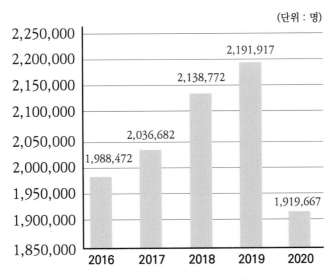

[그림 1-6] 최근 5년간 외식산업 종사자 수

7) 업종별 영업비용

업종별 영업비용의 경우 전반적으로 2016년부터 2020년까지 꾸준히 증가하였다.

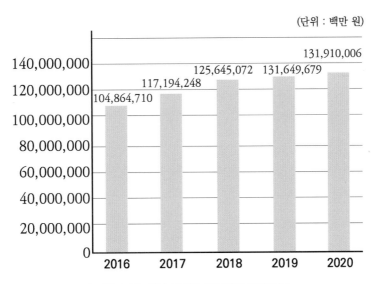

[그림 1-7] 최근 5년간 외식산업 영업비용

〈표 1-10〉 외식산업 업종별 영업비용

(단위 : 백만 원)

산업별	2016 영업비용	2017 영업비용	2018 영업비용	2019 영업비용	2020 영업비용
음식점 및 주점업	104,864,710	117,194,248	125,645,072	131,649,679	131,910,006
음식점업	88,136,162	98,708,343	104,863,973	110,166,852	110,182,315
한식 음식점업	48,692,259	54,490,178	56,598,390	59,806,505	58,239,345
한식 일반 음식점업	27,844,056	31,088,997	31,215,977	32,082,286	32,732,684
한식 면 요리 전문점	2,499,690	2,760,725	3,083,855	3,319,487	3,254,910
한식 육류 요리 전문점	13,460,800	14,717,769	16,181,855	18,018,874	15,932,695
한식 해산물 요리 전문점	4,887,713	5,922,687	6,116,703	6,385,858	6,319,056
외국식 음식점업	11,971,298	13,820,626	14,935,459	15,510,958	15,517,094
중식 음식점업	3,776,785	4,634,729	5,167,838	5,755,075	6,165,695
일식 음식점업	3,151,664	3,704,933	4,157,958	4,222,284	4,106,064
서양식 음식점업	4,399,862	4,570,974	4,573,934	4,490,838	4,302,490
기타 외국식 음식점업	642,986	909,990	1,035,729	1,042,761	942,845
기관 구내식당업	8,569,888	9,170,715	9,766,091	10,041,166	9,424,133
출장 및 이동 음식점업	147,733	166,213	149,101	174,719	153,507
출장 음식 서비스업	147,733	166,213	149,101	174,719	146,803
기타 간이 음식점업	18,754,983	21,060,611	23,414,932	24,633,504	26,848,236
제과점업	4,963,545	5,108,191	5,540,628	5,181,753	5,751,931
피자 햄버거 샌드위치 및 유사 음식점업	4,941,509	5,397,803	5,968,557	6,552,311	6,832,852
치킨 전문점	3,562,118	4,475,764	4,799,448	5,658,216	6,836,690
김밥 및 기타 간이 음식점업	3,681,657	4,221,289	4,625,566	5,191,970	5,608,109
간이 음식 포장 판매 전문점	1,606,154	1,857,563	2,480,732	2,049,253	1,818,654
주점 및 비알코올 음료점업	16,728,548	18,485,905	20,781,099	21,482,827	21,727,691
주점업	9,377,336	10,294,936	10,939,722	10,415,762	9,822,226
일반 유흥 주점업	2,524,653	2,805,937	2,606,953	2,531,602	2,126,208
무도 유흥 주점업	324,208	334,530	374,141	343,940	181,244
생맥주 전문점	689,538	742,502	837,497	936,040	1,005,206
기타 주점업	5,838,937	6,411,967	7,121,131	6,604,179	6,509,568

산업별	2016 영업비용	2017 영업비용	2018 영업비용	2019 영업비용	2020 영업비용
비알코올 음료점업	7,351,213	8,190,969	9,841,378	11,067,065	11,905,465
커피 전문점	6,520,660	7,251,032	8,786,238	9,873,538	10,708,025
기타 비알코올 음료점업	830,553	939,937	1,055,140	1,193,527	1,197,440
이동음식점업					6,704

8) 시 · 도별 외식산업 현황

2021년도 시 · 도별 외식산업 현황을 살펴보면, 매출액 기준으로 1위가 경기도로 약 34조 9천억 원, 2위가 서울특별시로 약 33조 9천억 원, 3위가 부산광역시로 약 8조 4천억 원으로 나타났다. 특히, 3위인 부산의 경우 1위인 경기도, 2위인 서울과 시장규모의 차이가 커, 국내 외식산업 시장규모는 서울 및 수도권에 집중되어 있음을 알 수 있다.

종사자를 기준으로 보면 1위는 경기도로 436,127명, 2위는 서울특별시로 399,613명, 3위는 부산으로 130,216명으로 나타났다.

사업체 수를 기준으로 보면 1위는 경기도(171,667개), 2위는 서울(138,826개), 3위는 부산(130,216개)으로 나타났다.

⟨표 1-11⟩ 전국 및 시도별 외식산업현황(사업체, 종사자, 매출액)

시도별	사업체 수(개)	종사자 수(명)	매출액(백만 원)
전국	804,173	1,919,667	139,889,581
서울특별시	138,826	399,613	33,060,297
부산광역시	55,245	130,216	8,432,047
대구광역시	37,874	84,778	5,304,132
인천광역시	39,286	94,694	7,192,254
광주광역시	21,995	52,580	3,637,395
대전광역시	23,045	55,980	3,741,256
울산광역시	20,093	43,177	3,013,597
세종특별자치시	4,346	11,128	788,087
경기도	171,667	436,127	34,963,166
강원도	34,776	74,337	4,697,763
충청북도	29,453	61,575	4,367,821

시도별	사업체 수(개)	종사자 수(명)	매출액(백만 원)
충청남도	37,021	80,769	5,743,721
전라북도	28,592	63,138	4,053,420
전라남도	32,153	66,700	4,168,794
경상북도	50,114	97,478	6,215,833
경상남도	62,134	126,029	7,799,424
제주특별자치도	17,553	41,348	2,710,574

출처: 2022 FIS 식품산업통계정보

9) 외식산업 디지털 플랫폼 거래 현황

코로나19 이후 비대면 거래가 증가하면서 디지털 거래 플랫폼 이용현황에 대한 통계조사가 추가되었다. 2020년도 기준 전체 사업체 수 804,173개 중 약 17.6%인 141,456개가 디지털 플랫폼 거래를 이용한 경험이 있다고 응답하였다.

〈표 1-12〉 외식산업별 디지털 플랫폼 거래 현황

(단위 : 개)

외식산업별 분류	사업체 수	디지털 플랫폼 거래 있음	디지털 플랫폼 거래 없음
음식점 및 주점업	804,173	141,546	662,627
음식점업	574,938	118,409	456,529
한식 음식점업	344,599	46,688	297,911
한식 일반 음식점업	213,916	31,095	182,821
한식 면 요리 전문점	23,908	2,788	21,120
한식 육류 요리 전문점	75,622	8,651	66,971
한식 해산물 요리 전문점	31,153	4,154	26,999
외국식 음식점업	66,624	18,123	48,501
중식 음식점업	27,974	6,763	21,211
일식 음식점업	16,524	4,940	11,584
서양식 음식점업	16,472	4,697	11,775
기타 외국식 음식점업	5,654	1,723	3,931
기관 구내식당업	12,887	10	12,877

외식산업별 분류	사업체 수	디지털 플랫폼 거래 있음	디지털 플랫폼 거래 없음
기관 구내식당업	12,887	10	12,877
출장 및 이동 음식점업	1,024	100	924
출장 음식 서비스업	759	88	671
이동 음식점업	265	12	253
기타 간이 음식점업	149,804	53,488	96,316
제과점업	24,777	4,474	20,303
피자, 햄버거, 샌드위치 및 유사 음식점업	23,581	12,751	10,830
치킨 전문점	42,743	22,091	20,652
김밥 및 기타 간이 음식점업	48,822	11,760	37,062
간이 음식 포장 판매 전문점	9,881	2,412	7,469
주점 및 비알코올 음료점업	229,235	23,137	206,098
주점업	120,769	8,019	112,750
일반 유흥 주점업	30,310	194	30,116
무도 유흥 주점업	1,273	1	1,272
생맥주 전문점	10,585	859	9,726
기타 주점업	78,601	6,965	71,636
비알코올 음료점업	108,466	15,118	93,348
커피 전문점	89,892	13,634	76,258
기타 비알코올 음료점업	18,574	1,484	17,090

출처: 2022 통계청, 산업별 디지털 플랫폼 거래 현황

10) 외식산업 무인결제기 도입여부 현황

2020년 기준 업종별 무인결제기 도입 현황을 보면 전체 사업체의 약 2.1%인 17,272개소가 무인결제기를 도입하고 있다고 응답하였다. 이는 2018년 이후 최저시급 인상과 엄격한 노동법 적용으로 인한 인건비 부담 가중으로 무인결제기 도입이 늘어난 것으로 추정된다.

〈표 1-13〉 외식산업별 무인결제기 도입여부 현황

(단위 : 개)

외식산업별 분류	사업체 수	무인결제기 도입	무인결제기 미도입
음식점 및 주점업	804,173	17,272	786,901
음식점업	574,938	12,081	562,857
한식 음식점업	344,599	3,629	340,970
한식 일반 음식점업	213,916	2,473	211,443
한식 면 요리 전문점	23,908	428	23,480
한식 육류 요리 전문점	75,622	535	75,087
한식 해산물 요리 전문점	31,153	193	30,960
외국식 음식점업	66,624	1,989	64,635
중식 음식점업	27,974	336	27,638
일식 음식점업	16,524	679	15,845
서양식 음식점업	16,472	546	15,926
기타 외국식 음식점업	5,654	428	5,226
기관 구내식당업	12,887	803	12,084
기관 구내식당업	12,887	803	12,084
출장 및 이동 음식점업	1,024	0	1,024
출장 음식 서비스업	759	0	759
이동 음식점업	265	0	265
기타 간이 음식점업	149,804	5,660	144,144
제과점업	24,777	290	24,487
피자, 햄버거, 샌드위치 및 유사 음식점업	23,581	2,798	20,783
치킨 전문점	42,743	485	42,258
김밥 및 기타 간이 음식점업	48,822	1,854	46,968
간이 음식 포장 판매 전문점	9,881	233	9,648
주점 및 비알코올 음료점업	229,235	5,191	224,044
주점업	120,769	716	120,053
일반 유흥 주점업	30,310	171	30,139
무도 유흥 주점업	1,273	3	1,270

외식산업별 분류	사업체 수	무인결제기 도입	무인결제기 미도입
생맥주 전문점	10,585	90	10,495
기타 주점업	78,601	452	78,149
비알코올 음료점업	108,466	4,475	103,991
커피 전문점	89,892	3,809	86,083
기타 비알코올 음료점업	18,574	666	17,908

출처: 2022 통계청, 산업별 디지털 플랫폼 거래 현황

11) 외식산업 배달(택배)거래 현황

코로나19 이후 음식배달은 외식업의 또 다른 서비스 형태로 주목받았다.

2020년 기준 전체 사업체 수 804,173개의 약 26.6%인 214,084개는 배달 또는 택배 거래를 한 경험이 있다고 응답하였다.

〈표 1-14〉 외식산업별 배달(택배)거래 현황

(단위: 개)

외식산업별 분류	사업체 수(개)	배달(택배) 거래 있음	배달(택배) 거래 없음
음식점 및 주점업	804,173	214,084	590,089
음식점업	574,938	182,215	392,723
한식 음식점업	344,599	76,423	268,176
한식 일반 음식점업	213,916	52,619	161,297
한식 면 요리 전문점	23,908	4,643	19,265
한식 육류 요리 전문점	75,622	12,129	63,493
한식 해산물 요리 전문점	31,153	7,032	24,121
외국식 음식점업	66,624	28,805	37,819
중식 음식점업	27,974	14,783	13,191
일식 음식점업	16,524	6,079	10,445
서양식 음식점업	16,472	5,824	10,648
기타 외국식 음식점업	5,654	2,119	3,535
기관 구내식당업	12,887	391	12,496
기관 구내식당업	12,887	391	12,496
출장 및 이동 음식점업	1,024	277	747

외식산업별 분류	사업체 수(개)	배달(택배) 거래 있음	배달(택배) 거래 없음
출장 음식 서비스업	759	277	482
이동 음식점업	265	0	265
기타 간이 음식점업	149,804	76,319	73,485
제과점업	24,777	6,363	18,414
피자, 햄버거, 샌드위치 및 유사 음식점업	23,581	16,446	7,135
치킨 전문점	42,743	32,701	10,042
김밥 및 기타 간이 음식점업	48,822	17,340	31,482
간이 음식 포장 판매 전문점	9,881	3,469	6,412
주점 및 비알코올 음료점업	229,235	31,869	197,366
주점업	120,769	11,501	109,268
일반 유흥 주점업	30,310	496	29,814
무도 유흥 주점업	1,273	0	1,273
생맥주 전문점	10,585	1,186	9,399
기타 주점업	78,601	9,819	68,782
비알코올 음료점업	108,466	20,368	88,098
커피 전문점	89,892	16,911	72,981
기타 비알코올 음료점업	18,574	3,457	15,117

출처: 2022 통계청, 산업별 디지털 플랫폼 거래 현황

12) 외식업종별, 연도별, 매출액별 비율

2021년도 농림축산식품부의 외식업경영실태 조사 결과보고서에 의하면 우리나라의 경우 전 업종에서 1~5억 원 미만의 매출을 내는 점포가 과반수 이상인 것으로 나타났으며, 가장 많은 사업체를 차지하고 있는 한식음식점의 경우 연매출은 평균 약 1억 9천만 원인 것으로 나타났다. 해당 설문은 우리나라 음식점업의 전국별 비율, 규모를 중심으로 표본 선발하여 조사한 것으로 우리나라 음식점업의 경우 소상공인이 대다수로서 1개 점포당 매출이 낮은 것으로 나타났다.

〈표 1-15〉 외식업종별 매출액 비율

특성별 (1)	특성별 (2)	특성별 (3)	특성별 (4)	5천만 원 미만(%)	5천만 원 ~1억 원 미만(%)	1억 원 ~5억 원 미만(%)	5억 원 이상(%)	평균 (만 원)
업종별	일반 음식점	한식		11.8	20.8	62.3	5.2	19,932.8
		중식		5.5	13.7	75.7	5.1	23,012.8
		일식		3.7	11.6	78.3	6.4	27,800.4
		서양식		3.7	17.3	76.3	2.7	20,560.8
		기타 외국식		15.2	18.2	62.4	4.2	18,679.9
	일반 음식점 외	기관 구내식당업		4.3	16.7	64.5	14.5	30,812.3
		출장·이동음식점업		13.9	31.5	43.8	10.8	18,558.6
		기타 음식점업	제과점	9.4	23.1	56.7	10.8	24,865.5
업종별	일반 음식점 외	기타 음식점업	피자·햄버거·샌드위치 및 유사 음식점업	5.1	19.4	62.2	13.3	26,281.2
			치킨전문점	6.6	12.0	79.2	2.3	19,871.7
			김밥 및 기타 간이 음식점업	20.9	31.1	47.5	0.4	11,165.4
			간이 음식 포장 판매 전문점	21.4	38.6	35.3	4.8	15,642.6
		주점업		17.8	31.2	49.5	1.6	12,918.8
		비알코올 음료점업		23.3	25.8	49.5	1.3	12,659.5
운영 형태별	프랜차이즈			3.9	16.3	73.0	6.8	23,525.0
	비프랜차이즈			17.2	25.3	54.3	3.2	16,100.6
지역별	서울권			5.6	18.9	69.3	6.2	21,495.6
	수도권			14.0	16.5	65.4	4.0	19,181.5
	충청권			2.1	16.4	75.9	5.7	22,875.0
	호남권			9.3	35.9	52.8	2.0	14,382.1
	경남권			31.3	29.3	37.1	2.4	12,780.7
	경북권			22.5	33.3	41.5	2.7	13,102.7

출처: 2021년 외식업체 경영실태조사(농림축산식품부)

13) 외식기업 매출 순위(2021년)

2021년도 주요 외식기업의 매출을 보면 ㈜에스씨케이컴퍼니(브랜드명 스타벅스)가 약 2조 3천억 원으로 1위, 그 다음으로 삼성웰스토리(주)와 ㈜아워홈의 순으로 나타났다.

영업이익은 1위인 스타벅스와 2위인 삼성웰스토리(주)의 차이가 약 1천6백억 원의 차이를 보였다.

순이익을 보면 기관 구내식당업 중 ㈜신세계푸드와 ㈜푸디스트를 제외하고는 마이너스이며, 이는 코로나19의 영향으로 보인다.

〈표 1-16〉 국내 외식기업 매출 순위

순위	표준산업분류 (KSIC)	기업명	매출액 (백만 원)	영업이익 (백만 원)	순이익 (백만 원)
1	커피전문점	㈜에스씨케이컴퍼니 (스타벅스코리아)	2,385,601	239,304	205,485
2	기관 구내식당업	삼성웰스토리㈜	2,064,311	76,612	-43,577
3	기관 구내식당업	㈜아워홈	1,601,099	31,765	-2,761
4	기관 구내식당업	㈜신세계푸드	1,322,704	31,138	2,503
5	피자, 햄버거, 샌드위치 및 유사음식점업	㈜비케이알(버거킹)	678,440	24,865	12,010
6	기관 구내식당업	푸디스트㈜	649,503	-5,631	18,462
7	기관 구내식당업	씨제이푸드빌㈜	538,757	1,456	-18,952
8	기관 구내식당업	㈜풀무원푸드앤컬처	463,626	-13,340	-22,429
9	커피전문점	투썸플레이스㈜	411,780	37,150	20,371
10	서양식 음식점업	(유)아웃백 스테이크하우스코리아	392,779	48,483	612

출처: 2022 FIS 식품산업통계정보

14) 외식산업 프랜차이즈 현황

2020년 기준 한식 음식점 사업체가 35,349개소로 가장 많고 그 다음으로 치킨전문점(27,303개), 커피 및 기타 비알코올 음료점업(21,342개)의 순으로 나타났다.

시도별	주요 업종별	사업체 수 (개)	종사자 수 (명)	매출액 (백만 원)	영업비용 (백만 원)	매출원가 (백만 원)	인건비 (백만 원)	임차료 (백만 원)	기타 영업비용 (백만 원)	연간급여액 (백만 원)
전국	한식 음식점업	35,349	113,788	8,939,579	8,402,505	4,202,290	1,549,353	871,349	1,779,513	1,463,048
	외국식 음식점업	8,300	37,068	2,745,232	2,618,759	1,188,721	607,217	269,436	553,385	583,754
	제과점업	7,701	33,604	3,079,086	2,909,984	1,870,420	366,824	235,087	437,654	353,750
	피자, 햄버거, 샌드위치 및 유사 음식점업	14,072	55,946	4,087,331	3,732,442	1,999,712	624,665	287,298	820,766	590,392
	치킨전문점	27,303	62,502	5,421,419	4,706,701	2,909,274	409,338	339,180	1,048,910	369,785
	김밥, 기타 간이음식점 및 포장 판매점	15,812	45,411	3,038,957	2,699,759	1,466,552	418,146	262,354	552,708	382,261
	생맥주 및 기타 주점업	9,937	25,387	1,527,710	1,351,755	646,836	235,462	168,986	300,471	213,804
	커피 및 기타 비알코올 음료점업	21,342	77,589	3,815,097	3,397,214	1,361,889	760,677	507,931	766,718	704,151
서울특별시	한식 음식점업	6,476	23,604	2,028,771	1,911,026	907,094	379,674	249,448	374,810	370,200
	외국식 음식점업	1,910	8,756	673,144	648,076	274,016	152,133	87,898	134,029	148,552
	제과점업	1,500	7,250	638,690	607,897	374,209	78,802	66,184	88,703	77,025
	피자, 햄버거, 샌드위치 및 유사 음식점업	2,541	11,379	895,666	813,601	414,130	143,153	81,125	175,194	139,522
	치킨전문점	3,975	11,060	1,078,840	930,803	526,005	112,669	93,500	198,628	106,614
	김밥, 기타 간이음식점 및 포장 판매점	2,984	9,484	721,463	643,186	315,599	108,099	72,399	147,089	101,646
	생맥주 및 기타 주점업	1,486	4,703	309,715	274,050	121,592	53,383	44,446	54,629	49,820
	커피 및 기타 비알코올 음료점업	4,526	18,853	940,329	860,228	315,110	195,618	163,770	185,730	184,124

시도별	주요 업종별	사업체 수 (개)	종사자 수 (명)	매출액 (백만 원)	영업비용 (백만 원)	매출원가 (백만 원)	인건비 (백만 원)	임차료 (백만 원)	기타 영업비용 (백만 원)	연간급여액 (백만 원)
부산광역시	한식 음식점업	2,273	7,516	535,286	515,090	272,297	91,281	51,470	100,041	87,518
	외국식 음식점업	549	2,475	174,498	167,803	77,375	39,238	14,845	36,345	37,127
	제과점업	442	2,035	155,261	150,361	94,500	21,415	13,405	21,042	20,894
	피자, 햄버거, 샌드위치 및 유사 음식점업	861	3,807	250,757	234,997	125,008	39,387	15,536	55,066	37,875
	치킨전문점	1,963	4,378	342,564	299,337	180,111	22,345	18,242	78,638	20,170
	김밥, 기타 간이음식점 및 포장 판매점	1,000	2,885	174,946	157,036	87,672	24,087	14,095	31,182	21,779
	생맥주 및 기타 주점업	529	1,400	81,785	72,163	33,473	13,327	9,330	16,033	12,040
	커피 및 기타 비알코올 음료점업	1,626	6,202	272,580	243,223	94,790	58,585	39,188	50,659	56,996
대구광역시	한식 음식점업	1,658	5,243	387,317	369,083	179,010	70,114	34,538	85,421	64,564
	외국식 음식점업	314	1,367	95,627	91,376	41,876	20,003	7,844	21,654	18,889
	제과점업	358	1,513	125,300	117,117	76,772	13,304	8,472	18,569	12,751
	피자, 햄버거, 샌드위치 및 유사 음식점업	588	2,613	181,507	170,867	89,045	29,233	13,049	39,540	28,388
	치킨전문점	1,288	2,617	222,989	193,642	112,713	14,853	11,215	54,862	12,925
	김밥, 기타 간이음식점 및 포장 판매점	832	2,285	141,528	125,704	69,719	18,688	12,419	24,878	16,472
	생맥주 및 기타 주점업	407	945	52,671	46,461	22,791	7,648	4,933	11,090	7,266
	커피 및 기타 비알코올 음료점업	1,001	3,979	211,897	181,798	73,950	41,844	24,409	41,595	39,703

시도별	주요 업종별	사업체 수 (개)	종사자 수 (명)	매출액 (백만 원)	영업비용 (백만 원)	매출원가 (백만 원)	인건비 (백만 원)	임차료 (백만 원)	기타 영업비용 (백만 원)	연간급여액 (백만 원)
인천광역시	한식 음식점업	2,085	6,680	530,461	500,661	263,378	93,218	46,517	97,548	81,630
	외국식 음식점업	466	2,171	161,867	155,566	68,205	38,943	15,283	33,134	37,880
	제과점업	417	2,090	177,472	169,884	107,942	22,436	12,407	27,099	22,244
	피자, 햄버거, 샌드위치 및 유사 음식점업	754	3,154	235,596	216,811	114,729	37,095	15,877	49,110	33,339
	치킨전문점	1,460	3,315	335,951	292,723	178,307	26,159	24,051	64,206	24,163
	김밥, 기타 간이음식점 및 포장 판매점	860	2,607	157,220	139,996	73,928	22,728	14,060	29,280	21,711
	생맥주 및 기타 주점업	603	1,689	123,658	110,441	53,044	17,941	13,865	25,590	15,587
	커피 및 기타 비알코올 음료점업	1,260	4,714	217,988	193,799	76,118	42,265	27,469	47,947	36,776
광주광역시	한식 음식점업	904	2,900	223,436	214,311	116,947	37,251	16,959	43,154	34,710
	외국식 음식점업	228	1,033	87,273	81,475	44,449	15,859	6,797	14,370	15,403
	제과점업	189	789	77,976	73,840	50,953	7,512	6,117	9,259	7,415
	피자, 햄버거, 샌드위치 및 유사 음식점업	434	1,736	122,116	113,159	63,493	16,307	7,897	25,463	15,179
	치킨전문점	787	1,891	167,575	148,657	95,910	11,690	5,699	35,358	11,070
	김밥, 기타 간이음식점 및 포장 판매점	487	1,417	91,222	79,531	43,874	12,174	5,432	18,051	11,068
	생맥주 및 기타 주점업	394	857	53,345	48,264	26,157	7,002	4,314	10,791	6,148
	커피 및 기타 비알코올 음료점업	706	2,841	128,277	114,556	45,623	26,192	16,334	26,407	24,816

43

시도별	주요 영종별	사업체 수 (개)	종사자 수 (명)	매출액 (백만 원)	영업비용 (백만 원)	매출원가 (백만 원)	인건비 (백만 원)	임차료 (백만 원)	기타 영업비용 (백만 원)	연간급여액 (백만 원)
대전광역시	한식 음식점업	1,051	3,392	213,996	202,856	108,181	39,358	16,068	39,248	36,948
	외국식 음식점업	223	1,007	73,543	69,722	33,472	15,286	5,285	15,679	14,936
	제과점업	253	1,115	79,577	75,369	48,652	10,350	6,643	9,724	9,851
	피자, 햄버거, 샌드위치 및 유사 음식점업	486	2,112	146,254	134,046	70,319	24,841	9,050	29,835	22,267
	치킨전문점	842	2,061	150,313	132,567	87,031	12,319	7,732	25,484	10,795
	김밥, 기타 간이음식점 및 포장 판매점	493	1,410	90,706	80,320	43,789	13,185	7,072	16,274	12,567
	생맥주 및 기타 주점업	336	861	50,130	44,636	21,572	7,506	4,777	10,781	7,095
	커피 및 기타 비알코올 음료점업	552	2,103	99,630	88,424	34,650	20,799	11,574	21,401	17,657
울산광역시	한식 음식점업	854	2,452	182,192	170,970	89,114	28,318	13,906	39,632	24,194
	외국식 음식점업	166	679	46,758	44,704	20,747	10,720	3,790	9,447	10,689
	제과점업	172	790	70,114	65,445	37,106	8,701	5,321	14,317	8,399
	피자, 햄버거, 샌드위치 및 유사 음식점업	369	1,184	79,688	73,224	39,297	11,932	3,634	18,361	11,201
	치킨전문점	763	1,634	117,459	100,047	66,787	6,669	5,397	21,193	6,105
	김밥, 기타 간이음식점 및 포장 판매점	365	971	64,819	56,639	30,860	10,247	4,828	10,704	9,838
	생맥주 및 기타 주점업	244	501	29,759	26,987	14,727	3,267	2,508	6,486	3,126
	커피 및 기타 비알코올 음료점업	526	1,565	76,959	68,154	26,665	16,179	10,190	15,120	15,373

시도별	주요 업종별	사업체 수 (개)	종사자 수 (명)	매출액 (백만 원)	영업비용 (백만 원)	매출원가 (백만 원)	인건비 (백만 원)	임차료 (백만 원)	기타 영업비용 (백만 원)	연간급여액 (백만 원)
세종특별자치시	한식 음식점업	294	902	69,050	65,487	32,206	11,581	5,793	15,907	9,906
	외국식 음식점업	76	281	23,729	25,715	10,646	5,011	2,359	7,698	4,911
	제과점업	63	324	25,651	24,393	15,718	3,183	1,851	3,641	3,174
	피자, 햄버거, 샌드위치 및 유사 음식점업	110	471	35,482	32,943	16,726	6,163	2,112	7,942	5,169
	치킨전문점	165	473	38,493	32,704	19,616	3,602	2,485	7,000	3,344
	김밥, 기타 간이음식점 및 포장 판매점	139	440	29,943	26,450	13,543	4,211	2,768	5,929	3,834
	생맥주 및 기타 주점업	57	133	7,054	6,467	2,863	1,183	784	1,638	1,053
	커피 및 기타 비알코올 음료점업	137	434	22,255	20,268	7,622	5,129	2,499	5,018	4,919
경기도	한식 음식점업	9,462	31,278	2,616,827	2,442,929	1,147,584	461,240	289,258	544,846	446,083
	외국식 음식점업	2,332	10,806	804,449	761,988	343,743	177,254	81,358	159,632	172,206
	제과점업	1,957	8,856	896,551	844,379	550,357	102,471	64,886	126,666	97,366
	피자, 햄버거, 샌드위치 및 유사 음식점업	3,518	14,745	1,074,619	966,339	510,097	165,217	81,483	209,542	156,515
	치킨전문점	6,576	15,080	1,432,803	1,238,225	760,942	99,169	95,586	282,529	85,509
	김밥, 기타 간이음식점 및 포장 판매점	4,076	12,134	840,433	755,650	410,317	114,367	81,450	149,515	101,124
	생맥주 및 기타 주점업	2,252	6,333	393,377	344,597	158,109	62,938	46,460	77,090	55,193
	커피 및 기타 비알코올 음료점업	5,136	18,352	915,578	819,583	333,509	174,366	123,246	188,462	159,008

시도별	주요 업종별	사업체 수 (개)	종사자 수 (명)	매출액 (백만 원)	영업비용 (백만 원)	매출원가 (백만 원)	인건비 (백만 원)	임차료 (백만 원)	기타 영업비용 (백만 원)	연간급여액 (백만 원)
강원도	한식 음식점업	940	2,780	207,400	193,543	101,508	33,813	12,979	45,243	30,251
	외국식 음식점업	223	1,090	80,529	76,887	33,605	21,198	5,030	17,054	17,317
	제과점업	242	880	84,223	79,674	53,861	9,933	4,980	10,901	9,821
	피자, 햄버거, 샌드위치 및 유사 음식점업	530	1,717	123,778	113,335	63,563	17,587	5,753	26,432	16,419
	치킨전문점	1,135	2,206	174,944	149,689	99,400	11,886	8,816	29,587	10,761
	김밥, 기타 간이음식점 및 포장 판매점	444	1,177	77,444	67,577	40,708	9,630	4,865	12,374	8,736
	생맥주 및 기타 주점업	362	742	41,791	36,623	17,329	5,811	3,771	9,712	5,188
	커피 및 기타 비알코올 음료점업	580	1,980	98,708	83,324	37,855	18,987	7,571	18,911	17,754
충청북도	한식 음식점업	1,234	3,424	255,806	237,628	129,369	39,770	19,969	48,520	35,486
	외국식 음식점업	248	957	64,752	60,656	28,857	14,786	4,470	12,543	12,899
	제과점업	284	995	82,824	77,252	51,396	8,593	4,928	12,335	7,892
	피자, 햄버거, 샌드위치 및 유사 음식점업	494	1,710	119,819	108,474	59,260	18,142	7,495	23,577	17,203
	치킨전문점	965	1,954	167,174	145,200	97,416	11,320	9,849	26,615	9,443
	김밥, 기타 간이음식점 및 포장 판매점	481	1,215	76,427	66,352	40,899	8,697	5,049	11,706	7,338
	생맥주 및 기타 주점업	406	917	47,089	41,387	20,159	7,678	4,136	9,413	6,726
	커피 및 기타 비알코올 음료점업	554	1,849	87,100	78,320	33,421	16,890	11,234	16,775	15,422

시도별	주요 업종별	사업체 수 (개)	종사자 수 (명)	매출액 (백만 원)	영업비용 (백만 원)	매출원가 (백만 원)	인건비 (백만 원)	임차료 (백만 원)	기타 영업비용 (백만 원)	연간급여액 (백만 원)
충청남도	한식 음식점업	1,679	4,904	357,116	333,604	177,122	59,308	26,442	70,733	49,637
	외국식 음식점업	331	1,377	101,995	97,164	44,773	22,806	8,526	21,060	21,486
	제과점업	330	1,275	119,476	110,432	72,923	15,078	6,509	15,921	14,371
	피자, 햄버거, 샌드위치 및 유사 음식점업	643	2,265	175,251	161,684	89,855	25,634	11,220	34,975	21,800
	치킨전문점	1,229	2,664	216,679	185,678	120,150	15,261	10,771	39,496	13,208
	김밥, 기타 간이음식점 및 포장 판매점	662	1,593	98,660	86,794	49,773	11,600	6,845	18,576	10,003
	생맥주 및 기타 주점업	436	1,154	63,609	57,390	28,232	10,527	5,785	12,845	9,854
	커피 및 기타 비알코올 음료점업	724	2,300	128,869	112,581	46,235	25,864	13,297	27,185	23,270
전라북도	한식 음식점업	1,137	3,755	265,702	250,308	146,068	40,385	17,599	46,255	38,439
	외국식 음식점업	229	1,083	76,761	72,212	36,588	17,015	5,894	12,716	16,700
	제과점업	277	948	97,388	92,005	63,423	11,604	5,393	11,585	11,111
	피자, 햄버거, 샌드위치 및 유사 음식점업	531	1,631	108,522	101,034	61,695	16,016	5,806	17,517	15,180
	치킨전문점	896	2,207	167,576	148,171	100,891	13,818	8,831	24,631	13,123
	김밥, 기타 간이음식점 및 포장 판매점	571	1,597	110,028	98,791	58,861	14,278	6,613	19,039	12,737
	생맥주 및 기타 주점업	391	1,031	55,315	50,229	26,778	9,134	4,643	9,673	8,722
	커피 및 기타 비알코올 음료점업	729	2,489	113,016	96,218	40,476	23,001	12,622	20,119	21,730

시도별	주요 영업별	사업체 수 (개)	종사자 수 (명)	매출액 (백만 원)	영업비용 (백만 원)	매출원가 (백만 원)	인건비 (백만 원)	임차료 (백만 원)	기타 영업비용 (백만 원)	연간급여액 (백만 원)
전라남도	한식 음식점업	973	2,620	184,157	170,132	94,178	26,714	8,670	40,570	25,957
	외국식 음식점업	201	859	58,336	54,586	27,928	11,557	4,597	10,504	11,515
	제과점업	267	964	90,393	84,875	55,652	12,046	5,514	11,663	11,278
	피자, 햄버거, 샌드위치 및 유사 음식점업	453	1,429	107,470	97,572	59,760	13,356	4,532	19,924	12,520
	치킨전문점	933	2,071	132,355	116,119	76,016	8,924	5,305	25,874	8,222
	김밥, 기타 간이음식점 및 포장 판매점	468	1,167	68,749	59,007	36,866	7,420	3,641	11,080	7,169
	생맥주 및 기타 주점업	404	758	43,269	37,445	20,600	5,345	3,407	8,094	4,741
	커피 및 기타 비알코올 음료점업	662	2,169	113,334	95,180	44,192	19,713	8,904	22,372	18,702
경상북도	한식 음식점업	1,642	4,697	342,299	319,039	173,917	55,116	22,255	67,751	49,760
	외국식 음식점업	295	1,045	77,390	73,205	35,509	17,701	5,322	14,673	17,245
	제과점업	351	1,354	139,791	130,530	84,410	16,491	8,501	21,128	15,978
	피자, 햄버거, 샌드위치 및 유사 음식점업	649	2,144	166,897	151,296	85,119	22,306	8,991	34,881	20,825
	치킨전문점	1,604	3,101	207,663	179,289	122,321	12,078	8,619	36,272	10,490
	김밥, 기타 간이음식점 및 포장 판매점	718	1,756	100,913	85,718	51,264	12,344	6,958	15,151	11,643
	생맥주 및 기타 주점업	598	1,101	59,365	52,322	26,962	6,580	6,162	12,618	5,848
	커피 및 기타 비알코올 음료점업	958	2,821	148,172	130,108	57,895	30,630	12,889	28,693	26,589

시도별	주요 업종별	사업체 수(개)	종사자 수(명)	매출액(백만 원)	영업비용(백만 원)	매출원가(백만 원)	인건비(백만 원)	임차료(백만 원)	기타 영업비용(백만 원)	연간급여액(백만 원)
경상남도	한식 음식점업	2,303	6,552	461,761	433,112	227,322	68,552	34,155	103,082	64,914
	외국식 음식점업	433	1,602	108,362	102,691	50,500	20,833	7,032	24,325	19,431
	제과점업	486	1,898	172,738	163,117	106,277	17,832	10,924	28,083	17,585
	피자, 햄버거, 샌드위치 및 유사 음식점업	933	3,132	213,042	196,985	111,296	29,605	11,306	44,778	28,366
	치킨전문점	2,333	4,901	386,303	343,464	222,432	19,286	18,896	82,850	17,199
	김밥, 기타 간이음식점 및 포장 판매점	1,018	2,661	156,316	137,110	78,948	20,737	11,162	26,263	19,505
	생맥주 및 기타 주점업	843	1,810	89,835	80,232	41,511	12,146	7,438	19,137	11,590
	커피 및 기타 비알코올 음료점업	1,415	4,083	197,505	174,747	78,219	35,513	18,786	42,229	32,516
제주특별자치도	한식 음식점업	384	1,109	78,002	72,724	36,992	13,661	5,322	16,749	12,850
	외국식 음식점업	76	480	36,219	34,932	16,432	6,872	3,107	8,520	6,569
	제과점업	113	528	45,661	43,413	26,269	7,075	3,051	7,018	6,595
	피자, 햄버거, 샌드위치 및 유사 음식점업	178	717	50,867	46,076	26,320	8,692	2,433	8,631	8,623
	치킨전문점	389	889	81,738	70,386	43,224	7,290	4,185	15,687	6,644
	김밥, 기타 간이음식점 및 포장 판매점	214	612	38,140	33,901	19,934	5,653	2,699	5,615	5,090
	생맥주 및 기타 주점업	189	452	25,943	22,060	10,936	4,046	2,226	4,851	3,808
	커피 및 기타 비알코올 음료점업	250	855	42,900	36,703	15,557	9,101	3,949	8,096	8,796

출처: 2022 통계청, 「프랜차이즈」 현황 중, 음식점업 발췌

5. 국내 외식산업 트렌드6)

트렌트는 기존 트렌드가 변화·발전하고, 다른 트렌드와 계속 연계되면서 새로운 트렌드를 형성하는 것이다. 새로워 보이는 트렌드도 이전의 트렌드와 연계되며, 여러 사회적, 경제적, 보건(예: 메르스, 코로나19 등) 요인으로 인해 속도가 빨라졌을 뿐 전조 현상은 항상 존재해 왔다. 이러한 국내 외식트렌드 키워드를 2012년부터 2021년까지 요약하면 다음과 같다.

출처: 2022 식품산업전망대회, 한국 외식산업경영연구원

[그림 1-8] 국내 외식트렌드의 흐름

1) 2020년 외식트렌드

〈표 1-17〉 2020년 외식트렌드 키워드 요약

키워드	주요 내용
그린오션	일회용 플라스틱 사용 지양, 비건 레스토랑, 식물성 고기 등 친환경 외식시장 선호
나를 위한 소비	자신의 취향이나 감성을 충족시킬 수 있는 상품이나 서비스를 소비
멀티스트리밍 소비	다양한 온라인 플랫폼 채널(유튜브, 카카오 등)을 활용한 외식 마케팅
편리미엄 외식	편리함과 프리미엄을 추구하는 소비성향

(1) 그린오션

일반적으로 친환경 가치를 경쟁요소로 새로운 부가가치를 창출하고자 하는 시장을 의미

---

6) 국내외 외식트렌드, 한국농수산식품유통공사(2020~2022), 2022 식품산업전망대회, 한국외식산업경영연구원

한다. 외식업계에서도 일회용 플라스틱 근절과 같은 친환경 운동으로부터 비건 레스토랑, 식물성 고기 등 친환경 외식시장이 각광받고 있다. 또한, 고령화 시대와 맞물려 친환경적인 음식 재료를 사용한 음식, 맞춤형 건강식 등이 부상하고 있다.

온라인 플랫폼을 활용한 경험 공유가 활발해지면서 이제 소비자들의 외식 소비행태가 더는 단순한 외식행위가 아닌 윤리적, 사회적 신념이 담긴 외식소비로 변화하고 있으며, 소비자들의 친환경 및 건강에 대한 관심도가 지속적으로 증가하면서 친환경적인 음식 재료를 사용한 음식, 신뢰할 수 있는 위생적인 매장 등에 대한 수요가 계속해서 증가할 것으로 보인다.

(2) 나를 위한 소비

개인이 추구하는 개성이 다양화, 세분되면서 자신의 취향이나 감성적인 욕구를 충족시킬 수 있는 상품이나 서비스에 소비하는 성향을 일컫는다. 주관적인 만족과 취향을 중시하는 밀레니얼세대를 중심으로 나를 위한 소비트렌드가 확산하고 있다.

지속적인 1인 가구의 증가와 개인이 추구하는 가치나 개성이 다양화·세분화되면서 '나를 위한 소비'를 하는 개인 가치 중심의 소비행태로 변화하고 있다. 이렇듯 자신에게 가치를 두는 소비를 미코노미(Me+Economy의 합성어)라고 한다.

이러한 "미코노미" 소비를 주도하는 건 MZ세대인데 기성세대들이 제품의 질과 가격, 브랜드를 중시하지만 이들은 자신의 가치관과 자신의 만족도가 구매를 결정하는 주요 요인이다.

이러한 "미코노미" 소비의 대표적인 예가 "셀프 기프팅(Self Gifting)"이다. 자신을 위한 보상 차원에서 스스로 지출하는 걸 의미한다.

(3) 멀티 스트리밍 소비

유튜브, 카카오, 페이스북, 인스타그램 등 다양한 채널을 통해 일상과 경험, 취향을 공유하는 문화가 점차 확산하면서 이를 통해 소비 감성을 자극하고 유도하는 콘텐츠 마케팅이 활발하게 이루어지고 있다.

주로 미디어와 네이버 블로그 등을 활용한 정보수집을 통하며 외식업소를 검색, 방문하는 데 이어 이제는 유튜브, 인스타그램 등 채널이 점차 다양해지고, IT를 잘 다루는 중년층 이상의 유입이 증가하면서, 온라인 플랫폼의 영향이 갈수록 확대되고 있다.

(4) 편리미엄 외식

편리함과 프리미엄이 함께 추구되는 현대사회의 소비성향을 의미하는 말로서 간편식의 고급화, 프리미엄 밀키트, 프리미엄 음식 배달 서비스 등 편의성과 함께 소비자의 만족을 충족시켜 줄 프리미엄 재료, 서비스 등이 확대되고 있다.

2) 2021년 외식트렌드

〈표 1-18〉 2021년 외식트렌드 요약

키워드	주요 내용
홀로 만찬	1인 가구 증가, 코로나19 영향으로 혼밥이 일상화되면서 한끼를 외식하더라도 여유롭고 있어 보이게 즐기려는 소비성향
진화하는 그린슈머	일회용 플라스틱, 과포장을 줄이고 환경에 이바지하는 기업과 브랜드 선호
취향 소비	소비의 주류로 부상하고 있는 MZ세대를 중심으로 먹방·라이브커머스 등 SNS를 통해 자신의 취향에 맞는 체험메뉴를 구매하는 성향
안심푸드테크	코로나19로 안전과 안심에 민감한 소비자들이 외식소비 시 비대면을 선호함에 따라 키오스크, 사전주문 앱 등 다양한 푸드테크 기술이 외식환경에 접목됨
동네 상권의 재발견	사회적 거리두기로 인해 외식소비행태가 변화하면서 동네 상권에 있는 맛집과 노포 등에서 생활형 외식을 즐기는 현상

(1) 홀로 만찬

MZ세대들은 혼밥도 있어 보이게 즐긴다. 혼밥을 만찬처럼 즐기는 '홀로 만찬'문화가 생겨나고 있다. 특히, 코로나19로 인해 어쩔 수 없이 혼밥, 나 홀로 외식을 해야 하는 일상이 지속되면서 음식을 더 여유롭고 편안하게 즐기려는 소비성향이 더욱 뚜렷해졌다.

1인 가구의 증가, 코로나19의 영향으로 혼밥이 일상화되면서 한끼를 외식하더라도, 여유롭고 있어 보이게 즐기려는 소비성향으로 나의 취향을 표현한 나만의 작은 식탁을 만들어 SNS에 공유하는 현상 등을 말한다. 프리미

출처: 통계청 보도자료, 2012.12

[그림 1-9] 국내 1인 가구 추이

엄 간편식과 다양한 배달메뉴의 발달 또한 이러한 현상에 영향을 주고 있다.

특히, 1인 가구가 증가하고 있는데, 통계청 자료에 의하면 2021년도에는 7,166가구로 33.4%의 비율을 차지하고 있다. 이처럼 1인 가구가 증가하면서, 외식업계도 1인용 메뉴를 강화하고 있다. 대표적인 것이 패스트 식품 업계이다. 피자헛은 기존 다이닝 매장에 패스트 푸드 시스템과 메뉴를 접목한 FCD(Fast Casual Dining) 콘셉트 매장을 통해 1인용 피자를 합리적인

가격에 제공하기 시작했다. 한식업계에서도 1인 상차림이 보편화되고 있다. 한식당의 1인 상차림은 편리성과 위생상의 장점 등을 내세워 백반집에도 확산되는 추세다. 또한, 중식에서도 1인 반상을 접목한 형태가 늘고 있다.

출처: 2021년 국내외 외식트렌드

[그림 1-10] 예술의 전당 와인 배달사례

(2) 진화하는 그린슈머

소비자들이 서비스와 상품의 가격, 품질만을 고려해서 구매하던 시대는 끝났다. MZ세대를 중심으로 한 소비자들은 자신의 소비가 자연과 환경, 동물 등에 어떠한 영향을 주는지를 참고해서 구매를 결정한다. 이제 친환경은 선택이 아니라 필수다.

일회용 플라스틱, 과포장을 줄이고 환경에 이바지하는 기업과 브랜드를 선호하는 소비자가 증가하고 있다. 외식 업소에서도 친환경 로컬푸드의 사용을 늘리고, 채식주의 메뉴를 개발하는 등 소비자들에게 환경에 이바지한다는 자부심을 높이는 마케팅, 유기농, 친환경과 연결된 음식 재료 구성으로 건강을 강조, 채식 메뉴 개발 등을 시도하고 있다.

외식기업들 역시 소비트렌드를 적극적으로 반영해 친환경 경영에 나서고 있는데 가장 적극적인 업계는 커피 프랜차이즈이다. 스타벅스, 엔제리너스 등 주요 커피 프랜차이즈들은 플라스틱 빨대 대신 종이 빨대로 대체하고 빨대를 사용하지 않고 마실 수 있는 '리드' 뚜껑을 도입해, 고객들의 빨대 사용 자제를 독려하고 있다.

온라인 유통업계도 불필요한 과대포장을 줄이고 플라스틱을 사용하지 않는 친환경 패키지에 관심이 높다. 코로나19 이후 온라인 쇼핑이 증가함에 따라 일회용품 쓰레기가 사회 문제화되었는데, 소비자들의 우려 목소리가 높아지고 친환경 트렌드가 구매력에서까지 영향을 미치는 결정적인 요소가 되자, 유통업체들도 친환경 패키지 도입을 시작했다. 마켓컬리는 모든 포장재를 종이나 재활용성이 높은 소재로 변경하였으며, 쿠팡의 로켓프레쉬는 프레쉬백을 통해 상품을 주문받고 프레쉬백을 문 앞에 내놓으면 거둬 가는 방식을 채택하고 있다.

출처: 2021년 국내외 외식트렌드

[그림 1-11] 기업의 친환경 마케팅 사례

(3) 취향 소비

요즘 마케팅에서는 MZ세대를 빼면 대화가 안 된다. MZ세대는 모든 제품을 사들일 때 본인의 취향을 가장 중요하게 생각한다.

음식을 소비할 때도 이러한 현상이 나타나는데, 새로운 것, 재미난 것을 추구하며, 기존의 제조업자(또는 외식업자)가 제시하는 방식이 아닌 자신의 방식으로 새로운 조합을 추구한다.

대표적인 것으로 짜파구리(짜파게티+너구리). 골빔면(골뱅이+비빔면), 참빔면(참치+비빔면) 등이 있다. 외식업계에서도 같은 메뉴를 색다르게 즐기는 방법 등을 반영하여 변화된 메뉴를 선보이고 있다. 죠스떡볶이는 가래떡 튀김에 매운 소스 또는 콘스프를 뿌려 먹는 "떡도그"를 선보였고, 아우어 베이커리는 티라미슈에 인절미를 접목한 티라미슈 인절미를 선보였다.

MZ세대는 레트로 감성을 자유롭게 해석한 뉴트로라는 콘셉트를 선호한다. 유행의 주기가 짧고, 소비하는 콘텐츠로 빠르게 변화하는 요즘 시대에 대한 반대급부로 오래된 것들의 매력을 재해석한 새로움을 추구한다.

MZ세대는 기성세대보다 소비력이 높지는 않다. 그런데도 업계가 이들에게 주목하는 이유는 자신이 원하는 소비에 대해서는 아낌없이 돈을 쓰는 경향 때문이다. 따라서 이들을 표적화하였으면 상대적으로 불황의 영향을 덜 받는다. 또한, 디지털 환경에 익숙해서 SNS를 활용해 자신의 일상을 공유할 뿐만 아니라 제품이나 콘텐츠에 대한 리뷰도 공유하는데, 소비자가 스스로 홍보에 나서는 셈이다. 이렇게 되면 업계 처지에서도 홍보 비용을 절감할 수 있기 때문이다. 좋아하고 선호하는 제품에 대해서는 소비자가 직접 홍보하고, 자신의 취향을 탐색하거나 이용하기 위해 구독 서비스를 즐기기도 하는데, OTT 플랫폼(넷플릭스 등), 쿠팡 정기

배송 등이 대표적인 구독 서비스지만 최근에는 전통주, 반찬, 햄버거, 그리스 요구르트 등 식품 및 외식 메뉴에 대한 정기구독 서비스도 증가하고 있다. 또한, 음식의 맛뿐만 아니라 분위기, 실내장식 등을 중요하게 생각하기도 한다.

그래서 외식업계도 인스타그램에 올릴 만한 이미지를 연출하는 데 공을 들이고 있다.

다수의 외식 브랜드를 운영하는 세광그린푸드는 교대이층집 인테리어 디자인에 부산 자갈치 시장의 양곱창 골목에 있는 노포를 도입해 영화세트장에 있는 듯한 인테리어로 외식시장에 성공적으로 안착했다.

출처: 2021년 국내외 외식트렌드

[그림 1-12] 식품 등의 구독 서비스 사례

출처: 회장님댁 홈페이지

[그림 1-13] 70. 80년대 회장님 저택 실내장식을 표방한 술집

(4) 안심푸드테크

코로나19로 안전과 안심에 민감한 소비자들이 외식을 소비하는 방식도 비대면을 선호함에

따라 키오스크, 사전주문 앱, 조리 로봇, 배달 로봇 등 다양한 푸드테크 기술이 외식환경에 접목되면서, '안심푸드테크'가 지속적으로 발전하고 있다.

출처 : 2021년 국내외 외식트렌드

[그림 1-14] 안심푸드테크 사례

(5) 동네 상권의 재발견

사회적 거리두기로 인해 '퇴근-외식-귀가'가 아닌 '퇴근-귀가-외식'으로 외식소비행태가 변화하면서 동네 상권에 있는 맛집과 노포 등에서 생활형 외식을 즐기는 경향이 나타나고 있다.

수원 앨리웨이 광교의 경우 아파트 대단지와 광교호수공원을 배후로 하여 지역을 대표하는 명소인 광장 한가운데서 글로벌 예술가의 작품을 볼 수 있도록 문화 예술적 경험을 제공하는 한편, 유명 맛집 및 프랜차이즈를 비롯한 패션, 생활양식 브랜드들이 다양하게 출현하고 있어, 지역을 대표하는 명소로 자리 잡고 있다.

출처 : 2021년 국내외 외식트렌드

[그림 1-15] 서래마을과 성수동의 동네 상권

출처: 2021년 국내외 외식트렌드

[그림 1-16] 수원 앨리웨이 광교

3) 2022년 국내 외식트렌드

〈표 1-19〉 국내 외식 키워드 요약

키워드	내용
퍼플오션 다이닝	1인 외식, 간편식, 프리미엄 등 시장의 성장 및 경쟁 가속화 속에서 위드 코로나 시대를 맞아 기존 시장이 세분되고, 새로운 시장의 상품이 출현하는 등 혼재되는 시장의 형태
취향을 연결한다	온라인 플랫폼을 통해 취향을 공유하고 연결하는 소비 감성이 외식업계에도 확대됨
속자생존 24시	지금의 외식산업은 속도의 전쟁시대, 단건 배달, 새벽 배송, 24시간 배달 확대

(1) 퍼플오션 다이닝

1인 가구 및 1인 외식의 증가, 코로나19로 인한 간편식 시장의 급성장, 특히 레스토랑 간편식(RMR : Restaurant Meal Replacement) 시장의 성장에 따라 집에서도 레스토랑의 음식을 즐기는 홈스토랑이 확대되고 있다. 또한, 위드 코로나로 인해 그동안 자제했던 외식에 대한 요구가 확대되면서 코로나19로 인한 보복 현상이 외식으로 확대되면서 나에게 가치 있다고 생각되는 외식은 비싸더라도 경험하고자 하는 경향이 더욱 강화될 것으로 보인다.

이처럼 1인 외식, 간편식, 프리미엄 등 시장의 성장 및 가속화 속에서 위드코로나 시대를 맞아 외식시장이 세분되고, 새로운 시장이나 상품의 출현 등이 혼재되는 형태의 시장이 나타날 것으로 전망하고 있다. (예 : RMR 상품의 다양화, 오마카세 개념의 확대-한우 오마카세, 디저트 오마카세 등)

시장규모(단위 : 원)

2016년: 2조 2700억
2019년: 3조 5000억
2021년: 4조 3000억
2022년(추정): 5조

국내산 재료 사용 비율
수입산 재료 32.9%
국내산 재료 67.1%

출처: 머니투데이, 2022.02

[그림 1-17] 가정간편식 시장 규모 및 국내산 음식재료 사용 비율

① 1인 가구의 증가와 레스토랑 간편식 시장의 성장

국내 1인 가구는 2016년(539만 8,000가구) 27.9%에서 2020년(644만 3,000가구) 31.7%로 증가하는 등 매년 지속해서 성장하고 있으며, 1인 가구의 비율은 20대부터 70대 이상까지 전 세대에 고르게 분포하고 있다.

1인 가구의 증가는 1인 외식, 혼자 외식, 혼밥족, 홀로 만찬 등의 외식소비 행태에 직접적인 영향을 미치고 있으며, 더 나아가 간편식 시장 확대도 도모하고 있다.

오너 셰프 레스토랑, 파인 다이닝, 호텔 레스토랑 등 비교적 객단가가 높은 음식점뿐만 아니라 노포, 지방의 유명음식점 등 평소 방문 외식을 해야 했던 외식 업소들도 배달 음식만으로는 수요가 충족되지

출처: GS 리테일

[그림 1-18] RMR 사례

않아, 간편식 시장에 진출하고 있다. 특히, 온·오프라인 식품·유통업체와 외식 업소와의 협업을 통한 간편식 출시가 확대되고 있다. 2017년부터 레스토랑 간편식(RMR)을 선보이고 있는 마켓컬리는 연평균 215%의 매출 증가세를 보이고 있으며, 2020년은 RMR 진출 원년인 2017년 대비 46배가 성장하였다.

현대그린푸드는 크라우드 펀딩기업 와디즈와 함께 지역 맛집 10곳의 대표메뉴를 RMR 상품으로 출시하는 '모두의 맛집' 프로젝트로 RMR 시장에 진출하였으며, 빕스를 운영하는 CJ푸드빌은 2021년 12월 간편식 전문제조업체인 프레시지와 1인용 스테이크 및 파스타 등 1인

가구를 대상으로 "싱글 RMR" 사업을 확대하기 위해 전략적 제휴를 체결하였다.

롯데호텔은 자체 프리미엄 브랜드인 '롯데호텔 1979'를 론칭, 허브 양갈비 등을 출시하였으며, 신라호텔도 안심스테이크, 떡갈비 등을 선보이는 등 호텔업계도 밀키트 시장을 적극적으로 공략하고 있다.

식품 유통업계의 대표주자인 이마트는 자체 간편식인 피코크를 통해 노포식당인 오뎅식당 부대찌개 등을 출시하였고, 편의점 업계는 코로나부터 RMR 사업에 진출했으며, 현재는 지역의 대표 인기 음식점 등과 협업해 다양한 제품을 출시하여 소비자들로부터 좋은 반응을 얻고 있다.

한편, 업소용 간편식이 새로운 시장을 형성하고 있는데, 간편식의 대상이 B2B로 확대되면서 외식 업소에 반조리 및 완제품을 공급하는 시장이 확대되고 있다.

예전에는 주로 단체급식을 대상으로 공급하였으나 최근에는 자영업자를 대상으로 하는 B2B 전용 밀키트도 출시되고 있다.

출처: 프레시지, 식품외식경제, 2021.04

[그림 1-19] 프레시지의 자영업자용 밀키트

② 프리미엄 니즈, 사치 이상의 가치

외식시장에서 프리미엄화의 경향은 2012~2013년 매스티지, 2017년 패스트프리미엄, 2020년 나를 위한 소비 등 외식산업의 성장 및 외식소비 수준의 향상, 가치소비 등의 영향으로 지속되는 가운데, 2020년 프리미엄, 가치 추구 경향이 더욱 강해지고 있다.

해외여행 등 활동에 대한 규제로 인해 보복 소비라는 새로운 소비행태가 등장하였으며, 이로 인해 비싼 것은 사치의 개념이 아니라 나에게 충분한 가치가 있다면 가격에 상관없이 지출한다는 의식이 강해지고 있다.

이는 외식소비 역시 마찬가지로 특별한 날에만 방문하는 고급음식점도 이제는 즐길 만한 가치가 있다고 생각하면 언제든지 이용하는 것이 2022년도의 외식소비다.

이러한 성향을 반영하는 트렌드 중 하나가 바로 오마카세다. 오마카세는 정해진 메뉴 없이 셰프가 그때그때 좋은 음식 재료와 이에 맞는 조리법을 활용해 음식을 만들어주는 것으로 주로 일식에서 활용한 운영형태인데, 일식 외에도 한우, 돼지고기, 파스타, 디저트 등 다양한 메뉴의 오마카세가 등장하고 있다.

호텔 레스토랑 이용이 증가하는 것도 이러한 현상 중 하나라고 할 수 있다.

출처: 롯데마트, 서울경제, 2022

[그림 1-20] "마블나인" 한우 오마카세

(2) 취향을 연결한다

최근 소비키워드는 취향, 공유, 재미, 참여라 할 수 있겠다. 즉 재미를 쫓고 팬덤을 형성하는 시대, 경험을 공유하고 공유된 경험을 다시 내것화하는 시대, 소비자가 판매담당자가 되어 제품에 대한 아이디어를 통해 생산에 참여하고 스스로 브랜드와 상품을 마케팅하는 현상이 가속화되고 있다.

이처럼 남과 다른 나만의 취향을 우선시하는 가운데 나의 취향을 나만 알고 있는 것이 아니라 SNS 등 각종 온라인 플랫폼을 통해 취향을 공유하고 연결하는 소비 감성이 확대되면서 식품 외식업체들의 마케팅 전략 역시 변화하고 있다.

출처: 신세계푸드

[그림 1-21] 카페노티드×신세계푸드 협업 사례

이러한 취향 소비 중심에는 MZ세대(1980년대 초반 밀레니얼 세대와 1990년 중반에서 2000년 초반에 태어난 Z세대를 일컫는 말)가 있다.

MZ세대가 추구하는 취향에는 재미라는 개념이 추가된다. 몇 해 전부터 "펀슈머[재미인 Fun과 소비자(Consumer)]라는 신조어가 생겼을 정도이다.

재미와 취향이라는 키워드가 가장 활발하게 진행되는 마케팅이 바로 콜라보레이션인데, 식품×유통업체에서 외식×식품, 외식×유통, 외식×의류 등으로 그 범위가 확대되고 있다.

굿즈마케팅 또한 이러한 취향 소비를 반영한 사례인데 가장 대표적인 사례는 스타벅스이다. 매년 희소성이 담긴 한정판 굿즈 MD 판매를 통해 부가 매출 상승의 효과까지 보고 있다. 매년 스타벅스 굿즈 출시 시기만 되면 굿즈를 받기 위해 음료를 구매하는 일이 빈번하게 발생하며, 원하는 굿즈를 받기 위해 다른 지역까지 방문하는 수고로움도 불사한다. 이러한 수고로움보다는 스타벅스 굿즈를 샀다는 인증사진을 올릴 때 느끼는 가치가 더 크기 때문이다.

(3) 속자생존 24시

지금의 외식산업을 한마디로 표현하면 속도의 전쟁이라고 할 수 있다. 소비 니즈 및 트렌드, 각종 기술의 발달 등 사회·경제·문화 등 대내외적 환경 요인의 변화 속도가 빨라짐에 따라 외식업 경영의 속도 역시 가속화하고 있다.

통계청에 따르면 2121년 외식배달 서비스 거래액은 25조 6,847억 원으로 2017년 2조 7,326억 원보다 92.4% 정도 증가하고 있다.

특히, 모바일 애플리케이션을 이용한 주문액이 16조 5,197억 원으로 전체의 96.4%를 차지해 배달 애플리케이션을 기반으로 한 시장이 성장하고 있다.

〈표 1-20〉 음식 서비스 시장 규모

(단위 : 억 원)

구분	2017	2018	2019	2020	2021
음식 서비스	27,326	52,628	97,328	173,336	256,847

출처: 통계청

한편 배달 3사(배달의민족, 쿠팡, 요기요)의 2021년 1~10월 결제금액만 19조 3,767억 원으로 높은 성장세를 보인다.

이처럼 코로나19를 기점으로 시장이 급성장한 배달시장은 한 명의 라이더가 동 시간대에 한 건의 음식만 배달해 주는 단건 시장을 양산하기도 하였다.

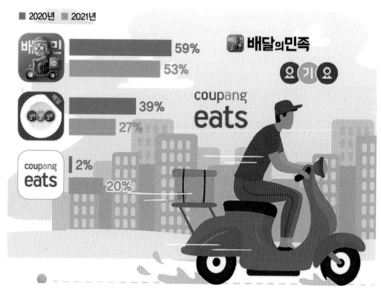

출처: 머니리포트, 2021

[그림 1-22] 국내 배달 애플리케이션 점유율

주문 후 최대한 빨리 음식을 먹고 싶어 하는 고객 니즈를 공략한 단건 배달은 배달료를 더 지급하더라도 '빨리'라는 고객의 니즈는 어느 정도 충족되었으나, 외식업소 입장에서는 라이더 경쟁으로 인한 배달료 인상, 각종 수수료에 대한 부담이 결국 음식 가격 및 최소 배달료 인상, 건당 배달료 인상으로 나타나면서 외식 업소와 고객의 부담이 증가하고 있는 것이 현실이다.

배달시장의 성장에 따른 양면성에도 불구하고 위드코로나가 돼도 배달의 편리함에 익숙해진 고객들의 배달 이용은 지속될 것이다.

매장영업을 하는 음식점들은 기존의 메뉴에 리뉴얼 및 업그레이드를 통해 배달 전용 메뉴를 구성하거나, 공유주방을 통한 배달전문점을 운영하는 등 변화하는 소비행태에 대응하고 있다.

이렇게 배달시장이 활성화되면서 과거의 식사 시간의 개념보다는 내가 먹고 싶은 시간이 식사 시간이 되고 있다. 이러한 변화는 코로나19로 인한 재택근무, 자율출퇴근 시간제 등으로 인한 현상인데, 이러한 식사 시간의 변화로 인해 새벽 배송, 24시간 무인 점포 등을 통해 소비자의 니즈를 충족시키고 있다.

출처: 오늘경제

[그림 1-23] 배스킨라빈스 플로 매장(24시간 무인 운영)

4) 2023년 외식트렌드[7]

경험이 곧 소유 트렌드에는 '콜라보의 확대', '인증샷 전성시대', '리뷰 마케팅', '친환경 외식', '포모 신드롬' 등의 5가지 키워드가 포함됐다. 이는 2021 · 2022 소비 감성&마케팅 분야 키워드인 취향, 공유, 재미, 참여의 4가지 키워드에서 범위와 정도가 확장 및 확대된 것이다. 특히 재미와 경험을 중요시하고 인증 및 소장, 과시하고 싶어 하는 소비자의 욕구를 반영해 '사진 찍을 만한 요소'가 외식업소의 또 다른 마케팅 전략으로 자리 잡았다.

또한 무언가를 구매하기 위해 매장이 열자마자 뛰어가 구매하는 현상인 '오픈런'이 F&B분

---

7) 식품외식경제(http://www.foodbank.co.kr)

야에서 두드러지는 것으로 나타났다. 이는 경제적 불황 등으로 물리적 소유에 한계를 느끼다 보니 경험을 소유하려는 심리적 요인에 의한 것으로, 품질을 따지기보다 오픈런을 통해 얻는 성취감, 희소성의 가치를 더욱 크게 느끼는 것이다.

건강도 아주 신선하게 트렌드에는 '건강식', '외식형 간편식', '우리 술', '제로·프리', '비건', '간소화' 등의 6가지 키워드가 포함됐다. 코로나19 사태 이후 건강을 중요시하는 현상이 중장년층뿐 아니라 MZ세대로 번지면서 건강식이 하나의 트렌드로 자리 잡았다.

특히 전통주나 채식의 경우 아주 신선한 문화로 인식되면서 이러한 현상이 두드러졌다. 전통주 판매채널 백술닷컴을 통해 조사한 결과 전통주를 사는 고객의 60%는 20,30세대였다. 또한 전통주 소비가 MZ세대로 확대되자 서울장수·파리바게뜨, 설빙·보해양조가 콜라보로 장수막걸리 쉐이크, 설빙 인절미 순희 막걸리 등을 선보여 인기를 끌었다. 국순당 또한 MZ세대를 대상으로 리뉴얼한 후 판매량이 91% 상승했다.

비건 또한 대중화에는 한계가 있지만, 그 니즈는 계속될 것으로 전망됐다.

휴먼테크에는 '푸드테크 혁명', '레스플레이션', '특화매장', '피지털의 확대', '빅블러의 확대' 등 5가지 키워드가 포함됐다.

특히 최근 외식업 경영에서 구인난, 인건비 상승, 생산성 향상 등이 화두인 가운데 푸드테크의 활용도는 더욱 높아질 것으로 나타났다.

실제로 푸드테크 분야는 코로나19 사태를 기점으로 활용도가 더욱 높아지고 있으며 이미 외식업체에서 예약, 주문 시스템의 푸드테크는 상용화된 지 오래다. 또한 구매, 식재, 경영분석 등 솔루션 측면에서도 적용되고 있고 골목상권에서도 키오스크, 서빙 로봇을 쉽게 찾아볼 수 있으며 서비스 분야뿐 아니라 생산에 직접 참여하는 조리 로봇까지 그 범위가 빠르게 확대되고 있다.

2023 주목해야 할 외식 트렌드

유의어의 결합 통해 최종 4개 분야 20개 키워드 도출

외식행태	소비감성&마케팅	메뉴	경영
양극화	**경험이 곧 소유**	**건강도 힙하게**	**휴먼테크**
런치 플레이션	콜라보의 확대	건강식	푸드테크 혁명
미식 플렉스	인증샷 전성시대	외식형 간편식	레스플레이션
편의점 간편식 다양화	리뷰 마케팅	우리술	특화매장
초세분화	친환경 외식	ZERO, FREE	피지털의 확대
	포모 신드롬	비건	빅블러의 확대
		간소화	

6. 해외 외식산업 트렌드

1) 미국 외식산업 트렌드

(1) 미국의 외식관련 소비시장 현황

미국 외식시장의 주요 트렌드는 환경친화적인 관점과 세계적인 맛과 요리를 선호하고 있으며, 건강에 좋은 품목 / 어린이 식사의 가용성 향상과 새로운 식품 소싱 옵션을 개발하는 추세이다. 이러한 경향 외에 농산물 및 남은 음식을 요리의 즐거움으로 바꾸는 제로 – 쓰레기 요리, 하이퍼 로컬 소싱도 높아지고 있는 것을 볼 수 있다.

2015	2016	2017	2018	2019
먹방 신드롬	나홀로 다이닝	나홀로 열풍	가심비	뉴트로 감성
로케팅 소비	미각 노마드	반(半)외식 다양화	빅 블러	비대면 서비스화
한식의 재해석	푸드 플랫폼	패스트 프리미엄	반(半)외식 확산	편도족 확산
		한식의 리부팅	한식 단품의 진화	

출처: 농식품부, at센타 주관: 전국 3,000명 대상 소비형태 분석, 전문가 인터뷰(20인 이상)(2019.01)

[그림 1-24] 최근 5개년 외식 트렌드의 흐름

미국레스토랑협회(NRA)의 외식산업운영보고서(Restaurant industry operations report)에 따르면, 미국의 소비자들 중 1/3은 가치 지향적 소비성향을 보이고 있는데, 고객편의를 위한 서비스가 우수한 특화된 레스토랑이나 고객지향의 프로그램을 갖는 레스토랑을 더 선호하는 것으로 나타났다. 또한, 경기상황이 좋지 않을수록 소비자들은 뚜렷한 목적을 가지고 소비하려는 경향이 강해지고 있어 가치가 있다고 판단될 때에는 소비를 한다고 전하고 있다. 또한 전체 성인의 35%는 레스토랑에서 무선인터넷 접속의 사용을 원했고, 18세에서 34세의 성인들은 55%가 와이파이나 무선인터넷을 사용할 수 있는 외식장소를 선호하는 것으로 나타나 최근 급증하고 있는 인터넷 사용률

출처: NRA(2019)

[그림 1-25] What's Hot culinary forecast

과 SNS 서비스 등 정보화 시대에 적합한 서비스를 제공해야 함을 시사하고 있다. 소비자들 10명 중 3명은 외식업에 배달서비스가 반드시 필요하다고 하였고, 54%의 성인은 가정이나 직장으로의 포장, 배달서비스를 선호하는 것으로 나타났다. 또한, 조사자의 성인 중 41%는 이메일 광고를 보고 새로운 레스토랑을 선택하기도 한다고 밝히고 있다.

뿐만 아니라, '올해 최고의 음식 및 음료 트렌드는 무엇인가'란 주제로 설문 조사를 시행한 결과를 살펴보면, 아침 식사부터 제로 – 쓰레기 요리, 하이퍼 로컬, 아이들의 식사에 있는 세계적인 풍미 등의 트렌드가 강세를 띨 것으로 예상한다(NRA, 2019).

(2) 프랜차이즈 시장현황[8]

미국에서는 대도시나 중·소도시 구분 없이 많은 프랜차이즈 가맹점이 영업 중이다. 2019년도 100대 프랜차이즈에 선정된 기업 중 약 80%가 미국 프랜차이즈 기업일 정도로 프랜차이즈 사업이 크게 발전하였다. 미국의 프랜차이즈 시장은 오랜 연혁을 가진 브랜드가 꾸준히 시장을 선도하고 있으며 주 인기 아이템은 샌드위치, 피자, 커피 브랜드 등이며 맥도날드와 KFC를 필두로 하는 패스트푸드 등 비교적 간단한 메뉴를 취급하는 아이템의 선호도가 꾸준하다. 그러나 최근 몇 년 사이 이러한 현상이 변화하고 있다. 2018년 미국 최대의 친환경 식품 유통 체인 홀푸드에서 발표한 자료에 따르면 2019년 미국 내에서 유망할 것으로 예상되는 식품트렌드의 경우 환태평양 연안의 맛, 상온 보관 가능한 유산균, 친환경 포장, 해초 스낵 등이 손에 꼽혔다. 한편, 미국의 프랜차이즈다이렉트(Franchise Direct)가 2019년도에 발표한 미국의 10대 프랜차이즈 순위를 보면 1위는 McDonald's(햄버거), 2위는 Burger King(햄버거), 3위는 Pizza Hut(피자 및 파스타), 4위는 Marriott International(호텔), 5위는 KFC(치킨), 6위는 Dunkin Donuts(커피 및 도넛), 7위는 7 Eleven(편의점), 8위는 Subway(샌드위치), 9위는 Domino's(피자), 10위는 Baskin – Robbins(아이스크림)가 차지한 것으로 나타났다. 서브웨이의 경우 2008년까지 7년 연속 1위 자리를 지키다가 2011년 9위로 밀려났고, 2014년에는 3위, 2019년 현재 8위까지 내려갔다. 반면 2011년 3위를 차지한 맥도날드는 2014년 2위, 2019년 현재 1위까지 올라갔다.

---

8) 식품외식경제(2019)

〈표 1-21〉 2019년도 미국 10대 프랜차이즈

순위	변동	브랜드	업종
1	-	맥도날드(McDonald's)	패스트푸드
2	▲	버거킹(Burger King)	패스트푸드
3	▲	피자헛(Pizza Hut)	피자
4	▲	메리어트 인터내셔널(Marriott International)	호텔
5	▼	KFC	치킨
6	▲	던킨(Dunkin')	베이커리&도넛
7	▼	세븐일레븐(7 Eleven)	편의점
8	▲	서브웨이(SUBWAY)	샌드위치&베이글
9	▲	도미노(Domino's)	피자
10	▲	베스킨라빈스(Baskin-Robbins)	아이스크림

출처 : 프랜차이즈다이렉트

(3) 미국 주요 외식기업 트렌드

미국의 주요 외식기업들은 소비자의 외식 트렌드에 맞추기 위해 다양한 변화를 시도하고 있는데 특히 건강과 관련하여 패스트푸드, 패스트캐주얼 업체들도 메뉴를 변화시킨다거나 영양성분 표시를 하고, 광고에 규제를 두는 등의 노력하는 모습을 볼 수 있다.

Chili's의 경우 저지방 저탄수화물 메뉴옵션을 포함하며 Ruby Tuesday, Inc.는 메뉴에 'Smart eating' 섹션을 포함하고 있다. Yum 브랜드의 경우 트랜스지방을 높게 함유한 제품의 변경 방침을 최초로 업계에서 발표하였으며, KFC에서는 트랜스지방이 함유되어 있지 않은 프라이드치킨을 제공하고 있다(Katz, 2008). 맥도날드는 마케팅에 큰 비중을 두고 있었던 슈퍼사이즈 프렌치 프라이드나 음료를 자제하고 지역적 특성에 따라 요거트, 우유, 야채나 과일 등을 포함한 새로운 해피밀을 개발하여 제공하고 있다. 이는 미국의 비만율이 높아지는 것이 외식 행동과 밀접한 연관이 있음을 나타내고 있으며, 미국에서는 정부 차원의 정책적 지원을 실시하고 있는데, 이는 범국가적인 지원이 필요한 것임을 시사하고 있다. 최근 미국 패스트푸드 업계에서도 건강 지향적이고 유기농 식자재를 사용한 저칼로리 메뉴를 개발하는 추세에 있고 비건 채식 메뉴 또한 증가하고 있다.

2008년부터 고객들이 선택한 메뉴를 취향에 맞춰 조절할 수 있는 '디자인 메뉴'가 각광받고 있는데, 대표적인 브랜드로는 멕시칸 샌드위치 전문점 '치폴레(Chipotle)'로 고객이 직접 재료를 선택할 수 있는 조립식 메뉴로 구성하였고, 각 식재료는 산지에서 직접 공수하여 사용하는 방법으로 건강에도 좋은 음식이라는 이미지를 고객에게 심어주어 트렌드에 민감한 미국 뉴요커들의 입맛을 사로잡고 있다. 또한, 2005년부터 패스트 캐주얼 플랜트 기반 식사를 제공한 'Veggie Grill'은 비건 메뉴도 선보이고 있는데 고객 중 대부분은 완전 채식이 아닌 건강 및 환경적 이유로 육류, 낙농품 섭취를 줄이려는 사람으로 구성된다고 한다.(Forbes, 2017)

(4) 마케팅 트렌드

마케팅 트렌드에서도 많은 변화를 살펴볼 수 있는데, 미국의 경우 인터넷은 삶에 있어 중요한 구성요소가 되면서 외식을 하는 데 있어 중요한 도구로 활용되고 있다. 전체 고객의 50.3%는 일상적으로 모바일 웹사이트를 방문하는 것으로 나타났다(THP, 2017). 또한, 30% 이상의 고객들이 모바일 음식 배달 앱을 통해 식사 경험을 했다고 한다. 이처럼 디지털 판매는 2017년 전체 매출의 6%에서 2025년까지 30%로 증가할 것으로 추산된다(Restaurantdive, 2019).

또한, Toast 2018 레스토랑 산업 트렌드를 살펴보면 미국 전역으로 확대되고 있는 Food truck, 전반적인 식품 트렌드와 함께 지역 생산품과 농산품에 대한 관심이 증대되면서 음식물 쓰레기 감량, 하이퍼 로컬 소싱, 식품 투명성 등의 새로운 개념으로 열리거나 끊임없이 변화하는 소비자 요구에 적응하기 위해 변화하고 있다.

〈표 1-22〉 Restaurant industry trends for 2019

Trend	Commentary
Meals served with side of bragging rights	음식을 인스타그램, 트위터와 같은 SNS에 올리는 현상
Go small or go home	한입 크기의 작은 음식들(예 : Tapas, Dimsum)
Traditional sit-down market shrinks	패스트푸드점의 대안으로 새로운 형태의 패스트 캐주얼 서비스시장의 성장(예 : Chipotle)
Beverage boom	음료소비시장 성장
Asia ascendent	과거 미국인들이 생각하는 아시아 음식은 스시나 중국음식이었으나 최근 한국음식, 베트남음식에 대한 관심이 높아짐
Bitter is Better	쓴 것이 몸에 좋다는 생각
Customers'(healthy) choice	건강한 음식을 선택하고 소비하고자 하는 현상
Locavores take over	로컬 푸드에 대한 관심

출처 : Entrepreneur

〈표 1-23〉 Food trends for 2019

Trend	Commentary
The hotter the better	매운 소스류의 인기(예 : 스리라차 소스 - 베트남요리에 쓰이는 매운 소스)
International comfort food re-imagined	스튜, 미트볼과 같은 일상적인 소박한 음식들이 품격 있는 메뉴로 변신
Waste not, want not	whole 식재료 선호
Pass the bubbly, please	탄산음료를 지양
GMOs? No thanks	유전자 변형 식품 소비 지양
Fast food get upgrade	패스트푸드업계의 변신(건강메뉴 판매 등) 및 패스트 캐주얼 서비스의 지속적인 성장
All about apps	온라인 식재료, 식료품 판매 및 배달서비스 소비시장 확대

출처 : Entrepreneur

(5) 미국의 외식트렌드(2020년 이후)

위드코로나 시대, 일상으로의 회복을 희망하는 미국 식품이나 외식업계는 소비회복을 조심스럽게 전망하고 있다. 미국 통계국(U.S census bureau)은 2021년 들어 코로나 이전보다 외식수요가 증가세를 보이는 가운데 특히 3월부터는 600억 달러대를 보이는 것으로 분석하고 있다.

미국의 레스토랑 예약 플랫폼인 옐프(Yelp)에 따르면 2021년 4월 예약 건수는 전년 대비 23,000%로 폭발적으로 증가하였다고 한다.

미국 외식산업협회의 2021년 레스토랑 업계 분석 및 전망 리포트에 의하면, 2020년 총매출이 코로나 이전보다 2,400억 달러 낮은 것으로 나타났으며, 2021년에는 전년의 손실을 만회하기에는 충분하지 않지만 두 자릿수 성장을 기록할 것이라고 예측한다.

코로나로 인해 2020년 12월 기준 11만 개 레스토랑이 장기 휴업 또는 폐업하였으며 폐업한 레스토랑 중 16%는 30년이나 활동해 온 업체라는 점에서 외식업계의 충격이 큰 것으로 나타났다. 이에 따라 800만 명 이상의 직원이 해고되는 등 일자리 문제도 심각했었다.

그러나 포장 판매 등으로 상쇄하거나, 메뉴 간소화, 푸드테크 서비스 등을 통해 회복하고자 하고 있다.

① 지속 가능한 외식

기후변화 위기는 미국 레스토랑 산업에도 영향을 미치고 있다. 가장 큰 영향은 비용의 상승이다. 식자재의 생산부터 배송, 대체육류와 같은 식품의 성분, 친환경 포장 등 다양한 분야의 투자가 레스토랑 운영비용으로 이어질 것이라고 한다.

다이닝 트렌드 리포트를 발표하는 여러 기업은 식물기반 단백질 제품, 즉, 대체육을 중요 키워드로 뽑고 있다. 코로나19 이후 육류의 안전성과 지속가능한 환경 이슈가 부상하면서 식물기반 대체육에 관한 관심이 증가하고 있다. 미국 갤럽 조사에 의하면, 미국 성인 인구의 5%가 채식주의자다. 그러나 닐슨 데이터에 따르면 미국 소비자의 39%가 식물성 식품을 식단에 더 많이 포함했다고 응답해, 업계에서는 대체육 시장에 높은 관심을 보인다.

미국 외식업계에서 대체육 활용에 가장 적극적인 분야는 퀵 서비스 레스토랑이다. 버거킹, 던킨도너츠, 스타벅스, 델리 타코 등이 채식 버거 시장에 진출하고 있다.

던킨도너츠는 미국 국내 매장에서 식물성 소시지 샌드위치를 판매하고 있으며, 버거킹은 식물성 패티로 만든 "임파서블 와퍼"를 출시하였다.

② 인텔리전트 레스토랑

비용과 공간의 한계, 외식업 인력난 등으로 인해 레스토랑에서 자동화에 관심을 갖는 것으로 보인다.

푸드테크를 통한 자동화로 가장 일반적인 것은 키오스크와 스마트앱, 식품 로봇으로 퀵 서비스 레스토랑을 중심으로 확산되고 있다. 이에 '맥도날드'는 2019년부터 미국과 전 세계 가맹점이 키오스크 및 기타 기술을 추가하는 데 10억 달러를 투자했다.

1921년에 창업해 사각형 햄버거로 유명한 미국의 퀵 서비스 레스토랑 '화이트 캐슬'은 2020년 1개 매장에서 조리 로봇을 도입하였으며, 더 많은 매장에 적용할 계획이라고 한다.

③ 배달음식 시장 확장

미국의 배달시장은 2010년 이전에는 주목받지 못했다. 그러나 2010년대 초반 대도시 중심으로 온라인 배달업체가 등장하고 밀레니얼 세대가 증가하면서 성장하기 시작했다. 2018년 105억 달러였던 배달시장 규모는 2년 만에 2배 가까이 급증하였다.

현재 미국을 대표하는 음식 배달 플랫폼은 우버이츠(Uber Eats), 그럽허브(Grub Hub), 포스트메이츠(Post Mates), 도어대

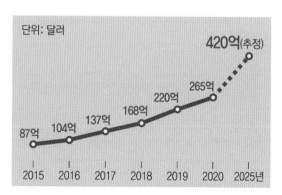

출처 : 비즈니스오브앱스, 맥킨지 등, 2021

[그림 1-26] 미국 음식 배달 서비스 시장규모

시(DoorDash) 등이다. 이 중 도어대시(DoorDash)는 코로나19 이후 미국 배달 음식 시장의 50%의 점유율을 보인다.

도어대시(DoorDash)는 한국의 배달의민족으로 업계점유율 1위이다.

애플리케이션을 통해 음식을 주문하면 대셔(Dasher)라 불리는 독립계약 노동자가 식당에서 음식을 받아 고객의 집으로 가져다준다. 2021년 11월 기준으로 시장점유율 57%로 2위인 우버이츠(점유율 24%)와 2배 이상 차이가 난다.

도어대시(DoorDash)는 2013년 토니 쉬(중국계 미국인)가 스탠퍼드 동기들과 함께 창업한 기업이다.

오늘날의 도어대시를 만든 것은 코로나19 팬데믹이다. 미국 국내 식당 영업이 전면 중단되면서 음식 배달 수요가 늘어나자 도어대시는 배달 서비스 분야의 선두주자로 주목받았다. 2019년 8억 5,000만 달러(약 1조 120억 원)에서 2020년에는 29억 달러(약 3조 4,500억 원)로 3배 이상 성장하였다

도어대시의 강점은 고객기반이 탄탄하다는 것이다. 우선 도어대시는 월 9.9달러를 내면 배달비가 무료인 구독 서비스 대시 패스(Dash Pass)를 운용 중인데 가입자가 900만 명으로 이들은 일반 고객보다 주문을 더 많이 하는 진

출처: 도어대시 홈페이지

[그림 1-27] 도어대시(DoorDash)

성 고객이다. 또, 2021년도 3분기 기준 1인 평균 주문금액이 302달러(약 36만 원)로 우버이츠의 229달러보다 많은 수치이다.

그러나 문제는 음식 배달 이윤이 매우 낮은 사업이라는 점이다. 미국 「월스트리트저널」 분석에 따르면 도어대시는 팬데믹 기간 주문당 평균 36달러를 받아 인건비, 광고 마케팅, 운영비 등 각종 비용을 제하고 90센트의 이윤이 남는다. 구매금액에 2.5% 정도에 불과하다.

이처럼 박한 수익구조 탓에, 도어대시는 빠른 매출 증대에도 계속 적자를 보인다. 이에 도어대시는 이러한 수익구조를 개선하기 위해, 식료품 프랜차이즈 브랜드를 다수 보유한 '앨버트슨(Albertsons)'과 손을 잡고 미국 전역 2,000개 매장에서 1시간 내 음식 식료품을 배달해주는 서비스를 시작하였다. 또한, 최근에는 대시마트(DashMart)라는 이름으로 초고속 식료품 배달사업에 진출하였다.

④ 지속 가능한 외식

지난 몇 년간 기후변화 위기는 외식산업에 막강한 영향력을 미치고 있다. 지구 온난화, 해양 오염 등 전 세계적으로 환경문제가 쟁점이 되는 가운데 미국 식품 및 외식산업 내 친환경, 채식, 대체육 등 식물 기반(Plant-Based) 식품, 업사이클 식품 등 유한한 식량자원을 가치 있게 생산하고 소비하고자 하며, 오래갈 환경을 위해 플라스틱 프리(plastic free) 등 외식 브랜드에서 친환경 포장재 브랜드 등을 사용하고 있다.

'맥도날드'는 2019년부터 플라스틱 프리 콘셉트 매장을 선보이고 있으며, '버거킹'은 2021년 4월 미국 내 마이애미 지역에 있는 51개 매장에서 친환경 포장재에 대한 파일럿 테스트를 진행하기도 하였다. 2006년도 미국 뉴욕주를 시작으로 현재 40여 개의 매장을 운영 중인 샐러드 패스트 캐주얼 다이닝 브랜드 '저스트 샐러드(Just Salad)'는 연간 7만 5천 파운드(약 34t) 이상의 일회용 플라스틱 사용을 줄일 수 있는 다회용 샐러드 볼 프로그램을 운영하고 있다.

출처: 한국농수산식품유통공사, 2021

[그림 1-28] 저스트 샐러드 다회용 샐러드 볼

⑤ 위로 음식(Comfort Foods)

2020년에 이어 2021년도에도 전 세계적으로 코로나로 인해 심리적 스트레스, 불안감, 우울증 등이 지속되면서 심리적 안정감을 주는 '위로 음식'의 수요가 증가하고 있다.

위로 음식은 어린 시절의 향수를 불러일으키거나 감성적인 가치를 제공하는 음식으로 미국인의 대표적인 위로 음식으로는 맥 앤드 치즈, 쿠키, 아이스크림 등이다. (대부분 고열량, 고탄수화물)

배달 플랫폼 그럽허브(Grub Hub)의 조사에 의하면, 2020년 미국 배달 이용 소비자가 가장 많이 주문한 음식 10가지 중 와플 프라이즈, 샌드위치, 딸기 셰이크 등은 위로 음식의 비중이 높은 것으로 나타났는데, 미국 외식산업협회에 의하면 파인다이닝의 약 1/3, 패밀리 레스토랑 및 캐주얼 레스토랑의 20%는 코로나 이후 컴포트 푸드를 메뉴에 추가했다고 한다.

⑥ 간편식의 확대

코로나로 인해 외출, 여행을 자제하게 된 소비자들은 가정 내에서 음식을 먹는 내식의 비중이 증가함에 따라 HMR, 프리미엄 가정식 등 간편 시장이 확대되고 있다.

리서치그룹 모도 인텔리전스(Mordor Intelligence)는 미국, 캐나다 등 북미 지역 간편식 시장이 2020~2025년 약 5년간 연평균 3.96%의 성장률을 기록할 것으로 전망하였다.

미국 외식산업협회의 현황 분석 중 소비자 설문조사에 따르면 응답자의 77%가 코로나 이전보다 집에 머물면서 TV와 비디오를 시청할 가능성이 더 크다고 응답하였으며, 레스토랑에서의 식사 요구를 충족할 대안으로 집에서 조리한 음식에 레스토랑 메뉴를 혼합해서 먹는 경우가 절반 이상이라고 답변하였다.

간편식 시장은 향후 포스트 코로나 시대를 맞이하며 프리미엄화되고 있는데, 특히, '건강'을 위한 유기농 간편식, 무글루텐(Gluten-free), 식물기반 간편식의 출시 등 다양한 제품이 출시되고 있다.

⑦ 매장 밖 영업의 확대

미국 외식업계는 코로나로 인한 내점 매출의 감소를 배달, 포장 서비스 등을 통해 수익성을 상쇄하였다. 미국 외식산업협회 현황보고서에 의하면 내점 식사가 제한됨에 따라 파인다이닝의 56%, 패밀리 레스토랑, 캐주얼 레스토랑의 약 40%가 테이크아웃, 배달메뉴를 추가한 것으로 나타났다.

이러한 서비스 방식의 변화로 미국에서는 배달만 하는 레스토랑을 의미하는 '버추얼 레스토랑'이 떠오르고 있으며, 최근에는 배달과 거리가 있어 보이는 양식당 가맹점이나 음료 기업까지도 버추얼 레스토랑을 운영하고 있다.

버추얼 레스토랑이란 매장 내에서 손님을 받고 음식을 제공하는 것이 아니라 '배달' 또는 '픽업'을 전문으로 하는 가상의 매장이다. 대부분의 버추얼 레스토랑 브랜드는 "도어대시(DoorDash)" "우버이츠(Uber Eats)" 등 기존의 음식 배달 애플리케이션 기업들과 협업을 통해 운영하고 있으며, 일부 브랜드는 특정 배달 애플리케이션에서만 독점 서비스를 제공하기도 한다.

한편, 기존의 전통적인 레스토랑 체인도 '버추얼 레스토랑' 사업에 진출하고 있다.

아웃백스테이크하우스(Outback Steak House)의 모기업인 "블루밍 브랜드(Blooming Brands)"는 2020년 "텐더쉑(Tender Shack)"이라는 치킨텐더 전문 버추얼 브랜드를 선보였다. 치킨텐더,

치킨버거 두 가지 보조 요리 등의 복잡하지 않은 메뉴 구성이 특징이며, 배달앱 도어대시(DoorDash)를 통해서만 주문 배달 및 서비스를 제공 중이다. "칠리스" 등의 브랜드를 소유한 기업 브린커 인터내셔널(Brinker International)은 버추얼 브랜드 "잇츠 저스트 윙(It's Just Wings)"이라는 브랜드를 시작했는데, 세 종류의 단순한 치킨 윙메뉴와 11종류의 소스 및 디저트를 제공하며, 배달은 도어대시(DoorDash)를 통해 이루어진다.

이외에도 "애플비스(Apple bee's)" "데니스(Denny's)" 등 미국의 대중적인 외식 브랜드들도 버추얼 레스토랑 전문점을 시작하였다.

출처: KOTRA, 2021.06

[그림 1-29] 미국 외식기업들의 버추얼 레스토랑

외식기업뿐만 아니라 식품 전문기업에서도 '버추얼 레스토랑' 시장에 진출하고 있는데, 펩시의 "펩스플레이스(Pep's Place)가 대표적이다. 일반적으로 음식을 먼저 고르고 음료를 선택하는 다른 레스토랑과는 달리 음료를 먼저 선택하면 음료에 어울리는 메뉴를 추천해 주는 방식으로 되어 있다. 온라인 주문은 웹사이트를 통해 가능하지만, 아직 배달 가능지점이 한정적이므로 향후 어떻게 사업을 확장할 것인지가 주목된다.

[그림 1-30] 펩시의 버추얼 레스토랑

2) 일본 외식산업 트렌드

(1) 일본 계층별 소비문화

일본과 우리나라는 역사적인 배경이나 사건, 지정학적 위치로 인해 서로 닮아 있으며 사회의 특성이 반영되어 서로 비슷한 것 같지만 다른 점이 있다. 소비에서도 인구의 동태나 구성의 흐름이 비슷하다. 일본의 소비행태를 분석하면 우리나라의 미래 소비문화흐름을 읽을 수 있다.[9]

일본은 1990년대 초 버블 붕괴 이후 이른바 "잃어버린 20년"으로 불리는 시기를 겪었다. 이 시기 중에는 심지어 소비자물가 상승률이 (-)를 보이기도 했다. 도매업과 소매업의 매출은 20년 동안 추세적인 하락을 겪었으며, 이 기간 동안 일본 소매기업들 또한 큰 변화가 있었다.

이 기간에 일본에서는 단순한 가격파괴를 넘어선 저기능, 저가 상품 및 서비스가 유행하였다. 의류브랜드인 "유니클로", 주세가 낮은 발포주, 저가 이발소, 싸게 먹을 수 있는 점심 등의 사례가 여기에 해당한다. 서비스업에서는 백화점이 쇠퇴하고 전문점이 성장하였으며, 고령화에 대응한 산업들이 많이 발전하였다.

일본의 소비계층을 세대별로 보면 밀레니얼 세대, 코스파 세대, 단카이 세대, 베이비붐 세대로 나눌 수 있다.[10]

---

9) 딜로이트 안진회계법인(2019), 불황기에 대비한 소비산업
10) 이진희(2017), 한국과 일본의 소비문화트렌드 비교(일본문화학회)

① 밀레니얼 세대

1980년대에서 2000년 사이 출생한 39세 이하의 세대이며 이 세대의 특징은 소비심리의 개선으로 볼 수 있다. 욜로(YOLO, You Only Live Once)로 대변되는 이들 세대는 미래보다 현재를 우리보다 나를 위한 소비확산을 주도하고 있다. 경제적으로 미래에 대한 불안감이 확대되면서 불확실한 미래보다 현재 자신의 행복을 중요하게 생각한다.

인구 구조적으로는 부양가족 감소가 나를 위한 소비 확산을 이끌고 있다. 결혼관의 변화, 여성의 경제활동 참여 증가 등으로 1인가구의 확대를 주도하고 있는 세대도 바로 밀레니얼 세대이다.

② 코스파 세대

2000년대 초반에 등장한 소비층으로 경기침체로 인해 저렴한 비용으로 효과가 높은 상품을 구매하려는 젊은 세대를 지칭하는 말이다. 코스파는 '비용(Cost)'과 '효과(Performance)'를 합친 말로 다시 말해 가성비를 쫓는 세대라고 할 수 있다. 버블 붕괴의 여파로 주머니 사정이 열악한 2030세대가 저렴한 비용으로 소비효과가 큰 상품을 구매하고자 하는 트렌드가 형성되면서 등장한 세대이다. 이러한 소비행태는 B급 전략이라는 새로운 소비트렌드를 만들었다. B급 전략은 가격, 시간, 만족도 등 현실적인 소비자의 니즈를 공략하는 전략으로 예를 들어 잘 알려지지 않았지만 사람들의 평이 좋은 B급 여행지, 작은 스크래치가 있지만 쓸 만한 B급 가구 등 합리적인 가격의 B급 상품들이 출시되기 시작하였다.

③ 단카이 세대

단카이 세대는 1947~49년에 태어난 일본의 베이비붐 세대로 인구가 700여 만 명이나 되어 '덩어리'를 의미하는 단카이 세대로 불린다. 이들은 1970년대와 1980년대를 거치며 일본의 성장을 이끌었지만 지금은 대부분 은퇴하였다. 이들이 은퇴하면서 실버산업이 관심산업으로 대두되었으나 크게 활성화되지는 못했다. 그 이유는 단카이 세대의 경우 미래에 대한 불안감으로 자신의 자산이나 소득을 소비로 연결하지 않았기 때문이다.

④ 베이비붐 세대

베이비붐 세대는 1955~63년에 태어난 세대로 평균자산은 50대 3,700만 엔(약 3억 8,750만 원), 60대 4,709만 엔(약 4억 8,900만 원)으로 추정된다. 일본의 중ㆍ고령 세대는 금융자산의 63.6%를 안정적인 예적금 형태로 보유하고 있으며, 보험자산도 2004년 이후 확대되는 추세이다. 일본 베이비붐 세대는 경제성장기에 유년기를 보냈으며, 중장년이 되기 전에 해외여행이 자유화되어 이전 세대에 비해 경제적으로 여유롭기 시작한 세대이며 다양한 문화에 관심이 많다.

(2) 일본 최신 소비트렌드

① 간편 외식

일본의 가정간편식 시장은 2018년도에 8조 2,904억 엔에 달하는 등 매년 1~2% 성장하고 있다.

1인 가구의 증가, 일하는 여성의 증가로 가정에서의 조리 시간 단축, 조리공정의 간편화로 이어지는 제품에 대한 수요가 높아지고 있다.

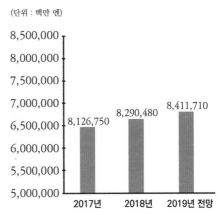

(단위 : 백만 엔)

출처 : KATI

[그림 1-31] 일본 가정간편식 시장(판매액)

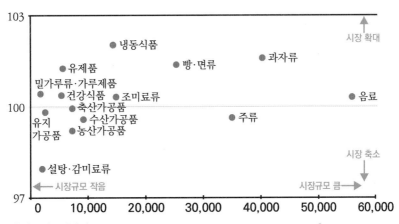

출처 : 야노경제연구소

[그림 1-32] 일본 식품 카테고리별 시장동향

일본의 가정간편식 시장은 레디밀(Ready Meal, 완전 조리식품), 도시락/반찬식품(시중에서 판매하는 도시락, 반찬 등 가정 외에서 조리 및 가공된 식품을 가져가서 먹는, 이른 시일 내에 섭취해야 하는 조리된 식품)의 두 가지로 구분된다.

〈표 1-24〉 일본 가정간편식의 분류

구분	조리방법	주요 품목
레디밀 가공식품	뜨거운 물을 부음	컵라면
	냄비, 프라이팬으로 조리	봉지라면, 칠드[11] 면류, 냉동면류, 냉동쌀밥류
	전자레인지 조리	즉석밥, 레토르트카레, 파우치 식품(고기반찬, 생선반찬, 카레)
	중탕	레토르트카레 파스타 소스
	물에 풀어줌	칠드 면류(일부)
	조리 불필요(그대로 섭취)	시리얼 푸드, 파우치식품(샐러드)
도시락/ 반찬식품	전자레인지 조리(전자레인지로 가열하는 것이 조리의 마지막 공정)	칠드 도시락, 칠드 면류 (편의점 중심으로 전개)
	조리 불필요	상기 이외의 품목

출처: KATI

레디밀 가공식품 시장은 2018년 1조 8,722억 엔의 규모였으며, 2019년도에도 계속 확대될 것이다. 일본의 레디밀 가공식품은 품질, 맛 등이 우수해서 가정에서 요리해 먹거나 외식의 수요를 흡수하고 있다. 상온에서 유통 가능한 드라이 식품의 경우 면류, 쌀밥류 등의 주식류가 대부분이다.

0~10℃의 온도대에서 유통되는 제품을 대상으로 하는 칠드 제품은 14일~90일 정도의 유통기한이 긴 제품의 증가, 메뉴의 다양화 및 전자레인지 조리 가능 용기포장 등으로 수요가 확대되고 있다.

-18℃ 이하의 저온에서 유통되는 제품을 대상으로 한 얼린 식품은 도시락용 제품이라는 인식이 강한 품목이 많았으나, 저녁 식사로 이용 가능한 제품으로 품질의 향상을 도모한 다양한 제품이 출시되고 있다.

도시락/반찬식품은 주로 편의점을 중심으로 활성화되어 있으며, 편의점이 전체 시장의 46%를 차지하고 있다. 백화점의 경우 고급제품이나 행사를 위한 상품에 대한 수요는 꾸준히 있었으나 매장의 폐점이 이어지고 있어 시장 회복 가능성은 작다.

일본 가정식의 경우 조리 시간을 더욱 단축한 가정간편식 상품의 수요가 높아졌으며, 유통기한이 긴 반찬, 전자레인지 조리 가능 용기, 메뉴 제안형 제품, 전부 섭취 가능한 사이즈

---

11) 냉장 및 저온 냉장

등이 인기이다.

[그림 1-33] 일본 전자레인지 조리용기

〈표 1-25〉 일본 가정간편식 트렌드

시장의 배경	가정간편식 트렌드
전체	• 가정간편식의 수요 증가로 인해 소매점, 외식업체 간 경쟁이 치열 • 편의점 가정간편식 판매 강화로 인해 소매점과 경쟁이 치열 • 장기간 저장 가능한 유통기한이 긴 음식이 인기 • 가정 냉장/냉동고 공간 부족으로 드라이 식품 인기
1인 및 2인 세대 증가 초고령화	• 조리하지 않고 데우기만 하면 먹을 수 있는 제품 • 전자레인지 조리 가능 용기를 채택한 제품 • 1인용
일하는 여성 증가	• 조리 시간을 더욱 단축한 제품 • 프라이팬 하나로 조리 가능한 메뉴 • 여러 음식 재료를 사들일 필요가 없는 세트(밀키트)

출처: KATI

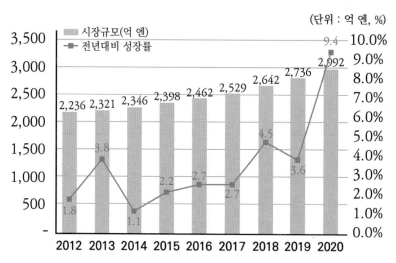

출처: 식품음료신문

[그림 1-34] 일본 레토르트 시장동향

② 건강한 메뉴 인기

일본에서 유기농식품은 높은 가격과 낮은 접근성으로 인해 시장 성장률이 느린 편이었으나, 최근 유기농 시장이 생기면서 불편한 접근성을 해소하고 현지 농산물을 적극적으로 유치하여 소비자들의 관심을 끌고 있다.

〈표 1-26〉 제품별 일본 유기농 인증 사업자 실적(2015)

농산물				가공식품		
	국내 인증	해외 인증	합계		국내 인증	해외 인증	합계
채소	42,386t	1,306t	43,692t	두유	23,843t	1,035t	24,848t
대두	1,201t	17,978t	19,179t	두부	10,383t	0t	10,383t
과실	2,298t	9,501t	11,799t	데친 채소	767t	9,022t	9,789t
쌀	8,831t	616t	9,447t	채소 병·통조림	51t	6,013t	6,067t
커피 생두	0t	2,860t	2,860t	설탕	26t	4,834t	4,860t

출처: KATI, 일본 농림수산성 「인증 사업자 관련 실적」

일본의 된장 전문회사 히카리미소는 20년 이상 유기농 된장을 판매하고 있으며 "고집하고 있습니다" 시리즈로 제품명에서도 유기농을 고집하는 마케팅을 하고 있다.

일본의 대표적인 유통기업 이온그룹은 건강과 환경을 생각한 자사 브랜드 "톱밸류 그린

오가닉" 제품을 2016년부터 출시하고 있다. 일본의 대표적인 식료품 라이프도 2016년 오가닉, 로컬, 건강과 안심 등을 콘셉트로 한 슈퍼마켓을 오사카에 오픈하였다.

일본 외식업체들은 현지 공급업체와 파트너를 맺어 신선한 제철 유기농 채소를 활용하는 식사는 물론 머핀, 쿠키와 같은 베이커리류 등 다양한 유기농 제품을 선보이고 있다.

출처: 이로이로 도쿄

[그림 1-35] 일본 히카리미소 유기농 된장

출처: https://letronc-m.com/spots/1909

[그림 1-36] 일본 오가닉 카페(Yaffa Organic Cafe)

③ 현지화 외식

일본인들은 수입된 것보다 현지에서 공급된 식품과 음식 재료, 분위기 등을 선호하고 있어, 글로벌 해외 브랜드들은 현지 식자재, 분위기 등을 적극적으로 활용하고 있다.

출처: 브랜드 브리프

[그림 1-37] 네슬레의 녹차 맛 킷캣

'네슬레'의 녹차맛 킷캣은 일본 말차(녹차)를 활용한 제품으로 일본 현지화에 성공하여 전 세계적으로 인기를 얻었으며, '스타벅스'는 일본 나카메구로 리저브 로스터리점에 일본 전통 건물 디자인을 적용하여 매장을 디자인하였다.

출처: https://stories.starbucks.com/stories/2019/20-Starbucks-stores-to-visit-in-2020/

[그림 1-38] 일본 나카메구로 스타벅스 리저브 로스터리점

④ 딜리버리 · 테이크아웃

코로나19의 영향으로 외식 기회가 줄어들면서 배달 서비스의 이용률이 높아지고 있다. 일본의 대표적인 음식 배달 서비스로는 "데마에칸"과 "우버이츠"가 있으며, 이외에도 "라쿠텐 딜리버리" "라인 딜리버리" 등이 음식 배달 서비스를 하고 있다.

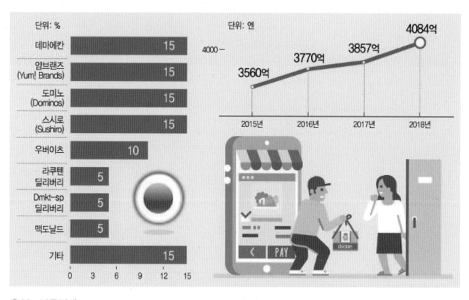

출처: 아주경제

[그림 1-39] 일본 배달음식 서비스 회사별 점유율 및 시장규모(2018)

또한, 테이크아웃 서비스도 증가하고 있는데 포장 판매가 가능한 점포인지 아닌지를 검색해 주는 사이트인 "이파크 테이크아웃" "테이크아웃커넥션" 등이 대표적인 사이트이며, 사이트에서 선주문, 선결제까지 다양한 서비스를 제공하고 있다.

출처: KOTRA

[그림 1-40] 일본 내 주요 음식 개발 대행 서비스

현재 2020년 일본에서 인기 있는 배달 애플리케이션은 다음과 같다.

■ 우버이츠(Uber Eats)

우버이츠는 한국 진출에 실패했지만, 일본업계에서는 1~2위를 다툴 정도로 인기가 높다.

가맹점 수는 30,000만 개 이상으로 유명 연쇄점부터 로컬 개인 점포까지 다양한 음식점이 입점해 있다. 또한, 상황별, 음식 종류별, 이벤트별 등 검색할 수 있는 레스토랑이나 요리의 카테고리가 구체적이고 세부적이다.

〈표 1-27〉 우버이츠 현황

항목	내용
가맹점 수	약 30,000개 이상
대상 지역	도쿄, 요코하마, 시즈오카, 하마마쓰, 오사카, 교토, 센다이, 기타큐슈, 나고야, 오이타, 우쓰노미야, 오카야마, 구마모토, 마쓰야마, 후쿠오카, 니가타, 히메지, 삿포로, 고베, 후무야마, 나하, 다카마쓰, 가고시마
최소주문금액	없음(단, 750엔 미만 시 150엔 추가)
배달료	50엔부터(거리, 시간 등에 따려 변동)
정액요금	980엔/월(Eat Pass), 주문금액 1,200엔 이상 시 배달료 면제

출처: tsunagu Local

주문은 '검색 - 주문 - 확인'의 간단한 단계를 거치며, 주문 후 실시간으로 배달현황을 확인할 수 있다. 한국과 달리 배달원에 대한 평가가 가능하며 팁도 제공할 수 있다.

우버이츠 배달원은 개인사업자로 대부분 자전거를 이용해 배달하기 때문에 우천 시에는 배달원의 수가 적어 배달이 지연되거나 배달료가 증가한다.

■ 데마에칸(出前館)

일본 국내 최대 가맹점 수를 자랑하는 "데마에칸"은 일본 배달업계의 시초로 한국의 "배달의민족"이라고 할 수 있다. 28개 도도부현에 한정된 우버이츠와 달리 전국에 배달(일부 시, 현, 촌 제외)할 수 있다.

배달 서비스를 제공하지 않는 체인점부터, 로컬가게까지 다양한 종류의 음식을 주문할 수 있으며, GPS 기능을 사용하면 집이나 사무실 외에 공원 등의 야외로도 배달할 수 있다.

배달원은 데마에칸 소속 스태프로, 주로 오토바이를 이용해 배달해서 우버이츠와 달리 우천 시 주문 가능한 음식이 많다.

〈표 1-28〉 데마에칸 현황

항목	내용	항목	내용
가맹점 수	약 50,000개 이상	최소주문금액	있음(가게별로 상이)
대상지역	전국(일부 시구정촌 제외)	배달료	10%

출처: tsunagu Local

■ 라쿠텐 데리바리(楽天デリバリー)

일본의 대기업인 라쿠텐이 운영하는 "라쿠텐 데리바리"는 라쿠텐 이용자라면 누구나 간편하게 이용할 수 있다.

〈표 1-29〉 라쿠텐 데리바리 현황

항목	내용	항목	내용
가맹점 수	약 12,000개 매장 이상	최소주문금액	있음(가게별로 상이)
대상지역	전국(일부지역 제외)	배달료	있음(가게별로 상이)

출처: tsunagu Local

⑤ 클라우드 키친, 고스트 레스토랑(공유주방)

실제 점포를 가지지 않고 지분 키친 등에서 조리한 뒤 딜리버리 중심으로 운영하는 레스토랑 "고스트 레스토랑"이 일본에서도 확대되고 있다.

"고스트 레스토랑"은 음식점의 새로운 영업 형태로 실제 매장이 없고 온라인 주문을 통한 배달만 하기 때문에 주방 공간만을 필요로 하므로 창업 비용이 저렴한 것이 장점이다.

일본 "고스트 레스토랑"을 선점하고 있는 업체는 "글로브리지(Globridge)"로 400개 이상의 점포를 개점하였으며, 온라인 배달업체 주문율 최상위를 기록하고 있다. 최근에는 주식회사 "코우라"(일본 딜리버리 업계 최대기업)와의 업무제휴를 발표하는 등 기존 레스토랑과의 전략적 업무제휴를 통해 소비자 인지도를 높이고 있다.

〈표 1-30〉 Globridge 회사 개요

항목	내용	항목	내용
회사명	주식회사 Globridge	운영점포 수	224점포
대표자	오츠카 마코토	지원점포 수	720점포
설립	2008년 9월	주요 사업 내용	음식 경영사업, 컨설팅 사업

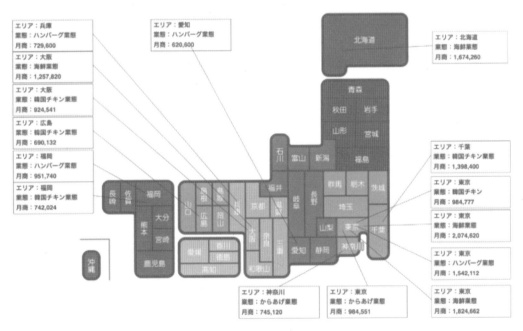

출처: www.globridge.co.jp

[그림 1-41] Globridge 배달실적(2022년 4월)

한편, "키친 베이스(Kitchen Base)"는 한국 공유주방 전문기업 "위쿡"과 일본 공유 오피스 기업 "가이악스"의 합작기업이다.

"키친웨이브"는 위쿡의 창업 인큐베이팅 시스템을 적용한 일본의 인큐베이션형 배달 공유 주방으로 단순 공간임대를 넘어서 배달 음식 사업에 특화된 브랜드를 개발, 전수하는 서비스도 제공하며, 1호점은 주택가와 스타트업이 밀집되어 배달 수요가 높은 도쿄 시나가와 고탄다 지역에 있다.

출처: 바이라인네트워크

[그림 1-42] 키친 베이스 나가메구로점

⑥ 캐시리스(Cashless)

일본 정부는 2020년 7월 결정된 "성장전략 후속 조치" 중 "결제 인프라의 재검토 및 캐시리스(비현금 결제) 환경정비"에서 "2025년 6월까지 캐시리스 결제 비율 40% 실현"을 발표하였다.

코로나19를 계기로 비대면, 비접촉 서비스가 늘어나면서 일본에서도 캐시리스(비현금 결제) 도입이 확대되고 있으나, 아직 주요 선진국에 비하면 저조한 수준이다.

사단법인 캐시리스 추진협의회가 발표한 자료에 따르면 2018년 기준 일본 내 전체 결제 수단 중 비현금 결제가 차지하는 비중은 24.2%로 30%에도 미치지 않는다. 한편, 한국의 캐시리스 비율은 2018년 94.7%로 세계 최고 수준이며, 중국도 77.3%로 매우 높은 수준이다. 한국, 중국 이외에 나라의 캐시리스 비율은 대략 40~60% 정도이다.

일본의 캐시리스 결제 비율의 세부 내용을 조금 구체적으로 살펴보면, 2019년 기준으로 전체 캐시리스 결제 수단 중 신용카드가 차지하는 비중이 24%로 가장 높다.

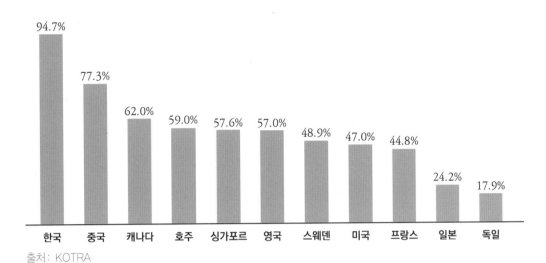

출처: KOTRA

[그림 1-43] 세계 주요국의 캐시리스(비현금 결제) 현황(2018)

〈표 1-31〉 2018년, 2019년 일본 비현금 결제 비율(%)

결제 방법	2018년	2019년
신용카드	21.9	24.0
직불카드	0.44	0.55
전자화폐	1.8	1.9
QR코드 결제	24.1	26.8

출처: KOTRA

⑦ 접객보다 음식에 집중(오모테타시 구루메おもて無グルメ)

　오모테나시(おもてなし)란 "진심으로 손님을 대접한다"라는 사전적 의미로 일본 특유의 환대 정신을 의미하는 단어, 오모테나시 구루메란 이 단어의 끝 두 글자 나시(なし)를 없다는 의미의 동음어 나시(無し)로 바꾼 단어로 "서비스는 간소화해도 좋고, 요리가 중요하다"라는 의미다.

　일본에서는 고급 요리를 합리적인 서비스로 제공하는 음식점이 등장하고 있다. 교토 세타가야에 있는 "루나틱"의 경우 푸아그라 같은 고급 프랑스 요리를 판매하지만, 주문은 자판기로 서빙은 스스로 전환하여 메뉴 객단가를 낮추었다(기존의 4,000엔 스테이크를 1,000엔에 제공).

출처 : https://foodfun.jp/

[그림 1-44] 오모테나시 구루메

⑧ 냉동식품

코로나19 확산으로 편의점과 마트 등 유통시장의 냉동식품 판매가 급증하고 외식업소 매출은 감소하였다. 이에 유명 외식기업이 냉동식품을 개발하고 있다.

"로얄홀딩스"의 경우 "로얄델리"브랜드를 론칭하고 중앙 주방에서 만든 요리를 급속 냉동한 제품을 선보이고 있으며, 베이커리 카페 "팡앤에스프레소"는 냉동 식빵을 판매하고 있다.

코로나19로 인해 일본 냉동식품 시장이 유례없는 활황기를 맞고 있는 가운데 맛까지 그대로 재현한 프리미엄 제품이 주목받고 있다.

일본 냉동식품협회의 조사에 의하면 2021년 가정용 냉동식품의 생산은 물량 기준으로 전년 대비 3.6% 증가한 79만 8,667t이며 이는 7년 연속 증가한 수치이다. 또한 금액 기준으로 전년 대비 12.2% 증가한 416억 9,600만 엔을 기록하며 7년 연속 증가하는 등 지속적인 상승세를 보인다.

코로나19가 냉동식품의 수요 확대에 큰 영향을 끼친 것은 분명하지만 통계에서도 알 수 있듯이 냉동식품 시장은 이전부터 꾸준한 상승세를 보여왔다.

최근 일본 냉동식품 시장에서 가장 인기 있는 제품은 니치레이 푸드가 출시한 "냉동 중화냉면"이다.

해당 제품은 판매액 기준으로 10억 엔 이상의 매출을 올리고 있으며 중화냉면은 일본인이

즐겨 먹는 여름 음식으로 한국의 비빔면과 냉면의 중간 정도 되는 면 요리다.

별도의 조리과정 없이 전자레인지에 돌리면 바로 차가운 면 요리를 즐길 수 있다는 편리성과 기존의 냉동식품에 없던 중화냉면 메뉴가 등장했다는 점이 화제가 되었다.

출처 : http://key-t.co.kr/

[그림 1-45] 니치레이 중화냉면

⑨ 코로나 이후 온라인 밀키트 시장 활발

코로나 기간 식품 밀키트 시장은 비약적인 성장을 이루었다. 2020년 일본능률협회 종합연구소에서 조사한 내용에 따르면, 일본 밀키트 시장은 꾸준히 상승해 2021년에는 1,600억 엔까지 규모를 키웠다. 2024년에는 1,900억 엔의 규모를 이룰 것으로 추정되고 있다.

일본 MMD연구소(Mobile Marketing Data Labo)가 실시한 "밀키트에 대한 이용 실태조사"를 보면, 밀키트 주요 이용 경로로는 인터넷이 9.2%, 점포가 8.1%, 카탈로그(지면)가 7.5% 순이었다. 인터넷을 통한 구매의 경우, 역시나 20~30대의 이용 경험이 가장 높았으나(20대 12.2%, 30대 11.1%) 전체적으로는 이용 경험이 9.1%로 그리 높은 편은 아니다.

온라인 밀키트 주문율이 가장 높은 건 신선식품 배달을 중점적으로 하는 '오이식스(Oisix)'로 17.2%를 차지하고 있다.

⑩ 대체육 도입 본격화하는 일본 외식업계

동물복지에 대한 인식이 올라가고, 건강한 식습관을 위해 대체육을 찾는 소비자가 갈수록 많아진다.

푸드테크 기술의 고도화로 돼지고기, 닭고기 등 육류에 그치지 않고 참치와 같은 어류의 맛을 표현한 대체육이 출시되고 있다.

대체육을 활용한 메뉴를 선보이는 식당이 늘고 있다.

기린그룹이 운영하는 레스토랑 '기린시티'는 식물성 고기 생산기업 다이즈(DAIZ)의 제품을 사용한 멘치카츠를 개발해 5개 점포에서 점심, 테이크아웃 메뉴로 판매를 시작하였다.

⑪ 코로나 속 두 자릿수 성장한 '고령자를 위한 배달도시락' 사업

코로나 사태가 장기화하자 젊은 세대에 비해 온라인 쇼핑에 익숙지 않은 고령층은 일상생활을 보내는 데 어려움을 겪었다. 고령 소비자를 위한 전용 도시락 배달 서비스가 코로나의 영향으로 2020년부터 좋은 실적을 거두고 있다.

⑫ 한국 현지 재현한 식당 인기

이태원 클라쓰, 사랑의 불시착 등의 드라마는 물론 BTS를 필두로 한 한류 문화에 대한 일본 대중의 높은 관심이 식문화로 이어지며 한식당이 큰 인기를 끌 것으로 보인다.

최근 일본 MZ세대가 열광하는 한식당의 모습을 보면 음식부터 메뉴판, 인테리어 등, 마치 한국에 있는 듯한 느낌을 주도록 현지 문화를 충실히 재현하는 데 초점을 두었다.

코로나로 해외여행이 힘들어지며 대리만족을 느끼고 싶어 하는 소비심리가 반영된 것이다.

⑬ 이탈리안 디저트

베이커리, 카페에서는 이탈리안 디저트의 수요가 증가하고 있다.

버블세대를 풍미한 티라미슈에 이어 올해에는 마리토조가 히트하고 있다. 그라니타(이탈리아 시칠리아에서 유래한 디저트로 과일에 설탕, 와인, 얼음을 넣고 간 슬러시)도 여름철 판매량이 호조를 보인다.

연말을 앞두고 파네토네(밀라노에서 연말, 신년에 먹는 빵), 추코코(피렌체에서 유래한 케이크)가 디저트의 메뉴로 등장하였으며 인기가 지속될 것으로 보인다.

출처 : https://news.allabout.co.jp/

[그림 1-46] 일본의 인기 디저트 마리토조

⑭ 친환경 제품 강화

많은 생수, 음료 제조사들이 무라벨 음료로 생산방식을 바꾸고 있다. 여기서 더 나가 일본에서는 레이저 마킹 기술이 적용된 무라벨 제품이 출시되었다.

일본의 아사히음료 주식회사는 자사의 음료 '아사히 주로쿠차(アサヒ 十六茶)'에 레이저 표시 기술로 상품명과 정보를 표기하였다.

"닛신식품 지주사"는 친환경 경영을 실천하고자 컵누들 제품의 뚜껑 열림 방지 스티커 디자인을 변경하고, 이를 통해 닛산은 연간 33t의 플라스틱 원료를 절감하는 효과를 올렸다.

⑮ '백투더퓨처!' 50년대 미국풍 다이닝

시부야109 산하 마케팅 연구기관에서 15~24세 여성을 대상으로 2022년 외식 트렌드에 관한 설문조사를 실시한 결과 고전 영화에 나오는 50~60년대 아메리칸 다이닝에 대해 높은 관심을 보였다.

체크무늬 바닥, 빨간색 의자와 테이블, 홈 주크박스 등으로 꾸며진 복고풍 레스토랑 형태다. 2019년부터 도쿄와 나고야를 중심으로 미국풍 다이닝 음식점의 수가 증가해 왔다.

고전적인 소품과 원색으로 이루어진 인테리어에 인스타 바에(インスタ映え)족이 열광하며 SNS를 중심으로 빠르게 퍼져나가고 있다.

도쿄에 있는 '베이컨 바운스' '에이스 클래식 다이닝' '아이코 우샤'가 대표적인 50년대 미국풍 레스토랑이다.

3) 중국의 외식산업 트렌드

(1) 소비시장 현황

중국 소비시장은 글로벌 금융 위기 이후 중국이 내수중심의 성장전략을 강화하면서 빠르게 확대되었다. 중국의 소비시장 규모는 2017년 현재 4.7조 달러로 전 세계 소비시장의 10.5%를 차지하며 미국(29.5%)에 이어 글로벌 2위 규모로 성장하였다.

이러한 양적 확대뿐만 아니라 소비구조, 지출 등 질적인 면에서도 변화된 특징을 보이는데 개인을 중요시하고 개인의 선호가 반영되는 선택재의 비중이 늘어나면서 다양성과 차별성을 특징으로 하는 소비구조를 형성하고 있다. 개인을 중요시하는 성향이 증가하면서 중국의 소비현황은 다음과 같은 특징을 보인다.[12]

① 개인화

중국의 가구 규모가 급속히 소형화되고 있는 가운데 특히 1인 가구의 비중이 빠르게 확대되고 있다. 2016년 기준 1인 가구 비중은 14.1%로 2000년(8.6%) 대비 두 배 가까이 확대되었으며, 연령별로는 20대, 지역별로는 베이징, 상하이 등 1, 2선 도시지역에서 높게 분포되는 특징을 보이고 있다. 1인 가구의 비중 확대로 지출형태 또한 개인화되고 있으며, 선호하는

---

12) 한국은행 국제경제부 중국경제팀(2018), 중국소비시장의 변화의 특징과 시사점

소비품목 또한 편리성과 개인화에 집중되고 있다. 최근 들어 중국에서 빠르게 성장하는 배달 전문 서비스와 반려동물 시장의 이용자도 1인 가구가 다수를 차지하고 있다.

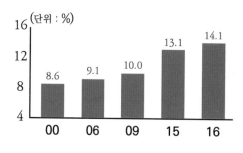

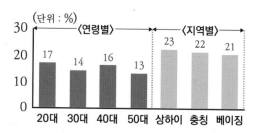

출처: 국제경제리뷰, 한국은행, 2018

주: 연령별은 2010년, 지역별은 2016년 기준

[그림 1-47] 중국 1인 가구 비중(좌) 및 연령·지역별 1인 가구 비중(우)

② 디지털화

중국의 전자상거래 시장은 인터넷 및 모바일기기의 보급확대, 정부의 정책적 지원, 20대 1인 가구의 부상 등을 배경으로 빠르게 성장하였다.

특히, 모바일기기 보급 확대의 영향으로 소비와 밀접하게 연관된 기업 대 소비자 간 거래 (B2C : Business to Costomers)시장이 급성장하고 있다.

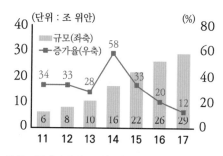

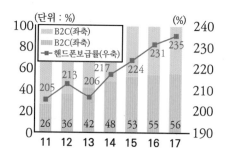

출처: 국제경제리뷰, 한국은행, 2018

[그림 1-48] 중국 전자상거래 시장(좌)과 B2C 비중 및 모바일기기 보유비중(우)

신속성과 편리성을 지닌 전자상거래가 활성화되면서 디지털 기반의 온라인 유통시장의 규모가 증가하였다. 온라인을 통한 주요 구매품목으로는 주력 소비계층으로 부상한 20대 1인 가구의 선호품목인 의류, 외식, 여행 등이 다수 포함되어 있다. 중국의 경제성장, 제조기술의 발달로 자국 제품을 선호하는 추세이나, 품질에 대한 높은 신뢰를 요구하는 화장품, 유아용품에 있어서는 해외직구시장을 통해 구입하는 경우가 많다.

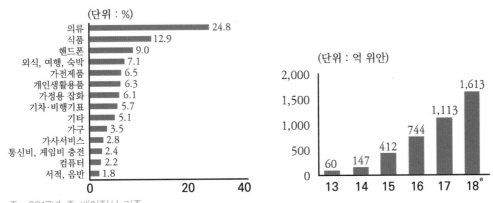

주: 2017년 중 베이징시 기준
출처: 국제경제리뷰, 한국은행, 2018

[그림 1-49] 전자상거래 주요 구매품목(좌) 및 해외직구시장 규모(우)

한편, 최근에는 온라인 유통기업들이 기존의 매장형 유통업체와 제휴하여 온-오프라인이 융합된 새로운 소비시장을 구축하고 있다. 대표적인 온라인 기업 알리바바는 약 50만 개의 지역 마트를 온오프라인 결합 플랫폼13) 형태로 운영하고 있다.

③ 고급화

중국의 주력 소비계층은 중산층의 비중의 빠르게 증가하고 있다. 소득증가에 의해 중국의 중산층 비중의 2017년 37%로 확대되었으며, 2025년에는 50%에 이를 것으로 전망하고 있다. 특히, 1세대 중산층14)으로 가장 많은 인구비중을 차지하고 있는 40~50대 초반 세대가 중산층의 확대를 주도하고 있다.

이러한 중산층의 확대로 가계의 소비트렌드가 프리미엄 중심의 고급화로 전환되고 있다. 2016년 전 세계 사치품 시장의 1/3가량을 중국인이 점유라고 있으며 2025년에는 점유율이 44%까지 확대될 것으로 예측하고 있다. 2030년에는 중국의 중산층 소비규모가 전 세계 소비의 22%에 이르면서 미국을 앞설 것이라는 예측도 제기되고 있다.

---

13) 온라인 기업은 오프라인 소비자들에게 제품관련 정보를 제공하고 소비자들은 오프라인 체험을 통해 구매여부를 결정한 뒤 온라인으로 구매, 결제하는 형식

14) 중국의 중산층은 1960년대 후반~1970년대에 출생하여 고도성장기 중 상당한 구매력을 축적한 1세대와 1980년대 한 자녀로 출생하여 선신화된 소비행태를 보이는 2세대로 구분

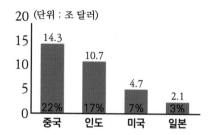

출처: 국제경제리뷰, 한국은행, 2018

[그림 1-50] 전 세계 사치품 시장 전망(좌)과 2030년 중산층 소비 및 비중 변화 전망(우)

④ 자족화

중국 제조기술의 향상으로 품질개선 및 경쟁력 제고 등의 노력으로 인해 중국 소비자들의 자국산 제품의 신뢰도가 크게 증가하였다.

2018년 자국산 제품에 대한 만족도 조사 결과 중국 소비자의 80% 이상인 대다수의 소비자가 자국 제품을 신뢰하는 것으로 나타났다. 자국산 제품에 대한 구매량을 늘렸다는 응답자의 비율도 2016년 61.0%에서 2018년 75.8%로 증가하였다.

그러나 선호도가 높은 자국 제품에는 신선식품, 생필품 등 기초소비재가 다수를 차지하고 있으며, 대형가전, 화장품에 대한 만족도는 낮은 수준으로 수입품에 대한 선호도가 여전히 높다.

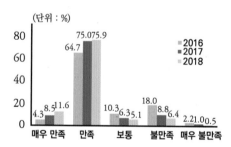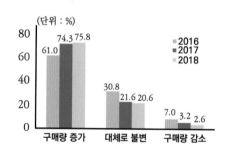

출처: 국제경제리뷰, 한국은행, 2018

[그림 1-51] 중국 소비자의 중국산 제품 만족도(좌) 및 중국산 제품 구매량 변화(우)

(2) 외식산업현황

중국의 외식산업 시장 규모는 2017년 3조 9,600만 위안 규모로 전년 대비 10.7%로 성장하였으며, 2018년도에는 4조 3,000억 원 위안을 넘어설 것으로 전망하고 있다.[15]

(단위 : 억 위안)

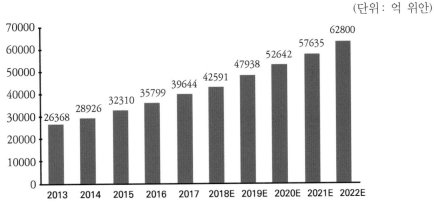

출처: KOTRA, 2018

[그림 1-52] 중국 외식산업시장규모

'중국요리협회' 및 '중국산업정보'에 따르면 2020년 외식산업의 운영 수입이 5조 위안을 넘어서고 2022년에는 6조 위안 이상이 될 것이라고 한다.

이렇게 중국 외식시장이 성장한 이유로 외식소비 횟수의 증가가 많은 기여를 하였다고 현지 외식업계는 추측하고 있다. 2018년 중국 소비자 외식빈도 변화를 조사한 결과 소비자들의 51.8%가 외식비율이 최근 1년간 증가하였다고 응답하였으며, 횟수는 주 3~4회가 가장 높은 것으로 나타났다.

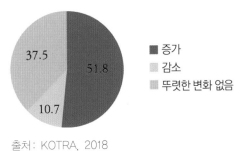

출처: KOTRA, 2018

[그림 1-53] 중국 소비자 외식빈도 변화

---

15) KOTRA 해외시장뉴스(2018), 변화하는 중국 외식산업 트렌드 및 유의사항

(3) 중국 외식산업의 유형별 분포

식당의 유형별 분포를 보면 중국식당이 57%로 가장 높은 점유율을 보이고 있고 '휴한간찬', '패스트푸드' 등의 순으로 나타나고 있다.

특히, 최근 중국에서 주목받고 있는 '휴한간찬'은 최근 5년간(2012~2017) 평균 20~25%의 성장세를 유지하고 있으며, '중국요리협회'에 따르면 '휴한간찬'은 2017년 중국외식산업시장에서 16%의 점유율을 보이고 있다.

'휴한간찬'은 기존의 패스트푸드보다는 고급스러운 분위기와 식사 및 커피를 즐길 수 있는 식당 및 카페, 브런치 카페를 의미하는데, 이러한 업종의 성장으로 보아 중국의 외식산업은 전통적인 방식에서 벗어나 젊은 층을 대상으로 한 메뉴 개발 및 식당의 분위기 전환 등 새로운 트렌드에 맞춰 변화를 주고 있다.

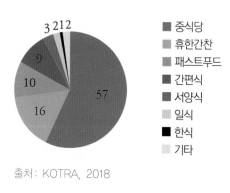

출처: KOTRA, 2018

[그림 1-54] 외식산업의 유형별 분포

(4) 높은 폐업률

성장하는 외식시장에서 매년 폐업하는 식당도 증가하고 있다. 2016년 16만 개, 2017년 상반기에만 약 21만 개의 외식업체가 문을 닫고 있다.

폐업의 주요 원인으로는 식품안전규정 위반, 전문적 관리능력 부족, 무리한 점포 수 확대, 시장의 치열한 경쟁 등이 있다.

시장규모 대비 이익을 창출하는 기업은 다소 한정되어 있으며, 중국 국가통계국에 따르면 전체 식당 중 20%만이 이윤을 얻고 있다.

(5) 중국 외식산업의 새로운 특징

① 새로운 고객

　최근 여성 소비자들이 남성 소비자들에 비해 외식지출이 큰 것으로 나타났으며, 금액대별로 보면 100위안(한화 약 1만 6천 원) 이하 비용의 경우 남성의 지출 비중이 조금 높지만 100위안 이상의 금액대에는 여성 소비자의 지출비용이 약 10% 이상 높았다. 연령의 경우 20~34세가 외식산업에서 74%로 가장 큰 비중을 차지하고 있고, 외식빈도로 보았을 때 90허우(90년대 이후 태어난 세대를 일컫는 단어) 연령층이 가장 높은 것으로 나타났다. 이러한 결과로 보아 젊은 세대의 소비자들이 중국 외식산업 시장에서 새로운 고객층이 되고 있다.

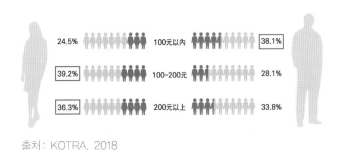

출처: KOTRA, 2018

[그림 1-55] 중국 성별 평균 외식소비액

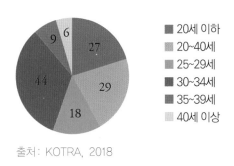

출처: KOTRA, 2018

[그림 1-56] 중국 외식산업 소비 비중

② 중국 소비자의 눈높이

　기술의 도입과 새로운 주 소비계층의 변화로 과거에는 가격, 품질, 서비스를 거시적으로 보았다면, 최근 중국의 소비자들은 높은 가성비, 품질, 제품의 표준화, 개성 등 외식 시 다양한 경험을 요구하는 특징을 보이고 있다.

〈표 1-32〉 중국 소비자 식당 요구사항 변화

식당 요구사항	과거(2017년 이전)	현재(2017년 기준)
안전 및 일정한 품질	33%	30%
맛	21%	16%
신선도	17%	15%
영양성분	12%	10%
시각	7%	10%
특색	5%	9%
음식궁합	4%	5%
다양한 메뉴 구성	1%	5%

출처: KOTRA, 2018

③ 스마트 기기 이용 활성화

중국은 현재 온라인 플랫폼을 통해 식당검색을 시작해서 예약, 주문접수, 계산, 영수증까지 모두 스마트폰으로 해결하는 원스톱 체계로 운영하는 경우가 많다. 특히, 영수증의 정보 입력부터 발급까지 모바일을 가지고 매장 직원과 별도로 소통할 필요가 없다는 점이 매우 편리하다.

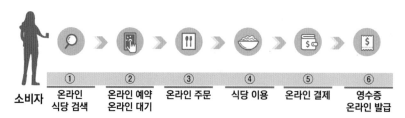

	①	②	③	④	⑤	⑥
소비자	온라인 식당 검색	온라인 예약 온라인 대기	온라인 주문	식당 이용	온라인 결제	영수증 온라인 발급

출처: KOTRA, 2018

[그림 1-57] 중국 스마트폰 원스톱 식당 이용

(6) 중국 최신 외식트렌드

중국국가통계국에 의하면 2020년은 전년 대비 16.6% 감소한 3조 9,527억 위안(약 681.1조 원)으로 코로나19로 인해 외식시장 규모가 감소하였지만, 2021년 중국 프랜차이즈 외식업 보고서에 따르면 2021년 중국의 외식시장 규모는 4조 7,000억 위안(874.7조 원) 그리고 2024년에는 6조 6,000억 위안(1,228.3조 원)으로 다시 성장세를 보일 것으로 전망하고 있다.

중국외식협회는 중국은 코로나19로 인해 큰 타격을 입었지만, 동시에 새로운 기회도 생겼다고 보는데, 재택소비가 가속화되면서 외식업계의 디지털화를 촉진했고, 배달, 식자재 유통, 완제품과 반제품 공급 등 사업 분야가 확장되었다고 분석하고 있다.

① 간편식 시장의 확대

중국 내 1인 가구의 확산과 일 평균 근무시간이 10시간이 넘는 근로자의 증가 등으로 인해 중국의 간편식 시장은 확대되고 있다. 중국 간편식 시장은 2020년 472.6억 위안(약 8조 원)으로 전년 대비 127.8%가 증가하였다.

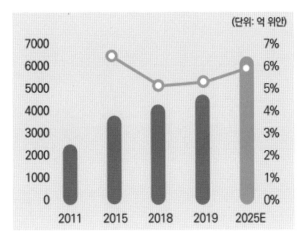

출처: 한국농수산식품유통공사

[그림 1-58] 중국 간편식 시장 규모

특히, 코로나19 이후 외식문화가 변화하면서 간편식 시장이 급속도로 확대되고 있다.

2021년 춘절 식품 TOP10 조사(조사기관 : 티몰)에 따르면 간편식 관련 식품의 판매량은 전년 대비 16배나 증가하였다.

코로나19로 인해 건강에 관한 관심이 높아지고 2020년 이후 중국 정부가 "건강한 중국"을 목표로 체중 관리의 중요성을 강조하면서 다이어트 간편식 시장도 확대되고 있다.

다이어트 간편식 시장은 2017년 58.2억 위안에서 2020년 472.6억 위원으로 7배 이상 증가했으며, 2021년 역시 전년 대비 2배 이상 성장했다. 기업들은 다양한 형태의 다이어트 간편식을 만들고 있다. 대표적인 다이어트 식품 전문 브랜드 "차오지링"은 한끼에 330kcal만 섭취하는 즉석 면과 밥을 출시하고 중국 인기 왕홍(인플루언서) 방송 채널을 통해 판매하고 있다.

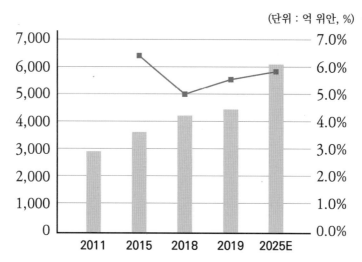

(단위 : 억 위안, %)

출처: 식품음료신문, 2021.09

[그림 1-59] 중국 다이어트 간편식 시장규모

중국의 유명 외식기업들도 간편식 메뉴를 개발하고 있는데, 중국의 훠궈 전문 브랜드인 "하이디라오"에서는 새로운 HMR 제품을 개발하였으며, 간편식 전문업체인 "웨이즈시앙"은 중국 1호 간편식 식품 상장기업이 되었다.

② 배달시장 확대

중국 각 지역의 도시화, 코로나19 등으로 인해 배달시장 역시 지속 성장하고 있다.

중국의 아이미디어 리서치에 따르면, 온라인 음식 배달 이용자는 2015년 2억 900만 명에서 2020년 4억 5,600만 명으로 5년 사이 118.2%의 성장률을 보였다.

배달시장이 확대됨에 따라 배달앱들의 서비스 경쟁도 치열해지고 있다. 중국 최대의 딜리버리 앱인 "메이투안"은 소비자들이 서로 주문한 음식을 공유할 수 있는 기능을 추가하였으며, 고객들이 배달 외식업체의 위생상태를 실시간으로 확인할 수 있는 제도가 도입되었다. 상하이시 시장관리감독국과 시 빅데이터 센터는 음식 서비스 식품안전등급을 배달 앱에서도 볼 수 있도록 표시하였다.

또한, 최근 배달 서비스가 대중화되면서, 신선식품, 의료용품, 의류, 도서 등 다양한 영역으로 확장되고 있다. "란런 경제(게으름뱅이 경제, 온라인으로 모든 것을 소비하는 현상)" 현상으로 배달 음식 이외에도 즉시 상품을 받아볼 수 있는 "샤오청취(위챗 내 미니프로그램)"에 대한 수요가 빠르게 증가하고 있다. 특히, "샤오청취"는 다운로드 없이 사용할 수 있어 소비자 접근성이 매우 높다.

중국 딜리버리 앱의 신선식품 배달로 인해 배달 플랫폼 업계 간 신선도 유지를 위해 배송 시간 단축 경쟁이 치열해지고 있다. 상품 공급 조절과 효율을 높이기 위해 빅데이터 기술을 도입하고 있으며, 주요 고객층이 위치한 곳에 물류창고 등을 설치하여 30분 이내에 배송하는 물류 배달 시스템을 통해 신선식품을 비롯한 생활용품을 배달하고 있다. 대표주자는 "허마센성" "딩동마이차이" 등이 있다.

의료품 배달 서비스를 이용하는 고객도 늘어나고 있는데, 병원이나 약국에 직접 가지 않아도 의료용품 딜리버리 앱을 통해서 약사와 상담을 하고 약을 살 수 있다. 또한 24시간 서비스할 수 있으므로 3, 4선 도시의 의료접근성을 크게 개선하고 의료 서비스의 질을 높일 것으로 중국에서는 기대하고 있다.

의료품 배달 서비스의 대표주자는 "당당 콰이긴" "알리 건강" 등이 있다.

〈표 1-33〉 분야별 중국 주요 딜리버리 앱

구분	주요 딜리버리 앱
음식 배달	메이투안와이마이, 어러머 등
신선식품 배달	메이르요유선, 딩동마이차이, 허마센성, 푸푸차이스, 메이투안마이차이 등
생활 마트 배달	칭동다오챠, 영휘마트, 쑤닝샤오텐, 허마센성 등
의약 배달	아리건강, 딩당콰이약 등
근거리 배달 대행	신쑹, 다다, 순풍통청특급배송, 메이투안타오뒈이 등

출처: KOTRA, 2022.07

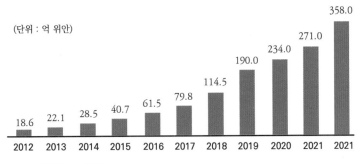

(단위 : 억 위안)

출처: 에임리치, 2022.03

[그림 1-60] 중국의 원격의료시장 규모

③ 친환경 외식

중국은 2021년부터 기후변화에 대비해 2030년을 정점으로 이산화탄소 배출량을 최대한으로 억제하고 2060년까지 탄소를 중화시키는 목표를 세웠다. 이처럼 기후변화, 저탄소, 친환경, 지속 성장 등의 세계적인 흐름에 따라 중국에서도 식물성 식품, 식물성 고기 시장이 확대되고 있다.

중국은 온실가스 감소를 목적으로 국민 1인당 육류 섭취권장량을(40~75g) 정할 정도로 육류소비량이 높다. 중국은 2019년도부터 육류소비량이 감소하고 있으며, 중국 육류소비 중 가장 많은 부분을 차지하는 돼지고기의 1인당 연간 소비량은 2015년 31,752kg으로 최고점을 보인 후 매년 조금씩 감소하여, 2020년에는 22,718kg으로 급감하고 있다.

이러한 현상은 정부의 육류권장량과 아프리카돼지열병 확산에 따른 생산량 감소도 있지만, 식물성 고기 시장의 빠른 성장도 영향을 미치는 것으로 보인다.

출처: 인민망, 2021.01

[그림 1-61] 중국 편의점 식물성 제품

④ 건강과 프리미엄

증가하는 1인 가구와 노년층, 소비의 주체로 부상하고 있는 80~90년대생을 중심으로 중국 식품 및 외식업계에 건강과 프리미엄 트렌드가 강화되고 있다.

건강에 대한 관심과 함께 무설탕, 무지방에 대한 요구가 높아지면서 젊은 층을 중심으로 가벼운 식사를 의미하는 '경식'을 하는 소비자가 증가하고 있는데 중국 영양학회에 따르면 조사대상자의 94.9%가 1주일에 1회, 55.7%가 1주일에 2~4회 정도 경식을 하는 것으로 응답하였다.

한편, 외식시장에서는 간편식 중심으로 프리미엄화가 진행되고 있다. 메뉴 품목은 프리미엄 호텔식을 비롯해 불도장, 홍사오러우, 샤오롱샤 등으로 가격대가 있으며, 유통기한은 8~12일 정도로 짧은 기간을 선호한다. 또한, 중국의 Z세대인 95허우(1995~1999년생)는 건강 및 다이어트에 관한 관심이 높은 세대로 곤약면요리, 고단백 저지방 요리, 귀리죽 등의 건강 간편식을 선호하는 것으로 나타났으며, 중국 온라인 라이브채널에서 프리미엄 가정간편식을 판매하고 있다.

출처: 아주경제, 2022.01

[그림 1-62] 중국 불도장 간편식 판매

⑤ 궈차오(자국 브랜드 선호)

중국 젊은 층을 중심으로 중국 토속브랜드(자국 브랜드)를 선호하는 궈차오 열풍이 확산하면서 지역 특산물과 연계한 간편식 등이 인기를 끌고 있다.

이러한 현상에 맞추어 세계적 상표들은 중국의 식문화와 중국 소비자의 입맛을 고려한 "중국의 맛"에 집중하고 있다. KFC는 지역별 특징이 뚜렷한 중국의 식문화를 고려해 쓰촨 지역의 매운맛을 반영한 "쓰촨 샤오롱샤 쇠고기 트위스터"를 출시하였고, 우한시의 유명 외식기업인 "다한커우"와 협업해 우한의 대표 음식인 "러간면"을 우한 지역 매장에 출시, KFC 설립 이래 최초로 젓가락을 제공한다.

맥도날드 역시 시안의 대표 음식인 "러우쟈모"를 출시했으며, 스타벅스는 중국의 나이차 등 음료뿐만 아니라 중국의 전통과자인 "쫑쯔"와 "월병"을 중국 스타벅스에서만 판매하는 등 현지화를 통해 중국인 공략에 집중하고 있다.

중국 러우쟈모(중국 맥도날드 홈페이지)

중국 러간면(중국 KFC 홈페이지)

중국 스타벅스 전통 간식인 쫑쯔와 월병(중국 스타벅스 홈페이지)

출처: KOTRA, 2021.10

[그림 1-63] 세계적 상표의 중국 현지화 메뉴

제2절 우리나라 외식산업의 발전과정16)

수렵과 채집으로 먹거리를 조달하기 시작한 우리 조상들은 불을 이용하여 음식을 조리하여 먹고, 정착된 곳에서 스스로 농사를 짓고, 가축을 길러 풍부한 먹거리를 조달하기까지 수많은 세월이 필요했다(조성오, 1993 : 19~20).

청동기시대에 농업은 더욱 발전하여 인간의 경제활동에서 가장 기본적인 것이 되었으며, 농업의 발전과 함께 가축사육도 한층 더 활발히 이루어져 생산력이 발전하게 된다.

생산력의 발전은 잉여생산물(剩餘生産物)을 발생시키면서 공동체 간의 교환을 낳는다. 잉여생산물이 발생하지 않았던 시대에 각 공동체는 그들이 생산할 수 있는 것에만 의존하고 만족해야만 했다. 그러나 잉여생산물이 발생하면서부터 공동체 간의 교환활동이 시작되었고, 이러한 교환활동은 공동체 간의 장벽이 허물어지게 되는 계기가 된다(조성오, 1993 : 27).

---

16) 나정기·조춘봉(1999), 한국 외식업 발전사에 관한 소고

그리고 철기로 만든 보다 정교하고 다양한 기구는 농업과 수공업의 발전을 더욱 촉진시켰으며 농업과 수공업의 발전은 상업과 무역도 발달시켰다. 그리고 상업의 발달은 시장(市場)이라는 또 다른 기능을 탄생시켰으며, 무역의 발달은 포구(浦口)를 중심으로 대외무역을 활성화시켰다.

사람들이 이동하기 시작한 것이다. 자기가 생산한 것을 필요한 것과 바꾸기 위해 시장으로 모여들기 시작한다. 그리고 시장에 모여든 사람들에게 먹을 것을 제공하는 곳이 하나씩 생기기 시작한다. 그리고 사람들이 이동하는 범위도 차츰 넓어졌다. 반나절 거리에서 하룻길로, 그리고 몇 달 길로 이동반경이 차츰 넓어진다. 그리고 그들이 이동하는 길목을 따라 그들에게 먹을 것과 잠잘 곳을 제공하는 곳이 생겼다.

외식산업의 발달사와 관련된 기존의 연구는 주로 식생활의 발전사를 중심으로 진행되었다. 식생활의 변천사를 농경사회(B.C. 3000), 산업사회(18세기), 정보사회(20세기), 그리고 창조사회(21세기)로 나누어 살펴보기도 하고(서울상공회의소, 1994 : 24; 이지호·임붕영, 1996 : 34; 매일경제신문사, 1995 : 6), 한국의 식문화를 고조선에서 1980년대까지를 4단계로 나누어 단계별로 살펴보기도 하였으며(미야 에이지, 1992 : 10), 1900년대에서부터 1990년대까지의 한국외식산업의 성장과정을 연대별로 살펴보기도 하였다(한국음식업중앙회, 1995 : 131; 이지호·임붕영, 1996 : 37).

또한 음식의 소비형태를 원시적인 균형의 형태에서 건강문제가 주된 관심사가 되는 형태까지의 5단계로 구분하여 살펴보기도 하였으며(구천서, 1994 : 187-204), 60년대부터 90년대에 이르기까지의 식생활의 변화를 시대별로 살펴보기도 하였고(송보경 외, 1997 : 82-90), 50년대에서 90년대까지의 외식산업의 성장과정을 정치·경제·사회·문화적인 주요 특징을 중심으로 살펴보기도 하였다(나정기, 1998 : 106-110).

우리나라는 1945년 해방 이후 외식업에 많은 변화를 가져왔으나, 경제적 여건으로 단순히 끼니를 때우는 밥 개념으로 여겼고, 1960년대 들어 요식업이 싹트기 시작하였다. 그러나 외식의 개념이 등장한 것은 1980년대로 볼 수 있다.

미국은 1827년 델모니코(Delmonico's)사에서 메뉴의 품목별로 식단표를 만들고, 각종 피로연이나 파티 등을 운영하는 것이 오늘날 레스토랑의 원조가 되었다. 그 후 1950년대 미국 외식산업의 일대 전환기로 세계 최대의 외식기업인 맥도날드와 레이크락도 1955년에 출현하였다.

일본의 외식산업이 근대화한 산업으로 발전한 시점은 경제성장 속도가 매우 빠르게 성장한 1960년대이며, 특히 1964년 도쿄올림픽을 전후한 시기이다. 세계적으로 볼 때 근대 외식산업의 중요한 전환기는 1600년경이다.

최초의 커피하우스가 프랑스에 등장하여 전 유럽으로 확산되자, 오늘날 레스토랑의 선두주자 역할을 하게 되었다. 커피하우스를 원기회복제 파는 장소로 만들어 'Restorante'라 부르게 되면서 'Restaurant'의 어원이 되었고, 이 영향으로 커피하우스를 식당으로 전환하면서 전성기를 맞이하게 되었다.

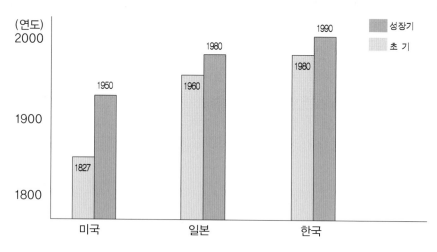

[그림 1-64] 외식산업의 발전시기

우리나라는 1980년부터 해외브랜드 도입으로 외식업이 성장하기 시작하여 1985년까지를 '태동기'로, 86아시안게임과 88서울올림픽, 2002월드컵 등 2009년까지를 '성장기'로 볼 수 있다. 2010년 이후에는 외식산업도 '성숙기'에 들어서 보다 원숙한 모습으로 자리매김한 것으로 보고 있다.

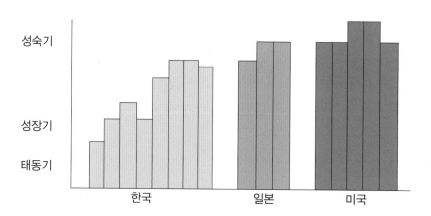

[그림 1-65] Life cycle에 의한 한국 외식산업 성숙도

1) 우리나라 음식문화의 역사적 발전

우리나라는 기후와 풍토에 맞는 식문화가 형성되었다.

- **우리나라 기후와 풍토**
  - 중위도 지방에 위치
  - 3면이 바다
  - 춘·하·추·동 사계절
  - 삼한사온

- 고기요리가 식문화의 본바탕이 된 것으로 보이며, 마늘도 중요한 위치를 점함
- 농경기술이 도입되어, 콩·조·기장을 재배하였고, 후에 벼가 도입됨. 불교의 전파로 인해 육식을 멀리함
- 불교의 영향이 커져 쇠고기를 먹는 경우가 거의 없고, 차(茶) 마시는 예절이 발전함
- 몽골의 침입으로 고기 조리방법을 배워 곰탕, 설렁탕의 요리가 발전됨
- 유교를 숭상하고 불교를 배척
- 신분에 따라 상차림의 차이가 심화
- 산나물, 칡, 마 등의 뿌리식물과 이를 이용한 조리법 개발
- 고추의 도입으로 채소절임의 개발, 즉 김치문화 발전
- 고추장, 된장, 간장 등의 장류(김치, 장아찌, 동치미 등) 발전
- 해조류 이용이 활발
- 조기젓, 조개젓, 곤쟁이젓, 굴젓, 새우젓, 멸치젓 등의 젓갈류 발전

  ★ 발효식품의 발전은 우리나라 식문화에 큰 특징을 가져옴

- **1910년 및 일제시대**
  일반서민은 궁핍, 지주나 일본유학파는 초호화 식생활
- **1945~1950년대**
  어려운 식량사정
- **1960년대**
  - 즉석식품, 인스턴트식품, 조리기구의 확대
  - 우리나라 식문화의 획기적인 변화, 다양한 음식과 요식업의 기초 성립
- **1980년대**
  - 음식의 서구화 현상 → 해외브랜드 도입

- 외국계 패스트푸드점 상륙, 외식문화 확산
- **2000~2010년대**
  소비자의 욕구, 구매 행동의 변화
  → 개성화, 다양화, 개별화, 다이어트를 위한 편식화, 기능식화, 건강식화 등
- **2010~현재**
  편의성 강조
  → 외식 시 편의성을 강조, 가정간편식(HMR)의 다양화

〈표 1-34〉 우리나라 외식산업 발전과정

시 대	특 징
1950년대	• 전통음식점 중심의 요식업 태동 • 식량자원 부족으로 침체(1945년 166점포)
1960년대	• 식생활 궁핍 및 침체기 • 밀가루 위주의 식생활이 유입(미국 원조품) • 분식의 확산 및 식생활 개선문제 부상
1970년대	• 영세성 요식업의 출현 • 해외브랜드 도입 및 프랜차이즈 태동
1980년대 초반	• 외식산업의 태동기(요식업, 외식산업) • 영세난립형 체인 속출(햄버거, 국수, 치킨, 생맥주) • 해외 유명브랜드 진출 가속화
1980년대 후반	• 외식산업의 성장기(중소기업, 영세업체 난립) • 패스트푸드 및 프랜차이즈 중심의 시장 확대 • 패밀리레스토랑, 커피숍, 호프점, 양념치킨 약진
1990년대 IMF관리체제 이전	• 외식산업의 전환기(산업으로서의 정착 : 1995년) • 중·대기업의 신규진출 가속화 및 해외 유명 브랜드 도입 • 프랜차이즈의 급성장 및 도태, 시스템 출현(외식 근대화)
IMF관리체제 시대	• 경기의 불황으로 외식비와 빈도가 크게 감소 • 저렴하고, 실속 있는 외식업종의 인기 - 단체급식 • 소규모 점포창업의 증가
2000년대	• '주5일 근무제' 시행으로 외식 트렌드 변화 • 퓨전음식, 외국전통음식점 등장(다양한 소비욕구 증대) • 월드컵 이후 24시 지향 음식점 출현 • 광우병 파동, 조류독감으로 인한 관련 산업 심각한 타격 • 슬로푸드 운동으로 패스트푸드업의 변화
2010년대 초반	• 외식산업의 침체기 • 복고 향수로 떡볶이, 가요주점, 순대국밥집의 프랜차이즈화 • 웰빙식품 중심의 시장 확대

2) 우리나라 외식산업의 역사적 발전

일반적으로 외식은 영리를 목적으로 식사를 제공하는 식당에서 음식을 사먹는 행위로 정의한다. 이 정의에 따르면 외식업이 발전하기 위해서는 식당이 있어야 하고, 외식하는 사람이 있어야 하고, 지불할 화폐가 있어야 한다는 세 가지의 전제조건이 성립되어야 한다. 그리고 이 세 가지 조건을 충족시키기 위해서는 우선 사람들이 거주지를 떠나 이동해야 할 이유가 있어야 하고, 먼 거리를 움직일 수 있는 교통수단이 있어야 한다.

사람들은 여러 가지 동기에 의해 이동을 한다. 아주 먼 옛날의 경우 먹을 것을 찾아 이동하는 경우, 필요로 하는 것을 구하기 위해 이동하는 경우, 생산한 것을 판매하기 위해 이동하는 경우 등이 중요한 이동의 동기가 되었을 것이다.

세월이 흐르면서 이동의 동기와 목적도 시대에 따라 변화하게 된다. 그리고 사람들이 이동하는 반경도 더 넓어지게 되며, 자기 집을 떠나 밖에서 머무르는 시간 또한 길어지게 된다. 그리고 만나는 사람들도 많아지게 된다.

이러한 과정을 통하여 사람들에게 먹고 마시고, 잘 곳을 제공하는 곳도 하나둘씩 생기게 된다. 처음에는 단순한 형태에서 출발하여 차츰 전문화되어 가면서 업종과 업태가 다양해지고 질과 양적으로도 발전하게 된다.

(1) 삼국시대

삼국시대 이후부터는 농경이 확립되어 식생활의 안정을 기하게 되었고, 쌀을 주식으로 하는 상층계급의 주부식 분리가 정착되었다. 그리고 어로·목축은 식생활의 보조적인 역할을 하게 되며, 수렵은 기술 연마·훈련·취미와 피혁이나 털을 얻기 위한 것이 되었다(강인희, 1978 : 82).

또한 삼국시대의 식생활은 종교에 의해서도 많은 영향을 받게 되는데, 그중에서도 가장 많은 영향을 미친 것은 중국에서 들어온 살생(殺生) 금지를 기본 계율로 하는 불교였다. 불교의 영향으로 육류는 물론 생선을 잡는 것까지 금하여 곡물과 채소에 의존하게 하였다. 그 결과 더 많은 곡물을 얻기 위해 농경에 힘쓰게 되었으며, 대부분의 백성은 농민이 되었다. 그리고 국가체계가 갖추어져 가면서 신분제도가 확립되어 식생활도 상층계급과 하층계급으로 계층화되어 이중구조를 띠게 된다.

이 시대에 이미 메주를 발효하여 장(醬) 담그는 방법이 등장함으로써 식생활의 혁신적 전기를 만들었고, 이것이 무장아찌 등 식품 저장방법의 발달로 이어지게 된다(강인희, 1978 : 83).

삼국시대에는 식생활이 계층별로 뚜렷한 차이를 나타내게 되는데, 왕족이나 귀족은 쌀을 주식으로 즐길 수 있었고, 쌀의 생산이 양적으로 제한되어 있었던 당시의 서민들은 잡곡에

만족해야 했으며 그것도 부족한 형편이었다. 그리고 차가 제물의 하나로 사용되기 시작하여 상류층 사회의 기호품으로 널리 보급되게 된다.

이 시대 식생활의 특징 중 하나는 부족국가시대에 이루어진 주·부식의 분리가 정착된 것이다. 주식으로는 쌀밥과 잡곡밥이, 그리고 부식으로는 간장, 된장, 젓갈, 김치(짠지 형태) 등이었다.

또한 주거환경이 개선되면서 식사를 마련하는 부엌과 식사하는 곳이 분리되기 시작한다. 결국 신라가 삼국을 통일하면서 지방세력의 등장과 중앙집권체제하의 관계 속에서 한편으로는 향토음식이 계속 발전할 수 있었고, 또 다른 한편으로는 지방 간 음식의 교류도 있어 삼국의 식생활이 융합하여 통일되었다고 생각할 수도 있다.

그리고 귀족과 서민의 신분·계급의 체제 정비에 따른 상류층과 하류층의 식생활이 다른 형태로 정착될 뿐 아니라, 국제 간의 교류와 국내 지방 간의 교류가 활발해지면서 식생활 또한 다양해지고 보다 세련되어진다.

이러한 식생활 환경을 바탕으로 삼국시대 사람들은 단순한 삶을 살아가는 자급자족의 시대를 벗어나 차츰 필요한 것이 많아지고, 그 필요로 하는 것을 자기가 조달할 수 없게 되면, 그것을 조달할 수 있는 새로운 방법을 모색하게 된다. 필요로 하는 것을 찾아 나서거나, 필요로 하는 것을 공급하는 사람이 생기게 된다. 전자의 경우는 자기가 생산한 것 중 일부를 가지고 가서 자기가 필요로 하는 것과 교환하는 경우이며, 후자의 경우는 자기가 필요로 하는 것을 자기가 가지고 있는 무엇인가와 교환하는 경우로 물물교환의 형태일 것이다.

자기가 필요한 것을 구하기 위해서는 자기가 생산하는 것이나 가치가 있는 것을 가지고 가서 물물교환할 곳이 있어야 한다. 그러나 이러한 형태로 물물교환이 이루어지기 위해서는 장시간 존재해야 한다.

반면 자기가 필요한 것을 자기가 거주하는 곳에서 공급받기 위해서는 물건을 가지고 다니는 행상이 있어야 한다. 그리고 물물교환의 형태가 아닌 화폐를 이용하여 필요한 것을 사고 팔기 위해서는 화폐가 통용되어야 한다.

물품의 취합과 재분배가 행하여지던 곳이 시(市)였는데, 이 市는 이미 고조선 때부터 있었으며, 그 당시 市는 상업활동보다는 제천행사(祭天行事)와 인민에 대한 통치가 이루어지는 성스러운 장소였다(한국역사연구회a, 1998 : 180). 제천행사가 열리면 각지에서 많은 사람들이 모여들었다. 국왕은 각지의 귀중한 물품들을 모아 제사를 지내고 행사가 끝나면 일부를 각 지역의 우두머리에게 다시 나눠주었다. 그리고 분배하고 남은 물품은 市 안에 설치된 창고에 보관했다가 봄이 되면 종자로 농민에게 나누어주거나 구휼식량으로 사용하였다. 또 공납물 일부를 은밀하게 빼돌려 사적(私的)으로 거래하기도 하고, 판매를 목적으로 상품을 생산하여 市에서 제의가 벌어질 때 모여든 사람들에게 팔기도 했을 것이라고 한다. 이와 같이 원초적인 市는 이렇게 시작되었다.

이러한 市가 발달되어 오늘과 같은 기능을 하게 되는데, 신라는 490년에 수도인 금성에 본격적인 시장이 아닌 시사(市肆)라는 일종의 관영건물인 상가건물을 설치하였다고 한다. 그 후 동시(東市)가, 그리고 통일신라시대에 서시와 남시가 개설되었다(한국역사연구회a, 1998 : 177). 초기의 시장에는 감독관청인 시전(市典)이 설치되어 상인들을 간섭하고 통제하였다. 그리고 취급하는 상품도 주로 고급 비단이나 장신구 같은 고가의 외제 수입품만 취급하여 귀족이나 관료들이 단골고객이었다고 한다. 그러나 시간이 지나면서 여러 가지 물건들이 진열되고 손님층도 다양해져 오늘날과 같은 시장의 기능을 하게 된다.

한편, 삼국의 수도나 지방의 중심 도시는 정치, 군사, 문화의 요충지로서 인구가 꽤 집중되어 있었다. 도시에는 생산활동을 하지 않는 귀족, 관료 같은 지배층을 포함하여 일부 부유한 서민들도 살았다. 이들에게는 먼 곳으로부터 필요한 물품들이 공급되었으며, 이러한 과정에서 상업활동이 활발해지고 강, 하천을 이용한 뱃길과 육상 교통로가 개척되었으며, 이를 전담하는 상인이나 수공업자들도 나타나게 되었다(한국역사연구회a, 1998 : 185).

당시 상인들은 무리를 이루거나 단독으로 여러 가지 물건을 싣고 인근 도시나 교통로상의 주민들을 대상으로 상업활동을 하였다. 이들의 출현은 잠잘 곳과 먹고 마실 곳, 즉 숙박시설의 발전을 가져오게 된다.

(2) 고려시대

- **외식의 시발점**
  - 간이음식점을 겸한 사교장으로 이용되었던 주막(酒幕)
  - 사신이나 여행자들에게 편의를 제공하기 위한 역정(驛亭)과 사원(寺院)
  - 주식점(酒食店)에서 숙식의 편의를 제공
  - 지방의 시장에는 술집으로 '목로'가 있었음

통일신라 후기의 제도와 풍속을 이어받은 고려왕조는 관료제도의 발달과 불교적 분위기의 심화를 그 특징으로 했던 시대이다. 불교를 국교로 삼고 정치상의 지도이념으로 삼았다. 국교인 불교의 영향으로 살생(殺生) 금기는 물론 물고기를 잡는 것까지 금하던 시대였다. 그 결과 전반적인 식문화는 어육(魚肉)을 이용한 음식이 쇠퇴한 반면, 야채와 곡류를 이용한 음식이 발전하였다.

이 시대도 전(前) 시대와 마찬가지로 일반인들까지 쌀을 밥으로 먹을 수 있던 시대는 아니었다. 귀족들은 쌀밥에 고기반찬을, 천민은 말할 것도 없고 서민의 대다수를 차지하는 농민들의 경우도 관료나 지방 호족들의 사전(私田)을 경작하여 전조(田租 : 地代)와 세공(歲貢),

기타 잡세를 바치고 부역을 해야 했으므로 쌀밥을 주식으로 먹는다는 것은 불가능한 일이었다. 이 시대의 곡물로는 조, 기장, 피, 콩, 메밀, 수수, 귀리, 팥, 녹두 등이 있었고, 특히 조는 잡쌀이라 하여 쌀 다음가는 식품이었다고 한다.

그러나 몽골족의 침략 이후 식생활에도 변화가 생기기 시작한다. 몽골의 공주가 고려의 궁정으로 시집오면서 공주를 수발 들기 위해 함께 따라온 사용인(使用人)들로부터 몽골인의 식습속이 궁정과 귀족사회에 영향을 미치게 된다. 설렁탕, 소주, 상화(霜花 : 일종의 만두), 포도주, 사탕, 후추 등이 몽골인을 통하여 고려에 들어온 것들이다. 또한 소와 말을 기르는 목장이 많이 생겼으며, 몽골인들의 침입을 받은 후에는 제주도에 목장을 만들어 말을 길러 몽골에 바치기도 하였다. 그러나 불교를 국교로 한 만큼 살생을 금하고 있어 육식은 흔하지 않았다.

그러나 13세기 중엽부터는 몽골인들의 영향을 받아 육식이 성행했으며, 이때 몽골인들이 '슐루'라고 부르는 설렁탕을 선보였다고 한다. 그리고 충숙왕 때에는 소와 말 대신 닭, 돼지, 거위, 오리 등을 사용하라는 명을 내리기도 하였다고 한다(강인희, 1978 : 137).

『고려도경』에 국(羹)과 불고기(炙)가 맛이 없고 냄새가 난다고 한 기록이 있어, 국에 대한 최초의 공식적인 기록으로 보고 밥과 국이 우리 식생활의 기본적인 상차림의 구조가 된 것을 이때부터라고 추정한다(강인희, 1978 : 142). 또한 채소에 밥을 싸서 먹었으며, 풍부한 과일이 있었으며, 수박은 고려 때 처음 들어온 것이라고 한다. 또한 식초와 참기름, 중국 송나라와의 교역으로 들어온 후추 등이 조미료로 사용되었으며, 설탕과 우유도 선보였다고 한다.

그리고 불교의 전래와 함께 들어온 차(茶)문화는 불교를 국교로 하는 고려시대 사원에서 제수로 쓰이기 시작하면서부터 크게 발달하였다. 차를 관리하는 관청에는 각종 연회에 차 올리는 임무를 가졌던 다방(茶房)이 있었으며, 절에서는 다촌(茶村)을 두고 차나무의 재배를 맡아보게 했다고 한다.

한편, 이와 같은 식생활의 배경을 가진 고려시대의 사람들은 먼 길을 떠나야 하는 동기 또한 다양해지고 빈번해진다. 그 결과 그들에게 잘 곳과 먹고 마실 것을 제공하는 곳 또한 다양해지고 많아지게 된다.

우선 고려시대에는 개경을 중심으로 거미줄처럼 짜놓은 22개의 뭍길(驛道)에 525개의 역(驛)과 13개의 조창이 중앙과 지방을 묶는 데 매우 중요한 역할을 하였다(한국역사연구회b, 1998 : 214‐226). 중앙에서 각종 공문서를 보낼 때, 조세를 거두어 중앙으로 운반할 때, 임금이나 관리가 지방으로 갈 때, 그리고 군사나 상인들도 이 길을 따라 목적지로 이동하였다. 그리고 조세로 각 지역에서 거두어들인 쌀을 보관하여 수로를 이용하여 중앙으로 보내는 데는 전국 각지에 있는 13개의 조창이 이용되었다.

또한 승려들은 원거리 교역에 종사하는 경우가 많았는데, 대개 하루 만에 목적지까지 도착할 수 없어서 숙박을 해야 했다. 이에 사원이나 승려들은 원(院)(한국역사연구회b, 1998 : 245)이라는 숙박시설을 설치하여 운영하였는데, 사람의 통행은 많지만 거주지역과는 떨어진 한적한 곳에 위치하였다고 한다. 이곳은 숙박기능은 물론 음식도 제공하였으며 말이나 소에게도 먹을 것을 제공하였다고 한다. 이와 같이 불교계는 원을 관장함으로써 고려사회 유통망을 장악하고 있었다. 그리고 원을 중심으로 한 고려의 유통망은 조선 건국 후 국가가 장악하게 된다. 또한 고려시대에도 벽란도를 중심으로 대외무역이 활발하였으므로 외국상인들과 내국상인들이 자고 먹고 마실 곳이 있었을 것이다.

기록에 보면, 고려의 대송무역은 962년(광종 13)부터 조공형식의 사절단 무역으로 전개됐으며, 사무역은 관청에서 허가해 주는 형식으로 이루어졌다고 한다.

수도 개경에서 30리 길인 예성강 포구의 벽란도는 신라 때부터 무역항으로 각광받기 시작한 이래 광종 때 송나라와 공식 무역관계가 열린 이후부터 국제 간의 무역항으로 크게 자리잡은 것이다. 여기저기서 우리의 금·은·인삼·면포 등이 뛰어나다는 소문을 듣고 송, 거란, 여진, 일본 등 세계 곳곳에서 모여드는 상인들과 사절들을 위해 우리 고려국 측에서는 숙박소 겸 상품거래의 특허장소로서 영빈관(迎賓館), 회선관(會仙館) 등의 객관(客館)이 현종(顯宗) 2년(1011)에 설치되었으며, 그 후 크게 늘어났다고 한다(강인희, 1978 : 157).

낮이면 드나드는 상선과 어선들, 그리고 전국 각지에서 들어오는 조운선들이 모이는 이곳에는 많은 사람이 모여들었고, 그들을 위해 먹고 마실 것을 제공하는 요릿집과 주점, 색주가 등이 늘어났을 것이다. 또한 고려시대에는 개성(開城)을 중심으로 하여 상업이 크게 발달하였고, 생활필수품의 판매장으로 행랑(行廊)이란 상가(商街)가 있어 식료품뿐만 아니라 차, 그리고 외국식품의 거래도 있었을 것으로 추측한다(강인희, 1978 : 159-160).

또한 고려시대에는 양온서라는 관청을 두어 행사에 필요한 술과 감주를 관장하였다. 양온서는 장례서·사온서 등으로 여러 차례 이름이 바뀌었으며, 사온서는 조선시대까지 계속 존재했다. 983년(성종 2)에는 성례(成禮), 낙빈(樂貧), 연령(延齡), 영액(靈液), 옥장(玉漿), 희빈(嘉賓) 등 6개의 주점을 설치하였다(한국역사연구회c, 1998 : 160). 사람과 문물의 유동량이 많은 개경의 번화가와 지방에 주점을 설치하여 술을 판매하였던 것이다. 국가에서 주점을 설치하여 술을 관장한 이유는 다점(茶店), 역원(驛院) 등과 마찬가지로 효과적인 대민정책과 정보수집의 필요성 때문이다.

아울러 주점은 화폐유통에서도 활용되었다. 이것은 1002년(목종 5) "차·술·음식 등의 점포들이 교역을 할 때에는 화폐를 사용하라"고 한 점에서도 짐작할 수 있다. 또한 숙종 때에는 해동통보를 유통시키면서 중앙과 지방에 술을 관장하는 관청을 설치하였다(한국역사연구회c, 1998 : 161). 고려 조정은 철전(鐵錢)을 기피하는 경향 때문에 차와 술, 음식 매매에는 반드시 이 철전을 쓰게 하였다. 이렇게 하여 서민층에도 술을 팔고 사는 풍습과 주막에 모여 회음하는 풍습이 발달하기에 이르렀다고 한다.

(3) 조선시대

> ■ **주막의 발달 – 객주(客主), 객사(客舍)**
> • 물상객주(物商客主) : 식사가 주목적이 아니라 위탁판매업을 주업으로 함
> • 보상객주(褓商客主) : 식사와 숙박을 주업으로 함(고급업소로 중류 이상의 양반계급이나 유생 등의 특수계층이 이용)

이 시대의 식생활을 개괄적으로 살펴보면 식품의 종류가 전 시대에 비하여 많이 증가하였으며, 오늘날 우리가 접할 수 있는 대부분의 곡물류·어패류·육류·조수류·과일류·채소류 등을 접할 수 있었다는 것이다.

육류의 경우 소나 말은 농사와 운반에 필수적이었기 때문에 식용으로 사용하는 것을 적극적으로 금하였지만, 일부에서는 명을 어기고 쇠고기를 즐겼다고 한다. 그러나 조선 후기에 접어들어서는 쇠고기의 소비가 일반화되어 농사에 지장을 초래할 것을 염려하는 수준에 이르게 되었다고 한다. 그래서 쇠고기 대신 돼지고기나 염소고기 먹기를 주장하였으나 돼지고기와 염소고기를 선호하지 않았다고 한다.

수산물 또한 풍부하여 다종의 수산물을 식용하였으며, 젓갈의 종류도 다양해져 고추와 함께 젓갈이 김치에 이용되기 시작하여 김치가 급격히 발달한 것으로 사료된다(강인희, 1978 : 188).

또한 강력한 왕권 중심의 중앙집권의 왕조정치가 성립되어 500년의 왕조를 이어 오는 동안 궁중음식이 발달하게 된다. 이렇게 발달한 궁중음식은 양반계급이나 기타 여러 경로를 통하여 민가에 전래된다. 이것이 민가의 식생활에 영향을 미쳤고, 양반가의 식생활을 풍부하게 하였다.

조선시대 서울이나 개성, 나주, 경주, 전주 등 도시에는 정부에서 설치한 상설점포인 시전이 있었다. 그러나 17세기 이후 사회적 생산력의 발전에 따라 시전체계가 점차 붕괴되고 난전이 성행하게 된다. 그리고 경강 지역을 중심으로 서울이 상업도시로 성장하게 된다.

18세기 이후 서울이 상업도시로 발달하는 데는 경강의 비중이 매우 컸는데, 경강은 세운 조운의 집결지, 삼남과 연결되는 교통의 요충지, 어물의 생산·유통지로서 상업이 발달했다(한국고문서학회 엮음, 1997 : 457-458). 하지만 대다수 지방 농촌에는 시전과 같은 상설점포가 없었다. 또한 일정한 시간간격을 두고 일정한 장소에서 열리는 장시도 조선이 건국될 당

시부터 존재한 것은 아니었다. 상설점포가 발달하지 않았던 조선시대에는 행상이 상품유통의 주된 담당자였다. 아직 장터가 없었을 때 지방의 마을을 돌아다니면서 물건을 파는 상인, 즉 행상이 있어 그 지방에서 생산되지 않는 물건을 교환을 통해 구했던 시기 이후부터는 늘 존재하였고, 잉여농산물이 증가하고 사회분업의 폭이 확대될수록 활발하게 활동하였다.

그러나 행상의 활동에는 한계가 있었기에 장이 서고 포구상업이 발달하는 등 지역 내 유통 중심지와 유통기구가 형성되면서 이들의 상업활동은 변화를 맞게 된다. 즉 장시(場市)라는 농촌시장을 중심으로 이들의 활동이 전개된다. 그리고 이들은 장과 장을 옮겨 다니면서 상업활동을 하게 된다.

농촌의 경우 농촌시장인 장시가 처음 등장하였던 것은 15세기 말이었다. 그 이전에도 지방에 시장이 전혀 없었던 것은 아니었다. 고려시대에도 부정기적으로 주현시(州縣市)가 열렸다. 송나라 사람 서긍의 『고려도경』을 보면 한낮에 상·하 모든 계층이 관아 주변에 모여 물건을 교역하였다고 기록되어 있다. 15세기 말에 등장한 장시는 이로부터 발달하여 한 단계 진전된 유통기구였다.

16세기 이래 장시가 빠른 속도로 확산되어, 18세기 중엽 전국 각지에는 1,000여 개의 장이 산재해 있었으며 이들을 연결하는 도로, 수상 운송망이 뚫리기 시작하였다(조성오, 1993 : 17).

이와 같이 장시는 '가지고 있는 것'으로 '필요한 것'을 교환하여 생계를 도모하는 수준에서 출발한 시장이었다(한국역사학회d, 1996 : 156). 그러므로 장시는 몇 개 촌락의 주민이 하루에 왕복하여 교역할 수 있는 교통의 요지에 30~40리의 거리를 두고 확산되었으며, 장시에서 거래되는 물품들은 농업생산을 보완하고 농민생활을 보충하는 데 필요한 것들이 대부분이다(역사신문편찬위원회 6, 1999 : 85).

비록 하룻길이긴 하지만 사람이 모이는 곳에는 먹고 마시는 곳이 생기기 마련이다. 오랜만에 만난 사람과 이야기를 나누기 위해서라도, 상거래를 성사시키기 위해서라도, 생리적인 욕구인 배고픔과 목마름을 해결하기 위해서라도, 아니면 웃어른을 대접하기 위해서라도⋯어떠한 형태로든 음식점은 형성되었을 것이다.

16세기 이래 장시가 확산되고 도시상업이 성행하여 선박을 이용한 상품 이동량이 증가함에 따라 포구상업이 성장했다. 일반 장시가 행상과 주변의 농민이 참여하는 국지 내 유통의 중심지라면, 포구는 대량의 물자를 원격지로 이동할 수 있는 선박이 출입하는 원격지 유통의 결절점이었다. 포구에는 선박으로 상업활동에 종사하는 상인, 곧 선상이 출입했고, 이들의 거래를 주선하는 객주가 거주했다(한국고문서학회, 1997 : 470 - 480).

객주는 숙박업 및 화물의 보관·운반업도 부수적으로 담당했다. 또한 객상에게 위탁한 화물을 담보로 대부하기도 하고 곡물 등의 매입자금을 대부하기도 했으며, 어음 할인, 환업무 등을 맡기도 했다.

객주의 출현과 성장은 포구상업의 발전을 반영했지만, 객주는 위탁매매를 중심으로 하는 다양한 업무에 종사했다는 점에서 상업기능의 분화가 진전되지 못하고 상설도매상업이 발달하지 못한 단계에서 존립할 수 있었다.

결국 장시가 국지 내의 주민교역이 이루어지는 중심지라면, 포구는 원격지 간에 도매적 성격의 거래가 이루어지는 결정점이었다. 이 두 가지 성격의 유통이 결합된 전형적인 유통경로를 행상-산지 객주-원격지 행상(주로 선상)-소비지 객주-행상-소비자라고 상정해 볼 수 있다.

원격지 행상이 객주를 통하여 국지적 행상과 만나는 곳이 포구이거나 중심적인 장시였다. 포구에서도 배가 닿을 때마다 부정기적으로 소매상업이 이루어지는 곳도 있었는데, 그것을 갯벌장이라고 한다(한국고문서학회, 1997 : 470-480).

이와 같이 상업활동의 발전과정을 근거로 외식업의 발전과정을 추론해 보면, 도시의 시전을 중심으로 먹고 마실 것을 제공하는 곳이 생겼을 것이고, 농촌시장을 중심으로 숙식을 제공하는 곳이 생겼을 것이며, 그리고 장시에서 장시로 이동하는 도로변에 행상들을 위한 숙식시설(주막)이 있었을 것이며, 포구를 중심으로 숙식시설이 발달하였을 것이다.

또한 조선시대의 교통·통신기관으로는 역과 원이 있었다. 역이 국가의 명령이나 공문서, 중요한 군사정보의 전달, 사신 왕래에 따른 영송과 접대 등을 위해 마련된 교통통신기관이었다면, 원은 그들을 위해 마련된 일종의 공공여관이었다. 주로 공공업무를 위한 여관이었지만, 제한된 민간인들에게 숙식을 제공하게도 했다.

역에는 역마를 두어 관청의 공문 전달과 공납물 수송을 담당하게 하였다. 또 공무여행자에게는 역마를 이용할 수 있도록 마패가 발급되었다. 원은 7세기 이전부터 이미 생겨났다. 고려시대 각 절들이 운영하면서 크게 번성하였으나, 조선시대에 들어서면서 부실해지자 세종은 그 지역 주민 중에서 유능한 사람을 골라 원의 책임을 맡기고 토지를 주어 비용에 쓰도록 했다.

조선 전기에도 여행자를 위한 편의시설은 제법 훌륭한 것이었다. 주로 도로에는 이정표와 역, 원이 일정한 원칙에 따라 세워졌다. 10리마다 지명과 거리를 새긴 작은 장승을 세우고 30리마다 큰 장승을 세워 길을 표시했다. 그리고 큰 장승이 있는 곳에는 역과 원을 설치했다. 주요 도로마다 30리에 하나씩 원이 설치되다 보니 전국적으로 1,210개나 되었는데 1,210개에 달하는 조선 전기의 휴게소들이 설치된 것은 10개의 주요 간선도로변이었다(김경훈, 1998 : 134-137).

그러나 임진왜란과 병자호란을 거치면서 점사(店舍)라는 민간 주막이나 여관들이 생기고, 관리들도 지방관리의 대접을 받아 원의 이용이 줄어들게 되면서 원의 역할은 점차 사라지고 지명에 그 흔적만 남았을 뿐이다.

이러한 논리에서 식당의 발전상을 전개해 보면 자급자족으로 생활을 꾸려가던 시대에는 대중을 위한 식당이 발전할 수 있는 조건이 형성될 수 없음을 알 수 있다. 또한 농촌사람들이 필요로 하는 생필품들을 공급하는 행상을 위한 식당의 경우는 행상의 수가 영리를 목적으로 할 수 있는 식당을 개업하기에는 비경제적이라는 점을 알 수 있다. 그 결과 대부분의 행상은 농촌의 농가에서 먹는 것과 잘 곳을 해결할 수밖에 없었다. 반면 공무로 이동하는 관리들의 경우는 역과 원이 있어 그들이 먹고 쉴 곳을 제공하여 주었다.

시장이 생기기 시작하자 장이 서는 날을 중심으로 주변 사람이 많이 모이고 사람이 모이는 곳에는 먹을 곳과 마실 곳이 생기는 법이기 때문에 먹을 것과 마실 것을 파는 곳이 생겨나기 시작한다. 그러나 장이 파하면 사람들이 다 떠나기 때문에 상설 음식점이 생길 수 있는 조건이 못 된다. 그러나 전국 각지에서 상시 사람들이 모이는 포구의 경우는 항상 상거래가 이루어지기 때문에 상설 음식점이 생길 수 있는 조건이 된다. 그래서 포구에는 많은 음식점과 술집들이 생겨나기 시작한다.

(4) 개항기에서 일제강점기까지

■ 1800~1900년대 초

- 1879년 : 숙박업과 식당업으로 점차 양분되기 시작
- 1902년 : 정동에 문을 연 손탁호텔은 최초의 호텔-1층에 양식당이 만들어짐(우리나라 최초의 양식당)
- 1914년 : 조선호텔은 가장 호화로운 서양식 건물-한식당, 양식당, 커피숍, 여성전용 식당이 별도로 있었음. 아이스크림이 처음 선보인 시기
- 1925년 : 철도식당이 서울역 구내의 양식당으로 문을 열게 됨. 동시에 조선호텔에 의해 열차식당이 운영됨
- 1930년대
  - 종로 네거리에 '이문설렁탕', '부벽루', '옥루장', '태창옥' 등 유명한 업소 등장(☞ 이문설렁탕만이 그 맥을 잇고 있음)
  - 그 밖에 유명한 음식점으로는 추탕 전문점인 '용금옥'과 '곰보추탕', 해장국 골목의 시조를 이룬 '청진옥' 등이 문을 열었음
  - 1936년에 개장한 반도호텔의 양식부, 現 롯데호텔 자리에 있던 '천대전그릴', 제일은행 뒤의 '마아구장', '청목당' 등이 대부분 일본인에 의해 운영됨(해방 후 거의 문을 닫음)
  - 이문설렁탕 : '이문옥' 개업연도는 1907년으로 알려져 있으나, 1902년이라는 설도 있

다. 현재도 개업 당시 사용하던 가마솥을 그대로 쓰고 있을 정도로 전통을 주장하는 이문설렁탕은 한국 최고(最古)의 식당이다.

- 1940년대
  - 갈빗집인 '조선옥' 개점(그 당시 고객은 특수층인 정치인, 기업인, 장·차관, 유명 연예인)
  - 일식점은 일본인들이 경영주였는데 '새마을'과 '이학'이 있었음

19세기에 서양 여러 나라의 동양 침략이 시작되자 1876년에는 운양호사건을 계기로 일본과는 강화도조약을 맺고, 유럽의 여러 나라나 미국에도 개항(開港)하지 않을 수 없게 되었다. 따라서 우리나라에도 개화의 물결이 밀어닥쳤다.

이 무렵 대량의 쌀이 일본으로 흘러갔다. 이것을 막기 위하여 1889년 방곡령(防穀令)을 발표하였으나, 일본의 압력으로 1891년에는 폐지되어 쌀의 일본 수출이 방치되었다. 1894년 청일전쟁 이후에는 연간 150만 섬이 수출되어 한말의 식량정책에 큰 차질이 생겼다.

1910년 한일병합과 이어지는 식민경제체제를 수립하여 각종 자원에 대한 식민지적 약탈을 감행하였다. 그 결과 조선의 민중들은 부족한 식량을 만주의 좁쌀이나 잡곡으로 때워야 했으며 그마저 없는 경우 초근목피(草根木皮)로 연명해야 했다. 1930년의 통계에 의하면 2~4월, 즉 보릿고개에 쌀이 떨어져 초근목피로 굶주림을 견뎌나가는 춘궁농가가 전 농가의 48.3%에 해당하는 125만 3천 호에 달하였다고 한다(조성오, 1993 : 226).

쌀값이 폭등하여 서울에서는 폭동이, 그리고 전국 중요도시는 물론 농촌 구석구석까지 같은 지경에 빠져 있었다. 1918년 8월의 전국 농촌에서는 식량이 떨어져 초근목피로 생계를 이어나가거나 그도 못해서 아사하는 사람이 속출하였으며, 도시로 나가거나 만주·일본 등지로 떠나는 사람이 크게 늘었다. 또 도시에서는 일반 물가와 쌀값 폭등으로 생계비가 올라가자 임금인상을 요구하는 노동자들의 파업이 줄을 이어 한반도 전체가 생사의 기로에서 아수라장이 된 상황이었다(역사신문편찬위원회 6, 1998 : 23).

이러한 원인은 1917년 이후 쌀값이 오르기 시작하자 지주와 미곡상들은 사재기를 했고, 한국경제가 일본경제에 깊이 예속되어 가고 있었기 때문이라고 한다. 또한 토지조사사업을 통해 많은 농민들이 소작인으로 내몰리고, 지주들은 좋은 세상을 만나게 된 것이다.

또한 서울에 흩어져 있는 토막민(土幕民)은 관유지, 사유지, 강바닥, 다리 밑 등을 가리지 않고 유한지(遊閑地)만 있으면 무단으로 점거하여 초라한 움막을 짓고 살았다. 토막민은 고목, 마른 나뭇가지, 헌 멍석, 헌 가마니, 새끼, 흙 등을 사용하여 대략 5~6시간 정도면 집을 완성하였다. 이들은 극빈자의 일반적 현상인 낮은 출생률 및 높은 영아사망률과 문맹률(약

80%)을 나타내며, 직업도 날품팔이, 잡부, 행상 등 육체노동자가 대부분이었다. 또한 66%가 1평 반의 집에서 살았으며 1인당 점유면적이 0.2평에 불과하고 총수입의 71%가 음식비여서 말 그대로 하루살이였다(역사신문편찬위원회 6, 1998 : 112).

이들이 서울로 몰려들어 사회의 관심을 끌게 된 것은 대략 1920년부터로 추정된다. 이들은 농촌에서 살기 힘들어 도시로 온 경우가 대부분인데, 1920년대에는 겨우 몇 백 호에 불과했던 것이 1930년대에 이르러 수천 호로 증가했으며, 1939년(4,292호에 2만 911명)에는 더욱 증가했던 것이다. 1939년의 대가뭄과 전시체제하에서의 극심해진 생활고가 이농현상을 부채질 했기 때문이다.

이들은 1930년대 후반부터 1936년에 실시한 도시계획으로 몇 곳(홍제동, 돈암정, 아현정, 용두정 등)에 모여 살았다. 1940년대에 들어서도 토막민이 계속 늘어가자 총독부에서는 생계 보장이라는 구실로 이들을 북해도나 사할린으로 강제 징용해 토목과 철도공사에 동원하기까지 했었다(역사신문편찬위원회 6, 1998 : 112).

1917년 서울 인구는 총독부 집계만 보아도 25만 명을 넘어 대도시의 규모를 갖추고 있었다. 이들의 직업별 분포를 보면 직업이 분명한 부류는 장사꾼이 5만 8,872명(28.6%)으로 가장 많고 다음이 공장노동자로 3만 3,504명(16.2%), 농사꾼이 6,148명(3%), 어부가 295명(0.1%) 순인데, 반수 이상인 10만 7,396명(52.1%)이 기타로 잡혀 있다. 이들은 대부분 막노동꾼, 지게꾼, 머슴, 식모, 하녀들인 것으로 추측된다.

그런데 이들의 생활형편을 보면 목숨을 부지하고 살아가는 것이 신기할 정도이다. 장사꾼들이야 상황에 따라 수입이 천차만별이어서 일률적으로 말하기 어렵다. 그러나 서울 사람의 68%를 차지하는 노동자들의 노임수준을 보면 양복장이가 일당 1원 내외, 목수 80전 내외, 막노동자나 지게꾼이 50전 정도를 받는다. 이들의 수입과 주요 생필품 가격을 비교해 보면 생활이 얼마나 어려웠을지 분명해진다.

1915년 물가로 따져서 중품 쌀 한 섬에 12월 22전, 만주좁쌀 한 섬에 9원 20전, 쇠고기 한 근에 20전인데, 그 비참함은 형언키 어렵다(역사신문편찬위원회 6, 1998 : 26).

게다가 일제 말기 조선 사람들은 이른바 공출이라는 이름 아래 자행된 양곡과 가축·물품의 강탈에 치를 떨며 헐벗고 굶주린 생활을 감내해야 했다. 일제는 식량부족에 대한 대책으로 양곡의 자유로운 유통을 통제하고 농민으로 하여금 할당받은 일정량의 농산물을 의무적으로 팔도록 하였다. 태평양전쟁으로 군수품의 조달이 어려워지자 공출의 이름 아래 미곡을 비롯하여 가축, 식기, 솥, 숟가락, 여성들의 비녀와 가락지까지 무려 80종에 달하는 물품을 강탈해 갔다(김삼웅, 1998 : 166).

또 조선총독부가 비공개로 발행한 『조선의 언론과 세상』은 다음과 같이 기록하고 있다.

"조선인이 좋아하는 쌀밥은 다른 사람에게 빼앗기고 조밥으로 만족해야 하며, 한 채의 집마저 잃어버려 방을 얻어야만 하고, 의복도 두 벌을 준비할 여유가 없어 다 떨어진 한 벌의 옷으로 몸을 가릴 정도로 빈궁하게 되었다. 아니 그것조차도 오래 유지할 수 있을지가 의문이다. 끝내는 조밥에서 초근생활로, 셋방에서 천막으로, 누더기조차 없어 맨몸이 될 지경이다. 이러한 상황이 벌어지게 된 원인은 무엇인가. 그 대부분은 조선인의 생활을 무시한 경제정책이 원인이 된 것이다."(김삼웅, 1998 : 170).

또한 『조선인의 의식주 : 1916』에서는 그 당시의 주식 섭취상황을 다음과 같이 소개하고 있다.

"쌀, 보리, 조, 피, 이들 곡류를 몇 종 섞어서 밥을 짓는 경우가 대부분이고 쌀만을 먹는 경우는 드물다. 대부분은 쌀에 다른 곡류를 혼합하거나 혹은 보리·조 등에 콩류 그 밖의 잡곡을 혼용하고 있다. 또 감자를 주식으로 하거나 여름에는 참외로써 주식을 대용하는 일도 있다. 농민의 다수는 3·4월경에 이르러 전년의 곡류가 거의 바닥이 나고 산채, 즉 고사리·도라지·칡, 그 밖의 초목의 어린 뿌리를 채취하거나 독성이 없는 야채를 채취하여 이것을 곡류에 섞어 죽을 만들어 먹는다."

계속되는 정치적인 혼란과 외세의 압력, 민중의 봉기, 전염병과 자연재해 등으로 백성들은 안정된 생활을 할 수 없을 정도로 시달린다. 게다가 본격적으로 시작되는 일본의 수탈로 모든 것을 빼앗긴 민중들은 울분을 억누르고 배고픔을 참아내야 했다. 게다가 개항 이후 봉건정부의 재정난이 더욱 악화되었는데 이 역시 민중의 생활을 한층 고통스럽게 만든 중요한 요인이었다.

재정이 극도로 악화된 이유는(조성오, 1993 : 91) 봉건정부가 각종 세금으로 민중에 대한 수탈을 강화하였고 매관매직을 공공연히 행하였기 때문이었다.

이처럼 개항 이후 일본의 경제적 침략이 본격화되고 봉건적 수탈이 강화됨에 따라 많은 농민이 파산하고 몰락하였으며, 그들은 주요 도시항구로 흘러들어 도시 빈민층, 방대한 실업자 층을 형성하였다. 하지만 이러한 틈바구니 속에서도 사람들은 치열한 생존경쟁을 하였을 것이고 살아남기 위해 수단과 방법을 가리지 않았을 것이다. 그리고 이들에게 먹을 것과 마실 것을 제공하는 형태 또한 다양해졌을 것이다.

과거로부터 이어지는 다양한 형태의 먹고 마실 것을 제공하는 형태에서 조금 차별화된 또 다른 형태의 주막과 서민들을 겨냥한 음식점들이 도시를 중심으로, 특히 사람들이 모이는 시장(市場), 역(驛), 포구(浦口), 항구(港口) 등에 하나둘씩 자리 잡아가고 있었을 것이다(이성우, 1997 : 132-134). 그리고 개화의 물결이 닥쳐옴에 따라 옛 주막도 점차 그 모습을 바꾸어 간다.

조선시대 말엽 서울 거리에는 모주(母酒)와 비지찌개를 파는 노상주점이 생겨서 가난한 사람들의 허기를 채워주었다고 한다. 내외주점(內外酒店)이라 하여 여염집 아낙네나 과수댁이 생활이 궁핍하여 술을 파는 주점이 생겨났고, 목로술집, 선술집, 색주가(色酒家) 등이 생겼다.

『조선잡기』(1894)에 의하면 '모석상두첨주전 : 暮惜床頭沾酒錢'이라고 문에 글을 써놓은 주막(酒幕)에서는 명태, 돼지고기, 김치뿐인 안주와 술을 팔고, 여인숙에서도 음식을 파는데, 음식값만 지불하면 숙박료는 받지 않았으나 1실에서 수십 명씩 묵고, 때로는 방에 메줏덩어리를 천장에 매달아놓는 집도 있었다는 것이다.

이것으로 1800년대 말의 주막과 여인숙의 상황을 짐작할 수 있는데,『경성번창기』(1915)에는 이들 음식점에 대한 좀 더 구체적인 기록이 있다. 즉 식사만을 하는 곳을 국밥집[湯飯屋], 약주만을 파는 집을 약주집[藥酒屋], 탁주만을 파는 집을 주막[酒幕], 하등의 음식점을 전골집[煎骨家]이라 하고, 주막에서는 음식도 팔고 숙박을 겸업하고 있다고 설명하고 있다. 이와 같이 개화기와 일제시기를 거치면서 우리나라에는 구미인, 일본인, 중국인들이 들어오고 이들로부터 새로운 음식이 전래된다. 한 나라의 문화는 끊임없는 교류를 통해 발전한다고 했을 때, 외국음식의 전래는 우리 음식문화를 한 단계 비약시키는 계기일 수 있었다.

그런데 개화기와 일제시기를 거치면서 나타난 외식문화의 변화는 바로 양극화였다. 즉 한국식과 서양식, 그리고 저급과 고급의 이중구조를 말한다. 조선 후기 장터를 중심으로 상인과 장꾼들에게 저렴한 음식을 공급하던 주막이 답보상태를 걷는 반면, 상류층을 대상으로 하는 고급 요릿집들은 문전성시를 이루게 된 것이다. 즉 서양문물을 받아들이고, 일본에서 유학을 하고, 신교육을 받고, 일제와 손을 잡고 살아가는 친일파들을 위한 식당이 고급 요릿집이다. 또한 은밀한 모임의 장소가 고급 음식점 밀실이었다는 것이다.

그리고 모던 보이와 걸들이 모이는 카페가 등장하고, 외국인들이 모이는 사교장이 생기고, 외국인들을 위한 일식과 양식, 그리고 중식 음식점들이 등장했다.

특히 한국에 출입하는 외국인을 위한 서양식 설비를 갖춘 숙박시설이나 식당(食堂)이 거의 없어서 개화기에 몰려온 외국인의 불편이 클 수밖에 없었다. 그래서 생겨난 것이 철도국에서 주요 역에 건립한 철도호텔이다. 또한 일본인의 거주지와 중국인들의 거주지를 중심으로 성장한 일식과 중식이 서울에서도 그 수를 더해갔다. 그러나 한국을 대표할 5백 년의 화려한 조선 궁중음식의 맥을 잇지 못하는 아쉬움을 남겼다.

(5) 해방 이후~1950년대

- 1946년에 냉면과 불고기로 유명했던 '우래옥'이 등장
- 1949년에 양식당으로 '외교구락부'가 생김
- [한식당] 평양냉면으로 유명했던 '한일관', 무교동의 '하동관'
- 명동의 '고려정', '평화옥', '삼오정', 불고기로 유명한 '진고개' 등 굵직굵직한 식당들이 문을 열게 됨
- [일식당] '남강', '향진'
- [양식당] '미장그릴', '영보그릴'
- [중식당] '아서원', '금문도', '대관원'
- 대규모 업소로 발전하는 밑받침이 됨

1945년 해방과 함께 일제가 물러가고, 미군정시대를 거쳐 1948년 대한민국 정부가 수립됐지만, 이어 발발한 한국전쟁의 여파로 민중의 굶주림은 계속됐다. 1946년 서울에서 양곡 배급이 실시되고, 부산에는 콜레라가 창궐하여 서민들의 생활은 비참하기 그지없었다. 일제의 손아귀에서 풀려나 해방을 맞았으나 굶주림의 역사는 끝나지 않고 계속되었다. 해방된 지 5년도 채 못 되어 6·25전쟁이 일어나 우리의 생활은 더욱 어렵게 되었다. 한끼의 식사 그것은 곧 생존이었다.

1953년 7월 마침내 휴전이 이루어지고, 군정하의 GARIOA(점령지역행정구호원조)와 55년부터 발효된 PL480호(농업교역발전 및 원조법)의 덕택으로 경제는 어느 정도 안정되어 갔다. 미국의 원조는 처음에는 식량을 비롯한 구호물자가 대부분이었다. 때문에 고픈 배를 채우는 데는 많은 도움이 되었지만, 경제건설을 하는 데는 별 도움이 되지 못했다(이야기한국사편찬회, 1986 : 27‐131). 배급 쌀과 밀가루로 끼니를 해결하던 시절에는 집집마다 식구 수를 늘려 신고를 하다 보니 서울시내 떠도는 유령(幽靈)인구가 수천, 수만 명에 이르던 때도 있었다.

몰락 농민들의 일부가 도시로 진출하여 도시의 빈민층을 서서히 형성하기 시작한 1920년대부터 대도시로 인구가 집중하기 시작했다. 게다가 1930년대 이후 일제의 만주 침략이 시작되고, 식민지공업화가 진행되면서 이농(離農)과 도시화(都市化)가 촉진되었다. 그리고 국내에서 삶터를 찾지 못하는 동포들은 남부여대(男負女戴 : 남자는 지고 여자는 이고 감. 곧 가난한 사람이 살 곳을 찾아 떠돌아다님을 이르는 말)하여 이역만리 일본, 만주, 중국본토, 구소련, 미주 등으로 떠나갔다. 그 숫자는 식민지 35년간에 총 증가인구의 26%에 달하는 327만 명이나 된다고 한다(한국역사연구회e, 1998 : 41).

1945년 해방이 되자 해외 거주(해외에서 출생한 동포 2세 포함) 402만 동포 중 절반 이상인

220만 명이 남한으로 귀환하였다. 여기에다 해방 전 북한에 거주하던 남한 출신 사람들, 구소련과 북한정권에 반대하던 우익들, 토지개혁과 친일파 처벌을 기피하려는 지주·친일파들이 한국전쟁 직전까지 지속적으로 월남하여 해방 후 남한의 인구는 급격히 증가했다. 그러나 한국전쟁의 여파로 인구가 줄어들었다가, 전쟁 이후 1955~1960년 사이에 남한의 인구는 다시 급증했다.

환국(還國)과 월남(越南), 전후(戰後)의 베이비붐으로 해방 직후 1,614만 명이던 인구는 1960년에 2,499만 명으로 급증하여 농촌에서는 토지에 대한 인구의 압력이 증대되어 이농(離農)이 촉진되었다. 게다가 식민지적 유통망을 통하여 발전했던 호남지방과 서남해안의 중소도시 주민들은 그 유통망의 단절로 지역경제가 침체되자 역시 인근 도시나 서울 등지로 몰려들어 해방 후 도시인구는 폭발적으로 증가했다(한국역사연구회e, 1998 : 42-46). 그리고 토막집과 토막민이라는 단어가 생겼다(한국역사연구회e, 1998 : 157-161). 그러나 도시로 집중된 인구는 막노동으로 토막집에서 사는 토막민이 대부분이기 때문에 구매력이 거의 없어 외식업의 발전에 크게 기여하지는 못했다. 그러나 그들을 겨냥한 외식업은 노점상이나 포장마차, 선술집 등의 형태로 정착하기 시작했다.

주식의 거의 99%를 곡류에 의존하던 시절이었으나, 전쟁으로 폐허가 된 땅에서 다시 곡식을 생산한다는 것은 쉬운 일이 아니었다. 식량의 절대 결핍을 면치 못했던 전쟁 직후인 1955년부터 도입된 미국의 잉여농산물이 1957년 4월에는 국내 총 곡류생산량의 40%를 차지하면서 식량 해소에 큰 몫을 했다.

1954년 6월 부산국제시장 대화재 발생, 1959년 9월 대홍수, 1960년 4·19혁명에 이어 1961년 5·16 군사정변에 이르기까지 한국의 정치·사회의 혼란은 국민들의 삶에 배고픔만을 더해갔다. 이러한 상황에서 외식을 한다는 것은 대부분의 일반 국민들로서는 상상조차 할 수 없는 일이다. 그러나 50년대까지는 주막이나 주식점, 목로주점 등의 전통음식점 형태가 하나둘 생겨나기 시작하여 한국외식업의 태동기를 맞이하게 된다. 하지만 일반인들의 식생활 유형은 전적으로 가내주도형으로 집에서 먹거리를 해결하는 시대였다.

해방 이후는 대한민국 정부가 수립되면서 일본과의 국교가 단절된 반면 미국과의 교류가 활발해졌다. 그 결과 주로 한국에 주둔하는 UN군과 미군들을 겨냥한 휴식장소와 레스토랑이 하나둘씩 생기기 시작하였으며, 양식(미국식)이 차츰 한국인들에게 소개되기 시작했다. 그러나 아직까지도 서민들에게 양식은 그림의 떡이었다.

1950년 중반부터는 한국인들에 의해 운영되는 호텔이 하나둘씩 생기기 시작한다. 1955년 10월에 앰배서더(현 소피텔 앰배서더), 1957년 해운대 호텔이, 그리고 1959년에는 철도호텔이 외래 관광객 유치를 위한 조치로 관광호텔로 개명하여 양식이 상류층을 중심으로 널리 보급

되기 시작했다. 또한 해방 이후 중국 음식점의 수가 갑자기 늘어나면서 중국 음식의 한국화
가 이루어진다. 일제 말기 조선에 거주한 화교가 약 6만 5천 명이었고, 중국 음식점의 수는
300여 개에 이르렀다고 한다. 그러나 이때만 해도 중국 음식점에 한국인들이 드나들기는 하
였지만 아직 한국인이 주요 고객은 아니었다. 중국 음식의 한국화는 해방 이후에 이루어졌
다. 한국 정부가 수립되면서 화교들의 처지에 중대한 변화가 생겨났기 때문이다. 한국 정부
가 화교들의 무역을 금지시킴에 따라 많은 화교들이 일자리를 잃게 되었으며, 중국대륙이
공산화되어 고향에 돌아갈 수도 없게 되자 적은 자본과 가족 노동력을 이용하여 운영할 수
있는 음식점으로 전업하였다고 한다. 이러한 화교 내부의 사정에 따라 1948년부터 1958년까
지 중국 음식점 수가 332개에서 1,702개로 무려 5배 이상 늘어났다고 한다(한국역사연구회f,
1998 : 177 - 179).

(6) 1960년대

- 의정부, 동두천시 미군부대의 영향으로 만들어진 부대찌개의 효시인 '오뎅집'
- 홍천 지역에 '우미닭갈비집'이 생겨난 것을 시작으로 1973년 조양동(춘천의 명동)이
  이주하면서 형성돼 지금까지 남아 있는 춘천 닭갈비촌
- 60년대 초 포천에서 명성을 날리던 '원조이동갈비'집
- 신당동 떡볶이의 원조 '마복림 할머니'집이 생겨났다.

5 · 16 군사정부 공약 4번째에는 "절망과 기아선상에서 허덕이는 민생고를 시급히 해결하
고 국가 자주경제 재건에 총력을 경주한다"라고 박정희는 절망과 배고픔의 추방 그 성공여
부에 자신의 정치생명을 걸 정도였으므로, 그때 일반서민 대부분의 배고픔이 어느 정도였는
가를 짐작할 수 있다.

한국전쟁에 이어지는 4 · 19혁명과 5 · 16 군사정부의 소용돌이 속에서 국민들의 생활은
처참하였다. 1950년대 후반부터 시작된 영양개선운동은 어떻게든 먹고 살아남아야 한다는
절박감에서 출발한 국가적인 총력전이었다. 밀가루 예찬론, 혼분식 장려운동, 유휴산지 개
간, 국민 절제운동, 양곡수급 계획발표 등이 이러한 사실을 잘 대변하고 있다.

서민들의 삶은 고달팠고, 너 나 할 것 없이 살기 힘들었다. 1962년 8월 태풍 노라와 함께
가뭄이 겹쳐 62년도는 최악의 흉년을 기록한 해였다. 1963년 2월 미국으로부터 원조양곡이
도입되었다. 이와 같이 식량공급에 비상이 걸린 1963년 1월 잉여농산물 도입과 절미운동, 소
비절약 유도 등의 내용을 골자로 하는 양곡수급계획이 발표되었다. 수요량 35,282천 석에 공
급량은 31,376천 석으로 부족량은 3,906천 석이었다. 부족한 양은 잉여농산물 도입, 정부보유

물 도입, 구상무역 그리고 근검절약으로 충당한다는 계획이었다. 이어 쌀의 소비를 줄이는 절미운동이 강력하게 추진되어 주요 도시에 국수식당이 등장하고, 과자와 엿의 제조에 쌀을 사용하지 못하게 하는 등 절미운동에 모든 수단과 방법이 동원되었다.

이렇게 대량으로 먹게 된 밀가루 음식은 주로 쌀과 보리에 의존했던 우리 밥상을 크게 바꾸어 놓았다. 대대로 먹던 밥과 국을 대신해 국수와 빵 같은 밀가루 음식이 밥상 한 귀퉁이를 차지하게 된 것이다. 이때부터 쌀의 오랜 지위는 추락하고 대신 밀이 그 자리를 차지했다. 분식과 혼식의 장려운동이다.

그리고 관혼상제 시 과소비를 억제하기 위한 가정의례준칙이 1969년에 만들어진다. 관주도로 진행된 밀 문화의 보급은 서구식 영양학에 근거했다. 모든 음식의 가치는 칼로리로 재단됐고, 오랜 체험을 통해 이룩한 우리 음식문화의 가치는 사장됐다. 배고픔의 해결은 그릇된 편견을 낳은 것이다. 게다가 식생활 개선이라는 명목 아래 서구식 식생활이 무비판적으로 받아들여지고, 우리 전통식단이 비판의 대상이 된 때도 있었다.

이와 같은 환경에서 GNP 100~210달러의 60년대 한국의 외식업계는 50년대와 마찬가지로 식생활의 궁핍기이자 침체기였다. 영세한 음식점 및 노상 잡상인들이 대거 출현했던 시기이기도 하다. 또한 밀가루의 유통과 함께 들어선 게 제과점이다. 1945년 고려당과 함께 1967년 강남에는 뉴욕제과가 탄생했다. 그러나 우리는 1960년대까지는 식량부족으로 배고픈 시대를 경험했다.

(7) 1970년대

- **한식당**
  - 갈비와 불고기는 최고의 외식이었음
  - 마포 일대의 갈빗집들이 각광받는 명소였음
  - '본점최대포', '마포원조주물럭' 등
- **중식당**
  - 짜장면은 70년대 최고의 외식이었고 대중화되는 시기
  - 중식당으로 '홍보성', 74년도에 '희래등', '국일대반점' 등과 70년대 말 '동보성', '다리원', '아리산' 등 대형업소들이 속속 생겨남
- **외국브랜드 도입기**
  - 1970년 말부터 햄버거를 비롯한 도넛, 프라이드치킨 등 패스트푸드가 상륙, 외식문화의 서구화 현상이 나타나기 시작함. 이때부터 요식업에서 외식산업으로 발돋움하기 시작함
  - 1978년 국내 프랜차이즈의 효시로 볼 수 있는 커피숍 '난다랑'이 등장
  - 1979년 일본의 패스트푸드점 롯데리아 상륙 - 국내 외식시장은 기술제휴 또는 합작형태로 외국 브랜드가 화려한 모습을 드러내기 시작함

70년대 식생활관련 최대 변수는 도시가스의 도입으로 연탄시대를 마감한 것이다. 먹거리 메뉴에는 요구르트, 케첩, 마요네즈, 생수, 과즙탄산음료, 1962년에 시판 금지되었던 쌀막걸리의 부활, 전자레인지, 커피자판기, 생맥주, 롯데리아와 같은 햄버거 하우스가 최초로 등장했다.

특히 1979년 7월에는 국내 프랜차이즈 1호점인 지금의 대학로 샘터빌딩에서 '난다랑'이 오픈되어 국내 외식업계에 일대 변혁이 일어난다. 그리고 10월에는 롯데리아 1호점이 소공동에 들어섬으로써 서구식 외식시스템의 시발점이 되었다. 롯데리아를 흉내 낸 '맥도리안', '햄데리아', '뉴도날드', '반도리아', '롯따리아', '맥가이버', '훼미리' 등 군소 브랜드가 우후죽순 격으로 생겨났다. 이들은 얼마 되지 않아 폐업하는 결과를 가져와 지금은 찾아볼 수 없다.

그러나 70년대 우리는 우리의 식품을 개발한 것이 아니고 서양식을 그대로 수용한 것이다. 또한 정치적 불안이 가속되고, 사회혼란이 빚어지던 시절 무력감에 빠졌던 사람들이 맵고 짠 강한 양념 맛의 무교동 낙지골목으로 모여들기도 하였으며, 술에 찌든 사람들이 청진동 해장국집에 많이 모이기 시작하였다. 또한 GNP 1,000달러를 넘어선 그때를 기점으로 육류 소비량이 급증하고 고추와 마늘의 섭취량이 많이 늘어나기 시작했다. 또한 1970년대 한식하면 먼저 설렁탕 등 국밥류의 음식을 떠올렸다. 그런데 이 무렵부터 삼겹살, 갈비, 등심 등과 같이 고기를 구워 먹는 문화가 일반화되었다. 갈비나 불고기는 조선시대 궁중요리로 일반 양반가에서조차 먹기 힘든 음식이었다. 1960~1970년대에도 음식점에서 불고기를 취급하기는 하였지만 일반 서민들이 아무 때나 부담없이 먹을 수 있는 음식은 아니었다.

(8) 1980년대

■ 한식당

- 소규모 식당에서 벗어나 법인 위주의 외식경영형태를 띠게 되고 체인화와 다점포의 프랜차이즈 사업 등장
- 외국 유명브랜드 진출 활발(국내 외식업에 대형화의 계기를 제공) - 버거킹(82년), 피자헛(84년), KFC(84년), 맥도날드(86년), 86아시안게임과 88서울올림픽을 거치면서 대중화되기 시작
- 국수체인점이 등장하여 상당한 인기를 모음 - 83년 장터국수가 등장한 이래 찡구짱구(84년), 다전국수(85년), 민속마당(87년), 방방곡곡, 잔치국수, 참새방앗간 등 80년대 중반부터 80년대 말까지 많은 체인점이 등장해 국수와 김밥 등의 메뉴를 선보임
- 80년대 중반에는 한식의 대명사라고 할 수 있는 갈비와 불고깃집들이 대형화 추세 - 강남일대, 늘봄공원, 삼원가든, 한우리 등의 업소들이 등장
- 프렌치 레스토랑 등장 - 뮤즈, 보뜨르, 미르바, 아테메, 엘토로, 라스컬러
- 대형 중식당과 일식당 - 만리장성, 대려도, 삼다도
- 보쌈체인점 전국적으로 파급 - 보쌈의 원조 놀부보쌈, 촌집보쌈, 부부보쌈, 할매보쌈,

원할머니보쌈
- 80년대 후반부터 냉면전문점과 칼국수전문점, 우동전문점 등이 성행
- 88년 이후부터는 외식패턴의 다양화와 고급화로 메뉴에 있어서도 상당히 많은 변화를 보이기 시작. 2~3년 주기를 형성하며 태동 - 발전 - 쇠퇴를 거듭하는 춘추전국시대를 보임. 또한 식생활의 서구화에 의한 동물성 식품의 소비증대, 식품공급의 과잉에서 오는 영양불균형과 낭비에 따르는 문제점이 발생하기도 했음

80년대 초부터 외국의 유명 체인호텔과 외국계 패스트푸드점이 대거 한국에 상륙했다. 1983년에는 주문식단제가 처음 실시되기도 했다. 그리고 1989년엔 정수기가 처음 도입되었다.

육류섭취량이 급격히 증가한 것은 GNP가 2,000달러를 뛰어넘은 80년대부터라고 한다. 70년대 1인당 하루 40g이던 것이 1985년 200g으로 껑충 뛰었고, 대형 갈빗집들이 우후죽순 격으로 늘어난다. 그 당시 고기를 덩어리째 양념해서 구워 먹는 주물럭이 유행하기도 했다. 얄팍한 불고기에 만족 못 하고 덩어리째 씹어야 직성이 풀리던 시대였기 때문이다. 특히 80년대는 해외 프랜차이즈가 본격적으로 국내에 진출하면서 외식업계에 태풍의 핵이 되었다. 물밀듯이 들어오는 해외 프랜차이즈 브랜드들이었다. 국내 자생브랜드들도 우후죽순 격으로 생겨났다.

그리고 80년대 들어서면서 ○○가든, ○○갈비 등의 고깃집들이 도처에 생겨났다. 이런 음식점들은 주로 큰방을 구비하고 있는 것이 특징인데, 가족식뿐 아니라 잔치, 회식, 친목모임의 장소로 널리 이용되었다. 또한 이 무렵 춘천막국수나 닭갈비, 아구찜, 보리밥 등 지방 사람들이나 서민들이 먹던 향토음식들이 별미음식으로 상품화되어 서울로 진출하였다. 특히 승용차 보급률이 높아지고 답사문화가 대중화되면서 향토음식은 그 지역의 관광상품으로 개발되었다.

결국 80년대는 더 맛있고, 더 간편하고, 더 고급스러운, 그리고 더 새로운 식품을 추구했던 시대였다고 말할 수 있다.

(9) 1990년대

한국의 90년대는 외식산업의 본격적인 성장기에 해당된다. 성장의 주역을 꼽는다면 단연 패밀리레스토랑이다. 80년대 레스토랑이 최고의 인기를 누리던 시절이었다. 레스토랑은 연인들끼리, 귀한 사람들과 최고 만남의 장소였다. 하지만 커피전문점, 돈가스전문점 등 전문화시대를 맞이하면서 레스토랑은 사향업종으로 변해갔다.

90년대 들어서면서 레스토랑은 새로운 옷으로 치장하고 우리 앞에 나타났다. 이른바 외국계 패밀리레스토랑이다. 음식업계에서는 외국계 패밀리레스토랑을 고품격 신업태의 출현으

로 받아들였다. 80년대의 아담한 레스토랑이 아니었다. 점포 평수가 최소한 50~60평 이상이다. 자연적으로 사업의 주체는 대기업의 자본이다.

21세기를 맞이하여 한국의 외식시장도 바뀌고 있다. 외국계 유명한 패밀리레스토랑과 피자집, 패스트푸드 레스토랑은 이제 일반화되어 있으며, 최근 들어 호텔과 같은 수준의 전문 레스토랑들이 차츰 늘어나는 추세에 있고, 강남을 중심으로 퓨전음식이 유행하고 있다. 또한 고급 원두커피 전문점들의 수가 늘어나고 있으며, 과거의 다방은 차츰 그 자리를 잃어 가고 있다.

그리고 한편으로는 이탈리안 스타일 등의 이국적인 음식점들이 차츰 늘어나고 있는 추세이며, 또 다른 한편으로는 한식을 중심으로 건강과 기능지향적인 음식과 향수를 유발하는 향토전문 음식점들이 늘어나고 있는 추세이다. 그래서 식당 간판에서도 옛날, 할머니, 고향 같은 말을 많이 볼 수 있다. 이러한 현상은 고기도 먹을 만큼 먹어보고, 서양식 고급요리도 먹어볼 만큼 먹어본 사람들이 찾게 되는 옛날 그 시절의 맛과 여유 때문이다.

앞으로 가처분소득이 더욱 증대되어 생활에 여유를 찾아 인생을 즐길 줄 알게 되면, 음식에 대한 관심은 차츰 증폭될 것이다. 시간과 돈에 구애받지 않고 더 새롭고 더 고급스러운 분위기와 음식을 찾아 나서고, 건강식을 선호하게 될 21세기에는 인공조미료보다는 천연조미료를, 가공된 음식보다는 자연 그대로의 음식을 즐기게 될 것이다.

그러나 다른 한편으로는 간편성을 추구하여 인스턴트식품 또한 선호하게 될 것으로 사료되며, 먹거리에 관한 한 항상 이중적인 성향을 가지게 될 것으로 판단된다.

---

① **1990년대 초반 ― 외식산업의 전환기**
- 전통회귀바람
  누룽지, 죽 등 전통음식이 인스턴트 포장으로 등장
  술도 쌀로 빚은 것들이 되살아남
- 패스트푸드 유명브랜드가 계속 상륙해 영업을 활성화
  서브웨이(92년), 파파이스(94년) : 80년대 중반 국내에 진출한 패스트푸드의 선점 이미지가 강해 어려움을 겪음
- 피자시장의 대단한 활황
  피자인, 라운드테이블피자(90), 쉐이키피자, 도미노피자, 시카고피자
- 1992년 한식업종에서 최고의 히트아이템은 쇠고기 뷔페 : 싸게 쇠고기를 먹을 수 있다는 이점 때문에 한동안 많은 고객을 끌어들였지만, 식자재 질의 저하, 20여 개 체인업체 등이 양성하는 수적 포화현상으로 6개월 만에 폐점. 1998년 IMF 외환위기 이후 1999년에 다시 모습을 보이고 있음
- 1996년부터 햄버거보다 저(低)칼로리인 샌드위치를 내걸고 슐라스키, 제이브래너스,

서브웨이 등의 샌드위치점이 선을 보임
- 대형 패밀리레스토랑 진출이 러시를 이룸
코코스(88년), TGIF(92년), 판다로사(93년), 스카이락(94년), 데니스(94년), 시즐러(95년), 플랫닛헐리우드(95년), 베니건스(95년), 토니로마스(95년), 뻬에뜨로(95년), 마르쉐(96년), 토마토&오니온(96년), 칠리스, 우노, 이탈리안스, 아웃백스테이크하우스, 하드락 카페(97년) 등(대기업 자본에 의해 기술제휴형식이나 직접투자로 다수의 해외 브랜드 패밀리레스토랑이 상륙, 해외 브랜드 일색으로 변모)
- 1996년 중저가 스파게티 전문점 출현
쏘렌토를 시작으로 비스, 스파게띠아, 뻬에뜨로 등

② 1998년 IMF 외환위기
- 1997년 말 찾아온 IMF 외환위기로 인해 국내 외식업계의 불황 시작
- 경기의 불황으로 외식비와 빈도가 크게 감소
중산층 가정의 외식비가 IMF 외환위기 이전에 비해 평균 52.7%가 감소되었고 일반식당의 경우 50%의 매출이 떨어져 최악의 불황을 겪음
외식업소의 기현상이 일어남(영업이 늦게 시작되고 일찍 끝나는 현상)
- 저렴하고 실속 있는 단체급식 외식업종의 인기
단체급식시장의 경쟁 치열
- 저가형 대형 음식점 등장
- 소규모 점포 창업의 증가
명예퇴직 및 조기퇴직으로 인해 직장을 잃었거나 중소기업을 정리한 이들이 외식업에 참여하는 경향이 크게 증가(국내 최초 식당 수 50만 개 넘음)
- 환율상승으로 외국 브랜드 FF/FR 등이 주춤하였으나, 매출은 일반 업소에 비해 크게 하락하지는 않았음
- 퓨전퀴진의 새로운 콘셉트 음식점 등장
- 복합매장 형태의 외식경영 등장(Shop in shop)
커피&케이크, 아이스크림&베이커리
- 이태리요리 전문점들의 두드러진 성장과 대중화
- Food-court, Food center 등 전문 음식상가가 나타나기 시작

③ 1999년
- 1999년 상반기까지 경기전망은 IMF체제로 인해 외식업 또한 불투명했으나, 1999년 중반 이후 경기가 다소 회복되면서 외식소비 인구가 급증하게 되었고, 점차 좋아지고 있는 소비자의 소득수준과 외식수준이 높아짐으로 인해 외식에 대한 이미지도 바뀜
- N세대, Y세대, X세대 등 젊은 소비자 계층의 탄생으로 독특한 메뉴와 서비스, 분위기가 속속 등장 - 이색업소 : 감옥카페, 분장카페, 비행기레스토랑, 열차카페, 섹스어필레스토랑
- 인터넷을 통해 이벤트 및 할인쿠폰 등 외식업계는 치열한 마케팅 전쟁
- 단체급식시장 : 학교급식 전면 실시로 인한 수주경쟁 치열

〈표 1-35〉 한국인이 사랑하는 오래된 한식당 100선

번호	업소명	주메뉴	개업연도	주소	번호	업소명	주메뉴	개업연도	주소
1	이문설농탕	설렁탕	1904	서울 종로구 견지동	51	평양옥(대전)	영양탕	1951	대전 서구 만년동
2	하얀집	곰탕, 수육	1910	전주 나주시 중앙동	52	호동식당	복국	1951	경남 통영시 서호동
3	내호냉면	함흥냉면	1919	부산 남구 우암2동	53	국일식당	꼬막정식	1952	전남 보성군 벌교읍
4	박달집	개장국	1920	부산 금정구 구서2동	54	문화옥	설렁탕	1952	서울 중구 주교동
5	안일옥	설렁탕	1920	경기 안성시 영동	55	옥천냉면	냉면	1952	경기 양평군 옥천면
6	함양집	비빔밥	1924	울산 남구 신정3동	56	이학식당	따로국밥	1952	충남 공주시 중동
7	천일식당	떡갈비	1924	전남 해남군 해남읍	57	평양냉면	냉면	1952	충남 천안시 동남구 사직동
8	형제추어탕	추어탕	1926	서울 종로구 평창동	58	한국집	육회비빔밥	1952	전북 전주시 완산구 전동
9	천황식당	진주비빔밥	1927	경남 진주시 대안동	59	다신식당	가리국밥	1953	강원도 속초시 청호동
10	기장곰장어	짚불곰장어	1929	부산 기장군 기장읍	60	연남서식당	소갈비	1953	서울 마포구 노고산동
11	삼대 광양 불고기집	불고기	1930	전남 광양시 광양읍	61	옛집식당	육개장	1953	대구 중구 시장북로
12	황산옥	생복찜	1931	충남 논산시 강경읍	62	우리옥	백반	1953	인천 강화군 강화읍
13	신식당	떡갈비	1932	전남 담양군 담양읍	63	원산면옥	냉면	1953	부산 중구 창선동1가
14	용금옥	추탕	1932	서울 중구 다동	64	하동집	복국	1953	경남 진주시 대안동
15	은호식당	꼬리토막	1932	서울 중구 남창동	65	한일관	한정식 전주비빔밥	1954	전북 전주시 완산구 중화산동
16	곰보추탕	추탕	1933	서울 동대문구 용산동	66	고성회관	오징어순대	1955	강원 속초시 중앙동
17	잼배옥	설렁탕	1933	서울 중구 서소문동	67	남들갈비	돼지갈비	1955	충북 청주시 모충동
18	연춘	장어구이	1936	충남 아산시 득산동	68	소문난 3대 할매김밥집	충무김밥	1955	경남 통영시 서호동
19	청진옥	해장국	1937	서울 종로구 종로1가	69	새진주식당	비빔밥	1955	부산 중구 보수동1가
20	진주회관	불고기	1939	충남 천안시 성환읍	70	시내식당	광양불고기	1955	전남 광양시 광양읍
21	하동관	곰탕	1939	서울 중구 명동1가	71	옥천 장날순대	순대국밥	1955	충북 청원군 옥산면
22	한일관	불고기 냉면	1939	서울 강남구 신사동	72	경주 원조국수	콩국수	1956	경북 경주시 황남동
23	동래할매파전	동래파전	1940	부산 동래구 복천동	73	대들보 함흥면옥	냉면	1956	대전 중구 유천1동
24	영명식당	갈낙탕	1940	전남 영암군 학산면	74	마포 진짜 원조 최대포	돼지갈비	1956	서울 마포구 공덕동
25	옥천옥	설렁탕	1941	서울 동대문구 신설동	75	송월관	떡갈비	1956	경기 동두천시 생연2동
26	소복식당	소갈비	1942	충남 예산군 예산읍	76	양산도집	민물장어구이	1956	부산 사상구 감전동
27	할머니집	소머리국밥	1943	경기 오산시 오산동	77	열차집	빈대떡	1956	서울 종로구 공평동
28	전통 경주 할매집	쌈밥정식	1944	경북 경주시 황남동	78	목리 장어센터	장어구이	1957	전남 강진군 강진읍
29	남성식당	복국	1945	경남 창원시 오동동	79	삼거리 번지막 순대국	순대국	1957	서울 영등포구 대림1동
30	삼백집	콩나물국밥	1945	전북 전주시 고사동	80	상주식당	추어탕	1957	대구 중구 동성로2가
31	평양옥	해장국	1945	인천 중구 신흥동	81	가선식당	어죽	1958	충북 영동군 양산면
32	하연옥	진주물냉면	1945	경남 진주시 이현동	82	리정식당	육개장	1958	충북 청주시 내덕동
33	국일 따로국밥	따로국밥	1946	대구 중구 전동	83	백반집	한정식	1958	전북 전주시 다가동1가
34	송정3대 국밥	돼지국밥	1946	부산 부산진구 부전2동	84	오장동 함흥냉면	냉면	1958	서울 중구 오장동
35	우래옥	평양냉면	1946	서울 중구 주교동	85	완도 횟집	생선회	1958	전남 강진군 마량면
36	할머니 묵집	묵밥	1946	대전 유성구 봉산동	86	태조 감자국	감자국	1958	서울 성북동 동소문동
37	부여집	꼬리곰탕	1947	서울 영등포구 당산동2가	87	구포집	회비빔밥	1959	부산 중구 부평동3가
38	강서면옥	평양냉면	1948	서울 중구 서소문동	88	새집 추어탕	추어숙회	1959	전북 남원시 천거동
39	옥돌집	불고기	1948	서울 성북구 길음동	89	전주 중앙회관	곱돌비빔밥	1959	서울 중구 충무로1가
40	육거리 곰탕	곰탕	1948	경남 진주시 강남동	90	고려삼계탕	삼계탕	1960	서울 중구 서소문동
41	원조 창평 시장 국밥	국밥	1949	전남 담양군 창평면 창평리	91	두암식당	짚불구이	1960	전남 무안군 몽탄면
42	경희식당	한정식	1950	충북 보은군 속리산면	92	함흥 곰보냉면	냉면	1960	서울 종로구 안의동
43	급행장	소갈비구이	1950	부산 분산진구 부전1동	93	명월집	백반	1962	인천 중구 중앙동3가
44	명동할매낙지	낙지백반	1950	서울 중구 명동2가	94	역전회관	바삭불고기	1962	서울 마포구 용강동
45	진주집	꼬리곰탕	1950	서울 중구 남창동	95	진주회관	콩국수	1962	서울 중구 서소문동
46	포항할매집	곰탕	1950	경북 영천시 완산동	96	편대장 영화식당	육회	1962	경북 영천시 금노동
47	강산면옥	물냉면	1951	대구 중동 교동	97	덕인관	떡갈비	1963	전남 담양군 담양읍
48	고래고기 원조할매집	고래수육	1951	울산 남구 장생포동	98	진짜초가집 원조아구찜	아구찜	1965	경남 창원시 오동동
49	불로식당	한정식	1951	경남 창원시 동성동	99	버들식당	곱창	1967	대구 달서구 성당1동
50	천안곰탕	곰탕	1951	부산 중구 광복동1가	100	청화집	순대	1967	충남 천안시 병천면

(10) 2000년대

2000년대 식생활관련 최대 변수는 광우병과 AI 파동으로 삼겹살에 대한 소비가 늘었고, 회전시스템을 이용한 회전초밥 전문점이 인기를 얻었다. 회전초밥 전문점은 캐주얼한 매장 분위기와 제조과정을 직접 볼 수 있게 하는 전시 마케팅 효과를 나타내는 게 특징으로 저렴한 가격대로 공급하여 대중화되었다. 또한, 지속된 불황과 경기침체로 스트레스를 풀기 위해 매운 닭발, 매운 갈비 등이 출시되어 히트 메뉴로 고객들이 많이 찾았다. 그에 비해 삼계탕, 한식, 고기, 양곱창, 설렁탕 전문점 등의 매출은 절반 이하로 하락했고, 유통업계 역시 수백억 원에 달하는 미국산 쇠고기 재고를 부담으로 떠안는 등 육류시장 전체에 여파를 미쳤다.

2000년대 후반까지의 외식산업은 선진국에 비해 빠르게 성장하였다. 웰빙 트렌드가 각광받으며 토속음식과 궁중음식이 어우러진 한정식 전문점이 늘어나기 시작했고, 전통메뉴, 복합요리점이 출현했다. 쌀국수, 한우전문점, 시푸드뷔페, 막걸리, 조개구이 무한리필 등이 인기를 끌었다. 쌀국수는 베트남의 대표적인 음식으로 웰빙요리로 인식되면서 포○이, 포○인 등 전문 프랜차이즈 업체들이 가세하여 시장이 확대되었다. 2003년 광우병과 AI 파동으로 고품질 한우를 합리적인 가격으로 선보이는 한우전문점이 등장하여 평균 3만 원 가격대가 산지 직거래, 창업비용 절감 등으로 1만 5천 원대까지 저렴해졌다. 한우 산지 위주로 한우마을을 지정해 가격대비 푸짐한 양과 고품질, 부담없는 가격으로 국내산 육우를 선보이며 한우에 대한 문턱을 낮추는 데 이바지했다. 또한, 시푸드를 주재료로 다양한 메뉴를 마음껏 먹을 수 있는 뷔페레스토랑이 새롭게 떠오르면서 소비자의 입맛과 영양은 물론 건강까지 생각하는 '웰빙 시푸드뷔페'레스토랑으로 인지도를 굳혔다. 이때 정부에서 추진하고 있는 막걸리 세계화 프로젝트에 힘입어 이색 막걸리 전문점들이 등장하며 젊은 층을 중심으로 인기를 끌기도 해 크게 주목받았다.

한편 학교급식 전면시행으로 인해 단체급식시장은 수주 경쟁이 치열했는데 2006년 발생한 ○○푸드 식중독 사고로 인해 위탁급식에서 직영급식으로 전환되었다.

〈표 1-36〉 한국, 미국, 일본, 중국 외식산업 발전과정 비교

구분	한국	미국	일본	중국
1920년대		• 음식의 태동기 (요식업 형태) • 레스토랑, 열차식, 호텔식, 프랜차이즈, 카페테리아, 급식, 센트럴키친 출현		

구분	한국	미국	일본	중국
1930년대		GNP $440 • 외식업의 태동기 　(음식점 - 외식산업) • 로드사이드 레스토랑, 　기내식 출현 • 도심과 리조트 중심, 생 　산자 지향		
1940년대		GNP $750 • 외식산업의 전환기 　(발전기) • 개인판매지향, 부분적 합 　리화 추구	• 요식업으로 전개 • 우동, 덴뿌라, 구내식당 출현 • 교통 관련지역 출점(열차 　내, 역사 내) 일부 중심지	
1950년대	(1960년대 이전) • 음식업의 태동기 • 경제적 빈곤기 • 식생활 및 식습관의 　가내 주도형	GNP $875 • 외식산업의 도약기 　(공업화기) • 치킨, 병원급식, 커피숍, 햄 　버거, 피자 출현 • 개인판매에서 대량판매지 　향, 테이크아웃 퀵서비스, 경 　영혁신(QSC), 세계외식산업 　의 혁명(시스템화 출현)	GNP $4,000 • 음식업의 태동기(기업화 　의 기반) • 전통음식 중심, 패밀리레 　스토랑, 아이스크림 출현 • 교통 관련지역 일부 중 　심지로 점차 확대	
1960년대	• 음식의 침체기 및 여명기 • 식생활의 궁핍, 밀가루 　위주의 분식 • 식생활문제 개선 부각 　→ 분식장려	GNP $2,800 • 외식산업의 성장기 　(도약성장기) • 스테이크, 샌드위치, 패밀 　리레스토랑 출현 • 시스템화대량판매지향, 　기업 인수 및 합병	GNP $1,400 • 외식산업의 태동기(도약기 　반 조성) • 프랜차이즈, 센트럴키친, 　기업형체인화 • 음식업 자유화(자본자 　유화 근간 1969.3)	
1970년대	GNP $500 • 외식업의 태동기 • 대중음식의 출현 　(한식, 중식 등) • 분식장려운동 실시 • 새마을운동(경제개발 　계획운동)	GNP $8,300 • 외식산업의 성숙기 　(안정성장기) • 2회의 오일쇼크로 대변혁, 신 　콘셉트 및 산업태의 출현 • 일본 등 해외진출, 소프트화, 　고감도화, M&A, 업체별 경 　쟁심화	GNP $5,000 • 외식산업의 성장기(도약 　발전기, 1978년 외식혁명) • 외식의 대중화, 패스트푸 　드 전성기, 패밀리레스토 　랑 활성화 • 기술도입 러시, 세계화, 외 　식기업 성장화	GDP $118.82(1인당) • 1978년부터 외식업의 개 　념 도입
1980년대	GNP $1,700 • 외식산업의 적응기 • 외식업 용어 최초 사용 • 다양한 업종과 업태 출현 • 해외브랜드 도입 및 프랜 　차이즈 시작 GNP $6,300 • 외식산업의 성장기 • 영세체인 난립 • 대기업 및 호텔의 외식 　산업 진출 • 외식업소 전문화 양상 • 패밀리레스토랑 개념 도입 • 프랜차이즈 활성화	GNP $18,300 • 외식산업의 성숙기 　(고도성숙기) • 자본력에 의한 경쟁가속. 　내식과 외식 경쟁치열 • RA강화(on-line화, POS, 　시스템화, 선불카드제 등 　종합정보 네트워크)	(상)GNP $10,000 • 외식산업의 성장기 　(저성장, 전환기) • 업종 및 업태 다양화, 테 　이크아웃점, 카페, 바, 캐 　주얼레스토랑 • 프랜차이즈 가속화, 다점 　포지향 (하)GNP $22,000 • 외식산업의 안정성장기 　(저성장, 안정기) • 고감도화, 정보화, 과학화, 　고도화 • 센트럴키친, 물류센터, 종 　합정보관리시스템 도입	GDP $193.02(1인당) • 외식산업의 도입기 • 1986년 중국 프랜차이 　지 도입시작
1990년대	GNP $7,600 • 외식산업의 침체기 • IMF, 기업형 외식업체 붕괴 • 가격파괴 메뉴 등장	GNP $29,000 • 외식산업의 성숙기 　(안정성숙기) • 특화시장, 감성형, 테마콘 　셉트형 • 고객만족과 창의적인 아이 　디어 중시	GNP $37,300 • 외식산업의 성숙기(침 　체기→회복기→침체기) • 해외진출, 가격파괴, 업태 　전환 • 종합생활기업 추구, 규모 　경제실현, 경영혁신	GNP $314.43(1인당) • 해외 프랜차이즈 진출 　(KFC), 맥도날드 • 외식산업 수량화 시기 • 중국 프랜차이즈업체의 　발전기

구분	한국	미국	일본	중국
2000년대	GNP $19,830 • 외식산업의 저성장기 • 광우병, AI(조류인플루엔자)파동 • 국제 곡물가 파동	GNP $46,360 • 프랜차이즈, 열량표시 의무화(2007년) • 패스트푸드 중심의 성장 지속 • 다국적 음식 선호	GNP $38,080 • 외식소비의 양극화 • 중식(中食) 시장 지속 성장 • 식육기본법 제정(2005년)	GNP $949.18(1인당) • 외식산업의 지속적인 성장률(두자릿 수 성장률 기록) • 중국 프랜차이즈업체의 성숙기(브랜드화, 외자합작 등) • 외식산업의 대중화(브랜드화, 프랜차이즈업체 성숙기)
2010년대	GNP $29,791 • 외식산업의 전환기 • 농수산물 원산지 표시제 확대 • 외식산업진흥법 제정	GNP $47,123 • 지역 농산물에 대한 관심 고조 • 건강지향적 외식	GNP $38,080 • 지역특산물 활용한 전문점 • 건강지향적 매뉴	GNP $4,433.34(1인당) • 커피시장 산업의 성장 • 중국 외식 프랜차이즈 산업 성장 • 1인당 외식비 1,000위안 이상 소비

제3절 업종별 외식산업현황[17]

음식점 및 주점업 규모는 확대되고 있다. 최근 5년간 사업체 수는 연평균 2.1%, 매출액 규모는 12.7% 증가하여 매출액이 더 빠르게 증가하고 있다.

음식점 및 주점업 사업체 수는 2013년 63만 6천 개 수준에서 2017년 69만 개 이상으로, 최근 5년간 연평균 2.1%가 늘어나고 있으며, 전체 매출액 규모도 2013년 약 80조 원에서 2017년 128조 원까지 연평균 12.7% 증가하였다.

최근 5년 동안 사업체 수가 빠르게 늘어난 업종은 기타 외국식(24.8%), 일식(11.9%), 비알코올 음료점업(11.3%) 등이고 외식 메뉴의 글로벌화, 카페 등 커피전문점의 강세를 엿볼 수 있다.

일식과 기타 외국식, 비알코올 음료점업 모두 사업체 수와 매출액이 높은 증가율을 기록하였으며 한식업종의 경우 사업체 수는 완만한 증가세를 보였으나, 매출액은 연평균 13.9%씩 빠르게 증가한 것으로 나타났다.

서양식 음식점과 제과점 업종의 최근 5년간(2013~2017년) 업체당 매출액 추이를 살펴보면 서양식의 경우 2014년 이후 꾸준히 증가해 2017년 4억 원 이상까지 늘어났고, 제과점업은 2014~2015년 사이 4천만 원 이상이 증가한 이후로 감소하여 2017년 3억 1천5백만 원 수준으로 나타났다. 최근 5년간 연평균 업체당 매출액 증감률은 서양식은 2.4%, 제과점업은 3.3%로 나타났다.

---

19) 한국농촌경제연구원(2017), "외식업 주요 동향 및 특징"

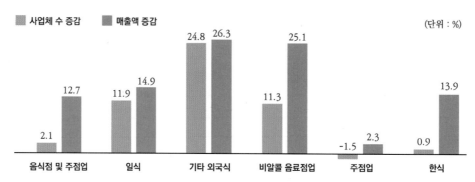

주: 세부업종별 최근 5년간(2013~2017년) 매출액 및 사업체 수 증감률을 나타낸 것임
출처: 통계청, 『서비스업조사』, 『경제총조사』, 각 연도

[그림 1-66] 음식점 및 주점업 주요 세부업종별 최근 5년간 사업체 수 및 매출액 변화

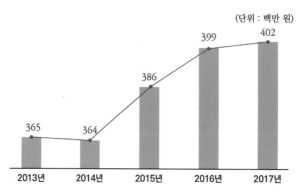

출처: 통계청, 『서비스업조사』, 『경제총조사』, 각 연도

[그림 1-67] 서양식 음식점의 업체당 매출액 추이

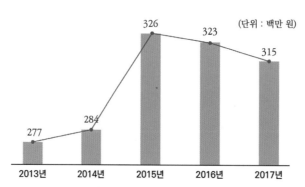

출처: 통계청, 『서비스업조사』, 『경제총조사』, 각 연도

[그림 1-68] 제과점업의 업체당 매출액 추이

〈표 1-37〉 음식점 및 주점업 세부업종별 주요 사업실적 변화

(단위 : %, %p)

구분	업체당 매출액 증감률(%)		업체당 영업비용 증감률(%)		매출액 중 인건비 비중 증감(%p)	
	최근 5년	전년 대비	최근 5년	전년 대비	최근 5년	전년 대비
서비스업 전체 평균	37.3	5.1	7.0	5.3	-26.7	-0.4
음식점 및 주점업	10.3	5.3	11.5	9.1	-2.1	-0.1
음식점업	11.2	5.6	12.2	9.3	-2.2	0.0
한식 음식점업	12.9	6.4	14.1	11.0	-2.5	0.9
한식 일반 음식점업	-	6.7	-	11.6	-	0.7
한식 면요리 전문점	-	5.1	-	8.7	-	-1.4
한식 육류요리 전문점	-	3.3	-	7.2	-	1.4
한식 해산물 요리 전문점	-	12.0	-	18.9	-	2.0
외국식 음식점업	5.6	4.4	5.7	6.8	-3.8	-1.8
중식 음식점업	10.5	10.2	10.9	15.6	-3.2	-1.1
일식 음식점업	2.7	3.0	2.6	5.9	-4.7	-2.1
서양식 음식점업	2.4	0.6	2.8	0.9	-3.6	-2.4
기타 외국식 음식점업	1.2	4.1	1.3	5.8	-1.6	-1.0
기관 구내식당업	8.0	7.4	8.1	7.6	-2.6	-0.9
출장 및 이동 음식점업	3.6	5.7	3.7	9.9	-8.4	-2.4
기타 간이 음식점업	8.4	3.7	9.7	7.1	-0.1	-1.0
제과점업	3.3	-1.5	3.8	1.8	1.6	-2.7
피자, 햄버거, 샌드위치	5.5	1.3	6.3	2.8	-0.3	-0.3
치킨 전문점	9.9	8.0	11.8	15.8	1.0	0.5
김밥 및 기타 간이 음식점업	12.8	9.7	16.2	14.1	-1.8	-0.9
간이 음식 포장 판매점업	-	-3.4	-	-3.2	-	-0.7
주점 및 비알코올 음료점업	6.8	3.9	8.2	7.8	-1.9	-0.6
주점업	3.8	5.8	4.6	11.2	-1.6	0.1
일반 유흥 주점업	-2.1	1.2	-2.6	5.2	-6.2	0.6
무도 유흥 주점업	-6.5	-3.0	-7.5	-5.6	-2.8	0.2
생맥주 전문점	-	-2.5	-	0.9	-	-0.9
기타 주점업	5.8	8.4	7.3	15.2	0.4	0.0
비알코올 음료점업	12.4	0.0	14.3	1.8	-5.9	-1.7
커피전문점	-	-0.3	-	0.7	-	-2.0
기타 비알코올 음료점업	-	-1.1	-	6.3	-	0.8

주 : 2016년 이후 데이터는 『제10차 표준산업분류』에 근거한 업종 구분이 적용되었기 때문에 2013년의 업종 구분과는 다소 차이가 있음

출처 : 통계청, 『서비스업조사』, 각 연도

또한 한국농촌경제연구원이 밝힌 '2017년 식품소비행태조사'에 따르면 소비자 트렌드를 대표할 핵심 키워드로 '맛', '건강', '다양화', '편리함' 등이 꼽혔다. 발표자들은 식품소비 전반에 걸쳐 소비자들의 이런 추세가 광범위하게 나타나고 있다고 입을 모았다.

이런 흐름은 외식업 경영주들이 직접 뽑은 올해의 외식업 유망아이템에도 반영됐다.

1등은 41.9%를 기록한 HMR이 차지했다. 뒤를 이어 유기농건강식(22.6%), 배달전문점과 모던한식이 21.9%로 공동 3등을 차지했다. 이외에 베트남·태국 음식, 베이커리·카페, 한식(탕, 국밥) 등이 뒤를 이었다.

식품업체를 중심으로 시작된 HMR시장은 이제 유통업체와 외식업체들까지 뛰어들면서 치열한 경쟁이 벌어지고 있다. 대형 프랜차이즈 업체는 물론이고 로컬브랜드와 중소형 외식업체도 HMR시장에 주목하고 있다. 유기농·건강식(22.6%)에 대한 관심과 기대 역시 지속적으로 높아지고 있다. 글로벌 시장에 비해 아직은 국내 시장 규모가 작지만 성장가능성은 매우 높다는 평가다. 이에 글로벌 브랜드나 발 빠른 국내 외식 대기업들을 중심으로 시장이 만들어지고 있다.

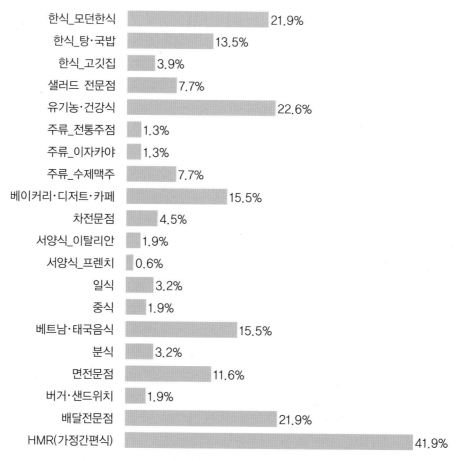

[그림 1-69] 2017년 유망 외식 아이템은 무엇이라고 생각하십니까?(복수응답)

제4절 국내 식재료 유통시장18)

1. 식자재 및 식자재 유통업 개념

식자재 유통이란 각종 식재료가 산지 생산자로부터 최종 소비자에게 이르기까지의 전 과정을 의미하고 식자재 유통업은 일반적으로 소매 위주인 B2C(가정용) 시장을 제외한, B2B(기업형) 시장을 지칭한다.

■ **식자재의 개념 및 분류표**

우리나라는 식자재에 대한 명확한 개념이 정립되지 않은 상태이며 식자재를 '식재료', '식재' 등의 용어로 섞어 쓰기도 한다.

- 넓은 의미의 식자재에는 외식산업ㆍ단체급식ㆍ식품가공의 투입재로 사용되는 신선 농축수산물, 가공농축수산물, 기타 가공식품, 조미식품, 주방용품과 기구, 설비 등이 모두 포함된다.

- 좁은 의미의 식자재에는 주방 관련 기구 및 설비가 제외되고, 음식을 만드는 데 쓰는 재료가 포함된다.

■ **식자재 유통업의 정의**

식자재 유통은 포괄적으로 각종 식자재가 산지의 생산자로부터 최종 소비자에 이르기까지의 전 과정을 의미하고 '식자재'란 음식을 만드는 데 쓰이는 재료를 총칭하여 이르는 말이며 '유통'은 상품이 생산자에서 소비자, 수요자에 도달하기까지 여러 단계에서 교환ㆍ분배되는 활동을 의미한다.

넓은 의미의 식자재

좁은 의미의 식자재(식재료)

신선농축수산물 (원물 식재료)	전처리 식재료	일반가공식품	주방관련 기구 및 설비
• 수확하여 선별을 마친 농축수산물(가공이 전혀 안 됨) - 과일, 채소 등의 농축수산물 원물	• 수확하여 박피, 다듬기, 세척 및 소독 등을 거친 농축수산물 - 세척 당근, 깐 마늘 등	• 통상적인 가공공정을 통해 형태나 성질이 변화 - 고추장, 밀가루 등	• 주방용품 및 가구, 주방설비, 기타

출처: 농협경제연구소

---

18) 농림축산식품부, 한국농촌경제연구원, aT한국농수산식품유통공사, 삼정KPMG 경제연구원

2. 식자재 유통 흐름

식자재 유통은 소비 주체를 기준으로 외식업체, 단체급식업체 등 대량 수요처에 식재료를 납품하는 B2B(기업형) 시장과 백화점, 대형마트, 슈퍼마켓, 편의점 등에 식품을 납품하는 B2C(가정용) 시장 등 크게 두 가지로 구분 가능하다.

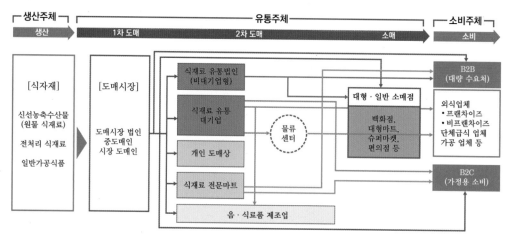

주: '중도매인', 도매시장에서 출하주로부터 법인에 위탁 상장된 농산물을 경매, 정가 · 매매의 방법으로 구입하여 소매상과 대량 수요자에게 중개업을 하는 업자
출처: 농림축산식품부, aT한국농수산식품유통공사, 삼정KPMG 경제연구원 재구성

[그림 1-70] 식자재 · 식재료 유통의 흐름

3. B2B(기업형) 식자재 유통업의 구분

국내 주요 식자재 유통기업은 핵심 사업영역에 따라 단체급식, 식품제조, 식음료 유통 등 세 가지 기준으로 분류할 수 있으며, 이들의 사업모델은 크게 딜리버리형(C&D : Cash and Delivery) 모델과 점포형(C&C : Cash and Carry) 모델 두 가지로 구분한다.

1) 식자재 유통기업 분류

단체 급식	단체급식은 해당 사업장의 사업자가 직접 운영하는 직영급식(일반적으로 초등학교 · 중학교 · 고등학교, 군부대)과 전문 급식업체에 위탁하는 위탁급식(산업체 및 병원 등)으로 구분 • 위탁급식 주요 운영기업 : 삼성웰스토리, 아워홈, 현대그린푸드, 신세계푸드, CJ프레시웨이, 풀무원푸드앤컬처, 동원홈푸드 등
식품 제조	업소용 가공식품 혹은 1차 상품의 전처리를 담당 • 푸드머스, 아워홈, 동원홈푸드 등
식음료 유통	식자재 유통형태를 취하며 급식 또는 외식업체에 판매 • CJ프레시웨이, 현대그린푸드, 아워홈, 대상베스트코, 신세계푸드 등

2) B2B 식자재 유통방식(사업모델) 구분

- 딜리버리형 식자재 유통(C&D, Cash & Delivery) : 고객이 필요 식자재 주문 시, 유통업체 가 식당까지 직접 배달한다.
- 점포형 식자재 유통(C&C, Cash and Carry) : 재래시장, 할인매장, 식자재 매장형태로 운영 되며 고객이 점포에 방문하여 필요한 식자재를 구매해 가는 형태이다.

〈표 1-38〉 B2B 식자재 유통방식 구분

	매장 유무	배송 여부	영업사원 유무	특징
Cash & Delivery (C&D)	×	○	○	• 초기 인프라 투자 이후 실적 레버리지가 큼 • 영업사원의 맨파워가 중요하며 C&C 대비 판관비 비중이 높음 • 대형 식당의 경우, 상대적으로 취급품목이 많아 C&D형태로 한 번에 납품받기를 원하는 경향을 가짐
Cash & Carry (C&C)	○	×	×	• 점포 출점에 따른 실적 레버리지가 큼 • 영업사원 확충 필요 없이 상대적 판관비율이 낮음 • 중소형 식당의 경우 구매하는 양과 품목 수가 적어 점포형 매장을 통해 수시로 필요한 물품을 구매하는 특성을 보임

주: C&C형태의 사업모델을 전개 중인 업체는 대상베스트코 외 중소규모 식자재 유통업체 위주
출처: aT한국농수산식품유통공사, 삼정KPMG경제연구원

4. 식자재 유통시장 현황

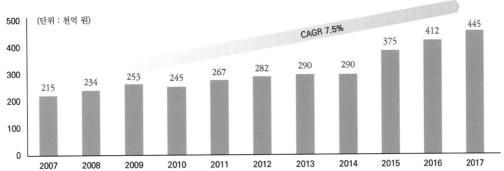

주: 농림축산식품부, aT한국농수산식품유통공사, 한국농촌경제연구원, 통계청 데이터를 이용하여 삼정KPMG경제연구원 추산, "기업형(B2B) 식자재 유통시장 규모"는 음식점 및 주점업(기관구내식당업 매출액 제외)과 기관구내식당업의 연간 식재료 구입비 합산액, 2013년 이전의 음식점 및 주점업 · 기관구내식당업의 식재료비 비중은 조사되지 않아, 농림축산식품부 · aT한국농수산식품유통공사 · 한국농촌경제연구원에서 발간한 "2015 외식업체 식재료 구매 현황 조사 보고서"를 참고하여 2013년 식재료비 비중을 음식점 및 주점업(기관구내식당업 매출액 제외)과 기관구내식당업 매출액에 일괄적용. 2014년부터 2017년까지는 각 연도별 "외식업체 식재료 구매 현황 조사 보고서"상의 연도별 식재료비 비중의 평균을 음식점 및 주점업, 기관구내식당업 매출액에 적용

[그림 1-71] 국내 기업형(B2B) 식자재 유통시장규모 추이

음식점 및 주점업 중심의 외식업체와 기관 구내식당업체의 식재료 유통 규모를 바탕으로 산출한 결과에 따르면, 국내 B2B 식자재 유통시장 규모는 2007년 21조 5,000억 원에서 2017년 44조 5,000억 원에 이르는 것으로 추산된다.

5. 식자재 유통시장 구조

한국농촌경제연구원에 따르면 2018년 외식업체의 매출 대비 식재료비 비중은 31.4%로 조사되었으며, 단체급식업체의 경우, 외식업체의 식재료비 비중보다 다소 높은 35.2%로 나타났다.

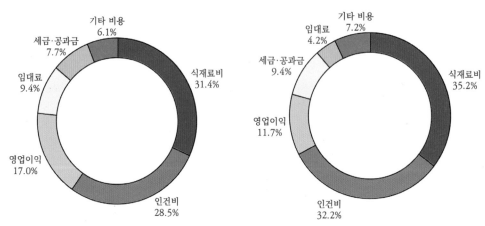

외식업체 매출대비 식재료비 비중(2018)　　단체급식업체 매출대비 식재료비 비중(2018)

주 : 한국농촌경제연구원이 2018년 8월부터 11월까지 전국 3,000여 개 외식업체의 영업정보, 식재료 구매실태 등에 대한 조사 결과에 따름. 외감 이상 업체의 실제 매출액 대비 식재료비 비중은 위 조사 결과와 상이할 수 있음
출처 : 농림축산식품부, 한국농촌경제연구원 "2018년 외식산업 경영형태 및식재료 구매현황 조사"

[그림 1-72] 국내 기업형(B2B) 식자재 유통시장 규모 추이

6. 외식업체의 식자재 유통 주체별 거래현황

외식업체 운영형태별 식재료 구매현황을 살펴보면, 독립운영의 경우에서 식재료 유통 기업(유통법인·유통대기업)으로부터의 구매비중이 13.4%로 프랜차이즈 대비 높게 나타났다. 연매출액 규모별로는 매출규모가 클수록 식재료 유통기업을 통한 식자재 조달 경우가 많은 것으로 조사되었다.

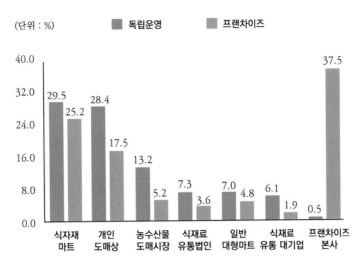

주 : 복수응답
출처 : 농림축산식품부, 한국농촌경제연구원(2018.12), "2018년 외식산업 경
영형태 및 식재료 구매현황 심층분석 보고서"

[그림 1-73] 외식업체 운영형태별 식재료 구매현황(2018)

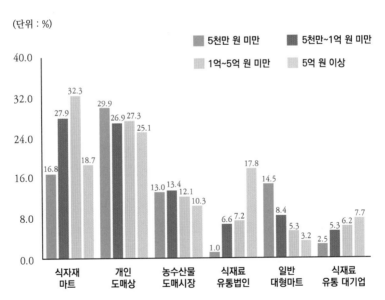

주 : 복수응답
출처 : 농림축산식품부, 한국농촌경제연구원(2018.12), "2018년 외식산업 경영형태
및 식재료 구매현황 심층분석 보고서"

[그림 1-74] 외식업체 연매출 규모별 식재료 구매현황(2018)

7. 식자재 유통업 주요 기업 현황

식자재 유통 및 단체급식업을 영위하는 주요 기업은 대기업 계열사가 대다수이다. CJ프레시웨이가 선두를 지키고 있으며, 삼성웰스토리, 아워홈, 현대그린푸드 등의 순위 경쟁이 치열한 편이다. 동원홈푸드와 풀무원푸드앤컬처의 경우 2016년부터 2018년까지 타사 대비 높은 연평균 매출액 성장률 17%대이다.

〈표 1-39〉 주요 식자재 유통기업 재무실적 추이

(단위 : 억 원)

사업자명	소속그룹	2016		2017		2018		YoY ('18)	CAGR ('16~'18)
		매출액	영업이익	매출액	영업이익	매출액	영업이익		
CJ프레시웨이(주)	CJ	17,423	244	17,976	390	21,075	409	17.2%	10.0%
삼성웰스토리(주)	삼성	17,260	1,082	17,324	1,150	18,114	1,031	4.6%	2.4%
(주)아워홈	아워홈	13,857	772	15,477	775	16,687	641	7.8%	9.7%
(주)현대그린푸드	현대백화점	15,542	621	14,775	489	15,146	695	2.5%	-1.3%
(주)신세계푸드	신세계	10,393	226	11,857	308	12,637	280	6.6%	10.3%
한화호텔앤드리조트(주)	한화	10,585	138	10,901	83	12,474	115	14.4%	8.6%
(주)동원홈푸드	동원	8,161	302	9,780	281	11,187	251	14.4%	17.1%
(주)풀무원푸드앤컬처	풀무원	4,444	35	5,771	85	6,110	75	5.9%	17.3%
(주)푸드머스	풀무원	4,479	241	4,686	251	4,930	263	5.2%	4.9%
대상베스트코(주)	대상	4,880	-140	5,715	-154	4,774	-86	-16.5%	-1.1%

주 : Kisvalue, 기업별 재무실적에는 식자재 유통 및 푸드서비스(단체급식 및 외식 등) 관련 사업부문 외 기타 사업부문에 대한 재무실적이 포함되어 있어 실제 식자재 유통업 내 순위는 위 표와 상이할 수 있다.

1) 식자재 유통업 순위

코로나19 여파로 식자재 유통업의 영업이익은 전반적으로 하락하였다.

CJ프레시웨이는 매출이 2019년 3조 551억 원에서 2020년 2조 4,785억 원으로 약 18.9% 감소하였고, 영업이익은 2019년 581억 원에서 2020년 -35억 원으로 약 106.1% 급감하였다.

또한 신세계푸드는 매출이 2019년 3조 551억 원에서 2020년 2조 785억 원으로 약 6.1% 감소하였고, 영업이익은 약 65.1% 감소하였다.

현대그린푸드는 2019년 3조 1,243억 원, 2020년 3조 2,385억 원으로 매출은 약 3.7% 증가하였으나 영업이익은 899억 원에서 786억 원으로 약 12.6% 감소하였다.

〈표 1-40〉 주요 식자재 유통업 순위

기업명	매출				영업이익			
	2020년	2019년	증감액	증감률	2020년	2019년	증감액	증감률
현대그린푸드	3조 2385억	3조 1243억	1141억	3.7%	786억	899억	-113억	-12.6%
CJ프레시웨이	2조 4785억	3조 551억	-5766억	-18.9%	-35억	581억	-616억	-106.1%
삼성웰스토리	1조 9701억	1조 9769억	-67억	-0.3%	992억(e)	907억	85억	9.3%
신세계푸드	1조 2403억	1조 3201억	-799억	-6.1%	77억	222억	-144억	-65.1%

출처: 금융감독원, 삼성웰스토리 2020년 영업이익은 당기순이익 기준 추정치

8. 국내 식자재 유통시장 주요 트렌드

1) 센트럴키친 제품 유통 확대

최근 인건비 및 임대료 부담 확대로 완성형에 가까운 반조리 식재료를 공급받고자 하는 수요처가 증가하고 있으며, 이에 국내 주요 대형 식자재 유통업체는 식재료를 조리 직전상태로 제공하기 위해 '센트럴키친'을 도입하며 센트럴키친 제품 제조를 확대하고 있다.

(1) 센트럴키친 도입 배경

• 인건비 및 재료비, 임대료 등에 대한 부담 가중으로 국내 식자재 유통·단체급식업계는 비용 절감에 힘쓰고 있다.
  - 대표적인 방안으로 반조리 식재료 이른바 센트럴키친(Central Kitchen, CK)제품을 제공하는 방안을 활용 중이다.
• 관련 업계는 반조리·완조리 제품 생산이 가능한 센트럴키친을 구축하거나 작업 프로세스의 자동화·무인화를 통해 인건비 절감을 추진하는 중이다.
  - 센트럴키친 시스템은 반조리식품의 가공을 중앙 조리시설에서 집중 처리할 수 있는 설비이다.

(단위 : %)

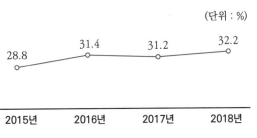

[그림 1-75] 단체급식 업계 내 인건비 비중 추이

(2) '센트럴키친' 및 '센트럴키친 제품' 관련업계 대응 동향

반조리· 완조리제품 제조 확대	• CJ프레시웨이 : 2016년 조미식품 전문기업 송림푸드 인수. 2019년 3월, 각종 전처리 농산물 및 액상 소스 공급업체 제이팜스·제이앤푸드의 주식을 각각 90% 인수하며 전처리 과정 및 반조리·완조리 제품 제공의 효율화를 도모하기 위한 토대를 마련. 시니어 전문 식자재 브랜드 '헬씨누리'에서 생산된 완조리·반조리 제품을 병원 급식에 도입하기 위해 준비 중 • 현대그린푸드 : 2019년 하반기 중 완공될 스마트 푸드센터에서는 연화식 등 건강식품 위주의 반조리·완조리 간편식 제품이 생산될 예정이며, 2020년경 급식현장에 도입할 것을 목표로 함 • 신세계푸드 : 2015년 반조리제품을 생산하기 시작한 신세계푸드는 조리과정에 투입되는 시간을 줄이기 위해 전처리한 식자재를 늘리고, 반조리·완조리식품 적용 비율을 높이고 있음 • 풀무원푸드앤컬처 : 풀무원 계열사로 단체급식사업을 담당하고 있는 풀무원푸드앤컬처는 탕·찌개류·볶음밥류 등 별도 조리과정 없이 가열·해동 조리만으로 제공이 가능한 완조리식품을 급식현장에 본격 도입하고 비중을 점차 확대해 나갈 계획
프로세스 개선	• 삼성웰스토리 : 조직 내 '주방인프라혁신 파트'를 신설하고 조리 및 배식·세척과정에서 시간을 단축하고 효율을 높이기 위한 방안을 모색 중. 버튼을 누르면 정량의 밥을 자동으로 퍼주는 '밥 디스펜서(Dispensor)', 식기 세척, 건조, 그릇 분류가 가능한 로봇 개발을 진행 중 • 아워홈 : 업무 효율화 사업장인 중앙집중형 컨세션 운영 시스템 'COMS(Concession Operating Management Solution)'를 전국 사업장으로 확대할 계획

주 : 각 사 사업보고서, 언론보도 종합, 삼정KPMG경제연구원, 반조리·완조리 제품(B2B 및 B2C 포함)은 센트럴키
   친(Central Kitchen, CK) 시설에서 제조된 제품으로서 '센트럴키친 제품'의 용어로 표현
출처 : 농림축산식품부, 한국농촌경제연구원, 각 연도별 외식산업 경영형태 및 식재료 구매현황심층분석 보고서

2) 단체급식시장 내 후발업체 영향력 확대

〈표 1-41〉 국내 단체급식시장 주요 후발업체 현황

(단위 : 억 원)

	㈜풀무원푸드앤컬처		아라마크(주)		본푸드서비스(주)	
	매출액	영업이익	매출액	영업이익	매출액	영업이익
2014	3,634	82	972	20	92	7
2015	3,954	30	1,000	19	215	3
2016	4,444	35	1,089	18	507	2
2017	5,771	85	1,256	29	675	5
2018	6,110	75	1,275	20	571	1
매출액 CAGR('14~'18)	13.9%		7.0%		57.8%	

기업명	소속그룹	내용
풀무원 푸드 앤 컬처	풀무원	• 2018년 기존 '이씨엠디'라는 사명에서 풀무원푸드앤컬처로 사명을 변경하고, 기존 주력사업인 급식, 컨세션, 휴게소 사업을 넘어 생활서비스 전문 기업으로 탈바꿈 • 풀무원푸드앤컬처는 2017년에만 넥슨코리아, 아모레퍼시픽 용산본사, LG사이언스파크 구내식당 운영권 등 계약을 잇따라 수주
아라 마크	n/a	• '아라마크'는 미국에 본사를 둔 글로벌 푸드서비스 기업으로 세계 20여 개국에서 지사를 운영하며 병원, 교육시설, 산업체 등에 식음 서비스를 제공 중
본푸드 서비스	본아이 에프	• '본죽', '본도시락' 등 외식 프랜차이즈 사업으로 유명한 본아이에프 그룹은 급식 계열사 '본푸드서비스'를 통해 2014년 급식시장에 진입 • 본푸드서비스는 공공기관 및 롯데백화점, 이마트 등 대형 유통업체를 대상으로 한 급식계약을 다수 수주하며 외형 확장에 나서고 있음

출처: Kisvalue, 언론보도 종합

3) 컨세션 사업 확장

단체급식시장의 성장성 한계를 극복하기 위해 국내 주요 식자재 유통·단체급식업체는 식자재 구매역량과 사업장 운영 노하우 등을 바탕으로 컨세션 사업을 강화 중. 각 사는 호텔, 대형 병원, 스포츠 경기장 등 다중이용시설 내 식음료시설의 운영권을 수주해 차별화 전략을 펼치고 있다.

(1) 컨세션 사업이란

- 컨세션(Concession) 사업은 식음료 위탁운영사업을 의미하며 호텔, 쇼핑몰, 휴게소 등 다중 이용시설에 조성된 식음료공간을 식음료 전문업체가 위탁하여 운영하는 것을 말한다.
- 컨세션 사업장은 많은 유동인구와 함께 접근성이 좋은 입지에 소재한 경우가 다수여서 특수상권으로도 불리며, 안정적인 매장 운영이 가능한 것이 장점이다.
- 대기업은 식자재 유통·단체급식업체의 경우 식자재 구매역량과 사업장 운영 노하우 등을 이미 확보하고 있으며, 일부는 계열사 혹은 자체적으로 외식 프랜차이즈를 보유하고 있어 시장 진입에 유리하다.

〈표 1-42〉[동향] 국내 식자재 유통·단체급식업체의 프리미엄 컨세션 사업 강화

호텔	• 현대그린푸드는 2019년 7월 기준 총 5개의 특급호텔에서 컨세션 매장을 운영 중, 자체 레스토랑 브랜드 H가든을 통해 쉐라톤 서울 팔래스 강남, 대구 그랜드 호텔의 메인 레스토랑을 운영 중이며, 2019년 5월부터 정선에 위치한 라마다 앙코르 정선 호텔의 프리미엄 뷔페 레스토랑 '비바체'의 위탁 운영을 개시
대형병원	• 아워홈은 2019년 4월 오픈한 서울 마곡의 이대서울병원과 대구 계명대학교 동산병원을 비롯해 총 4개의 병원에서 푸드홀 브랜드 '푸드엠파이어'를 내세워 병원 컨세션 사업을 확대 중. 병원 고객 특성을 고려한 저염·저글루텐 메뉴를 구성해 선택의 폭을 다양화. 휠체어를 탄 고객을 위한 배려석 마련, 줄서지 않고 주문 가능한 'A1 스마트 오더(모바일 주문)' 시스템 구축 등으로 고객 편의를 강화
스포츠 경기장	• 신세계푸드는 야구장·축구장 등 스포츠 경기장에 식음료 위탁운영사업을 강화 중. 2017년부터 프로야구 기아 타이거즈의 홈구장인 광주기아챔피언스필드의 식음매장의 운영을 개시. 최근 GS스포츠와 계약을 맺고 프로축구 FC 서울이 홈구장으로 사용하는 서울월드컵경기장 내 스카이박스와 스카이펍 등 식음매장의 운영을 시작
공항	• 아워홈을 비롯해 풀무원그룹의 이씨엠디가 공항 내 매장을 거느리며 컨세션 사업을 전개 중. 아워홈은 2013년 인천국제공항 제1터미널을 시작으로 컨세션 사업에 진출. 제2터미널 내에서는 3,086m²의 면적에 달하는 식음 사업장을 운영 중인 가운데, 면세 구역인 여객 터미널 4층에 푸드코트형 매장 2개와 비면세구역인 제2교통센터 지하 1층에 콘셉트 매장 2개를 제공 중
휴게소	• 휴게소 컨세션 사업은 도로공사 직영과 민간기업이 입찰·참여하여 가능한 매장으로 구분됨. 최근 휴게소에서도 맛집을 찾고 시간을 보내는 여행객이 늘면서 휴게소 컨세션 매장이 변화 중. 풀무원푸드앤컬처와 SPC삼립은 시흥하늘휴게소의 컨세션 사업을 동시 운영 중. 풀무원푸드앤컬처는 경기 광주, 양평, 이서, 함평천지휴게소 등을, SPC삼립은 김천, 진주, 가평휴게소 등의 운영권을 확보하며 휴게소 컨세션 사업자로서 양강 구도를 형성

4) 식자재·단체급식 브랜드의 프리미엄화

기존 단일 브랜드로 식자재를 공급하고 단체급식 서비스를 제공해 오던 식자재 유통·단체급식업체는 최근 자사 주요 브랜드를 타깃 대상, 채널 등에 따라 세분화·전문화하거나 프리미엄화하며 차별화된 경쟁력을 확보하고 있다.

〈표 1-43〉 식자재 및 단체급식 브랜드의 프리미엄화·전문화

	기업명	주요 브랜드	내용
식자재	CJ프레시웨이	아이누리	• 2014년부터 전담 부서인 '키즈 영업전략팀'을 운영 중. 영·유아 특화 식자재 브랜드 '아이누리'도 출시. 아이누리는 기존 식자재보다 엄격한 위생안전점검을 거친 친환경 식자재 공급
		헬스누리	• 2015년 시니어 전문 식자재 브랜드인 '헬씨누리(Healthy Nun)'를 론칭. 2018년부터는 '헬씨누리'를 영양 식단, 서비스 컨설팅, 사회공헌사업까지 아우르는 토털 푸드케어 브랜드로 확장해 200종류가 넘는 헬씨누리 CK(Central Kitchen) 상품을 내세우며 국내 병원을 비롯한 노인복지시설 등을 대상으로 활발히 시장 공략 중
	아워홈	아워키즈	• 2018년 론칭한 프리미엄 어린이 전문 식자재 브랜드
		행복한맛남 케어플러스	• 건강식에 대한 사회적 요구에 발맞춰 저염, 저당, 無합성 첨가물, 기능성 식재료 등을 추구한 식재 브랜드
	동원홈푸드	이팜	• 동원홈푸드의 친환경 식자재 브랜드로서 동원홈푸드는 이팜을 통해 어린이들을 위한 식자재를 공급 중
	푸드머스	풀스케어	• 복지 및 의료시장에 경쟁력을 갖춘 고령자를 위한 간편 조리가 가능한 전문 식재 브랜드 '풀스케어'를 영위
단체 급식	CJ프레시웨이	그린테리아 셀렉션	• 프리미엄 단체급식 사업장으로서 2018년 선보인 '그린테리아 셀렉션'을 통해 단체급식 서비스의 질적 향상 도모를 목표로 함
	현대그린푸드	그리팅	• 건강기능식 급식 브랜드 '그리팅'을 론칭하며 프리미엄 급식을 통한 수익 창출에 심혈
	아워홈	약식 동원밥상	• 2016년 건강 급식 브랜드로 론칭한 약식동원밥상은 제철 식재료, 통곡물, 5대 식물영양소를 포함한 채소·과일을 주재료로 삼고 5대 식품군이 균형을 이룬 저염식단을 제공하는 것을 운영지침으로 함
	푸드머스	푸드머스	• 화학보존제를 넣지 않은 무첨가 원칙을 지킨 건강한 식단을 제공하는 프리미엄 단체급식 브랜드

〈표 1-44〉 국내 주요 식자재 유통기업의 '케어푸드' 비즈니스 관련 대응동향

현대그린푸드	신세계푸드
• 2018년 8월, HMR형태의 연화식 제품을 출시하며 시장 공략 - 2016년부터 연화식 연구 · 개발(R&D)을 위해 프로젝트팀을 운영했으며, 2017년 케어푸드 브랜드 '그리팅소프트'를 론칭. 2018년 일반 소비자를 대상으로 가정간편식(HMR) 형태의 연화식 제품 12종을 출시하며 시장 선점에 나섬. 아울러 케어푸드 HMR 제조를 위한 스마트 푸드센터 구축에 나섬	• 2019년 중 케어푸드 전문 브랜드 론칭 - 2018년 11월, 일본의 영양요법 식품 제조 기업 뉴트리와 한국형 케어푸드 개발 · 상용화 추진을 위한 협약을 체결. 노화로 인두 · 식도 근육이 약해져 삼키는 행위, 즉 '연하'를 돕는 연하식 개발에 중점 - 기존 B2B 시장과 B2C 대상의 케어푸드 개발에 나서며 케어푸드를 신성장동력으로 육성할 계획을 밝힘
아워홈	푸드머스
• 2017년 효소를 활용한 연화식 개발에 성공 - 아워홈은 2017년, 효소를 활용해 육류, 떡 등의 물성을 조절하는 데 성공. 2017년, 고기, 떡, 견과류의 딱딱함을 조절하는 연화식 제조기술에 대한 특허를 신청함 - 2019년 상반기 일반 소비자를 대상으로 한 연화식을 출시할 계획을 밝힌 바 있음	• 2017년 실버 케어 전문기업 '롱라이프그린케어'와 업무협약을 체결, 고령자 식생활 개선을 위한 협력관계 구축 - 푸드머스는 2015년, 저작단계별로 맞춤화한 고령자전문 식품 브랜드 '소프트메이드'를 론칭하며 케어푸드 시장에 발 빠르게 진출. 푸드머스는 요양원, 급식실 등에 고령자 맞춤형 상품과 식자재를 공급 중

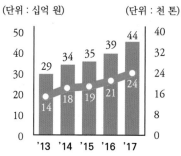

주1 : 식품의약품안전처, 식품공전상의 '특수 의료용도 등 식품'으로 '케어푸드' 생산 추이를 파악. 특수 의료용도 등 식품의 생산액 · 생산량은 환자용 균형 영양식, 당뇨환자용 식품, 신장질환자용 식품, 장질환자용 가수분해식품, 연하곤란환자용 점도 증진식품, 열량 및 영양공급용 의료용도 식품, 선천성 대사질환자용 식품의 생산액 · 생산량의 합계
주2 : 케어푸드는 '연하식(嚥下食)'과 '연화식(軟化食)' 등으로 제품군이 구분됨. '연하식'은 노화로 인해 인두 · 식도 근육이 약해져 삼키는 행위(연하)가 곤란한 경우 이를 원활히 할 수 있도록 돕는 음식을 의미하며, '연화식'은 저작(咀嚼 · 음식을 입에 넣고 씹음)기능 저하를 보완하기 위한 식품을 의미

[그림 1-76] 케어푸드 시장 규모

5) 케어푸드 비즈니스로 신성장동력 발굴

기존 케어푸드는 일부 식품업체 및 단체급식업체를 중심으로 환자식·병원식 등 B2B형태로 공급되어 왔음. 최근 식자재 유통·단체급식업체의 B2C 유통 확대 및 타 식품 제조업체의 관련 시장 진출을 가속화하면서 케어푸드 시장의 성장과 함께 경쟁이 심화될 것으로 예상된다.

6) 식자재 유통업계, 해외사업 확대

국내 단체급식시장의 포화상태 지속으로 국내 식자재 유통·단체급식 업계는 성장 잠재력이 높은 중국, 베트남 등 해외시장으로 관련 사업을 확대해 나가고 있음. 국내 기업들은 현지기업과의 전략적 업무협약체결 등을 통해 유통망을 확대해 나가고 있으며 단체급식 사업을 발판 삼아 식자재 유통사업으로 확장 중이다.

〈표 1-45〉 국내 주요 식자재 유통기업의 해외사업 전개동향

	중국		베트남	기타 국가
단체 급식	아워홈 2010년 중국 단체급식시장에 진출한 이후 베이징을 비롯한 10여 개 도시 내 오피스, 산업체 사업장에서 맞춤 현지식 등을 제공하고 있음. 2019년 취저우, 광저우, 우시 등에서 신규 사업장을 개척하며 시장 점유율 확대에 주력	삼성웰스토리 상하이에 '爱宝健(Aibaojian)'을 설립. 상하이 외 6개 지역에서 중국 로컬·글로벌 기업을 대상으로 위탁급식사업장을 운영	아워홈 2017년 4월 베트남 북동부 하이퐁에 법인을 설립하며 현지 진출 본격화. 같은 해 하이퐁 LG그룹 계열사에 급식사업장을 열고 운영 개시	현대그린푸드 2011년 아랍에미리트(UAE)를 시작으로 쿠웨이트, 중국, 멕시코 등 4개국에 진출. 멕시코(2016)-멕시코 동부에 위치한 몬테레이 지역의 기아자동차 멕시코 공장을 시작으로 사업 규모를 점차 확대 중 쿠웨이트(2016)-2016년 9월 쿠웨이트 국영 정유회사 KNPC와 100억 원 규모의 급식공급계약을 맺고 정유플랜트 건설 근로자 1만 명에게 4년간 급식을 제공
			CJ프레시웨이 2017년 5월, 베트남 호찌민 북부에 3,000여 평 규모의 물류센터를 착공. 단체급식용 식자재를 위생적으로 관리하고 현지 유통망을 확대해 현지 단체급식 사업 확장을 목표로 함	
	CJ프레시웨이 2012년 중국 단체급식시장에 첫발을 들인 이후 상하이 지역을 중심으로 19개 단체급식장을 운영 중	동원홈푸드 2014년 중국 웨이하이에 조미식품 제조 공장을 준공해 중국 시장에 진출하는 등 해외사업을 확장		

	중국		베트남	기타 국가
식자재 유통	삼성웰스토리 2016년에는 일본 최대 식자재 유통기업인 '고쿠부그룹'과 중국 국영 농산물 관리 기업인 '은용농업발전유한공사'와 함께 합자회사 '悅思意(Yuesiyi)'를 설립하여 중국 식자재 유통사업에 진출	CJ프레시웨이 2015년 중국 대형 유통업체 용후이 슈퍼스토어즈(永輝超市)와 중국 식자재 시장 진출을 위한 합자계약을 체결. 중국에 진출해 있는 CJ그룹계열사 빕스, 비비고, 뚜레쥬르 등에 식자재 통합구매를 지원하고 중국 내 식자재 유통 사업을 전개	CJ프레시웨이 내수 유통 확대를 위한 발판 마련을 위해 물류센터를 완공하고, 2018년 베트남 대규모 외식기업 골든게이트와 식자재 구매 통합 및 전략적 파트너십 구축을 위한 업무협약(MOU)을 체결	현대그린푸드(식자재 수출) 2019년 2월, 북미 대형 슈퍼마켓 체인인 'H마트'에 국내 중소 식품업체 가정간편식(HMR) 제품을 수출하는 데 성공. 이를 포함해 7개 국내 중소업체의 반찬·떡 등을 연간 300만 달러 규모로 H마트에 수출 중

7) 식자재 유통업 M&A 확대

(1) 식자재 유통·단체급식계 주요 M&A

외식 프랜차이즈화 진전 및 식품 안전이 강조되며 식자재 유통 선진화의 필요성이 높아지고 있다. 국내 식자재 유통업은 향후 산업화 진전에 따른 지속적 성장이 예상되는 분야로서 사모펀드의 M&A가 이어지는 상황이다. 사모펀드는 업계 전문성을 확보한 기업을 인수하고 일정 기간 후 매각함으로써 수익을 얻고 있다.

〈표 1-46〉 식자재 유통·단체급식업계 내 주요 M&A : 사모펀드의 식자재유통업 투자

	인수 기업	피인수 기업	공시일	금액	내용
P E F	유니슨 캐피탈	구루메 F&B코리아	'16.12	150	치즈 수입 유통업체인 구루메F&B코리아를 150억 원에 인수하고, 2017년 9월, 360억 원 가격에 LF푸드에 성공적으로 매각
	골드만 삭스PIA	선인	'17.10	340	골드만삭스 계열 PEF 골드만삭스PIA(Principle investment Area)는 식자재 전문기업 선인의 지분 20%를 340억 원에 인수
	VIG 파트너스	원플러스	'18.02	740	식자재 전문 유통기업 원플러스를 740억 원에 인수. 원플러스는 100% 자회사 ㈜원플러스마트와 함께 2개의 물류센터(포천, 음성)를 기반으로 '왕도매 식자재마트'라는 이름의 직영매장을 수도권에 7개를 운영 중

	인수 기업	피인수 기업	공시일	금액	내용
P E F	앵커에쿼티파트너스(데일리푸드홀딩스)	현진그린밀	'17.11	700	홍콩계 사모투자펀드(PEF) 운용사 앵커에쿼티파트너스는 특수목적법인(SPC) 데일리푸드홀딩스를 통해 식품첨가물과 단미사료 도·소매업을 영위하는 현진그린밀을 700억 원에 인수
		화미	'18.05	n/a	데일리푸드홀딩스는 각종 양념과 소스 및 가공품 제조·판매기업 화미의 지분 100%를 인수. 앵커에쿼티파트너스의 데일리푸드홀딩스를 통한 수차례의 투자는 생산부터 유통 등 식품 밸류체인에 걸친 역량을 확보함으로써 자사가 투자한 식품기업의 가치를 제고하기 위한 포석으로 해석됨
	SC PE	성경식품	'17.11	1,420	SC PE(스탠다드차타드프라이빗에쿼티)는 '지도표 성경김' 대표 브랜드를 보유한 김 가공 및 유통업체 성경식품을 인수하며 식자재 유통업에 본격 진출
		선우엠티	'18.09	1,015	외국계 사모펀드 SC PE는 수입 소고기 육가공 및 유통을 전문으로 하는 선우엠티의 지분 100%를 인수. SC PE는 보유하고 있는 성경식품과 이탈리안 레스토랑 매드포갈릭과 식자재 유통채널 간의 시너지를 꾀하고자 함

출처: Bloomberg 언론 보도 종합, 삼정KPMG경제연구원

(2) 식자재 유통·단체급식업계 내 주요 M&A

식자재 유통 선진화의 필요성이 점차 증대되고 있는 가운데, 식자재 유통·단체급식업계는 유통망 확보를 통한 규모의 경제를 실현하고 전처리, 소싱, 제조, R&D 역량을 제고하여 운영 효율화를 도모하기 위한 방안의 일환으로 특정 분야에 강점을 갖춘 식자재 기업의 M&A를 추진 중이다.

〈표 1-47〉 식자재 유통·단체급식업계 내 주요 M&A: 식자재 유통 동종업계 내 주요 M&A

	인수 기업	피인수 기업	공시일	금액	내용
동종업계	동원홈푸드	더블유푸드마켓	'16.07	193	동원F&B는 동원홈푸드를 통해 '더반찬' 온라인 몰을 운영하는 간편식 업체 더블유푸드마켓을 인수. 더블유푸드마켓은 대규모 조리장에서 각종 반찬, 장류 등 300여 종류의 제품을 직접 조리해 판매하는 기업. 동원홈푸드는 인수를 통해 건강식 개발, 조리 및 완조리 식품을 조리·판매하여 계열사 및 자사의 유관사업 간의 시너지를 도모
	CJ프레시웨이	송림푸드	'16.11	340	식자재 유통·단체급식 계열사 CJ프레시웨이는 조미식품 전문기업 송림푸드를 340억 원에 인수하며 가정간편식 시장까지 영역을 확대

	인수기업	피인수기업	공시일	금액	내용
동종업계	CJ프레시웨이	제이팜스·제이앤푸드	'19.03	215	CJ프레시웨이는 농산물 전처리분야 업체 제이팜스·제이앤푸드를 인수하는 본계약을 체결. 제이팜스·제이앤푸드는 농산물을 세척하고 다듬는 1차 전처리뿐만 아니라 분쇄, 절단, 농축, 분말, 급속냉동 등 고부가 전처리 가공역량을 보유. CJ프레시웨이는 전처리 식재료 수요가 증대되고 있는 급식·외식업계 내 운영 효율화를 위한 경쟁력을 확보하는 동시에 HMR 등 원료 공급경로를 소스·식품 제조기업으로 다변화함에 따라 시너지를 낼 수 있을 것으로 기대
	LF푸드	해우촌	'18.07	42	LF푸드는 특수목적법인(SPC) 태인수산을 설립하고 조미김 생산·판매업체인 해우촌의 지분을 100% 인수
		모노링크	'17.05	364	일식 식자재를 전문으로 유통하는 모노링크 지분 100%를 인수하며, 자사가 보유한 해산물 뷔페 전문점 마키노차야와 일본 라멘 전문점 하코야 등 외식 프랜차이즈와 시너지 효과를 기대
	에쓰푸드	아모제푸드시스템	'19.04	n/a	햄, 소시지 등 육가공 식자재업체 에쓰푸드는 식자재 유통 서비스 기업 아모제푸드시스템을 인수하고 자회사 에쓰프레시와 통합. 아모제푸드시스템은 상품 소싱력, 물류 경쟁력을 갖추고 있으며, 에쓰프레시는 이를 통해 R&D, 제조와 유통 경쟁력을 확보한 식자재 기업으로 성장해 나갈 것을 목표로 함

9. 국내 식자재 유통시장의 진입전략

1) 외식 프랜차이즈화, 복수점포를 운영하는 외식업체 증가

(1) 기업형 식자재 유통수요가 증가하고 있으며, 이를 기회로 삼고 전략 다변화 필요

① 식자재 유통업의 전방산업인 외식·급식업체는 다수의 유통업체와의 거래보다 단일 거래처를 통해 필요한 식자재를 일괄 공급받는 편을 선호하는 경향이 나타나고 있다. 대규모 기업형 식자재 유통업체는 단순 식재료의 조달, 유통뿐만 아니라 직접 식품 제조 역량을 보완하여 식자재 유통구조를 단축하여야 하고 일괄적 식재료 공급 프로세스가 가능하도록 특정 식품·식재료 제조에 전문성을 보유한 중·소규모 기업의 M&A도 고려하여야 한다.

② 최근 인건비, 임대료 등의 부담 증가로 B2B 반조리 및 완조리 제품에 대한 니즈가 증대되고 있다. 기업들은 단순 원물 식재료를 유통하는 기존의 사업구조에서 반조리·완전조리 형태의 제품 제공이 가능한 센트럴키친 시스템을 도입하는 등 변화를 적극 모색해야 할 것이다.

2) 안전한 식재료에 대한 수요가 확대됨에 따라 엄격한 품질관리 및 인증을 통해 브랜드 이미지를 제고하고 소비자의 신뢰를 확보

① 공급망과 외부 공급업체에 대한 투명성 및 관리에 대한 문제는 일반적으로 예상치 못한 시기에 대두되며, 식자재 유통기업은 전사에 걸쳐 식자재 공급망 관리(Supply Chain Management) 체계 정비 및 구축을 통해 다양한 변수를 사전에 모니터링하여 대응해야 할 것이다.

② 블록체인 기술을 활용한 식품안전 공급망 관리 및 구축을 고려할 필요가 있으며, 식자재 기업들은 블록체인 식품 안전공급망을 통해 식자재 유통에 신뢰성을 부여하는 한편 식재료 유통과정을 추적 가능하게 함으로써 식품안전 리스크에 선제적 대응이 필요하다.

3) 국내 식품·외식시장 내 변화가 크고, 식자재 유통업의 경쟁이 점차 심화되는 상황에서 기업들은 단순 식자재 공급 외 경쟁사와의 차별화를 제고하기 위한 전략 다변화 필요

① 다수의 대규모 국내 식자재 유통기업은 단체급식을 통한 수익원을 확보하고 있으나, 기존의 식자재 소싱·유통역량과 단체급식 사업장 운영 노하우 등을 활용한 새로운 사업 기회를 모색해야 한다. 공항, 스포츠 경기장, 복합문화시설 등에 대한 컨세션 사업 진출 등으로 다변화하여 시장 확대전략이 필요하다.

② 건강한 라이프스타일을 지향하는 소비자가 증가하면서 단체급식의 프리미엄화가 전개되고 있으며, 단체급식의 수요처가 다변화되고 있는 추세로서 국내 식자재 유통·단체급식업체는 당분·염분 함량이 적은 메뉴, 어린이 및 시니어들의 건강을 위한 식단 개발 등으로 타깃 고객을 세분화해야 한다.

③ 채널별 차별화된 식단 및 메뉴를 공급하고 국내 식자재 고객 맞춤형 식자재 개발 등 맞춤 솔루션·서비스 제공으로 토털 푸드 서비스기업으로 되어야 할 것이다.

④ 식품에 대한 소비자의 기호 변화에 따라 외식기업들 역시 브랜드 및 품질 고급화에 노력을 기울이는 가운데 식자재 기업들은 기존 육류, 채소 위주의 식자재에서 고급 커피원두, 파스타면 등 고급 가공식품 식자재를 발굴하여 제품포트폴리오 다양화를 시도하여야 한다.

4) 식자재 유통기업의 베트남, 중국 등 해외 진출이 활발해지고 해외시장환경 및 소비자를 면밀히 분석하여 현지화해야 함

해당 국가 내 단체급식 및 내수 유통사업 확장을 원활히 할 수 있도록 최적의 조달방식을 택할 필요가 있으며, 진출 국가에서 요구하는 다양한 품질 관리 인증을 선제적으로 획득함으로써 상품 경쟁력을 제고해야 한다. 또한 해당 시장 내 유통망을 확보하기 위해 현지기업과의 전략적 제휴 혹은 적극적 M&A도 필요하다.

제5절 단체급식 현황

1. 단체급식

1) 우리나라 단체급식

급식(給食, meals, feeding)이란 학교나 군대, 공장 등에서 그 구성원에게 식사를 제공하는 것으로 단체, 시설 등에서 사회 대부분의 사람들, 공중(公衆), 일반 사람들에게 식사를 제공하는 것을 의미한다.

공공(公共, The public society, The community)은 사회의 일반 구성원에게 공동으로 속하거나 두루 관계되는 것으로 국가나 사회의 구성원들에게 연관되는 것이다.

단체급식(團體給食)은 학교나 병원, 산업체 등의 여러 사람이 모인 곳에 식사를 공급하는 일 또는 아침, 점심, 저녁 등 식사 때의 기준으로 50인 이상의 식사를 일괄 제공하는 것을 의미한다. 단체급식의 최근 흐름은 아래 표와 같다.

〈표 1-48〉 단체급식의 최근 경향

단체급식 시장 둔화, 실버, 병원 급식으로 시장진출 모색	산업의 고도화, 생산인구 감소 등으로 급식시장의 성장은 둔화
	인구 고령화로 고령자 급식, 병원급식 시장에 대한 관심 증가
	최저임금 증가로 고정비용 증가(주 52시간, 현장에서는 업무초과만큼 휴무로 대체)
대기업 영업이익 악화로 다각적 사업, 매각, 해외진출, 新사업 유치	소스 제조사업, 식재유통 확대를 통한 수익창출
	외식업체 매각(한화호텔앤리조트) 등 적자사업 정리, 해외급식시장 진출
	건설업체 등 일부 대기업 및 중견기업 중소기업 사업영역 진출
신규 외식업체의 공격적 진출 및 마케팅	본죽, 본비빔밥 본 푸드서비스 : 단체급식 및 식품유통업 진출
	중소기업 후니드 SK계열사 급식사업 수주(*후니드 주주 SK일가 보유)

| 공공급식 친환경 및 로컬푸드 식재 구입 확대, 사이버 공정거래 확대 | 지역 로컬푸드, 친환경 식재료 등 국내산 식재료 유통 |
| | 군대 급식 지역로컬푸드 확대 예정(2022년까지) |

(1) 단체급식의 시장규모

2017년도 국내 단체급식 시장규모는 약 9조 원(업종 : 기관구내식당업, 통계청_'17)이나 업계는 약 13~15조 원으로 추정하고 있다. 반면 국외단체급식 시장규모는 미국이 46,391백만 달러(한화 약 54조 원, '17)이고 일본은 33,822억 엔((한화 약 36조 원, '17, 일본은 세부업종별 통계분석(병원, 학교, 도시락 급식 등)이다. 일본의 인구는 1억 3천만 명으로 우리나라의 2.6배이나 단체급식시장은 3.8배이다. 기관구내식당업의 시장규모는 꾸준이 증가하여 2018년도에는 10조원을 넘어섰다.

〈표 1-49〉 국내 기관식당업 추이

구분	2016	2017	2018	2019
매출액(십억원)	8,897	9,509	10,113	10,521
영업비용(십억원)	8,570	9,171	9,766	10,041
연간급여액(십억원)	1,394	1,401	1,366	1,111

출처 : 2021식품외식통계(한국농수산식품유통공사)

한편, 국외 단체급식시장의 규모를 보면 미국은 20016년 이후 꾸준히 증가하여 2018년도 기준 약 494억달러(한화 기준 약 64조원)이며, 일본은 2017년도 이후 약간 씩 감소하여 2019년에는 약 3조엔(한화 기준 약30조원)이였으나, 2020년 코로나19에는 약 2조엔으로 감소하였다.

〈표 1-50〉 국외 단체급식 시장규모 비교

국가	업종	2016	2017	2018	2019	2020
미국 (단위 : 백만달러)	위탁급식업	45,317	46,868	49,474	-	-
일본 (단위 : 억엔)	집단급식	33,656	33,791	33,612	33,538	28,273

출처 : 2021식품외식통계(한국농수산식품유통공사) 外

산업별 업계추정치는 학교가 5조 6천억 원, 병원이 2조 5천억 원, 군대가 2조 원, 교정시설이 700억 원, 기업체가 5조 원, 영유아가 5천억 원 등 약 15조 원으로 추정하고 있다.

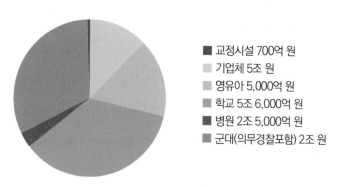

[그림 1-77] 2017년 단체급식 시장규모(추정치)

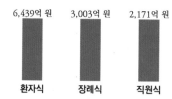

주: 병원 단체급식 시장 중 접근 가능한 시장은 1조 6,000억 원
출처: 업계 추정치, 헤럴드 경제, aT공공부문 단체급식 확대를 위한 현황조사 및 신규시장 진출방안

[그림 1-78] 병원 단체급식시장

(2) 국내 기관구내 식당업 현황

시장점유율은 대기업이 70%, 중견기업 10%, 중소기업이 20%이다.

① 기관구내식당업 대기업 제한 규제 이후 현황

공정거래위원회는 2019년 대기업 구내식당 업체를 중소기업 등 외부에 전면개방하기로 하였지만, 현실적인 실행은 어려워 보인다.

구내식당 급식업체 일감 개방은 중소기업들에게 일감을 개선하기 위한 공정위정책이나 단체급식의 경우 규모의 경제로 중소기업이 대기업의 대규모 사업장을 운영하기에는 어려울 것으로 보여 현실적인 정책 개선이 필요하다.

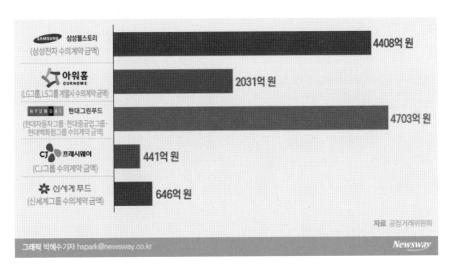

자료 공정거래위원회

그래픽 박혜수기자 hspark@newsway.co.kr

Newsway

출처: 뉴스웨이

[그림 1-79] 대기업급식업체 계열사-친족기업 수의계약현황(2020년)

② 코로나 이후 주요 급식업체 4개사 매출 현황

2021년도 3분기 기준 코로나19로 인해 변화된 환경에서도 대안을 찾은 신세계푸드와 CJ프레시웨이는 영업이익이 40%가량 증가하였다.

CJ프레시웨이는 2021년 3분기 연결기준 영업이익이 전년 대비 39% 증가한 164억원을 기록하였고(코로나19 확산 이전 영업이익 수준을 회복) 신세계푸드도 3분기 영업이익이 전년 동기 대비 42% 증가한 64억원으로 나타났다.

반면 삼성웰스토리와 현대그린푸드의 3분기 실적은 저조하였다.

두 기업 모두 단체 급식과 같은 B2B 사업 의존도가 큰 구조로 삼성웰스토리의 경우 3분기 영업이익은 전년 동기 대비 36% 감소하였으며, 단체급식 비중이 높은 현대그린푸드도 같은 기간 영업이익이 전년 동기 대비 40% 감소하였다.

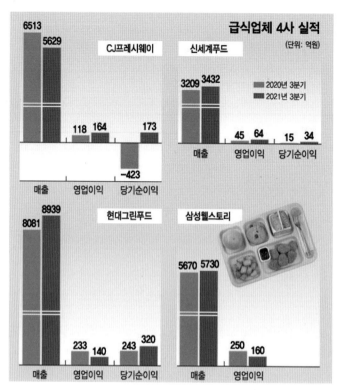

출처: 각 사 IR 자료

[그림 1-80] 주요 단체급식 기업 2021년 3분기 실적

③ 단체급식주요 10개사 실적현황

11개 기업은 지난해 매출액은 8조7481억8000만 원으로 2019년 9조4031억8000만 원 대비 7.0% 감소했다. 영업이익은 2734억8000만 원에서 1418억 원으로 48.1% 감소했고 당기순이익은 1718억6000만 원에서 246억1000만 원으로 85.7%나 하락했다. 이에 따라 전년 대비 영업이익률은1.3%포인트, 당기순이익률 1.5%포인트, 총자산이익률 2.8%포인트, 자기자본이익률은 5.4%포인트 감소하는 등 수익률이 악화되었다.

단체급식업계는 코로나19 사태로 인한 경영악화에 대응하기 위해 부동산 매각·비주력 사업 청산 등 사업 포트폴리오 재조정과 장기차입금·사채 발행 등을 통해 유동성 강화에 나섰으며 그 결과 부동산 등 유형자산은 1조2408억9000만 원에서 1조2096억6000만 원으로 2.5% 감소했고 비유동부채도 1조3250억1000만 원으로 전년 9858억3000만 원 대비 34.4% 증가하였다.

〈표 1-51〉 2020년 단체급식주요 10개사 실적현황

(단위: 억 원, %, %포인트)

업체	매출액			영업이익			당기순이익			유동자산		
	2020	2019	증감율	2020	2019	증감율	2020	2019	증감율	2020	2019	증감율
합계	89,510.1	96,249.9	-7.0	1,484.1	2,835.4	-47.7	313.1	1,777.7	-82.4	18,408.6	18,229.0	1.0
삼성웰스토리	19,701.2	19,768.6	-0.3	970.1	906.9	7.0	674.3	590.9	14.1	4,422.5	3,769.5	17.3
CJ프레시웨이	16,262.8	23,213.5	-17.0	73.3	479.0	-84.7	-304.4	223.8	적자전환	3,900.7	4,150.9	-6.0
현대그린푸드	15,125.0	15,427.3	-2.0	451.2	670.5	-32.7	377.1	616.5	-38.8	4,539.4	4,164.7	9.0
신세계푸드	12,261.8	13,058.7	-6.1	95.6	233.7	-59.1	-244.1	34.1	-752.2	2,309.4	2,676.3	-13.7
풀무원푸드앤컬처	4,441.1	6,023.5	-26.3	-330.7	51.8	적자전환	-415.5	-20.5	적자확대	318.1	464.8	-31.6
후니드	2,028.3	2,218.1	-8.6	66.1	100.6	-34.3	67.0	59.1	13.4	470.4	459.4	2.4
웰리브	1,165.5	1,475.0	-21.0	-20.0	381.0	적자전환	0.7	-2.9	흑자전환	338.1	277.1	22.0
아라마크	928.5	1,164.6	-15.6	-41.4	11.4	적자전환	-31.3	12.8	-343.5	216.4	294.9	-26.6
보무드서비스	585.3	681.0	-14.0	-32.2	3.1	적자전환	-44.6	1.1	적자전환	54.3	74.7	-27.1
포세카	530.8	548.9	-3.3	22.4	63.9	-64.9	24.1	52.1	-53.7	201.0	17.8	13.7

업체	총자산이익률			자기자본이익률			이익잉여금			자본총계		
	2020	2019	증감율	2020	2019	증감율	2020	2019	증감율	2020	2019	증감율
합계	0.6	3.4	-2.8	1.1	6.6	-5.4	14,879.5	41,978.5	-0.5	27,350.6	26,959.4	1.5
삼성웰스토리	9.0	8.6	0.3	13.9	13.9	0.0	1,704.9	1,113.0	53.2	4,837.3	4,245.5	13.9
CJ프레시웨이	-2.7	2.0	-	-14.3	10.2	-	289.8	638.9	-54.6	2,132.7	2,183.3	-2.3
현대그린푸드	2.1	3.6	-1.5	2.7	4.5	-1.8	8,551.9	8,366.3	2.2	13,986.3	13,660.7	2.4
신세계푸드	-2.5	0.5	-3.0	-7.9	1.1	-8.9	1,975.0	2,284.6	-13.5	2,851.4	3,161.0	-9.8
풀무원푸드앤컬처	-13.0	-0.6	-	-140.6	-3.1	-	23.7	391.8	-93.9	295.5	663.5	-55.5
후니드	9.8	7.7	2.0	17.8	17.9	0.0	395.3	350.1	-12.9	375.7	330.8	13.6
웰리브	0.1	-0.4	0.5	0.2	-1.1	1.4	70.9	70.2	1.0	284.6	263.1	8.2
아라마크	-9.2	3.3	-12.6	-19.5	6.7	-	97.7	129.0	-24.2	160.5	191.8	-16.3
보무드서비스	-30.4	0.6	-	-95.7	1.5	-	-44.0	0.5	적자전환	46.6	91.2	-48.9
포세카	9.1	21.9	-12.7	21.3	55.9	-34.6	104.2	83.8	24.4	113.5	93.2	21.8

출처: 식품외식경제 상장3사: CJ프레시웨이. 현대그린푸드는 개별재무제표, 나머지는 외부감사보고서 재무제표 활용

(3) 2022년 단체급식 트렌드

① 거리두기 해제로 인한 본업 경쟁력 강화 및 MZ세대 직장인들을 위한 메뉴 개발

2021년 코로나로 인한 매출 및 영업적자를 메꾸기 위해 밀키트 시장 진출 등 사업확대를 모색했던 단체급식업계는 사회적 거리두기 해제로 '본업에 충실'하기 위해 단체급식 분야를 강화하였다.

아워홈은 구내식당 메뉴·이벤트 기획전담팀 운영을 통한 사업경쟁력 강화, 특히 MZ세대 직장인들을 위해 다양한 이벤트를 준비하고, 또한 단체급식 시장 신규 수요 발굴을 위해 아파트 커뮤니티, 골프장·요양원 등 실버업종 전담부서를 설치 운영 중이다.

CJ프레시웨이는 급식서비스 다각화에 집중하고 있다. 이에 따라 학교, 병원 등에서 수요가 높은 콩고기 등 대체육 활용 메뉴와 채식 중심 계절식을 꾸준히 선보이고 있으며, 구내식당 무인 간편식 코너 "스낵픽"을 운영 중이다. 또한, 식자재 유통사업의 비중이 높은 만큼 다양한 단체급식 공급 메뉴개발을 하고 있다. 특히, 유명 프랜차이즈 외식 및 식품업체와 협업해서 다양한 메뉴 및 간식을 고객에게 제공하고 있다.

현대그린푸드는 푸드코트형 구내식을 비롯 MZ세대 직장인을 겨냥한 비건 식단, 건강 간편식을 운영하고 있다.

② 런치플레이션으로 인한 구내식당 인기

최근 런치플레이션[Lunchfaltion : 점심(Lunch)과 물가상승(Inflation)의 합성어]이 사회문제로 떠오르면서 단체급식업체가 주목받고 있다.

점심식사 객단가가 증가하면서 일반 식당보다 저렴한 구내식당을 이용하는 고객이 증가하고 있다.

현대그린푸드가 운영 중인 서울, 강남, 여의도, 광화문 일대의 오피스 밀집지역에 위치한 단체급식 사업장 40곳을 분석한 결과 단체급식 식수의 신장률은 지난 4월 7%, 5월과 6월은 16%의 성장세를 보이고 있다.

(4) 비용구조

일반외식과 단체급식의 비용구조 비교표는 〈표 1-52〉와 같다. 식재료비에서 20% 차이가 있고, 운영경비는 단체급식이 평균적으로 낮은 편이다.

〈표 1-52〉 일반외식과 단체급식의 비용구조 비교표

구성항목	일반외식		C.F.S.
매출액	1,000만 원(100%)		
식재료비	350만 원 (35%)		800만 원(100%)
			440만 원 (55%)
인건비	250만 원 (25%)		
운영경비	100만 원(10%)		200만 원 (25%)
초기비용	200만 원(20%)		
			56만 원(7%)
운영지원비	50만 원(5%)		40만 원(5%)
			40만 원(5%)
이익	50만 원(5%)		24만 원(3%)

(5) 국내단체급식 시장점유율

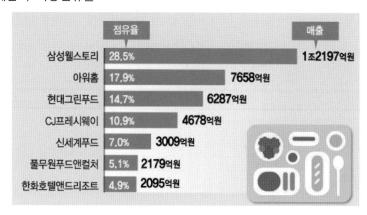

출처: 공정거래위원회(2019년 기준)

[그림 1-81] 주요 급식기업 단체급식 관련 매출 및 점유율

2) 해외의 단체급식

한국은 1인당 국민소득이 3만 불 정도이고 미국은 약 5만 불, 일본은 4만 불 정도로서 경제규모 대비 외식산업 및 단체급식을 비교분석한 결과는 〈표 1-53〉과 같다.

〈표 1-53〉 한국, 미국, 일본, 중국 시장규모 비교표

항목	한국	미국	일본	중국
외식업 규모('17)	128,299,793백만 원 (약 128조 : 주점업)	678,967백만 달러 (약 800조 : 주점업 포함)	256,561억 엔 (약 280조 원)	1,735억 위안 (약 29조)
급식시장 규모	9,509억 원 (약 9조 원)	46,391백만 달러 (약 54조 원)	33,822억 엔 (약 36조 원)	구분 없음
국가별 GDP ('17, 십억 달러)	1,530.75 (11위)	19,485.40 (1위)	4,859.95 (3위)	12,062.28 (2위)
총인구 ('17, 천 명)	50,982	324,459	127,454	1,409,517
1인당 소득 ('17, 달러)	29,730 (27위)	59,495 (7위)	38,550 (23위)	8,542 (74위)
월평균 가계소비('16)	323만 원 ('16 4/4분기)	약 5,005달러 (약 590만 원)	282,188엔 (약 308만 원)	19,284위안 (약 331만 원)

항목	한국	미국	일본	중국
월평균 외식비('16)	약 33만 원 (음식 및 숙박)	약 262달러 (약 30만 원) 식료품 지출의 약 41%	11,942엔 (약 13만 원)	- (음식비에 주류와 담배, 식료품 포함, 지역마다 다름)

〈표 1-54〉 미국, 일본, 중국의 단체급식 경향

국가	산업경향
일본	• 시장규모 : 3조 3,822억 엔(업계 4조억 엔 이상) • 기업체 급식이 전체의 약 36% • 위탁급식은 전체 시장의 약 63% • 학교급식은 유상급식으로 운영
미국	• 시장규모 : 46,391백만 달러(업계 920억 달러) • 학교급식이 전체시장의 약 29% • 위탁급식은 전체시장의 약 43% • 메이저 3개사가 전체시장의 약 62%
중국	• 단체급식에 대한 수치 없음 • 단, 한국 업계에서 70조 원의 시장가치가 있는 블루오션으로 평가('12년 식품외식경제 보도자료)

(1) 일본의 단체급식 규모

① 급식시장 동향

일본에서 급식 시장이란, 사업소 대면급식, 도시락급식(사업소 도시락급식과 재택배식서비스 합계치), 병원급식, 고령자시설(특별양호노인홈, 개호노인보건시설, 유료노인홈) 급식, 학교(고등학교, 학교급식 법제도하에 있는 초중학교, 야간 정시제 고등학교·특수교육학교) 급식, 유치원·어린이집 급식 등 6개 분야이다. 병원급식과 고령자시설 급식에는 입원환자를 위한 급식 및 입소자용 급식과 함께 의사와 직원용 급식도 포함한 수치이다.

급식 시장은 2020년 초봄부터 코로나19 확산에 따른 외출 자제 및 재택근무 확대, 학교와 유치원·어린이집 휴교·휴원의 영향을 크게 받아, 2020년도(6개 분야, 최종 매출액 기준) 시장은 전년도 대비 89.7%인 4조 3,395억 엔까지 급감하였다. 그러나 2021년도는 행동제한이 완화되어 야외활동이 점차 회복되면서 동 104.0%인 4조 5,140억 엔을 기록했지만 코로나19 이전 수준으로 회복되지는 못하였다.

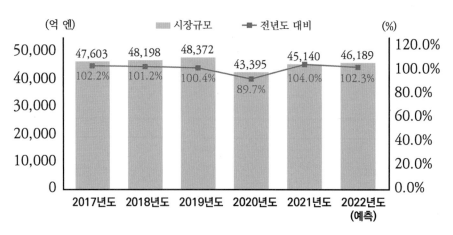

[그림 1-82] 일본의 급식시장 합계(6개 분야 합계 추이)

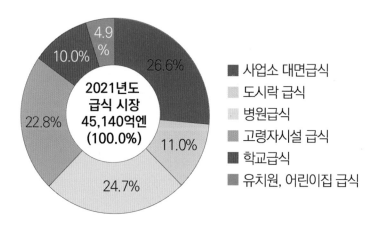

[그림 1-83] 2021년 일본 단체급식 시장 구성비율

② 일본급식업체 주요 쟁점

코로나19는 급식 시장에 큰 영향을 주고 있어 급식서비스기업들은 이를 극복하기 위해 고심하고 있다. 또 코로나가 안정될 기미가 보이지 않는 가운데 위드 코로나 대책으로서 급식서비스기업들은 신규 영업을 통한 새로운 고객 개척, 신상품 개발을 통한 사업기회 확대, 인력배치 재검토를 통한 현장의 효율화, 일하는 방식 개혁 추진을 통한 인재 확보·정착, 식품손실 삭감 등을 검토하고 있다.

③ 장래 전망

코로나19는 진정될 기미가 보이지 않지만 급식 시장은 회복세에 있어 2022년도 급식 시장(6개 분야 합계)은 전년도 대비 102.3%인 4조 6,189억 엔이 될 것으로 예측하나 여전히 이전

수준으로는 회복되지 않을 것으로 전망한다.

향후 코로나19가 진정될 전망이 있다는 전제하에 2026년도 급식시장 규모가 코로나19 이전인 2017년도와 비슷한 수준인 4조 7,669억 엔이 될 것으로 예측되고 있다(야노경제연구소 서울지사).

〈표 1-55〉 급식분야별 시장구성비

급식분야별 시장 구성비율	2017년 시장 규모	위탁(%)
■ 학교 ■ 사원식당 등 급식 ■ 도시락 급식 ■ 병원 ■ 보육소 급식	사원 식당 : 1조 2,137억 엔	96
	병원 급식 : 8,015억 엔	21
	도시락 급식 : 5,425억 엔	-
	학교 급식 : 4,827억 엔	61
	보육소 급식 : 3,418억 엔	20

〈표 1-56〉 급식분야별 동향

산업(업종)	분야별 동향
사업소 대면 급식 (오피스)	직원 복리후생 차원에서 사원식당 서비스 개선
도시락 급식	편의점 도시락과 경쟁
학교 급식	수요 인구는 감소. 공립 초중학교에서 경비절감 및 식중독 예방을 위해 전문기업에 위탁('00 10.3%에서 '16 46.0%)
병원 급식	외부 위탁률 44%. 급식 운영비율 악화로 직영으로 전환하기 시작
고령자 시설 급식	비교적 높은 단가, 시장 활발
유치원, 보육소 급식	외부에서 조리 후 반입이 인정되어 최근 주목받고 있음

〈표 1-57〉 일본의 급식시장 전망

분야	전망
급식 서비스	• 개인의 취향과 건강상태를 DB화하여 카페테리아 방식, 선택 메뉴가 일반화 • 특정 진단이나 질병을 고려한 메뉴를 중시하여 식사로 건강관리 지자체의 복지, 교육차원에서 급식 서비스 개선 도입
급식기업	• M&A에 따른 사업 규모 확대 • 사업소(오피스) 외 학교, 어린이집 급식 서비스 진출 • HACCP의 일반화

분야	전망
식재료	• 국산품(일본산) 선호 • 지산 지소, 계약재배 • 건강 지향 트렌드에 맞춘 기능성 식재료 증가 • 연하식, 저작곤란식 등 질병관리 식단 취급 점포 증가

(2) 미국의 단체급식

미국 급식산업 규모('15 : NRA, National Restaurant Association)는 920억 달러(약 108조 원)이고 위탁급식은 403억 달러(약 47조 원)로서 Compass Group, Aramark, Sodexo가 매출의 62%를 점유하고 있다.

〈표 1-58〉급식분야별 시장 구성비율 및 시장규모

급식분야별 시장 구성비율	2015년 시장 규모	위탁(%)
10% 29% 17% 4% 28% 12% ■ 기업체 ■ 대학 ■ 기내 ■ 학교 □ 레크리에이션 □ 의료기관	• 기업체 : 96.5억 달러	96
	• 대학 : 166.4억 달러	67
	• 교통(기내) : 39.4억 달러	53
	• 학교 : 119.9억 달러	48
	• 캠핑 : 269.2억 달러	19
	• 의료기관 : 280.3억 달러	18

미국의 대표적 3대 식재유통 및 단체급식업체의 매출액과 영업이익은 성장세에 있다.

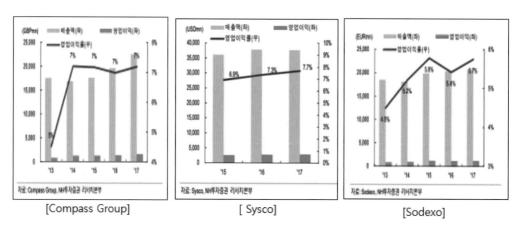

[Compass Group] [Sysco] [Sodexo]

출처 : NH투자증권

[그림 1-84] 미국 대표 3대 식재유통업체 매출액 및 영업이익 비교

2. 공공급식

1) 공공급식의 정의

공공급식은 보육기관급식, 교육기관급식, 의료기관급식, 복지급식, 특정시설 급식으로 나누어지며 국가별로 공공급식에 대한 정의는 〈표 1-59〉와 같다.

〈표 1-59〉 주요 국가별 공공급식에 대한 정의

국 가	정 의
한국	• 국가 또는 지자체의 재정적 지원을 받는 기관, 단체, 시설 등에서 공중(公衆)을 대상으로 이루어지는 급식
일본	• 학교급식을 포함한 어린이 및 노인 등을 대상으로 한 급식
미국	• 저소득층을 대상으로 한 영양 프로그램
프랑스	• 사회복지 특성을 지닌 단체급식
중국	• 저소득층을 대상으로 한 식이 보조금 지원

출처: 식약처, 2017 공공급식을 위한 제도기반 마련

(1) 공공급식의 법률적 개념

공공급식의 법률적 개념은 공공급식에 관한 정부 정책·사업의 추진 방향과 내용을 결정한다는 점에서 중요하다.

공공급식에 관한 정책적 논의가 활발한 반면, 국가단위 법령에서는 공공급식에 관한 개념을 별도로 명시하고 있지는 않다. 국가단위 법령에서는 급식과 관련하여 「식품위생법」상에 '집단급식소'에 대해 정의되는 데 그치고 있다(동법 제2조 정의)

「식품위생법」상의 집단급식과 최근의 공공급식에 관한 개념은 영리(이익)를 동반하지 않는 식사 공급을 의미한다는 점에서 유사하다.

국가단위 법령과는 달리 최근 제정이 확산되고 있는 지방자치단체 공공급식에 관한 조례는 공공급식의 법률적 개념을 제시하고 있다.

지방자치단체들은 지역별 여건·환경을 고려하여 공공급식에 관한 개념을 정의하고 있다. 이들 지방자치단체 조례들은 공공급식의 개념을 정의하는 데 있어서 일반적으로 ① 국가 또는 지방자치단체 등에 의한 정부 지원을 공통적으로 중요한 기준으로 적용

또한 ② 특정 기관·시설의 포함(또는 제외) 여부를 명시함으로써 공공급식의 정의를 보다 구체화하며 ③ 공공급식에 관한 정의 및 지원 대상을 규정하는 데 있어서 급식의 비상업성을 명시함으로써 공공급식에 관한 조례가 영리를 목적으로 하지 않는 급식 영역을 정책 대상으로 하고 있음을 분명히 하고 있다.[19]

지방자치단체들은 조례를 통해 지역별 공공급식 정책·사업의 대상 영역·범위를 제시하

고 있다. 일반적으로 교육, 복지, 보건, 국가·사회 안녕·질서유지·공공행정 기능을 수행하는 다양한 기관·시설들이 포함된다. 또한 정책적 유연성·확장성을 담보하기 위해 지방자치단체장이 필요하다고 인정하거나 지원을 받는 시설·기관·사업 등이 지원 대상에 포함되고 있다.

〈표 1-60〉 지방자치단체조례 공공급식의 정의 및 범위 규정 시 적용기준

구분	정부 지원 유무		정부 지원 유형			특정시설 (영역)	비상업성
	국가	지방자치단체	지원	행정지원	급식지원		
광역자치단체 공공급식에 관한 법규(3개 조례)							
서울특별시	●	●	●			●	
세종특별자치시	●	●	●			●	●
충청남도	●	●					●(비영리)
기초자치단체 공공급식에 관한 법규(26개 조례)							
구미시	●	●			●	●	●
군산시	●	●	●			●	●
김제시	●	●	●			●	●
나주시	●	●	●			학교급식 제외	
담양군	●	●	●			●	●
대전 유성구					●		
부여군	●	●		●		●	●
상주시						●	
서울 금천구	●	●	●				
서울 동대문구	●	●	●				●
서울 서대문구	●	●	●				
서울 송파구	●	●	●			●	
서울 영등포구	●	●	●			●	
성남시	●	●	●				
영양군	●	●	●			●	●
옥천군	●	●	●			●	●
완주군		●(정부)	●			●	●
이천시	●	●	●			●	
장성군	●	●	●			●	
청양군	●	●	●			●	●
춘천시	●	●	●				●

19) 공공급식 식재료 개선 공급실태 및 과제, 한국농촌경제연구원

구분	정부 지원 유무		정부 지원 유형			특정시설 (영역)	비상업성
	국가	지방자치단체	지원	행정지원	급식지원		
칠곡군	●	●	●			●	●
포천시		●	●				●
해남군	●	●	●			●	●
화성시	●	●	●			●	●
화천군	●	●	●				

출처: 한국농촌경제연구원

(2) 관련조직

국가단위에서 급식과 관련된 정부 정책·사업은 소관업무별, 정책·사업 대상자 및 급식 기관·시설별로 다수의 중앙행정기관에서 분산 운영되고 있다. 중앙행정기관은 부처별 소관 업무에 따라 식재료 생산·공급 및 품질 관리, 식재료 및 급식소 안전·위생, 식재료 구매· 계약, 급식 기관·시설 관리·감독 등을 담당하고 있으며, 이 중 급식 식재료 생산·공급 및 품질 관리에 관한 정책·사업은 농식품 생산·공급과 산업 진흥 업무를 담당하는 농림축산 식품부, 해양수산부 소관이며, 급식 식재료 및 급식소 안전·위생에 관한 업무는 식품의약품 안전처가 담당하고 있다.

이 밖에 급식기관·시설의 관리·감독은 교육부(유치원, 초·중·고등학교 및 특수학교, 대학 등), 보건복지부(어린이집, 사회복지시설, 의료시설), 여성가족부(여성·가족·청소년 대상 사회복지시설), 국방부(군부대), 법무부(교정시설) 등이 소관 업무별로 구분하여 담당하 고 있다.

기획재정부, 행정안전부 등은 중앙정부와 지방자치단체가 그 소속기관들을 주체로 하여 이루어지는 식재료 구매·계약에 관한 사무의 소관부처이며, 조달청은 농식품을 포함한 공 공부문 조달에 관한 사무를 관장한다.

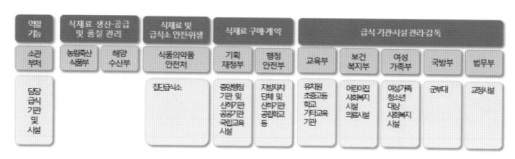

출처: 농촌경제연구원

[그림 1-85] 정부부처별 공공급식 관련 주요 업무 및 관리 · 감독 · 기관 · 시설

2) 공공급식의 분류

공공급식은 보육기관, 교육기관, 의료기관, 복지단체, 군대 및 교정시설급식 등으로 분류된다.

〈표 1-61〉 공공급식의 분류 및 역할

대분류	소분류	관장부서	역할
보육기관 급식	영유아보육시설	보건복지부	보육활동지원
교육기관 급식	유치원 및 학교급식	교육부	교육활동 효과 증진
의료기관 급식	병원급식	보건복지부	질병치료 및 회복 증진
	요양시설급식		건강회복, 유지, 증진
복지 급식	사회복지시설급식	보건복지부, 지자체	복지사업 활동 지원
	결식아동급식		교육복지 활동 지원
특정시설 급식	교정시설급식	법무부	교정 활동 지원
	군대급식	국방부	군력 증진

출처: 전희정 외, 단체급식관리, 파워북

3) 공공급식의 법률

공공급식은 식품위생법과 어린이 식생활법 등에 영향을 받으며, 보건복지부, 교육부, 식품의약품안전처의 지도관리를 받고 있다.

〈표 1-62〉 급식 관련 법률의 비교분석

구분	어린이집	유치원	학교	성인	노인
관련법률	영유아보육법	유아보육법	학교급식법	-	노인복지법
	식품위생법, 어린이식생활법			식품위생법	식품위생법
지도관리	보건복지부	교육부		식약처 (집단급식소)	식약처 (집단급식소)
	식약처				
위생영양	영양사·조리사 (100인 이상 급식소)		영양교사· 조리사	영양사·조리사 (50인 이상 급식소)	

출처: 식약처, 2017 공공급식을 위한 제도기반 마련

(1) 국가단위

급식기관·시설의 급식 및 급식 식재료 관련한 사항은 급식 관리·운영, 품질·안전·위생, 건강·영양, 계약·구매 등에 관한 내용을 담고 있는 농림축산식품부, 교육부, 보건복지부 등 관련 중앙행정기관 소관법률에 근거하여 관리되고 있다.

그러나 이들 국가단위 법령에서 '공공급식'에 관한 정의를 제시하고, '공공급식'을 법 조항에 명시적으로 포함하여 제시하는 법령은 없다. 국가단위 법령 중에서 식재료 공급과 관련된 법령은 농식품 생산에 관한 주무부처인 농림축산식품부와 해양수산부에 분산되어 있다.

농림축산식품부 소관 법령은 「식품산업진흥법」, 「외식산업진흥법」, 「지역농산물 이용촉진 등 농산물 직거래 활성화에 관한 법률」 등이 있다. 해양수산부 소관 법령은 「소금산업진흥법」, 「수산물 유통의 관리 및 지원에 관한 법률」 등으로 이들 법령은 주로 농산물 등 급식 식재료 이용을 촉진하기 위한 지원·시책에 관한 내용을 담고 있다.

〈표 1-63〉 급식 식재료 관련 국가단위 법령

소관부처	법령	법조항	주요 내용
농림축산식품부	식품산업진흥법	제13조의 2 (학교급식 식자재 계약재배 등)	• 학교급식과 농어업 연계를 강화하고 학교급식에 우수한 식자재를 공급받기 위해 학교급식지원센터 등과 농수산물 또는 식품을 생산하는 자 간의 식자재 계약재배 또는 직거래를 촉진하는 등 교육 협력사업 장려 • 교류협력사업에 대하여 식자재 안전성 조사 등에 필요한 경비를 지원할 수 있으며, 우수 식자재 사용실적 등을 평가하여 우수사업자 우대

소관부처	법령	법조항	주요 내용
농림축산식품부	외식산업진흥법 시행령	제14조 (우수 식재료의 사용 촉진 등)	• 우수식재료 사용 촉진을 위한 시책의 지원대상(학교 등 단체급식소·위탁급식업체) • 사업에 필요한 경비의 전부 또는 일부를 예산의 범위에서 지원
	지역농산물 이용촉진 등 농산물 직거래 활성화에 관한 법률	제15조 (지역농산물 판매촉진 등)	• 지방자치단체의 장은 지역농산물 이용촉진을 위하여 지역 내의 학교급식·단체급식 등 사업자, 영양사 등 교육 관계자 및 식품관련 사업자 등과 지역농산물 생산자와의 협력 강화 등에 필요한 시책 강구
해양수산부	소금산업진흥법	제18조 (우선구매 등)	• 소금의 품질향상과 소금산업의 활성화를 위해 국가, 지방자치단체 또는 공공기관의 집단급식시설이나 그 밖에 대통령령으로 청하는 집단급식시설에 대하여 표준 규격품, 우수천일염인증품 우선 구매 요청 가능
	수산물 유통의 관리 및 지원에 관한 법률	제50조 (수산물 수요개발 및 소비촉진)	• 소비자의 수산물 선호도 변화에 따른 새로운 수산물 수요 개발과 수산물의 소비촉진을 위한 사업 지원(학교급식 및 단체급식에서 수산물 공급확대 사업)

출처: 한국농촌경제연구원. 공공급식 식재료 공급실태와 개선과제(2019)

〈표 1-64〉 소관부처별 · 주요 내용별 급식관련 주요 법령

소관부처	급식대상관리 · 운영 등	품질, 안전 · 위생	건강 · 영양	식재료 이용, 계약 · 구매 등
농림축산식품부	농어업인 삶의 질 향상 및 농어촌지역 개발촉진에 관한 특별법	가축 및 축산물 이력관리에 관한 법률 농수산물 원산지 표시에 관한 법률		식품안전진흥법, 외식산업진흥법 지역농산물 이용촉진 등 농산물직거래 활성화에 관한 법률
해양수산부		농수산물 원산지 표시에 관한 법률		소금산업진흥법 수산물유통의 관리 및 지원에 관한 법률
보건복지부	노숙인 등의 복지 및 자립지원에 관한 법률 아동복지법, 영유아보육법, 의료법, 장애인 등에 대한 특수교육법	감염병의 예방 및 관리에 관한 법률	국민건강증진법 국민영양관리법 아동복지법	

소관부처	급식대상관리·운영 등	품질, 안전·위생	건강·영양	식재료 이용, 계약·구매 등
교육부	고등학교 이하 각급 학교 설립·운영규정 교육관련기관의 정보공개에 관한 특례법 교육비특별회계 회계기준에 관한 규칙 유아교육법, 초·중등교육법, 학교 급식법	학교급식법 학교보건법	학교급식법	국립유치원 및 초·중등학교 회계규칙
여성 가족부	청소년기본법			
환경부	폐기물관리법			
식품의 약품 안전처	어린이급식관리지원센터의 집단급식소 등록 관리 및 절차 등에 관한 규칙 어린이식생활안전관리특별법	어린이 식생활안전 관리특별법 식품위생법	어린이식생활 안전관리특별법	
국방부	군인급식규정 군에서의 형의 집행 및 군수용자의 처우에 관한 법률			
법무부	교도관직무규칙 소년원 및 소년분류심사원 급여규칙 외국인보호규칙 형의 집행 및 수용자의 처우에 관한 법률			공기업·준정부기관 계약사무규칙 국가를 당사자로 하는 계약에 관한 법률
기획 재정부				지방공기업법 지방자지단체를 당사자로 하는 계약에 관한 법률
행정 안전부				지방공기업법 장애인기업활동 촉진법 중소기업제품구매 촉진 및 판로지원에 관한 법률

소관부처	급식대상관리·운영 등	품질, 안전·위생	건강·영양	식재료 이용, 계약·구매 등
중소 기업 벤처부				여성기업지원에 관한 법률 장애인기업활동 촉진법 중소기업제품구매 촉진 및 판로지원에 관한 법률
조달청				특정조달을 위한 국가를 당사자로 하는 계약에 관한 법률
경찰청	경찰공무원 교육훈련규정 경찰대학의 학사운영에 관한 규정			

출처: 한국농촌경제연구원, 공공급식 식재료 공급실태와 개선과제(2019)

(2) 지방자치단체 조례

① 제정 현황

광역자치단체 3개, 기초자치단체 26개 등 총 29개 지방자치단체가 공공급식에 관한 사항을 규정하는 자치법규(조례)를 제정·운영하고 있다. 공공급식에 관한 조례를 제정·운영하는 지방자치단체는 증가하는 추세이다. 2017년 이전에는 관련 조례를 제정한 지방자치단체가 세종특별자치시, 성남시, 완주군 등 3개 지역(전체의 10.3%)에 불과하였으나 2018년에는 8개 지역(전체의 27.6%), 2019년에는 18개 지역(62.1%)으로 크게 증가하였다.

② 운영 체계

대부분의 지방자치단체에서 공공급식에 관한 조례와 학교급식에 관한 조례를 별도로 두고 있다. 그러나 일부 지방자치단체는 공공급식에 관한 정책·사업의 활성화와 함께 학교급식과 공공급식에 관한 조례를 통합하거나, 통합을 추진하고 있다. 대전 유성구, 춘천시의 경우 학교급식과 공공급식에 관한 조항이 모두 통합된 형태로 통합 조례를 운영하는 반면, 부여군, 세종특별자치시 등은 학교급식과 공공급식에 관련된 조항이 통합 조례 내에서 분리되어 있다.

〈표 1-65〉 지방자치단체 학교급식과 공공급식 운영체계에 관한 조례

조례체계	조례구성 및 운영	주요 사례
통합조례	조례 내 학교급식과 공공급식의 조항 분리	부여군(로컬푸드 공공급식 지원에 관한 조례) 세종특별자치시(지역농산물 공공급식 지원에 관한 조례) 완주군(로컬푸드 공공급식 지원에 관한 조례) 청양군(지역농산물 공공급식 지원에 관한 조례) 포천시(공공급식 지원에 관한 조례) 화성시(공공급식 지원에 관한 조례)
	조례 내 학교급식과 공공급식의 조항 통합	대전 유성구(학교 등 공공급식 지원에 관한 조례) 춘천시(공공급식 지원에 관한 조례)
개별조례	학교급식과 공공급식 조례 개별로 운영	대부분의 지방자치단체 조례운영 사례

출처: 한국농촌경제연구원, 공공급식 식재료 공급실태와 개선과제(2019)

③ 주요 내용

지방자치단체의 공공급식에 관한 조례의 내용을 내용 구성, 지원 범위, 지원 방법, 지원 우선순위 등 식재료 관련한 내용을 중심으로 살펴보면 다음과 같다.

첫째, 지방자치단체 조례는 대부분 공공급식 지원을 주요 목적으로 제정되었다. 이에 따라 이들 조례는 일반적으로 공공급식의 목적 및 정의, 공공급식에 관한 위원회, 공공급식지원, 공공급식지원센터의 설치 운영 등에 대한 내용을 기본으로 하여 구성되어 있다.

농림축산식품부가 지방자치단체의 조례 제정을 지원하기 위해 마련한 "지방자치단체 공공급식 지원에 관한 조례 표준안"도 이러한 내용을 중심으로 구성되어 있다.

〈표 1-66〉 지방자치단체 공공급식 조례 장별 주요 내용

구분	제1장 총칙	제2장 공공급식지원 심의위원회	제3장 공공급식지원	제4장 공공급식지원 센터 설치운영	제5장 보칙
장별 주요 조항	제1조 목적	제4조 설치 및 기능	제13조 공공급식의 지원대상	제18조 공공급식지원 센터의 설치	제20조 우선적용
	제2조 정의	제5조 위원회 구성	제14조 공공급식의 지원 계획수립·시행	제19조 급식지원센터 의 운영 등	제21조 시행규칙

장별 주요 조항	제3조 지방자치단체 장의 책무	제6조 위원의 임기	제15조 공공급식의 지원방법	
		제7조 위원의 해촉	제16조 공공급식의 참여확대노력	
		제8조 위원의 제적·기피·회피	제17조 공공급식대상 기관 등의 노력	
		제10조 위원회 회의 등		
		제11조 간사		
		제12조 수당 등		

출처: 한국농촌경제연구원, 공공급식 식재료 공급실태와 개선과제(2019)

둘째, 지방자치단체 조례는 공공급식 지원 범위를 규정함으로써 지방자치단체의 공공급식 정책 대상·범위에 대해서 명확히 하고 있다. 공공급식 지원대상 급식기관·시설은 지역별로 차이가 있다. 그러나 대체로 사회복지시설, 의료기관, 공공기관, 어린이집, 중앙행정기관과 지방자치단체 등을 지원 대상으로 명시하고 있다. 학교, 유치원의 경우 일반적으로 지방자치단체 학교급식 지원에 관한 조례에 지원 대상으로 포함되어 있는 경우가 대부분이다.

이에 따라 학교급식과 공공급식에 관한 조례를 분리하여 운영하는 지방자치단체의 공공급식 조례에서는 지원 대상 급식기관·시설로는 명시되지 않는 경우가 대부분이다.

셋째, 대부분의 지방자치단체 조례에서는 지원 방법을 통해서 부득이한 경우를 제외하고 공공급식지원센터를 통해 현물을 지원하는 것을 원칙으로 규정하고 있다.

〈표 1-67〉 지방자치단체 조례 공공급식영역: 공공급식 지원범위

	학교	유치원	어린이집	사회복지시설	사회복지사업프로그램	중앙행정기관	지방자치단체	공공기관	군대	의료기관	교정시설	기타
광역자치단체 공공급식에 관한 법규(3개 광역지방자치단체)												
서울특별시			●	●	●	●	●	●		●		●
세종특별자치시	○	○	●	●	●	●	●	●	●	●		●
충청남도			●	●		●	●			●		

	학교	유치원	어린이집	사회복지시설	사회복지사업프로그램	중앙행정기관	지방자치단체	공공기관	군대	의료기관	교정시설	기타
소계	1	1	3	3	2	3	3	2	1	3	0	2
기초자치단체 공공급식에 관한 법규(26개 기초지방자치단체)												
구미시			●	●		●	●	●	●	●		●
군산시			●	●	●	●	●	●	●	●		●
김제시			●	●	●	●	●	●	●	●		●
나주시				●	●	●	●	●	●	●		●
담양군			●	●	●	●	●	●	●	●		●
대전 유성구	●	●	●	●	●	●	●	●	●	●		●
부여군			●	●		●	●	●	●	●		●
상주시			●	●		●	●	●	●	●		●
서울 금천구	●		●	●				●				●
서울 동대문구			●	●				●				●
서울 서대문구			●	●	●	●	●	●				●
서울 송파구			●	●				●				●
서울 영등포구			●	●								
성남시	학교급식 제외, 결식의 우려가 있는 저소득층											
영양군			●	●	●	●	●	●		●		●
옥천군			●	●	●	●	●	●	●	●		●
완주군	○	○	○	●	●	●	●	●	●	●	●	●
이천시			●							●		●
	지원 대상은 공공급식지원위원회에서 결정											
장성군			●	●	●	●	●	●	●	●		●
청양군	○	○	●	●	●	●	●	●	●	●		●
춘천시	●	●	●	●	●	●	●					
칠곡군			●	●		●	●					
포천시			●			●	●					
해남군				●		관공서		●				●
화성시			●	●		●	●	●	●	●		●
화천군				●	●	●	●					
소계	7	6	21	25	15	20	20	23	15	23	1	24
합계	8	7	24	28	17	23	23	25	16	26	1	26

넷째, 학교급식이 일반적으로 친환경 농산물 이용에 초점을 맞추는 데 비해, 공공급식은 지역 농산물 이용을 강조한다.

이러한 접근의 차이는 공공급식에 관한 조례의 법령 제정 목적과 지원 방법에 관한 조항 등을 통해 나타나고 있다.

〈표 1-68〉 지방자치단체 조례 공공급식 식재료 지원 우선순위

구분	1순위	2순위	3순위	4순위	주요 관련 지방자치단체
유형1	우수식재료				서울특별시, 금천구, 동대문구, 송파구
유형2	지역우수식재료				대전유성구, 부여군
유형3	지역농산물 (로컬푸드)				원주
유형4	지역 농산물 중 우수농산물	지역농산물			영암, 부여
유형5	지역농산물 중 우수농산물	지역농산물	지역 이외 우수농산물		세종시, 충청남도, 구미시, 군산시, 나주시, 담양군, 장성군, 춘천시, 화성시, 화천군
유형6	지역 농산물 중 친환경인증 농산물	지역농산물 중 우수농산물	지역농산물	지역 이외 우수농산물	이천시, 청양군, 포천군

출처: 한국농촌경제연구원, 공공급식 식재료 공급실태와 개선과제(2019)

4) 공공영역 급식실시 현황 및 규모

(1) 소관부처 및 법령

공공영역 기관 시설들은 다수의 소관부처와 근거법령에 의해 급식에 관한 사항을 관리·운영하고 있다. 어린이집, 의료시설, 여성·가족·아동복지 시설은 여성가족부, 기타 사회복지시설은 보건복지부, 유치원·학교는 교육부, 군대는 국방부, 교정 시설 급식에 관한 일반사항은 법무부가 관리 감독한다. 사립교육 등 민간 운영 기관 및 시설을 제외한 급식기관 시설은 「국가를 당사자로 하는 계약에 관한 법률」(이하 "국가계약법") 또는 「지방자치단체를 당사자로 하는 계약에 관한 법률」(이하 "지방계약법")을 근거로 식재료를 계약(또는 구매)한다. 안전·위생과 건강·영양에 관한 사항은 「식품위생법」과 「국민영양관리법」을 근거로 관리·운영된다.

어린이집·유치원은 이 밖에도 「어린이 식생활 안전관리 특별법」의 적용 대상이다.

〈표 1-69〉 공공급식 실시기관·시설급식 추진 체계

구분	소관부처 (관리감독)	주요법령			
		계약·구매	급식일반	안전·위생	건강·영양
교육	어린이집	지방계약법	영유아보육법	어린이식생활 안전관리특별법 식품위생법	어린이식생활 안전관리특별법 식품위생법
	유치원	지방계약법	유아교육법		
	학교	지방계약법	학교급식법		
복지	사회복지시설	지방계약법	아동복지법 노인복지법 장애인복지법 노숙인 등의 복지 및 자립지원에 관한 법률 노인장기요양법 기타 사회복지에 관한 법률	식품위생법	식품위생법
보건	(국공립) 의료시설	국가계약법 지방계약법	의료법		
안녕·질서유지	군대	국가계약법 접경지역지원 특별법	군인급식규정 군에서의 형의 집행 및 군수용자의 처우에 관한 법률	식품위생법	식품위생법
	교정시설	국가계약법	형의 집행 및 수요자의 처우에 관한 법률		
공공행정	정부 및 공공기관	국가계약법 지방계약법			

출처: 한국농촌경제연구원, 공공급식 식재료 공급실태와 개선과제(2019)

(2) 급식제공 목적과 대상

급식 기관·시설들은 수행 기능·역할, 운영 목적에 따라 다양한 목적으로 급식을 제공하며 급식 기관·시설별로 급식 제공 대상과 대상 특성도 상이하다.

〈표 1-70〉 공공급식 실시기관·시설급식 제공 목적

구분		제공 목적				
		영양건강	교육	복지		
				사회복지	복리수행	치료
교육	어린이집	●	●			
	유치원	●	●			
	학교	●	●			

구분		제공 목적				
		영양건강	교육	복지		
				사회복지	복리수행	치료
복지	사회복지시설	●		●		
보건	의료시설	●				●
안녕 · 질서유지	군대	●				
	교정시설	●				
공공행정	정부 및 공공기관	●			●	

출처: 한국농촌경제연구원, 공공급식 식재료 공급실태와 개선과제(2019)

〈표 1-71〉 공공급식 실시기관 · 시설급식 제공 목적

구분		대상연령					대상특성	비고
		영아	유아	아동	청소년	노인	취약계층 여부	
교육	어린이집						○	
	유치원						○	
	학교						△	
복지	사회복지시설						○	시설 유형별로 대상연령 상이
보건	의료시설						○	
안녕 질서 유지	군대						×	
	교정시설						×	
공공 행정	정부 및 공공기관						×	

출처: 한국농촌경제연구원, 공공급식 식재료 공급실태와 개선과제(2019)

5) 교육기관 급식

학교급식은 초등학교부터 고등학교까지 재학 중인 대부분의 학생을 대상으로 하는 단체급식 유형으로, 이 시기에는 성장에 필요한 영양섭취를 학교급식을 통해 얻게 된다는 점에서 학교급식의 중요성은 부인할 수 없다. 급식 운영형태는 직영급식이 11,496교(97.9%)[단독조리 9,006교(78.3%), 공동조리 2,490교(21.7%)]이며, 위탁급식 251교(2.1%)[교내조리 215교(85.7%), 외부운반 36교 (14.3%)]로 거의 대부분이 직접 운영한다는 점이 특징이다.[20]

〈표 1-72〉 학교급별 급식현황

구분	학교 수(교)			학생 수(천 명)			운영형태(교)	
	전체	급식	비율(%)	전체	급식	비율(%)	직영(%)	위탁(%)
초등학교	6,008	6,008	100	2,699	2,699	100	6,006(99.9)	2(0.1)
중학교	3,217	3,217	100	1,460	1,460	100	3,188(99.1)	29(0.9)
고등학교	2,355	2,355	100	1,744	1,738	99.7	2,137(90.7)	218(9.3)
특수학교	167	167	100	25	25	98.8	165(98.8)	2(1.2)
합계	11,747	11,747	100	5,928	5,922	99.9	11,496(97.9)	251(2.1)

출처: 식약처, 2017 공공급식을 위한 제도기반 마련

학교에 근무하는 급식인력은 영양(교)사·조리사·조리원 등 총 71,744명이 배치되어 있으며, 학교당 평균 6명이 배치되어 있다.

학교급식지원센터는 시장, 군수, 구청장의 관할지역에서 생산된 우수농산물이 학교에 원활히 공급될 수 있도록 각 지역에 설립되어 있다. 농산물의 생산과 수급 및 우수농산물 보조금 지원 등을 통해 학교에 지원되고 있는 센터이다.

〈표 1-73〉 학교급식지원센터 현황

구분	내용	근거
설치목적	우수한 식자재 공급 등 학교급식을 지원하기 위하여	학교 급식법
	학교 급식법에 따라 학교급식에 지원되는 식재료의 원활한 생산과 물류, 공급관리 기능을 수행하기 위하여	학교급식지원 조례 개정표준안
정의	학교급식에 안전하고 우수한 식재료를 공급하기 위하여 원활한 생산과 수급 및 지원예산의 투명한 집행을 지도·감독하며 공급관리 기능을 수행하기 위한 운영체계	조례 개정표준안
설치권자	특별자치도지사·시장·군수·자치구의 구청장	학교 급식법
센터업무	1. 매년 학교급식 실태조사 2. 생산자 및 학교에 대한 지원 및 범위 신청 3. 생산자 조직과 계약생산에 따른 생산조정 및 품목선정 4. 유통 및 공급관리 5. 교육청과 연계한 교육 및 홍보 6. 시·군·구 소속의 심의위원회와 교육청 간의 급식업무 협의 등	조례 개정표준안
센터시설	필요시 전처리, 포장 등 1차 가공시설, 물류창고 및 차량기지, 급식지원 컨설팅 연구소 등 설치 가능 또는 위탁 가능	조례 개정표준안

---

20) 식약처, 2017 공공급식을 위한 제도기반 마련 조사결과 기준임

구분	내용	근거
센터형태	공공성과 공익성을 가진 비영리 법인형태	조례 개정표준안
센터운영	필요시 업무와 시설의 일부를 비영리법인 또는 자원봉사단체 등 민간 기구에 위탁·운영 가능	조례 개정표준안

출처: 조혜영 외(2016), 학교급식지원센터의 현황 및 발전을 위한 제언

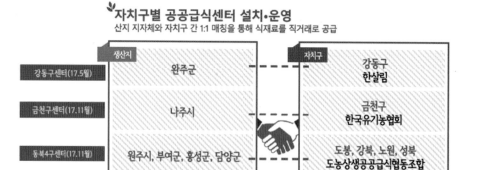

[그림 1-86] 자치구별 공공급식센터 설치·운영 현황

〈표 1-74〉 직종별 인력배치 현황

구분	급식학교 수	영양(교)사		조리사		조리원		계(명)		
		정규직	회계직기타	정규직	회계직기타	정규직	회계직기타	정규직	회계직기타	계
초등학교	6,008	3,646	1,408	1,600	3,942	25	23,363	5,271	28,713	33,984
중학교	3,217	610	1,766	76	2,193	4	11,774	690	15,733	16,423
고등학교	2,355	683	1,859	353	1,982	452	15,322	1,488	19,163	20,651
특수학교	167	125	22	102	74	37	326	264	422	686
합계	11,747	5,064	5,055	2,131	8,191	518	50,785	7,713	64,031	71,744

출처: 식약처, 2017 공공급식을 위한 제도기반 마련

6) 보육기관급식

① 어린이집

1990년 이후 여성의 사회활동 참여 증가와 영유아 보육서비스에 대한 관심 증가로 관련 시설 역시 증가하고 있다.

2016년 기준 어린이집은 41,084개소가 설치·운영 중에 있으며, 어린이집 총 정원 1,767,224명 중 1,451,215명(총 정원 대비 82.1%)이 어린이집을 이용하고 있다(2013년 43,770개소 이후 아동 수 감소로 어린이집 수도 감소하는 추세). 어린이집 1개소당 평균 아동 수는 35.3명으로 「식품위생법」에 따른 집단급식소의 안전관리 기준인 50명 미만으로 집계되고 있어, 학교에 비하여 상대적으로 급식의 영양 및 위생 관리가 취약한 상태에 놓일 수 있다.[21]

〈표 1-75〉 2016 어린이집 일반현황

(단위 : 개소, 명, %)

구분		계	국·공립 어린이집	사회복지법인 어린이집	법인·단체 등 어린이집	민간 어린이집	가정 어린이집	부모협동 어린이집	직장 어린이집
어린이집 수	개소(A)	41,084	2,859	1,402	804	14,316	20,598	157	948
	(비중)	100.0	7.0	3.4	2.0	34.8	50.1	0.4	2.3
아동 수	정원(B)	1,767,224	197,365	134,189	58,511	927,517	374,907	5,052	69,683
	(비중)	100.0	11.2	7.6	3.3	52.5	21.2	0.3	3.9
	현원(C) 계	1,451,215	175,929	99,113	45,374	745,663	328,594	4,240	52,302
	현원(C) 남	750,122	91,124	52,038	23,638	385,046	168,970	2,197	27,109
	현원(C) 여	701,093	84,805	47,075	21,736	360,617	159,624	2,043	25,193
아동 수	(비중)	100.0	12.1	6.8	3.1	51.4	22.6	0.3	3.6
	이용률	82.1	89.1	73.9	77.5	80.4	87.6	83.9	75.1
어린이집 1개소당 아동 수(C/A)		35.3	61.5	70.7	56.4	52.1	16.0	27.0	55.2

주: 아동 수는 현원(종일, 맞춤, 야간, 24시간, 방과 후) 기준
출처: 식약처, 2017 공공급식을 위한 제도기반 마련

② 유치원

2016년 기준 유치원은 총 9,029개소이며 국립 3개소, 공립 4,744개소, 사립 4,282개소가 설치·운영 중에 있다. 유치원 1개소당 평균 원아 수는 76.9명이다.

---

21) 식약처, 2017 공공급식을 위한 제도기반 마련 조사결과 기준임

〈표 1-76〉 2016 유치원 일반현황

(단위 : 개소, 명, %)

구분		계	국립	공립	사립
유치원 수	개소(A)	9,029	3	4,744	4,282
	(비중)	100.0	0.03	52.54	47.43
원아 수	현원(B) 계	694,631	249	172,272	522,110
	현원(B) 남	352,561	146	93,989	263,456
	현원(B) 녀	342,070	133	83,283	258,654
	(비중)	100.0	0.04	24.8	75.16
유치원 1개당 원아 수(B/A)		76.9	83	36.3	121.9

출처: 식약처, 2017 공공급식을 위한 제도기반 마련

〈표 1-77〉 급식관리지원센터 운영현황

구분	어린이급식관리지원센터	학교급식지원센터
설치주체	• 지방자치단체장	• 지방자치단체장
법적근거	• 「어린이 식생활안전관리 특별법」 제21조	• 「학교급식법」 제8조제4항 및 제5항
설치의무	• 임의적 사항	• 임의적 사항
역할	• 어린이 대상 급식소에 대한 위생·영양 관리 지원	• 학교급식에 우수 식자재 공급, 지역 농산물 공급체계 구축 • 주로 학교급식을 위한 식재료(지역 생산 우수 농산물 등)를 계약을 통해 공급
지원대상	• 급식소: 어린이집, 유치원, 학교, 청소년시설, 아동복지시설, 장애인복지시설(어린이 비율 50% 이상)	• 초·중고등학교, 특수학교, 각종학교 • 근로청소년을 위한 특별학급 및 산업체 부설 중·고등학교 등
운영근거	• 어린이 급식관리지원센터 가이드라인	• 각 지방자치단체의 조례
운영방식	• 직영(비영리법인) 또는 위탁	• 직영(비영리법인) 또는 위탁
운영현황	• 전국 215개소(2017.10. 기준)	• 전국 75개소(2017.04. 기준)
예산	• 식약처(국비 50%)와 지자체(지방비 50%)에서 설치·운영 비용의 일부 보조	• 자치단체에서 설치 필요 소요예산 확보. 다만, 우수 식재료 사용 확대를 위해 지자체로부터 보조받아 학교에 지원 가능 • 최초 설치비를 보조받으며, 이후 식재료 공급에 따른 이익금으로 운영하는 형태
직원구성	• 영양사, 위생사, 식품기사 자격 소지자로 구성	• 업무에 필요한 일반 직원

출처: 식품의약품안전처 내부자료 수정 보완

7) 노인복지시설

모든 노인복지지설이 급식을 제공하는 것은 아니며, 노인주거복지시설 중 양로시설 및 노인공동생활가정과 노인의료복지시설 중 노인요양시설과 노인요양공동생활가정, 노인여가복지시설 중 노인복지관, 재가노인복지시설 중 주·야간보호, 단기보호를 제공하는 시설, 학대피해노인 전용쉼터만 급식을 제공하고 있다.

〈표 1-78〉 사회복지 시설 중 급식을 제공하는 시설의 종류

구분		내용
노인주거 복지시설	양로시설	노인을 입소시켜 급식과 그밖에 일상생활에 필요한 편의를 제공함을 목적으로 하는 시설
	노인공동생활가정	노인들에게 가정과 같은 주거여건과 급식, 밖에 일상생활에 필요한 편의를 제공함을 목적으로 하는 시설
노인의료 복지시설	노인요양시설	치매·중풍 등 노인성질환 등으로 심신에 상당한 장애가 발생하여 도움을 필요로 하는 노인을 입소시켜 급식·요양과 그밖에 일상생활에 필요한 편의를 제공함을 목적으로 하는 시설
노인의료 복지시설	노인요양 공동생활가정	치매·중풍 등 노인성질환 등으로 심신에 상당한 장애가 발생하여 도움을 필요로 하는 노인에게 가정과 같은 주거여건과 급식·요양, 그밖에 일상생활에 필요한 편의를 제공함을 목적으로 하는 시설
노인여가 복지시설	노인복지관	시설기준 및 운영기준 참조
재가노인 복지시설	주·야간보호, 단기보호를 제공하는 시설	시설기준 및 운영기준 참조
학대피해노인 전용쉼터	학대피해노인전용쉼터 (2017년 개정 추가)	시설기준 및 운영기준 참조

출처: 식약처, 2017 공공급식을 위한 제도기반 마련

노인복지시설의 시설별 인원은 100명 미만인 경우가 전체의 97%에 해당하고 50명 미만인 경우가 83%에 해당하여 사실상 소규모인 경우가 대다수로 나타났다.

급식을 제공하는 노인복지시설 중 인원이 50명 미만인 경우는 5,634개소로 급식을 제공하는 노인복지시설의 약 79%에 해당하기 때문에, 소규모 노인복지지설에 대한 영양 및 위생관리가 필요할 것으로 보인다.

〈표 1-79〉 노인복지시설 중 급식제공 시설 현황

(단위 : 개소, 명)

종류	시설	2016	
		시설 수	입소정원
합계		7,087	206,953
노인주거복지시설	양로시설	265	13,283
	노인공동생활가정	128	1,062
노인의료복지시설	노인요양시설	3,136	150,025
	노인요양공동생활가정	2,027	17,874
노인여가복지시설	노인복지관	350	0
재가노인복지시설	주·야간보호서비스	1,086	23,767
	단기보호서비스	95	942

출처: 식약처, 2017 공공급식을 위한 제도기반 마련

〈표 1-80〉 노인주거복지시설의 급식관리에 관한 사항

기준			식당 및 조리실	영양사	조리원
노인 주거 복지 시설	양로 시설	입소자 30명 이상	○	1명 (1회 급식인원이 50명 이상인 경우로 한정함)	2명 (입소자 100명 초과할 때마다 1명 추가)
		입소자 30명 미만 10명 이상	○	-	-
	노인공동생활가정		○	-	-

주: 영양사 및 조리원이 소속되어 있는 업체에 급식을 위탁하는 경우에는 영양사 및 조리원을 두지 않을 수 있음
출처: 식약처, 2017 공공급식을 위한 제도기반 마련

〈표 1-81〉 노인의료 복지시설의 급식관리에 관한 사항

기준			식당 및 조리실	영양사	조리원
노인 의료 복지 시설	노인 요양 시설	입소자 30명 이상	○	1명 (1회 급식인원이 50명 이상인 경우로 한정함)	입소자 25명당 1명
		입소자 30명 미만 10명 이상	○	-	1명
	노인공동생활가정		○	-	-

주: 영양사 및 조리원이 소속되어 있는 업체에 급식을 위탁하는 경우에는 영양사 및 조리원을 두지 않을 수 있음

〈표 1-82〉 공공급식 시설별 이용현황

구분	분류	시설 수(개)		해당 시설	이용자 수(명)
		전체	공공영역		
보육기관	영유아 보육시설	41,084	2,859	국공립시설	1,451,215
교육기관	유치원	8,987	4,696	국공립 : 4,696개	704,138
	학교급식	11,530	11,530	–	6,126,000
의료기관	병원급식	3,215	220	공공의료기관	191,683
복지시설	사회복지급식	9,934	9,934	• 노인 : 8,921개 • 아동 : 281개 • 장애인 : 732개	243,677
	식품지원	–	–	–	약 1,775,355
기업체	공공부문	1,202	1,202	• 공공기관 식당 : 150개 • 연수원 : 52개 • 지자체 식당 : 1,000여 개	약 1,000,000
특정시설	교도소급식	52	52		56,495
	군대급식	–	–		약 690,000
	경찰서	251	251		약 26,000
합계		76,255	30,744	–	12,264,563

주: 사이버거래소와 기존 거래하는 시설 포함

8) 공공급식의 식재료 구매현황

공공급식 기관의 급식기관별 대부분이 나라장터나 학교급식전자조달시스템을 통해 구매하는 것으로 나타났다.

〈표 1-83〉 공공급식의 식재료 구매현황

시설	구매현황
학교급식	학교 자율로 구매. '17년 기준 학교급식전자조달시스템을 통해 구매한 학교는 전체 급식 학교 중 89% 사용
병원급식	위탁한 급식업체를 통해 식재료 구입. 시립 및 국립은 나라장터 G2B시스템을 이용하여 구매
사회복지시설	보조금이 부족하여, 푸드뱅크 등과 같은 후원형태로 지원받고 있으며, 기타 필요한 식재료는 자체적으로 구매
생계유지 급식지원사업	노인 무료급식, 결식아동 급식, 식자배달사업, 경로식당 무료급식사업, 밑반찬 배달사업. 위탁기관이 식재료를 구매하여 조달

출처: aT농식품유통교육원, 공공부문 단체급식 확대를 위한 현황조사 및 신규시장 진출방안

〈표 1-84〉 식재료 수급현황

구분	분류	관장부처	식자재 수급현황	유형	정부 지원금
보육기관	영유아 보육시설	보건복지부	자체 수급	민관합동	전액
교육기관	유치원	교육부	자체 수급	민관합동	없음
	학교급식		학교급식 전자조달시스템	정부주도	전액
의료기관	병원급식	보건복지부	자체 조달(시립·국립 병원은 G2B 이용)	민간주도	일부
복지시설	사회복지시설급식	보건복지부, 지자체	푸드뱅크 지원 및 자체 조달	민관합동	전액
기업체	공공부문	각 지자체	자체 조달	정부주도	전액
특정시설	교도소급식	법무부	G2B	정부주도	전액
	군대급식	국방부	방위사업청 국방전자조달시스템	정부주도	전액
	경찰서	경찰청	G2B	정부주도	전액

주 : 특정시설은 정책적 변화에 따라 식자재 수급이 유동적임

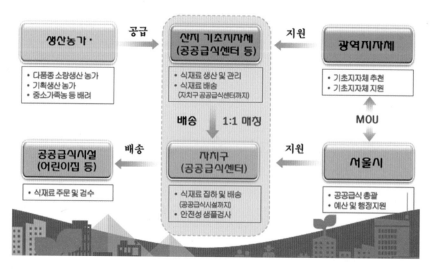

[그림 1-87] 서울시 공공급식추진 체계도 및 기관별 역할

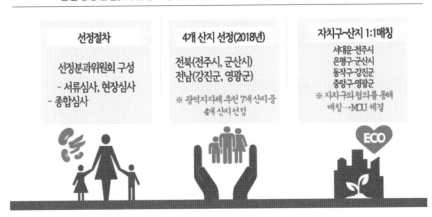

[그림 1-88] 서울시 공공급식 식재료 품질조달기준 및 절차

9) 급식유형별 문제점

공공급식은 영양사를 고용하는 경우 영양사의 역량에 따라 운영관리의 편차가 심하다. 또한, 소규모 급식의 경우 식품사고 대처능력 미흡, 관련 정보가 제대로 전달되지 않는 경우가 많다. 현행 급식 관련 법체계는 집단급식소에 대한 규제, 안전관리에 초점이 맞추어져 있어, 지원과 관리에 한계가 있으므로 독립된 법률의 제정을 통한 공공급식소 지원 관리가 필요하다.

〈표 1-85〉 국내 공공급식 유형과 취약점

(단위: 개소, 건, 천 원)

구분	학교	보육시설	유치원	노인복지관
급식 식수 (1일 1회)	7,179천 식	1,280천 식	539천 식	104천 식
관련 법령	학교급식법	영유아보육법	유아교육법	노인복지법
	공통 관련 법령: 식품위생법, 국민영양관리법, 식생활교육지원법, 어린이식생활안전관리특별법, 국민건강증진법 등			
급식 전문인력 (영양사 등) 확보	• 대부분 학교에 영양사 배치 • 영양교사화가 진행 중	100인 이상 시설에 배치, 배치율 낮음, 100인 미만 시설 5개 시설에 공동영양사 배치, 영양사 배치율은 특히 보육시설이 낮음		경로식당 운영으로 사회복지시설 중 영양사 배치되고 있으나, 타 업무 겸임, 급식제공 식수가 높은 복지관의 업무량 과다 등이 문제

구분	학교	보육시설	유치원	노인복지관
식품 위생관리	학교급식 위생관리 지침 제정, HACCP 도입	급식위생 관리 규정과 지침 미흡	유치원급식관리운영 지침 개발, 급식관리 규정 미흡	노인복지법 규정과 지침 미흡, 시설, 설비 미비, 위생종사자의 위생관리매뉴얼 미흡
	집단급식소 신고시설에 대한 식품위생점검			
영양관리 및 영양 교육	영양관리기준 규정, 영양관리 및 교육에 대한 법적 규정은 마련되어 있으나 적극적으로 수행되고 있지 못함. 일부 학교에서 수행 중	영양관리 지침 규정 미흡, 영양관리 미흡	영양관리 지침 규정 미흡, 영양관리 미흡	영양관리 및 상담 매우 미흡
급식지원 시스템	학교급식지원센터의 일부 지역에 설립, 방대한 학교급식을 전문적으로 지원할 수 있는 기능 미흡	지원시스템 부재, 어린이급식관리지원센터 규정은 마련	급식지원 시스템 부재	급식지원 시스템 부재

출처: 식약처, 2017 공공급식을 위한 제도기반 마련

10) 공공급식 사업전략

공공급식시장에 진입하기 위해서는 지자체의 지원사업을 적극적으로 이용하고, 학교급식 전사조달 시스템 등록 및 거래를 통해 학교, 식재료업체 간 투명하고 효율적인 거래를 통한 진입이 필요할 것으로 보인다. 또한, 공공급식 식재료 납품, 운영의 투명성을 위해서는 공무원 중심의 공공급식센터 운영보다는 공무원과 이해관계자(조리사, 학부모, 농업인 등)가 협력하는 협치적 관계의 운영개선이 필요할 것으로 보인다.

중견기업이나 대기업은 입찰 참여하여 사업을 수주하는 것이 유리하고 중소기업은 공공(기관)급식 및 산업체 오피스 등 급식인원 50~500명 이하나 캠핑, 출장파티, 장례, 돌잔치 등 각종 행사를 수주하는 것이 유리하다.

제6절 세계 식품시장

시장조사 전문기관인 Canadean(전 데이터모니터)에 따르면 세계 식품시장은 '12년 이후 약 6.5조 달러 규모를 유지하다 '15년 6.1조 달러로 다소 감소한 것으로 추정하였다.

대륙별로는 아시아·태평양 지역이 연평균('12~'19) 4.5% 성장하여, '15년을 기점으로 세계 최대의 식품시장으로 부상되었다.

국가별 식품시장 규모는 '15년 기준 미국(약 1.2조 달러)과 중국(약 1조 달러)이 가장 크고, 다음으로 일본(0.3조 달러), 영국(0.2조 달러) 등의 순이었으며, 우리나라 식품시장은 약 0.1조 달러로 세계 14위 수준인 것으로 나타났다.

한편, 세계 식품시장 규모를 타 산업과 비교했을 때 '15년 기준 세계 자동차시장(1.3조 달러)의 4.9배, IT시장(1.6조 달러)의 3.8배, 철강시장(0.8조 달러)의 7.3배로 상당히 큰 규모인 것으로 나타났다.

- **Canadean**
  - 영국의 시장조사회사로 음료, 식품, 포장, 소매 등 FMCG(일용소비재) 시장에 특화됨
  - '10년 영국의 디지털미디어그룹인 「Progressive Digital Media」에 인수됨
  - '15년 9월, 「Progressive Digital Media」가 Datamonitor Financial, Datamonitor Consumer, Verdict, Marketline을 인수하면서 Datamonitor Consumer는 Canadean에 통합됨
  - '16년 5월, Datamonitor Consumer 사이트가 Canadean Intelligence 사이트로 전환됨

(해외) Forbes誌가 선정한 2,000개 주요 글로벌 기업 중 음식료품 관련 기업은 담배제조업을 포함해 112개사가 등재되었으며, 이 중 음식료 분야 1위 기업은 네슬레社(스위스)였다.

한편, 글로벌 식품기업이 가장 많은 국가는 미국(33개사, 코카콜라, 펩시 등)이며, 중국과 영국은 각각 10개사, 일본과 캐나다가 각각 7개사로 많았다.

제7절 해외 외식시장 현황 및 규모

1) 미국 외식시장 규모

(1) 미국 외식업 시장규모 및 코로나 이후 소비행태

미국의 외식업 시장규모 조사는 2016년부터 「Annual Retail Trade」에서 「Service Annual Survey」로 변경되었으며 2018년에는 1조 달러를 넘어섰다.(1조 442억 4200만 달러, 한화 약 1,352조 1,889억 원)

한편, 지난 10년간 꾸준히 성장해 오던 외식시장 매출은 코로나19로 급감하였는데, 2020년 4월 외식지출액은 그해 1월 대비 50%에도 못 미치는 3,000억 달러까지 급감했다. 당시 업계는 코로나19가 종식되더라도 외식시장이 코로나19 전 수준으로 회복되기는 어려울 것이라 예측하였다.

그러나 2021년 3월에 들어서면서 외식수요가 다시 증가하였다. 미국 인구조사국(U.S. Census Bureau)에 의하면 2021년 6월 외식지출액은 705억 달러로 사상 최대 수치로 나타났다.

증가한 외식수요에도 불구하고 식당 종사자 수는 점점 감소하고 있으며, 기존 외식업 근로자의 타 사업으로의 이직 현상이 나타나고 있다. 이러한 구인난을 해결하기 위해 임금상승, 유급휴가 지급 등 복지를 확대하고 있다. 맥도날드에서는 근로자 시급을 15~20달러까지 올려 평균 급여를 10%가량 인상할 계획을 발표하였으며, 유명 멕시코 음식 프랜차이즈인 "치폴레"에서는 입사 5개월차 직원에 대학 등록금 지원 등의 혜택을 제공하고 있다(KOTRA).

〈표 1-86〉 미국의 외식업 매출액

(단위 : 백만 달러)

산업	2014	2015	2016	2017	2018
숙박업 및 음식점업	845,948	894,136	938,236	990,265	1,044,242
음식점 및 주점업	610,268	644,171	678,147	717,847	758,765
위탁 급식업	41,896	44,467	45,317	46,868	49,474
출장음식업	8,826	9,563	10,934	11,535	11,994
이동음식업	947	1,104	1,176	1,394	1,673
주점업	20,343	22,457	22,936	25,547	26,748
완전서비스 음식점	273,225	284,572	298,164	314,740	331,116
제한 서비스 음식점	222,537	238,005	253,349	26,9115	284,497
카페테리아, 뷔페, 그릴뷔페	6,271	6,249	6,457	6,893	7,275
스낵 및 음료 전문점	36,223	37,754	38,811	41,755	4,5988

출처: US CENSUS, 「Service Annual Survey」; 2021년 식품외식통계, 한국농수산식품유통공사

(2) 미국 외식산업 사업체 수

음식점 및 주점업의 사업체 수는 2014년 614,246개에서 2018년 664,084개소로 약 7.50% 증가하였다. 업종별로 보면 2014~2018년도까지 전반적으로 증가하였으나, 카페테리아, 뷔페, 그릴뷔페의 경우 점차 감소하여 2014년 6,044개에서 2018년 5,677개로 367개 감소하였다.

〈표 1-87〉 미국 외식산업 사업체 수

(단위 : 개소)

산업	2014	2015	2016	2017	2018
숙박업 및 음식점업	679,296	687,619	703,528	726,167	733,134
음식점 및 주점업	614,246	621,617	636,744	657,792	664,084
기타 음식점	41,547	38,904	43,052	44,969	44,733
위탁 급식업	26,592	22,694	25,835	27,844	26,816
출장음식업	11,108	11,583	11,892	11,739	11,947
이동음식업	3,847	4,627	5,325	5,386	5,970
주점업	40,989	40,684	40,590	40,156	40,100
음식점 및 기타 음식점	531,710	542,029	553,102	572,667	579,251
완전서비스 음식점	238,987	243,100	246,888	250,871	253,868
제한 서비스 음식점	228,677	233,392	237,922	251,000	253,841
카페테리아, 뷔페, 그릴뷔페	6,044	5,988	5,995	5,786	5,677
스낵 및 음료 전문점	58,002	59,549	62,297	65,010	65,865

출처: US CENSUS, 「County Business Patterns」; 2021년 식품외식통계, 한국농수산식품유통공사

(3) 미국 외식산업 종사자 수

음식점 및 주점업에 종사하는 종사자 수는 2014년 10,793,212명에서 2018년 12,233,775명으로 약 11.8% 증가하였다. 업종별로 보면 2014~2018년도까지 전반적으로 증가하였으나. 카페테리아, 뷔페, 그릴뷔페의 경우 점차 감소하여 2014년 120,328명에서 2018년 107,448명으로 약 10.7% 감소하였다.

〈표 1-88〉 미국 외식산업 종사자 수

(단위 : 명)

산업	2014	2015	2016	2017	2018
숙박업 및 음식점업	12,791,928	13,196,892	13,704,017	14,088,211	14,345,140
음식점 및 주점업	10,793,212	11,164,851	11,636,640	11,976,778	12,233,775
기타 음식점	729,987	716,282	785,853	828,384	823,570
위탁 급식업	578,942	559,761	618,676	656,145	652,421
출장음식업	140,405	143,081	151,075	157,149	154,939
이동음식업	10,642	13,450	16,102	15,090	16,210
주점업	362,248	367,565	38,097	369,505	371,773
음식점 및 기타 음식점	9,700,975	10,080,994	10,472,690	10,778,889	11,028,432
완전서비스 음식점	5,063,865	5,253,936	5,431,147	5,495,597	5,579,055
제한 서비스 음식점	3,893,914	4,043,157	4,227,402	4,449,845	4,629,359

산업	2014	2015	2016	2017	2018
카페테리아, 뷔페, 그릴뷔페	120,328	123,146	107,460	107,644	107,448
스낵 및 음료 전문점	622,868	660,755	706,681	725,803	712,570

출처: US CENSUS, 「County Business Patterns」; 2021년 식품외식통계, 한국농수산식품유통공사

(4) 미국 식품 가계 소비지출

미국 1인 이상 세대의 음식료품 지출비용은 2015년 7,538달러(한화 약 974만 5,126원)에서 2019년 8,748달러(한화 약 1,131만 1,164원)로 약 13.8% 증가하였다.

음식료 지출 중 외식비는 2015년도에는 3,008달러(한화 약 388만 9,945원)에서 2019년 3,256 달러(한화 약 421만 659원)로 약 7.61% 증가하였다.

음식료 지출 중 외식비가 차지하는 비율은 2015년 42.8%에서 2019년 43.2%로 0.4%p 증가하였다.

〈표 1-89〉 미국 가계 음식료품 지출 추이

구분	2015	2016	2017	2018	2019
음식료품 지출(달러)	7,538	7,687	8,287	8,506	8,748
외식(달러)	3,008	3,154	3,365	3,459	3,526
외식비 비중(%)	42.8	43.8	43.5	43.7	43.2
주류(달러)	515	484	558	583	579
엥겔계수	13.5	13.4	13.8	13.9	13.9

주: 1인 이상 세대, 음식료품 지출 : 식료품 + 주류
출처: Bureau of labor statistics, 「Consumer expenditure survey」; 2021년 식품외식통계, 해외편, 한국농수산식품유통공사

(5) 미국 외식 프랜차이즈 브랜드 순위

미국의 프랜차이즈 타임스(Franchise Times)에 의하면(2022년 9월) 미국 프랜차이즈 브랜드 순위 50위 중 외식과 관련된 업체는 총 23개로 나타났다(이 중 파리바게뜨도 포함되어 있었으나 한국 브랜드라 제외).

맥도날드는 전체 미국 프랜차이즈 중에서도 1위의 순위를 보였다.

50위 중 외식기업을 살펴보면 데어리퀸(아이스크림, 유제품 음료), 파네라브레드(빵류), 애플비스, 버팔로와일드링, 아웃백스테이크하우스, 데니스(모두 패밀리 레스토랑)를 제외하고는 패스트푸드 전문점인 것이 특징이다.

〈표 1-90〉 미국 외식 프랜차이즈 순위

순위	기업	매출액(달러)	점포 수(개)
1	맥도날드	112,500,000,000	40,031
2	KFC	31,365,000,000	26,934
3	버거킹	23,450,000,000	19,247
4	도미노피자	17,779,000,000	18,848
5	서브웨이	17,500,000,000	37,147
6	칙필레	17,090,000,000	2,709
7	타코벨	13,280,000,000	7,791
8	피자헛	12,955,000,000	18,381
9	웬디스	12,507,300,000	6,949
10	던킨	11,403,438,841	12,957
11	데어리퀸	5,620,000,000	7,188
12	파파이스	5,519,000,000	3,705
13	파네라브레드	5,500,000,000	2,118
14	리틀시저스	5,000,000,000	658
15	파파존스	4,778,000,000	5,650
16	애플비스	4,375,000,000	1,680
17	잭인더박스	4,115,340,000	2,218
18	칠리스	3,786,400,000	1,594
19	버팔로와일드윙	3,780,206,528	846
20	아웃백스테이크하우스	3,250,000,000	960
21	왓어버거	3,089,500,000	873
22	데니스	2,841,063,456	1,623
23	파이브가이스	2,790,474,334	1,733

출처: 프랜차이즈 타임스(미국 프랜차이즈 50위 중 외식기업만 재편집)

2) 일본의 외식시장 규모

(1) 일본의 외식산업

　2020년 일본의 외식산업 규모는 코로나19로 인해 2019년 26조 2,684억 엔(한화 약 254조 6,127억 원) 대비 30.7% 정도 감소한 18조 2,005억 엔(한화 약 176조 7,250억 원)으로 나타났다. 외식산업분류별로 보면 2019년도 대비 전반적으로 감소하였으며, 가장 많은 감소율을 보인 업종은 요정·바 등으로 2019년에는 2조 8,227억 엔(한화 약 20조 7,399억 원)에서 57.1% 감소한 1조 2,123억 엔이었다(한화 약 10조 1,781억 원).

〈표 1-91〉 일본의 외식산업 현황(2016~2020)

	平成28年 (2016)	平成29年 (2017)	平成30年 (2018)	令和元年 (2019)	令和2年 (2020)	平成28年 (2016)	平成29年 (2017)	平成30年 (2018)	令和元年 (2019)	令和2年 (2020)
外食産業計	254,553	256,804	257,342	262,684	182,005	0.2	0.9	0.2	2.1	▲30.7
給食主体部門	204,320	206,907	207,899	212,535	155,338	0.8	1.3	0.5	2.2	▲26.9
営業給食	170,664	173,116	174,287	178,997	127,065	1.0	1.4	0.7	2.7	▲29.0
飲食店	139,464	142,215	142,800	145,776	109,780	2.4	2.0	0.4	2.1	▲24.7
食堂・レストラン	99,325	101,155	101,049	103,221	73,780	1.4	1.8	▲0.1	2.1	▲28.5
そば・うどん店	12,499	12,856	13,016	13,144	9,613	1.0	2.9	1.2	1.0	▲26.9
すし店	15,187	15,231	15,445	15,466	12,639	5.6	0.3	1.4	0.1	▲18.3
その他飲食店	12,453	12,973	13,290	13,945	13,748	7.7	4.2	2.4	4.9	▲1.4
機内食等	2,672	2,698	2,714	2,726	824	0.2	1.0	0.6	0.4	▲69.8
宿泊施設	28,528	28,203	28,773	30,495	16,461	▲4.8	▲1.1	2.0	6.0	▲46.0
集団給食	33,656	33,791	33,612	33,538	28,273	▲0.1	0.4	▲0.5	▲0.2	▲15.7
学校	4,899	4,882	4,883	4,826	4,011	▲1.7	▲0.3	0.0	▲1.2	▲16.9
事業所	17,495	17,527	17,316	17,256	13,860	0.2	0.2	▲1.2	▲0.3	▲19.7
社員食堂等給食	12,126	12,113	11,923	11,876	9,678	▲0.0	▲0.1	▲1.6	▲0.4	▲18.5
弁当給食	5,369	5,414	5,393	5,380	4,182	0.7	0.8	▲0.4	▲0.2	▲22.3
病院	7,917	7,954	7,917	7,894	7,485	▲1.2	0.5	▲0.5	▲0.3	▲5.2
保育所給食	3,345	3,428	3,496	3,562	2,917	3.0	2.5	2.0	1.9	▲18.1
料飲主体部門	50,233	49,897	49,443	50,149	26,667	▲2.4	▲0.7	▲0.9	1.4	▲46.8
喫茶・居酒屋等	21,518	21,663	21,661	21,922	14,544	▲1.9	0.7	▲0.0	1.2	▲33.7
喫茶店	11,256	11,454	11,646	11,784	8,055	▲0.3	1.8	1.7	1.2	▲31.6
居酒屋・ビヤホール等	10,262	10,209	10,015	10,138	6,489	▲3.7	▲0.5	▲1.9	1.2	▲36.0
料亭・バー等	28,715	28,234	27,782	28,227	12,123	▲2.8	▲1.7	▲1.6	1.6	▲57.1
料亭	3,432	3,375	3,321	3,373	1,449	▲2.8	▲1.7	▲1.6	1.6	▲57.0
バー・キャバレー・ナイトクラブ	25,283	24,859	24,461	24,854	10,674	▲2.8	▲1.7	▲1.6	1.6	▲57.1
料理品小売業	75,444	76,166	76,602	77,594	75,110	5.7	1.0	0.6	1.3	▲3.2
弁当給食を除く	70,075	70,752	71,209	72,214	70,928	6.1	1.0	0.6	1.4	▲1.8
弁当給食(再掲)	5,369	5,414	5,393	5,380	4,182	0.7	0.8	▲0.4	▲0.2	▲22.3
外食産業 料理品小売業を含む	324,628	327,556	328,551	334,898	252,933	1.4	0.9	0.3	1.9	▲24.5

외식산업구분					외식산업규모(단위: 억 엔)					전년대비 증감률(단위: %)				
					(2016)	(2017)	(2018)	(2019)	(2020)	(2016)	(2017)	(2018)	(2019)	(2020)
외식산업계					254,553	256,804	257,342	262,684	182,005	0.2	0.9	0.2	2.1	▲ 30.7
	급식주체 부문				204,320	206,907	207,899	212,535	155,338	0.8	1.3	0.5	2.2	▲ 26.9
		영업급식			170,664	173,116	174,287	178,997	127,065	1.0	1.4	0.7	2.7	▲ 29.0
			음식점		139,464	142,215	142,800	145,776	109,780	2.4	2.0	0.4	2.1	▲ 24.7
				식당·레스토랑	99,325	101,155	101,049	103,221	73,780	1.4	1.8	▲ 0.1	2.1	▲ 28.5
				소바·우동	12,499	12,856	13,016	13,144	9,613	1.0	2.9	1.2	1.0	▲ 26.9
				스시집	15,187	15,231	15,445	15,466	12,639	5.6	0.3	1.4	0.1	▲ 18.3
				기타음식점 등	12,453	12,973	13,290	13,945	13,748	7.7	4.2	2.4	4.9	▲ 1.4
			국내선 기내식 등		2,672	2,698	2,714	2,726	824	0.2	1.0	0.6	0.4	▲ 69.8
			숙박시설		28,528	28,203	28,773	30,495	16,461	▲ 4.8	▲ 1.1	2.0	6.0	▲ 46.0
		집단급식			33,656	33,791	33,612	33,538	28,273	▲ 0.1	0.4	▲ 0.5	▲ 0.2	▲ 15.7
			학교		4,899	4,882	4,883	4,826	4,011	▲ 1.7	▲ 0.3	0.0	▲ 1.2	▲ 16.9
			사업소		17,495	17,527	17,316	17,256	13,860	0.2	0.2	▲ 1.2	▲ 0.3	▲ 19.7
				사원식당 등 급식	12,126	12,113	11,923	11,876	9,678	▲ 0.0	▲ 0.1	▲ 1.6	▲ 0.4	▲ 18.5
				도시락 급식	5,369	5,414	5,393	5,380	4,182	0.7	0.8	▲ 0.4	▲ 0.2	▲ 22.3
			병원		7,917	7,954	7,917	7,894	7,485	▲ 1.2	0.5	▲ 0.5	▲ 0.3	▲ 5.2
			보육소 급식		3,345	3,428	3,496	3,562	2,917	3.0	2.5	2.0	1.9	▲ 18.1
	요리음식 주체부문				50,233	49,897	49,443	50,149	26,667	▲ 2.4	▲ 0.7	▲ 0.9	1.4	▲ 46.8
		다방·주점 등			21,518	21,663	21,661	21,922	14,544	▲ 1.9	0.7	▲ 0.0	1.2	▲ 33.7
			다방		11,256	11,454	11,646	11,784	8,055	▲ 0.3	1.8	1.7	1.2	▲ 31.6
			주점·비어홀 등		10,262	10,209	10,015	10,138	6,489	▲ 3.7	▲ 0.5	▲ 1.9	▲ 1.2	▲ 36.0
		요정·바 등			28,715	28,234	27,782	28,227	12,123	▲ 2.8	▲ 1.7	▲ 1.6	▲ 1.6	▲ 57.1
			요정		3,432	3,375	3,321	3,373	1,449	▲ 2.8	▲ 1.7	▲ 1.6	▲ 1.6	▲ 57.0
			비어홀·카바레·나이트크럽		25,283	24,859	24,461	24,854	10,674	▲ 2.8	▲ 1.7	▲ 1.6	▲ 1.6	▲ 57.1
요리품 소매점					75,444	76,166	76,602	77,594	75,110	5.7	1.0	0.6	1.3	▲ 3.2
	도시락 급식 제외				70,075	70,752	71,209	72,214	70,928	6.1	1.0	0.6	1.4	▲ 1.8
	도시락 급식(중복)				5,369	5,414	5,393	5,380	4,182	0.7	0.8	▲ 0.4	0.2	▲ 22.3
외식산업(요리소매점 포함)					324,628	327,556	328,551	334,898	252,933	1.4	0.9	0.3	1.9	▲ 24.5

합계=외식산업계+요리품소매점(도시락 제외)

출처: (재)일본외식산업종합조사연구센터(http://anan-zaidan.or.jp/data/index.html)

(2) 코로나 이후 일본의 외식산업 현황

일본의 외식산업 시장규모는 매년 증가하고 있으나 경쟁이 치열해 점포 수는 오히려 감소 추세이다. 일본 후생노동성에 따르면 2019년 영업허가를 받은 음식점 수는 141만 8,627건으로 통상적인 음식점 형태로 영업하는 일반식당, 레스토랑 등은 74만 8천 건, 카페영업은 2만 8,857건으로 나타났다.

음식점 수는 감소 추세로, 10년 전인 2009년도와 비교하면 일반식당, 레스토랑 등은 4.5% 감소하였다. 한국과 마찬가지로 노동시간이 길고 휴가 사용이 힘든 경우가 많아 기피업종으로 꼽히며, 노령화로 인해 생산연령이 감소하여, 상시적으로 구인난에 시달리고 있다.

업태별로 보면 패스트푸드 업계는 일본경제의 디플레이션 상황 속에서 외식업 시장을 견인해 온 주역이며, 이자카야(선술집)는 코로나19, 젊은 층의 탈알코올 흐름에 집에서 술을 마시는 '홈술'문화가 유행하면서 고전을 면치 못하고 있다. 또한 관련 법령으로 살펴보면 2021년 모든 식품관련 사업체에 대해 해썹(HACCP) 의무화가 시행되어 음식점 위생관리가 더 엄격해졌다.

코로나19 이후 특정요리를 먹기 위해 외식을 하는 목적형 외식의 성향이 강해져 집에서 쉽게 먹을 수 없는 야키니쿠, 스시전문점의 매출이 증가하는 등 외식소비 행태가 변하고 있는데, 이에 주요 외식기업은 코로나19에 대해 다양한 대응책을 모색하고 있다(KOTRA 발췌).

〈표 1-92〉 일본 주요 기업의 코로나19 대응 사례

대응책	사례
테이크아웃 판매 강화	• 스카이라쿠는 2020년도에 배달이 332억 엔(전년대비 +39%), 포장이 172억 엔(전년대비 2.1배) 증가. 포장 전문점 오픈 • 요시노야 HD는 2020년도 배달이 25배(2018년 대비), 포장이 1.5배(2018년 대비) 증가
안정적 수익 창출 가능 분야로의 신규 진출	• 이자카야 대형 체인인 〈와타미〉는 2020년 5월에 〈이자카야 와타미〉 등 기존의 이자카야 점포 120개를 신규 업태인 고기집 〈야키니쿠 와타미〉로 전환하며 향후 주력 비즈니스 모델을 이자카야에서 고기집으로 전환한다고 발표 • 패밀리 레스토랑 〈로얄 호스트〉, 튀김 덮밥 체인 〈텐야〉 등을 운영하는 로얄 HD는 2020년 5월에 버터 밀크 프라이드 치킨 전문 패스트푸드점 〈럭키 록키 치킨〉을 오픈
포스트코로나 시대 선행투자	• 회전 초밥 〈스시로〉를 운영하는 FOOD & LIFE COMPANIES는 2021년 5월 사업전략 발표회에서 주력 비즈니스 모델인 〈스시로〉가 코로나 사태로 임대료가 낮아진 도시부 점포에도 출점을 늘려나가고 있다고 발표

대응책	사례
고정비 삭감	• 〈시로키야〉, 〈우오타미〉 등의 이자카야를 운영하는 몬테로사는 2021년 1월에 임대료 부담 축소를 위해 도쿄 도내의 61개 점포 폐점을 결정

출처: KOTRA

한편, 일본 외식 대기업들의 2020년 7~9월 결산을 보면 13개사 중 총 5개사가 매출액 적자로 나타났다. 코로나 이후 외식업계의 고전이 계속되는 가운데, 외식업체 중 패스트푸드점이나 간편하게 먹을 수 있는 음식점을 중심으로 매출액이 회복되기 시작하였으나, 술집 등은 아직 회복이 어려운 상황이다(KATI, 농식품수출정보).

〈표 1-93〉 일본 주요 기업의 2020년 7~9월 매출액 및 손익

회사	대표음식	매출액	최종손익
젠쇼HD(ゼンショHD)	소고기덮밥(すき家)	1596(24)	44(흑자전환)
스카이라쿠(すかいらーく)	패밀리레스토랑	744(42)	43(흑자전환)
맥도날드	햄버거	742(11)	69(54)
스시로GH(スシローGH)	초밥	542(28)	21(흑자전환)
코로와이드(コロワイド)	술집·레스토랑	423(39)	▲15(적자 축소)
트리돌(トリドール)	우동체인점	361(33)	5(흑자전환)
마츠야 푸드(松屋フーズ)	소고기덮밥(松屋)	361(33)	▲7(적자 축소)
KFC(일본)	후라이드치킨	235(19)	15(19배)
오쇼푸드(王将フード)	중국요리	210(16)	13(4.1배)
로열 HD(ロイヤルHD)	패밀리레스토랑	206(64)	▲54(적자 축소)
모스후드(モスフード)	햄버거	176(10)	▲2(적자 축소)
갓파쿠리에(カッパクリエ)	초밥	171(26)	▲2(적자 축소)
AL서비스(ALサービス)	돈가스·덮밥	104(32)	5(15)

※ 매출액과 최종 손익은 단위 억 엔(億円), 괄호 안은 4~6월기 대비증감률%, ▲는 적자.
  (최근 사가총액이 500억 엔을 넘는 13사의 결산)

출처: KATI, 농식품수출정보

(3) 일본의 월평균 가계 소비(전 가구)

〈표 1-94〉 일본의 월평균 가계 소비(전체 가구)

구분	2015	2016	2017	2018	2019
세대인원(명)	3.02	2.99	2.98	2.98	2.97
세대주 연령(세)	58.8	59.2	59.6	59.3	59.4
소비지출	287,373	282,188	283,027	287,315	293,379
식료	71,844	72,934	72,866	73,977	75,258
외식	11,986	11,942	11,902	12,247	12,726
엥겔계수(%)	25	25.8	25.7	25.7	25.7

주: 2인 이상(농림어가 세대 포함) 세대임
출처: 총무성, 『가계조사연보』

(4) 일본의 월평균 가계 소비(근로자)

〈표 1-95〉 일본의 월평균 가계 소비(근로자)

구분	2015	2016	2017	2018	2019
세대인원(명)	3.39	3.39	3.35	3.32	3.31
세대주 연령(세)	48.8	48.5	49.1	49.6	49.6
소비지출	287,373	282,188	283,027	287,315	293,379
식료	71,844	72,934	72,866	73,977	75,285
외식	11,986	11,942	11,902	12,247	12,726
엥겔계수(%)	25.0	25.8	25.7	25.7	25.7

주: 2인 이상(농림어가 세대 포함) 세대임
출처: 총무성, 『가계조사연보』

3) 중국의 외식시장 규모

(1) 중국 외식산업 현황

인천연구원 최신 중국동향 보고서에 의하면, 2021년 11월 21일 중국프랜차이즈협회와 화싱자본이 공동으로 「2021년 중국 프랜차이즈 음식업 보고서」를 발표한 것을 토대로 중국 내 21개 상장 외식기업과 60여 개의 프랜차이즈 기업 데이터를 분석한 결과를 외식산업현황을 파악해 본다.

중국 외식시장 규모는 2014년 2조 9,000억 위안에서 2019년 4조 7,000억 위원으로 연평균 10.0% 성장하였다. 코로나19의 영향으로 2020년 외식시장규모는 15.4% 감소한 4조 위안으로 집계되었으나 2021년 4조 7,000억 위안(한화 846조 원)으로 회복 후 2024년 6조 6,000억 위안 규모로 성장할 것으로 전망된다.

출처: https://mp.weixin.qq.com/s/IXG1u6ji9bLn93ICJzq-MA; 인천연구원 최신중국동향

[그림 1-89] 중국외식시장 규모(2014~2020)

(2) 중국 외식산업 주요 지표

외식업 사업체 수는 2015년 25,947개에서 2019년 29,918개로 5년간 약 13.2% 증가하였다.

사업형태별로 보면 레스토랑의 경우 2015년 24,185개, 2019년 26,972개로 약 10.3% 증가하였다. 패스트푸드의 경우 2015년 940개, 2019년 1,210개로 약 22.3% 증가하였다. 음료업의 경우 2015년에는 224개에서 약 46.1% 증가한 416개로 레스토랑과 패스트푸드보다 높은 증가율로 나타났다.

외식업 종사자 수는 2015년 2,200,780명에서 꾸준히 증가하여 2019년에는 2,527,930명으로 12.9% 증가하였다.

사업형태별로 보면 레스토랑의 경우 1,680,942명에서 꾸준히 감소하여 2018년도에는 1,595,407명이었으나 2019년도에는 51,090명 증가한 1,646,49명이었다.

한편, 패스트푸드점은 꾸준히 증가하여 2015년에는 404,088명에서 2019년에는 608,328명으로 약 33.4% 증가하였다.

음료업의 경우 2015년 50,117명에서 2019년에는 약 52.9% 증가한 106,414명이었다.

〈표 1-96〉 중국 외식산업 주요 추이

[단위 : 사업체 수(개), 종사자 수(명), 사업이익(1억 위안)]

산업	항목	2015	2016	2017	2018	2019
외식업	사업체 수	25,947	26,359	25,884	26,258	29,918
	종사자 수	2,220,780	2,211,112	2,232,258	2,342,218	2,527,930
	사업이익	4,864	5,127	5,313	5,623	6,557
등록형태별 외식업체						
국내 자본기업	사업체 수	24,845	25,310	24,872	25,282	28,826
	종사자 수	1,698,260	1,681,275	1,655,996	1,669,516	1,767,624
	사업이익	3,547	3,735	3,750	3,940	4,650
홍콩, 마카오 및 대만 자본 기업	사업체 수	627	614	628	614	665
	종사자 수	193,556	206,428	246,662	294,626	320,504
	사업이익	432	530	665	754	845
해외 자본기업	사업체 수	475	435	384	362	427
	종사자 수	328,964	323,409	329,600	378,076	439,802
	사업이익	885	863	898	928	1,062
사업형태별 외식업체						
레스토랑	사업체 수	24,185	24,537	23,977	24,167	26,972
	종사자 수	1,680,942	1,644,254	1,593,776	1,595,407	1,646,497
	사업이익	3,547	3,692	3,650	3,775	4,274
패스트 푸드	사업체 수	940	967	950	968	1,210
	종사자 수	404,088	422,192	475,258	541,912	608,328
	사업이익	978	1,042	1,215	1,276	1,461
음료	사업체 수	224	222	226	231	416
	종사자 수	50,117	56,604	64,788	81,165	106,414
	사업이익	152	183	216	273	387
그 외	사업체 수	598	633	731	358	527
	종사자 수	85,633	88,062	98,436	60,462	85,631
	사업이익	187	211	232	125	192

출처: 2021식품외식통계, 해외편, 한국농수산식품유통공사

(3) 중국 외식프랜차이즈 주요 지표

프랜차이즈 사업체 수는 2015년 23,721개에서 2019년 34,365개로 약 30.9% 증가하였다. 사업형태별로 보면 레스토랑은 2015년 6,570개에서 2019년에는 7,918개로 약 17% 증가하였으며 패스트푸드는 13,911개에서 2019년에는 18,725개로 약 25.7% 증가하였다. 음료의 경우 2015년 2,628개에서 2019년 7,190개로 약 63.3%로 증가하여, 가장 높은 증가율을 보였다.

프랜차이즈 종사자 수를 보면 2015년 71만 4천 명에서 2019년에는 22만 1천 명 증가한 93만 5천 명으로 2015년보다 약 23.6% 증가하였다.

사업형태별로 보면 레스토랑은 2015년 29만 5천 명에서 2019년 32만 5천 명으로 약 9.2% 증가하였고, 패스트푸드의 경우 37만 9천 명에서 2019년에는 약 9.6% 증가한 53만 명이었다.

음료의 경우 2015년 3만 1천 명에서 2019년에는 7만 7천 명으로 약 59.4% 증가하였다.

〈표 1-97〉 중국 외식체인업 주요 지표

[단위 : 사업체 수(개), 종사자 수(만 명), 사업이익(1억 위안)]

산업	항목	2015	2016	2017	2018	2019
외식업	상점 수	23,721	25,634	27,478	31,001	34,356
	종사자 수	71.4	75.6	78.0	89.3	93.5
	사업이익	1,527	1,635	1,735	1,950	2,235
등록형태별 외식업체						
국내 자본기업	상점 수	8,037	8,339	8,637	9,455	10,385
	종사자 수	29.8	29.9	27.2	27.6	26.8
	사업이익	517	548	502	569	681
홍콩, 마카오 및 대만 자본 기업	상점 수	3,992	5,005	6,565	8,402	9,586
	종사자 수	11.3	13.5	18.4	22.5	24.2
	사업이익	234	301	423	520	598
해외 자본기업	상점 수	11,692	12,290	12,276	13,144	14,385
	종사자 수	30.3	32.2	32.5	39.2	42.5
	사업이익	775	787	811	861	955
사업형태별 외식업체						
레스토랑	상점 수	6,570	6,589	6,826	7,656	7,918
	종사자 수	29.5	29.4	277	32.9	32.5
	사업이익	519	545	540	656	738
패스트 푸드	상점 수	13,911	15,009	16,139	17,172	18,725
	종사자 수	37.9	41.5	45.1	49.6	53.0
	사업이익	884	929	1,009	1,065	1,199
음료	상점 수	2,628	3,358	3,926	5,653	7,190
	종사자 수	3.1	3.8	4.6	6.3	7.7
	사업이익	107	138	167	212	286
그 외	상점 수	612	378	587	520	523
	종사자 수	0.8	0.9	0.6	0.5	0.4
	사업이익	18	23	20	17	12

출처 : 2021식품외식통계, 해외편, 한국농수산식품유통공사

(4) 중국 1인당 가계 수입 지출

도시 기준 중국 1인당 지출은 2014년 약 16,690위안(한화 약 298만 원)에서 2018년도에는 약 21,287위안(한화 약 395만 원)으로 약 21.5% 증가하였다.

이 중 음식 소비 지출은 2014년도에는 5,874위안(한화 약 100만 원)에서 2018년도에는 약 7,099위안(한화 약 131만 원)으로 약 17.3% 증가하였다.

한편, 시골기준 중국 1인당 지출은 2014년 약 6,716위안(한화 약 124만 원)에서 2018년도에는 약 9,862위안(한화 약 183만 원)으로 약 31.9%로 증가하였다.

이 중 음식 소비 지출은 2014년도에는 약 2,301위안(한화 42만 원)에서 2018년도에는 약 3,226위안(약 59만 원)으로 약 28.7% 증가하였다.

〈표 1-98〉 중국 1인당 가계 수입지출(2014~2018)

(단위 : 위안)

분류	2014	2015	2016	2017	2018
1인당 소비 지출(도시)	16,690.6	17,887.0	19,284.1	20,329.4	21,287.10
음식	5,874.9	6,224.8	6,627.7	6,861.2	7,099.20
의류	1,626.6	1,700.5	1,738.4	1,757.3	1,807.50
거주	1,625.6	1,665.9	1,810.4	1,986.8	2,045.20
가구 설비	1,225.6	1,298.7	1,417.8	1,514.5	1,617.50
교통 및 통신	2,631.5	2,889.8	3,166.5	3,315.6	3,466.00
교육, 문화 및 오락	2,140.7	2,381.0	2,636.3	2,845.4	2,972.10
건강 및 의료 서비스	1,038.5	1,153.7	1,298.7	1,403.7	1,604.00
기타 상품 및 서비스	527.1	572.6	588.3	644.8	675.5
1인당 소비 지출(시골)	6,716.7	7,392.1	8,127.3	8,856.5	9,862.00
음식	2,301.3	2,540.0	2,763.4	2,921.2	3,226.30
의류	509.7	549.9	575.0	610.9	647.2
거주	758.5	779.0	832.8	956.0	1,084.00
가구 설비	500.1	538.3	589.7	624.9	709
교통 및 통신	1,012.5	1,162.6	1,357.8	1,508.1	1,685.00
교육, 문화 및 오락	859.2	969.0	1,069.9	1,170.7	1,300.50
건강 및 의료 서비스	614.9	681.4	755.8	868.2	997.4
기타 상품 및 서비스	160.5	172.0	183.0	196.3	212.7

주: 한 가구의 일상생활 중 현금 소비 지출 총합을 나타냄

출처: 중국 국가통계국, 『China Statistical Yearbook』; 2021식품외식통계, 해외편, 한국농수산식품유통공사, 중국산업통계국

02 창업자의 자세와 자가진단

제1절 고객가치[1)]

고객을 위한(For the Customer) 가치

- 고객을 위해 기업이 제공할 수 있는 제품과 서비스
- 최고의 가치를 제공하기 위해 상품 및 서비스의 차별화와 체험마케팅에 주력
- 끊임없이 변화하는 고객의 요구를 측정하고 대응방안을 마련
- 고객에게 전달되는 가치가 클수록 고객이 지불하는 비용도 높아진다.

고객의(Of the Customer) 가치

- 기업이 고객을 기다리기보다 능동적으로 고객을 선택하고 고객가치를 개발하는 것
- 고객 잠재 니즈 발견, 고객 포트폴리오 구축, 불량고객의 충성고객 전환, 고객 생애가치 분석 등 다양한 마케팅 툴과의 연계를 통해 고객이 가진 원천적 가치를 극대화해야 함
- 단계별 고객에 대한 심층적인 이해와 지속적인 신뢰관계 구축이 곧 기업의 성공으로 이어짐

고객에 의한(By the Customer) 가치

- 고객들의 자발적 참여를 통한 가치창출을 의미
- 최근 '프로슈머', '파워블로거' 등 자발적 참여 고객을 통해 생산되는 수많은 정보들이 실제 제품 구매와 기업 인지도 향상으로 이어지는 것이 대표적인 예다.
- 따라서 기업은 고객참여 프로그램을 개발하고 그 속에서 아이디어를 얻어 제품과 서비스에 반영할 수 있도록 노력해야 한다.

---

1) 롤란드 T. 더스트 외(2006), 고객가치관리와 고객 마케팅 전략

고객(자산)가치란 기업의 장기적인 가치는 기업과 고객의 관계적 가치에 의해 결정되고, 이를 고객자산가치(Customer Equity)라 부른다. 고객가치는 개인 고객의 할인율이 적용된 모든 생애가치의 총액을 말한다.

다시 말해, 우리는 고객의 현재 수익성 관점뿐만 아니라 시간의 흐름에 따라 기업이 얻게되는 순수 할인율이 적용된 고객의 공헌이익(고객의 미래가치)의 관점을 반영하여 고객의 가치를 정의한다. 따라서 이들 개념을 전체 고객에 대해 합한 것을 고객가치라 부른다.

모든 선진경제에서 오늘날 형성되고 있는 경제적 변화는 브랜드가치에서 고객가치로 경영의 초점 이동이 불가피하다는 것이다. 이러한 추세는 상품 중심에서 고객 중심으로의 이동이 보편화되고 있음을 의미한다.

고객관계관리를 점차 강조하는 일반적인 추세는 상품에 대한 강조가 점차 줄어드는 것과 일치한다. 그렇다고 상품이 중요하지 않다는 의미가 아니라 점차 고객을 만족시키는 데 이차적 요소가 되고 있다는 것이다. 다른 의미로 급변하는 기술환경에서 제품은 왔다가 가지만 고객은 남는다. 성공의 비밀은 어떤 제품이 포함되는가 혹은 시간이 지나면서 제품에 대한 욕구가 어떻게 변하는가와 관계없이 고객과의 수익적 관계를 유지하는 것이다. 따라서 진정으로 현대 기업들이 해야 할 일은 개별고객의 브랜드 충성도와 관련되지 않을지라도 고객관계를 유지하는 데 있다.

1) 고객을 위한(For the Customer)

고객을 위해 기업이 제공할 수 있는 제품과 서비스 최고의 가치를 제공하기 위해 상품 및 서비스의 차별화와 체험마케팅에 주력하는 것을 말한다. 끊임없이 변화하는 고객의 요구를 측정하고 대응방안을 마련해야 하고 고객에게 전달되는 가치가 클수록 고객이 지불하는 비용도 높아진다.

2) 고객의 가치(Of the Customer)

기업이 고객을 기다리기보다 능동적으로 고객을 선택하고 고객가치를 개발하는 것을 일컫는다. 이를 위해 고객 잠재 니즈 발견, 고객 포트폴리오 구축, 불량 고객의 충성고객 전환, 고객 생애가치 분석 등 다양한 마케팅 툴과의 연계를 통해 고객이 가진 원천적 가치를 극대화해야 하며, 각 단계별 고객에 대한 심층적인 이해와 지속적인 신뢰관계 구축이 곧 기업의 성공으로 이어진다.

3) 고객에 의한 가치(By the Customer)

고객들의 자발적 참여를 통한 가치창출을 의미한다. 최근 '프로슈머', '파워블로거' 등 자발적 참여 고객을 통해 생산되는 수많은 정보들이 실제 제품구매와 기업 인지도 향상으로 이어지는 것이 대표적인 예라고 할 수 있다.

따라서 기업은 고객참여 프로그램을 개발하고 그 속에서 아이디어를 얻어 제품과 서비스에 반영할 수 있도록 노력해야 한다.

제2절 창업자의 기본자세

경제연구원이나 정부기관들은 2030년 경제성장률은 1~3%대, 물가상승률은 2% 이상 될 것으로 예견, '저물가-저성장'이라는 암울한 전망치를 제시하고 있다.

그러면 외식업계는 어떨 것인가. 업계의 전문가와 교수 및 해외도입 브랜드인 패밀리레스토랑과 패스트푸드 그리고 한식 기업경영자들이 '하향 성장'이라는 일치된 견해를 보였다. 분명한 것은 성장이다. 그러나 연간 평균 적게는 0%부터 많게는 3% 정도의 저성장시대라는 것이다. 특히 한식이나 개인이 운영하는 식당들은 적자경영으로 허덕일 것으로 전망되고 있다. 대기업에서 운영하는 식당이나 세계적인 다국적 브랜드는 5%까지 성장할 것으로 전망하고 있다.

고유가, 소비자물가 상승, 주식시장의 불안정, 공적자금 투입에 따른 국민의 세금 가중, 지방경제 위축, 실업률의 증가, 기업채산성 악화, 임금인상률 둔화 등으로 인한 내수 위축으로 소득의 정체, 세금 증가라는 2중고에 직면하여 있다. 또한 수출을 주도하는 반도체 가격의 하락과 고유가의 여파가 저성장 현상을 보이고 있다.

외식업계의 의식도 그에 따라 변하여 맛이나 서비스, 분위기보다는 고객들의 식당 선택의 기준이 가격에 민감하게 반응하고 있다. 결국 외식비를 비롯, 가계 씀씀이가 줄어들 수밖에 없음이 자명하다. 비관적 경기전망에 따라 외식업소들은 '비교우위의 경쟁력'만을 생존방법으로 인식하고 있다.

소비자들은 자기중심적, 코쿠닝(Cocooning)현상으로 택배나 포장판매, 반가공식품을 요구하고 있으며, 소득의 격차가 더욱 커져 외식업계도 빈익빈부익부(貧益貧富益富)현상이 심화되고 있다.

전국 65만 개의 식당이 산재해 국민 75명당 1개의 식당이 생존경쟁을 벌이고 있는 가운데 성장업종과 쇠퇴업종이 뚜렷해지고 있다. 파스타시장의 안정, 일본식문화의 지속적인 성장, 패밀리레스토랑의 저성장, 패스트푸드의 CVS(편의점)과의 경쟁심화, 전통적이고 복고적인 한식의 새로운 업태가 출현하고 있다. 또 중식당, 일반 레스토랑, 다방 등은 급속히 쇠퇴하고 있으며, 서서 마시는 술집, Take out커피숍, 복합점포, 메뉴의 업종 파괴, 고객이 조리하는 식당 등 다양한 업태가 출현하고 있다.

급변하는 사회환경과 업종 파괴, 계속되는 무분별한 창업, 새로운 업태출현, 가격경쟁 격화, 계획외식 등 외식시장이 급변하고 있는 불황기인 21세기에는 어떤 식당들이 살아남을 수 있으며 그 경영방법은 어떠한가.

- 고객들은 기억되기를 바라고, 환영받고 싶어하고, 관심 가져주기를 바라고, 중요한 사람으로 인식되기를 바라고, 편안한 마음으로 식사하기를 바라고, 존경받기를 원하고, 칭찬받기를 원하고, 기대와 욕구가 충족되기를 바란다.
- 또한 고객들은 웃음으로 맞이하기를, 음식이 빨리 제공되기를, 즉시 좌석에 안내되기를, 음식이 괜찮았냐고 물어봐주기를… 등과 같이 세심하게 배려해 주기를 원하고 있다.
- 또 이들 고객은 레스토랑에서 배고픔과 목마름을 해결하고, 저렴하게 지불하고, 맛있는 것을 빨리 먹고, 진기한 것을 먹고, 좋은 대접을 받고, 레스토랑을 대화의 자리로 활용하고, 분위기를 즐기고, 건강음식을 먹고, 전통(향수)음식을 먹고, 편의 지향적인 음식을 먹고, 청결한 분위기에서 음식을 먹고 싶어 한다.

이와 같이 외식하는 고객은 원하는 것도 바라는 것도 많다. 그러나 불가능한 것을 바라지는 않는다. 고객들이 바라는 것들을 종합적으로 정리하면 좋은 서비스를 제공하는 굿(Good)의 사상에서 고객의 만족을 기대할 수 있다는 것을 알 수 있다. 그렇기 때문에 보다 좋은 서비스를 제공하는 베터(Better)정신으로, 그리고 고객에게 최고의 만족을 제공한다는 베스트(best)정신을 가진 서비스를 제공해야 고객만족 또는 고객감동서비스가 가능하게 된다.

베스트 서비스란 단순히 최고급 메뉴만을 제공하는 것이 아닌 고객이 식당에 들어서는 순간부터 식당을 떠날 때까지 전 과정에서 종업원과 고객 간의 접촉이 이루어지는 수많은 접점(진실의 순간)마다 자발적인 서비스를 느낌으로 받았을 때를 말한다. 즉 단순히 기능적인 서비스가 아니라 마음에서 우러나는 인간적인 서비스에서 나오는 정신적인 만족감을 말한다. 자기가 생각지도 않았던 자상한 배려를 받고 다른 데서 볼 수 없는 적극적이고 자발적인 서비스 자세를 보았을 때 고객은 베스트 서비스를 받았다고 말한다.

그러므로 일선 종업원이 수행하는 서비스에 대한 책임은 무한하다고 볼 수 있다. 일선 종업원이 수행하는 무형의 서비스는 신뢰성(Reliability), 보장(Assurance), 정확성(Accuracy), 반응(Responsiveness), 그리고 감정이입(Empathy)을 고려하여 고객과 접촉할 때(진실의 순간)마다 자상하고 마음이 통하는 최상의 서비스로 이어질 수 있다.

〈표 2-1〉 경영자의 경영관리 분석

구 분	내 용	빈도(명)	비율(%)
식당경영 시 비중사항	맛	217	43.0
	서비스	103	20.4
	분위기	38	8.0
	가격	89	17.6
	위생 및 청결	41	8.0
	기타	16	3.0
경영상의 힘든 점	세금문제	137	27.2
	직원관리(인력난)	186	37.0
	영업부진	29	5.7
	과당경쟁	45	8.9
	원가관리	103	20.4
	기타	4	0.8
현재 성공식당의 요인	맛	149	29.6
	서비스	102	20.2
	마케팅(판촉 및 구전효과)	81	16.1
	분위기	36	7.1
	입지조건	69	13.7
	경영주 및 직원의 마인드	67	13.3
운영과정에서의 투자항목순위	메뉴개발	195	38.7
	직원교육	81	16.1
	시설 및 인테리어	204	40.5
	기타	24	4.7
경영정보 취득방법	전문서적	145	28.8
	벤치마킹	188	37.3
	전문가의 도움(컨설팅 등)	13	2.6
	외식관련 교육기관	41	8.1
	기타	117	23.2
직원교육방법	국내 전문기관에 의한 위탁교육	87	17.2
	점포 내부의 자체교육	327	64.9
	외국교육기관에 의한 연수교육	27	5.4
	외부강사 초빙교육	63	12.5
직원 동기부여방법	후생복지 강화	261	51.8
	경영권 참여	81	16.0
	전문교육 기회부여	22	4.4
	성과급 지급	132	26.2
	기타	8	1.6

여기서 신뢰는 제공되는 서비스가 지속적이어야만 한다는 것을 말하며 보장은 고객을 안심하고 편안하게 느끼도록 만드는 것이다. 정확성은 세심한 주의를 기울임과 동시에 서비스 절차를 정확하게 따르는 것이다. 반응은 신속하고 신의 있는 서비스를 말하며, 감정이 느껴질 수 있는 미소와 밝은 인사, 그리고 정중한 말씨로 고객을 환영의 마음으로 응대하고, 정확, 신속한 응대를 하며 언제나 고객의 관점에서 서비스를 고려하고 세심한 주의를 기울이며 조심하는 행동, 친절, 배려 등을 말한다. 이와 같이 고객의 욕구는 저차원의 욕구에서 고차원의 욕구로, 기능적인 서비스에서 인간적인 서비스로, 그리고 물질적인 만족에서 느낌에서 오는 정신적인 만족으로 차츰 변해가고 있음을 알 수 있다.

경영자에 대한 설문조사[2]에서 식당경영에 있어 가장 중요한 것으로 생각하는 것은 맛, 서비스, 가격, 분위기, 위생 및 청결의 순으로 집계됐다. 식당을 운영하면서 가장 어려운 점은 직원관리(인력난)로 서비스가 중심이 되는 외식사업의 구조적인 문제를 가장 심각하게 생각했으며 다음으로 세무문제 순으로 나타났다.

잘되는 식당들의 성공요인에 대해서는 맛, 서비스, 판촉 및 구전효과로 인한 마케팅, 입지조건, 경영주 및 직원의 마인드, 분위기 순으로 나타났다. 식당운영과정에서 가장 투자를 많이 하는 부분은 시설 및 인테리어, 메뉴개발, 전문서적, 외식관련 교육기관, 컨설팅 등으로 이와 같은 순서로 전문가의 도움을 받는 것으로 나타났으며, 직원교육방법은 자체교육, 전문기관 위탁, 외국 연수교육, 외부강사 초빙교육 순으로 조사되었다.

이와 같은 결과에서 보듯이 식당경영주들은 맛이나 서비스 개발에 집중적인 투자와 연구를 해야 성공식당이 될 수 있다.

제3절 성공지침

■ 창업자의 기본자세
- 부업이 아닌 전업
- 철저한 프로의식(상인정신)
- 불필요한 자존심을 버릴 것
- 편하게 성공할 수 없다.
- 작게 시작하라.
- 자기자본으로 시작하라.

---

2) 한국외식산업연구소(2007), 안산시 댕이골음식문화거리 육성방안 연구

- 가족의 노동력을 지원받아라.
- 냉철한 현실을 파악하라.
- 할 수 있다는 군건한 의지를 가지고 발로 뛰어라.
- 21C 유망사업
- 목적과 관심 필요
- 사전조사, 발로 뛰는 시장조사
- 모든 일을 손수 해야 한다.
- 주관을 가져야 한다.
- 소상권 시대(Only NO. 1)

1) 성공지침

- 전문점/단일메뉴를 선택하라.
- 대중적인 메뉴로 차별화시켜라. / 맛, 밑반찬, Interior, Service
- 자신이 직접 경영하라.
- 입지에 적합한 메뉴를 선택하라.
- 자신의 환경에 적합한 업종
- 고객의 입장에서 생각한다.
- 동종업종에서 일해 보라.
- 가치를 창출하라.
- 벤치마킹 등 열심히 연구하라.
- 친절하다, 양이 많다(충분히 더 준다).

2) 실패원인

- 맛이 없다.
- 메뉴의 종류가 너무 많다.
- 지나치게 손익을 따진다.
- 음식량이 적다.
- 최선을 다하지 않고 자리(입지)만 따진다.
- 동업관계에 있다.
- 쓸데없는 자존심이 강하다.
- 오너 개인의 품위와 품격을 지키려고 한다.
- 고객의 입장에서 생각하지 않고 오너의 입장에서만 사고하고 행동한다.

3) 성공 경영자의 특징

- 왕성한 지식욕
- 사소한 일도 그냥 지나치지 않는다.
- 외식에 대한 자료정보, 자기점포와 관련된 국내외 자료를 많이 가지고 있다.
- 말을 아낀다.
- 체력과 정신력이 강하다.

제4절 창업자 자가진단 테스트

〈표 2-2〉의 진단결과를 상대적으로 평가할 수는 없다. 그러나 이 평가표를 기준으로 창업자 자신의 장단점을 파악하여 장점은 특화시키고 단점은 보완해서 성공을 위한 마인드 정립의 계기로 삼아야 한다.

〈표 2-2〉 창업자 자가진단 체크표

가중치	항목	전혀 그렇지 않다(0)	그렇지 않다 (2.5)	보통 이다 (5)	그렇다 (7.5)	매우 그렇다 (10)
2	새로운 것에 대한 호기심이 많다.					
2	가능성에 대한 도전성이 강하다.					
2	추진력과 정력이 강하다.					
2	지구력 및 끈기가 강하다.					
2	외향적인 성격이다.					
2	사업가적 스타일이다.					
2	학창시절, 직장생활 중 리더로서의 경험이 있다.					
2	상·하 포용능력이 강하다.					
2	실패에 대한 인내력이 강하다.					
2	목표달성의 인내력이 강하다.					
2	금전선호사상이 강하다.					
2	기본체력이 강하다.					
2	독립심이 강하다.					
2	외식 기업가의 가치관이 합리적이다.					

가중치	항목	전혀 그렇지 않다(0)	그렇지 않다 (2.5)	보통 이다 (5)	그렇다 (7.5)	매우 그렇다 (10)
2	능동형이다.					
5	창업관련분야에서의 경험이 있다.					
5	학력	중졸 이하		고졸		대졸 이상
5	업종에 대한 지식이 풍부하다.					
3	창업자가 가지고 있는 자격이 있다.					
3	사회적 지위가 있다.					
3	전 직장에서의 신용이 양호했다.					
3	교재인물의 폭과 깊이가 다양하다.					
3	창업환경을 둘러싸고 있는 인간관계가 좋다.					
3	전 가족의 전적인 동의가 있다.					
2	사업의존성에 대한 독립성이 강하다.					
2	사업과 가사와의 조화가 확실하다.					
3	사업 실패 시 가계의 타격 정도가 크다.					
2	핵심창업멤버 확보가 용이하다.					
2	해당 업종의 필수 자격이 구비되어 있다.					
2	조리직 근로자의 통제능력이 있다. (창업자의 기술수준)					
2	창업자의 영업 통제능력이 있다.					
2	해당 업종의 서비스 향상 방안이 확립되어 있다.					
3	경쟁사 대비 서비스 수준이 높다.					
3	기술개발시스템 및 인력확보가 되어 있다.					
3	경영환경 적응능력이 높다.					
3	경영분석능력이 뛰어나다.					
3	경영판단능력이 뛰어나다.					
100	합계					

213

03 상권입지의 조사분석

제1절 상권입지의 개요

1. 상권입지의 정의

① 상권(商圈, Trading area)이란?

坐地(집터로서의 땅)나 物件(점포)이 미치는 영향권(거래권)의 범위나 상가가 형성되어 있는 범위 전체(A, B, C, D, F급지)의 總合을 말한다.

② 입지(Location)란?

坐地나 物件(점포)이 소재하고 있는 위치적인 조건이나 지리적 위치, 즉 지형, 지세를 말한다. 또한 기능적 위치로서 주간과 야간, 오피스, 학원가, 환락가, 대학가에 따라 구분한다.

③ 物件이란?

일정한 형체를 갖춘 모든 물질적 대상으로서 민법상 물권의 객체가 되는 유체물 및 전기, 기타 관리할 수 있는 자연력을 말한다(대한민국 민법 제98조). 동산은 움직이는 물건이며, 부동산은 동산이 아닌 물건, 즉 움직이지 않는 물건이다.

2. 상권입지의 분석 목적

입지와 상권은 성공적인 점포창업 및 경영에서 가장 중요한 요소 중 하나로 체계적인 조사·분석을 통하여 입지/점포를 선정하거나, 점포의 Concept 및 고객대응전략을 수립·실행하여야 한다. 분석목적은 입지상권에 적합한 콘셉트(아이템)의 개발, 사업타당성/수익성 검증, 경영개선 및 영업활성화 전략 수립, 상권의 범위와 홍보마케팅 범위 설정, 경쟁점포의 셰어(점유율)와 영향권 분석, 상가 또는 상가건물의 가치척도의 기준 파악 등이다.

3. 상권입지분석 프로세스

상권입지의 분석절차는 [그림 3-1]과 같이 상권분석, 입지분석, 점포분석, SWOT분석 및 영업전략 수립 단계로 추진하는 것이 적절하다.

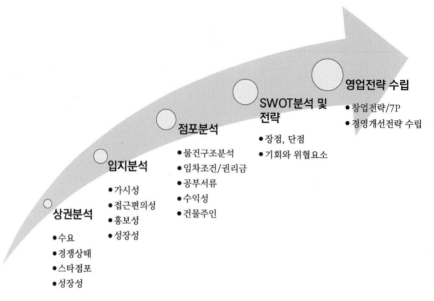

영업전략 수립
* 창업전략/7P
* 경영개선전략 수립

SWOT분석 및 전략
* 장점, 단점
* 기회와 위협요소

점포분석
* 물건구조분석
* 임차조건/권리금
* 공부서류
* 수익성
* 건물주인

입지분석
* 가시성
* 접근편의성
* 홍보성
* 성장성

상권분석
* 수요
* 경쟁상태
* 스타점포
* 성장성

[그림 3-1] 상권입지분석 프로세스(Process)

제2절 상권분석

1. 상권의 범위

외식업에서 상권은 점포가 미치는 영향력의 범위로, 실질구매력을 보유한 유효수요가 있는 공간으로, 일반적으로는 특정점포를 방문하는 고객의 지리적 범위를 기준으로 구분한다. 상권의 개념으로 거래권, 판매권, 상세권, 상권 등이 있다.

* 거래권 : 거래 상대방인 고객의 소재지 범위
* 판매권 : 소매점이 판매대상으로 삼고 있는 지역
* 상세권 : 특정 상업집단(시장, 상점가 등)이 상업세력에 미치는 지역적 범위
* 상권 : 1개의 상점이 고객을 흡인할 수 있는 지역적 범위

상권을 분석할 때 주로 사용하는 거리개념의 상권범위다. 그러나 더욱 엄격하게 구분

해 보면 이용고객의 흡수되는 범위를 1차 상권, 2차 상권, 3차 상권으로 구분하는 게 적절할 것이다.

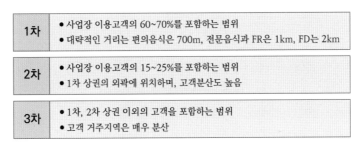

1차	• 사업장 이용고객의 60~70%를 포함하는 범위 • 대략적인 거리는 편의음식은 700m, 전문음식과 FR은 1km, FD는 2km
2차	• 사업장 이용고객의 15~25%를 포함하는 범위 • 1차 상권의 외곽에 위치하며, 고객분산도 높음
3차	• 1차, 2차 상권 이외의 고객을 포함하는 범위 • 고객 거주지역은 매우 분산

[그림 3-2] 상권의 분류

2. 상권의 업종, 업태별 범위

일반적으로 상권범위는 고객 흡인율로 설정하나, 세부 상권범위 설정은 업종, 상권특성, 지리적 특성, 교통환경, 점포환경 등에 따라 상이하다. 일반적인 경우 업종별 상권범위는 〈표 3-1〉과 같다.

〈표 3-1〉 상권의 업종, 업태별 범위

업태	업종	1차 상권 범위	주요 업종
소매 유통업	생활필수품 편의품	300~500m	• 편의점, 슈퍼마켓, 문구, 반찬가게, 과일야채 • 생선, 정육, 비디오/책 대여점 등
	선매품 전문품	1~3km	• 안경점, 보세의류점, 포토샵, 잡화점, 스포츠용품점 • 가구점, 보석·시계 전문점, 명품브랜드숍, 브랜드 의류
외식업	중소형 음식점	300~500m	• 분식, 김밥, 우동, 치킨, 돈가스, 삼겹살 등 • 근린 가족외식업종(칼국수, 샤브샤브, 해물탕, 중국집)
	패스트푸드 고급/전문음식점	1~3km	• 레스토랑, 햄버거, 피자, 갈비, 설렁탕, 오리고기 등 • 전문 뷔페, 중국요리 전문점, 한식 전문점 등
기타 서비 스업	근린생활업종	300~500m	• 세탁편의점, 플라워숍, 애견용품점, 제과점, 부동산
	교육, 취미, 건강 서비스업	1~3km	• 어학원, 어린이집, 요리학원, 대형 PC방, 병원, 피부관리, 헬스, 찜질방, 건강식품 대리점 등

3. 상권에 미치는 영향요인

상권에 영향을 미치는 요소는 다양하나, 주요한 요소를 중심으로 살펴보면 〈표 3-2〉와 같다.

<표 3-2> 상권에 미치는 영향요인

요인	세부 내용
지리적 요인	• 위계 및 좌표, 지형/지세, 행정구역, 하천, 강, 대형도로망, 도시계획 등
교통 요인	• 도로망, 도로 정체도, 이동동선, 육교, 횡단보도, 지하도, 정류장(지하철, 버스), 일방통행, 통행방향 등
인구통계적 요인	• 가구 및 인구, 연령대별, 소득수준별, 주택, 유동인구(시간대별, 연령대, 동선흐름) 등
경쟁시설 요인	• 1차 경쟁, 2차 경쟁, 잠재경쟁, 경쟁범위 및 규모, 대형소매점, 시너지 효과
배후 소비자 특성	• 쇼핑행태, 라이프스타일, 외식/문화/레포츠 행태 등
점포관련 요인	• 점포 브랜드파워, 구조 및 규모, 인테리어, 익스테리어, 상품, 서비스, 간판, 가시성, 주차장 등
상권 업종특성 및 집객시설 요인	• 상권 내 업종구성, 보완관계 업종, 경합업종 등의 구성형태, 상권 내 공공시설, 다중이용시설, 흡인력이 높은 시설 등의 유무 등

4. 상권의 수명주기

제품이나 인간에게 수명주기가 있듯이 상권에도 수명주기가 있으며, 해당상권에 따라 해당업종의 수명주기가 다르게 움직인다. 따라서 상권분석 시 해당 상권의 수명주기에 대한 철저한 분석은 물론 상권 내에서의 해당업종의 수명주기에 대해서도 분석해야 한다.

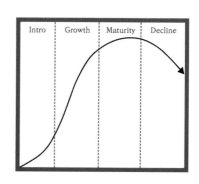

상권 수명주기	상권 내 업종 수명주기
• 신도시와 같은 도입기 상권인지, 기존도심처럼 쇠퇴기 상권인지를 분석 • 각 상권주기에 따라 업종 및 임대료, 권리금 등에 대하여 체계적으로 분석 창업 준비 • 일반적으로는 성장기 상권이 바람직 • 초보사업자는 도입기, 성숙기 이후 상권은 피하는 것이 좋음	• 업종 또는 아이템의 수명주기는 4단계가 있으나, 점포창업에서는 지역, 즉 상권의 특성에 따라 수명주기상 단계가 다를 수 있음 • 도심에서는 성숙기이지만, 지역에서는 성장기인 경우(예시) • 최근에는 정보유통의 속도가 빨라 수명주기도 단축되는 실정

[그림 3-3] 상권의 수명주기

5. 성장상권

출점예정인 입지가 미래에 어떻게 될 것인가는 아주 중요하다. 이런 변화에 대해서는 구체적인 확인이 필요하다. 뜬구름 잡듯이 "언제쯤 공사를 시작한다더라"나 혹은 "시작할 예정이다" 등의 정보는 위험천만하다. 최소한 1년 이내에 변화가능성이 있어야 한다. 즉 단기변화는 1년 내 시행되는 것을, 중기변화는 3년 내에, 장기변화는 3년 이상으로 분류할 수 있다. 적어도 음식점을 창업하기 위해서는 1년 이내에 변화가 있어야 한다. 중장기를 바라보고 출점하는 것은 망하기 십상이다. 아파트단지 내의 상가나 인근 상업지역에 출점하는 경우에도 신중해야 한다. 아파트단지는 입주개시 후 적어도 3년, 길게는 10년이 되어야 안정될 수 있다. 상권은 고정된 것이 아니라 유동적이므로 향후 도시계획, 재개발, 재건축, 관공서 및 대학 이전, 인근 유흥지 개발, 아파트 입주, 대중교통 노선 및 정류장, 지하철 등 다양한 요인에 의해 변화한다.

이와 같은 주변 환경 변화에 따라 경쟁점포의 진입 및 퇴출 등 다양한 변화가 예상되므로 이에 대한 가능성을 철저하게 조사·분석하는 작업이 매우 중요하다. 긍정적 요인은 아래와 같다.

- 아파트 입주 시작
- 반경 200m 이내에 전철역 형성(이동동선)
- 인근으로 횡단보도/버스정류장 이동
- 주변 대형 업무용빌딩 완공이나 관공서 등의 이전
- 해당지역 용도의 상업지역 변경
- 상가들의 개발진행으로 본격상가 형성
- 건물 내 인근 보완업종 입점
- 유동인구가 충분히 지속적으로 늘고 있다.
- 생활도로망 – 어디에서나 차로 올 수 있다.
- 집객시설의 존재 – 많은 사람들이 모인다.
- 지역 최대의 주차장 – 자동차 편의성
- 점포 과소상태 – 경쟁점포가 없다.
- 독립상권의 성격 – 수요가 유출되기 어렵다.

상권분석을 위한 기초 조사내용은 〈표 3-3〉과 같다.

〈표 3-3〉 상권조사 내용

항목	주요 내용
도시계획관련 요인	• 도시계획 예정, 변경, 주거정비, 뉴타운 등
교통관련 요인	• 지하철, 버스 등 대중교통시설 추가 및 변경, 정류장 설치 및 이전
주택관련 요인	• 주택 신규분양 및 입주, 재건축, 재개발 등
상업시설	• 상업지역 개발, 상업시설 신규 오픈, 상가, 근린상가 등 건축
관공서 등	• 관공서 이전 및 신규설치 등 공공기관, 학교, 기업 등
기타 집객시설	• 기타 근린공원 등 유동인구 등 유발시설
경쟁시설	• 경쟁점포 진입 및 퇴출 관련
유사업종	• 유사업종 진입 및 퇴출
시너지 창출점포	• 상호 보완업종, 먹거리, 가구, 브랜드 의류 등 밀집 시 시너지 창출업종
기타	• 기타 상권변화에 영향을 미치는 사항

6. 쇠퇴상권

상권의 부정적 요인은 다음과 같다.

① 인근아파트의 재개발·재건축 시작(뉴타운 등)

② 지하철 공사 시작, 횡단보도/정류장 이동

③ 기존 도보통행구간에 마을버스 운행

④ 인근지역에 대형마트, SSM 진출

⑤ 관공서, 대학 등의 타 지역 이전

⑥ 반경 500m 바깥쪽에 상업지역 형성

⑦ 주변지역에 신도시 개발(상업지역 포함)

⑧ 인근 상업지구의 추가개발(유출가능성 높은 경우)

쇠퇴상권의 징후는 다음과 같다.

① 주변의 거리가 전혀 붐비지 않는다.

② 주위의 간판이 낡고 변색된 점포가 눈에 띄기 시작했다.

③ 다른 업태의 번성점이 눈에 띄지 않는다.

④ 같은 업태가 한 번 출점하였으나 철수하였다.

⑤ 빈 점포가 눈에 많이 들어온다.

⑥ 게임센터와 유흥 음식점 등이 최근 늘었다.

⑦ 통행인의 보행속도가 빠르다.

⑧ 통행인의 흐름이 한 방향으로만 이어지고 있다.

⑨ 주위의 도로가 지저분하고 휴지 조각이 많이 떨어져 있다.

⑩ 자전거나 기물 등이 방치된 채로 있는 곳이 많다.

상권 단절요인은 다음과 같다.

① 자연지형물 – 하천, 둑, 계곡 등

② 인공지형물 – 철로, 도로(6차선 이상) 등

③ 장애물시설 – 하수처리장, 쓰레기소각장, 학교, 병원 등

④ 상권단절 요인의 영향을 덜 받는 업종 – 초대형음식점, 배달업, 편의점 등

제3절 상권조사분석 방법

1. 정보의 수집

지금까지 상권조사의 목적과 조사의 전제가 되는 상권의 설정방법에 대해서 기술하였다. 이들 원칙에 입각하여 실제적으로 조사를 하는 데 필요한 포인트를 정리하여 보자.

조사는 정보의 수집과 전략수립의 2가지로 나눌 수 있지만, 조사결과의 좋고 나쁨을 크게 좌우하는 정보수집의 측면부터 생각해 보자. 정보수집은 누구로부터(무엇부터) 어떤 방법으로 정보를 구할 것인가가 중요하다.

2. 정보수집의 대상

어떠한 형태로 정보를 수집하는가에 따라서 조사결과는 크게 달라진다. 그 하나가 조사의 대상을 무엇으로 하는가이다. 정보의 제공자로서 다음의 대상을 생각할 수 있다. 공개자료, 관련자, 거래처, 매출데이터, 지금까지 내점한 고객, 상가 통행객, 상권 내의 생활자 등 각각이 모두 좋은 정보원이지만 얻을 수 있는 정보의 내용과 질이 다르다. 그 특징을 파악하여 활용하는 것이 중요하다. 이들 정보를 통하여 상권 전체를 분석하는 것과 자기점포에 대한 평가로 이용할 수 있는 것으로 나누어 정리해야 한다.

3. 정보수집의 방법

일반적으로는 정보를 수집하는 수단으로서 다음과 같은 방법이 이용된다. 조사대상에 따라 조사방법이 다르고, 조사방법에 따라 비용과 시간이 크게 다르기 때문에 방법별 특징과

한계를 알아두는 것이 중요하다.

1) 방문면접법

조사의 대상자에 대해서 직접 방문하여 앙케이트의 문항에 따라 답을 얻는 방법이다. 대화를 하면서 조사하는 것이기 때문에 매우 세세한 질문을 할 수 있으며, 답변을 확인하면서 추진할 수 있기 때문에 조사가 정확한 장점이 있다. 다른 방법에 비해서 질문의 양(量)도 어느 정도 많게 할 수 있기 때문에 가장 많이 이용되는 방법이다.

2) 우편조사법(Mail survey)

대상자에 대해서 질문표를 우송하여 회답을 받는 방법이다. 서면(書面)에 의한 앙케이트이기 때문에 상세한 뉘앙스가 충분하게 전달되도록 질문안을 고안할 필요가 있다. 반송(返送)이나 회답을 받지 못하는 경우도 있기 때문에 정보의 수집에 한계가 있다.

3) 전화조사법

대상자에게 전화로 앙케이트를 행하는 방법이다. 대화는 가능하지만 정해진 시간 내에 질문하지 않으면 안 되기 때문에 정확한 질문방법과 재빠르게 하는 것이 중요하다. 인터뷰의 훈련을 충분히 하는 것도 중요하다. 비용과 시간 면에서 상당히 효율적인 방법이다.

4) 유치조사법

대상자를 조사원이 방문하여 조사의 취지와 질문 내용을 설명하고 조사를 의뢰하는 방법이다. 질문표를 맡겨두고 질문 내용을 기입하게 한 후 후일 다시 방문하여 설문지를 되돌려받는다. 또는 우편으로 반송받을 수도 있다.

방문과 우편조사를 병용하여 조사하면 정확도는 높지만 비용과 시간이 상당히 많이 드는 단점이 있다.

5) 관찰조사법

점포의 상태, 교통량, 통행량과 특성을 조사원이 자신의 눈으로 확인하거나 숫자를 체크하는 방법이다. 단시간에 사실을 확인할 수 있기 때문에 많이 이용하는 방법이다.

〈표 3-4〉 상권조사의 형태

	조사의 형태	조사의 대상	정보수집의 방법	분석의 내용
점포활성화	상권데이터 분석	공개자료 관련자, 거래처	공공기관, 자료센터 발행처 구입 또는 청취	상권특성, 상가의 특성, 상권수요, 고객특성 등
	고객데이터 분석	매출데이터	고객카드, 매출자료	상권설정, 상권셰어, 점포의 고객층
	이용객 조사	점포이용객	면접, 우편, 점포에서 인터뷰, 기타	점포의 이미지 평가, 점포의 고객층, 상권설정, 선호메뉴 등
	통행자 조사	상가통행객	가두 인터뷰, 관찰	상권의 설정, 고객층/상가
	상권 이용자의 조사	상권 내 생활자	가두 인터뷰, 설문조사 방문면접, 기타	상권의 설정, 상권셰어, 경쟁점의 침투상황, 이미지 평가, 상권 전체와 경쟁점포의 고객층
신규출점전략	통행량 조사	상권 내 주요 지점, 통행객	관찰 및 체크	출점 후보지의 선정 가능성, 후보지의 상권 설정, 이용객 수의 추정
	통행객 조사	상가 왕래자 (통행객)	가두 인터뷰/ 관찰	상권설정, 상가의 고객층, 출점 가능성, 출점 후의 가능성, 출점 후의 전략 입안
	상권 내 이용자 조사	상권 내 생활자	방문면접, 전화, 관찰	상권설정, 상권셰어, 경쟁점포의 침투상황, 이미지 평가, 상권 전체와 경쟁점포의 고객층, 출점가능성, 출점 후의 전략 입안
	상권데이터 분석	공개자료 직장인, 거래처	공적기관 자료 센터로부터 입수, 발행처로부터 구입 청취	상권의 특성, 출점거리의 특징, 상권수요 등, 출점후보지의 선정, 출점후보지의 상권 설정

■ 조사자료 찾기

어디에서 어떤 자료를 입수할 수 있는가?

1. 지도 - 각 지역 서점, 중앙지도사(서울)
2. 도시계획, 도시계획지도, 용도별 지역도 - 시청, 구청(도시계획과)
3. 인구, 노동, 전기, 수도, 금융, 주택, 운수, 관광, 전화, 학교 현황통계 - 시청, 국회도서관(각 지역통계연보 및 관련논문)
4. 아파트 현황 - 가까운 부동산, 동사무소
5. 업태 업종별 외식업소 통계 - 외식업중앙회 산하지부, 직접조사
6. 그 외 참고자료 : 교보문고, 정부간행물센터
   • 각종 경제신문, 한국통계연감, 지역통계연감, 도시가계연감
   • 인구주택총조사 잠정보고서, 한국 통계월보, 경제활동인구연보, 소상공인 통계연보 등

4. 조사의 형태

지금까지 언급해 온 것과 같이 상권조사에는 목적과 과제, 정보의 수집방법 등에 따라서 몇 개의 형태가 있다. 그렇기 때문에 상권조사라고 하는 것만으로는 듣는 사람에 따라서 여러 가지 방법으로 생각할 수 있다. 여기에서는 상권조사의 과제와 정보수집 등의 조합을 고려하여 일반적으로 사용되고 있는 조사의 형태에 대해서 추진방법 및 포인트를 알아보자. 조사의 형태는 기존점포의 활성화를 위한 상권조사와 신규출점의 전략 만들기를 위한 입지조사 2가지로 나누어진다. 이들 2가지 조사방법에 따라 최종적인 분석의 내용이 달라진다.

5. 상권데이터의 분석

특정지역의 상권을 분석하기 위해 공개된 자료를 활용하면 음식기업의 전략을 입안할 수 있다. 국가와 지방자치단체 외 공공단체, 신문사, 출판사, 데이터뱅크 등에서 수많은 통계자료와 조사보고서가 일반에게 공개되어 있어 이용할 수 있는 것은 많다. 단, 숫자를 모으는 것만으로는 이들 자료를 충분히 살릴 수가 없다.

분석의 목적을 정하여 어떤 데이터를 어느 과제로 적용시킬 것인가를 결정하는 것이 중요하다. 또한 데이터와 데이터 간의 관련성을 확실하게 하면 보다 입체적인 분석을 할 수 있다. 더욱이 같은 항목의 데이터를 3~5년 정도의 기간으로 비교하여 본다든지, 비교하기 쉽게 그래프를 그리면 이제까지 보이지 않았던 것이 확실하게 되고, 못 보고 그냥 넘어가는 것을 막을 수가 있다. 공개자료는 통계조사와 인구센서스 등이 대표적인 것이지만, 시 단위·도 단위의 것이 많고 개개점포의 상권에 딱맞는 숫자를 얻을 수 있는 것도 있지만 그렇지 않은 것이 대부분이다. 이것을 커버하기 위해서는 될 수 있는 한 목표점포의 상권에 가까운 데이터를 입수하는 노력이 필요하게 된다. 공개되어 있는 자료를 정리하면 다음과 같지만, 이들 가운데서 적절한 자료를 얻어 활용하기 바란다.

1) 통계연보

조사한 연도에서 1~2년 뒤늦게 출판되지만, 조사의 전 항목이 분책(分冊)으로 출판되기 때문에 활용가치가 있다.

2) 동별 인구세대수표(人口世帶數表)

지방자치단체가 주민등록대장을 정리하여 발행하고 있다. 동(洞)별로 되어 있기 때문에 상권범위를 정확히 정하면 그에 맞는 인구와 세대수를 알 수 있다. 상권분석에는 가장 중요한 데이터이다.

3) 상가 및 상점가 진단

지방자치단체가 발행하고 있다(발행하지 않는 곳도 있다).

상가의 상권, 통행량, 이용자의 특성과 매물상황 등이 분석되어 있어 도움이 된다.

4) 시 · 도(市 · 道)의 통계 데이터

시와 도의 통계가 종합적으로 모아져 있어 사용하기 쉽다(시청 지역경제과, 사회과).

5) 소비행동 조사

시민(도민)소비형태 및 라이프사이클 조사, 시민(도민)의식조사 등 명칭은 각양각색이지만 시와 도, 상공회의소, 신문사, 은행 등이 실시하고 있다. 약간 광역적인 조사가 되고 있지만, 지역 생활자의 실태를 파악할 수 있기 때문에 유용한 활용자료가 된다.

6) 개발계획

한때 부동산열기로 각종 개발에 관련된 도서들이 많이 출판되고 있다. 주로 주택, 도로, 상업 등의 정책과 개발계획이 나와 있다. 장래 개발계획의 내용을 파악하는 데 주요하다.

7) 종합적인 통계서

경제활동인구연보, 한국의 사회지표, 도시가계연보, 지역별 경제지표 등, 전국의 도시별 데이터가 정리되어 있다. 도시 간의 비교로서 전국에서 도시의 포지셔닝 등에 활용할 수 있다.

8) 각종 명부

명부류도 사용방법에 따라 중요한 자료가 된다. 상가회명부(상공회의소), 업계명부, 각종 조합, 고액소득자명부, 상공리서치, 기타 일반 사설리서치 등이다. 직업별 전화부도 분석자료로써 활용할 수 있다.

6. 고객 데이터 분석

조사라고 하면 어려운 것, 번거로운 것이라고 생각하거나 골치 아프다고 생각하는 경우가 많지만, 주변의 데이터를 자기 나름대로 정리하는 것부터 시작하면 쉽게 접근할 수 있다. 모을 데이터의 범위와 분석방법 등의 요령을 파악하여 어떤 작은 것이라도 모으게 되면 모든 것을 전략적으로 연결할 수 있다. 그런 의미에서 자기점포 고객 데이터는 일상의 판매활동 가운데서 많은 정보가 흘러나올 수 있는 좋은 예(例)이다. 더구나 상권조사를 위한 정보의 대부분이 이 속에 있다고 해도 과언이 아니다.

어떤 정보보다 유익한 데이터이며 가장 최우선으로 분석해야만 할 정보임을 잊어서는 안 된다. 자기점포와 거래가 있는 고객의 정보를 분석함에 따라 일차적으로는 고객의 분포상황, 고객 만들기의 실적, 고객의 특성 등을 명확하게 할 수 있다. 그렇기 때문에 우선 고객정보를 정리해 두어야 한다. 연도별, 지역별, 상품별 등으로 크게 나누고 후에 기술하는 항목에 따라 분석하면 된다.

정리되어 있지 않은 경우에는, [전(全) 고객 리스트] 만들기에서부터 시작하는 것이다. 고객카드, 고객장부(노트), 매출전표, 배달전표 등의 판매활동으로 기록한 정보를 모아서 순서에 따라 성실하게 리스트화한다. 그리고 전화부, 고객명부 등도 정보원으로 활용하여 과거에 거래가 있었던 모든 고객을 리스트화하는 것이다.

성명, 성별, 가능하면 연령, 이용횟수, 매출액 등을 파악할 수 있는 범위 내에서 정보를 모아 고객별로 카드화하여 둔다. 한 번 데이터화한 것은 계속해서 보충하거나 새로운 정보를 더해 가는 것이 중요하다. 고객정보를 소중하게 하는 자세가 정보의 활용, 넓게는 전략의 정확성에 큰 차이가 되어 나타난다. 일상의 영업활동 가운데서 고유명사인 고객정보가 수집되어 있지 않을 경우는 아래의 조사로 상권분석을 할 수도 있다.

최근까지 이름과 주소 등의 고객 데이터를 모으는 습관이 없었던 소규모 점포에서도 자기점포의 고객을 고유명사로 하여 정보를 수집하는 현상이 나타나고 있다. IC카드 등에 정보를 입력하는 특수한 크레디트카드의 도입이 화제가 되고 있기도 하다. 이것은 아직까지 많은 비용이 들게 되어 보급이 늦어지고 있지만, 앞으로는 식당에서 유용하게 사용될 것이다.

이런 활동은 고객이 다양해지고 있는 현재의 시장 속에서 고객정보가 얼마나 중요한가를 말해주고 있으며, 적극적이고 전략적인 마케터들이 여러 가지 고안을 거듭하면서 고객에게 접근하는 노력을 하고 있다는 증거이다.

7. 단골고객과 이용고객 조사

1) 단골고객조사

단골고객의 점포에 대한 평가와 욕구불만 등을 알기 위한 조사이며 고객과의 직접적인 커뮤니케이션 수단으로서도 이용할 수 있다. 고객카드 등에 의해서 조사대상을 잡는다.

정보수집은 방문면접, 우편, 전화 등이 있지만 우편이 일반적이다. 앙케이트 용지와 반송용 봉투(또는 왕복 엽서)를 사용하여 반송을 받는다.

2) 이용고객조사

고정객뿐만 아니라 자기점포의 이용자 전체의 평가와 고객을 알기 위한 조사이다. 이용객에 대해서 점포 앞에서 인터뷰하는 방법과 앙케이트 용지를 건네주고 나중에 우편이나 방문을 통하여 회답을 받는 방법이 있다. 이용객이 많을 경우는 시간과 요일을 정하여 전체를 대표하는 고객층을 잡을 수 있도록 대상자를 간추릴 필요가 있다.

일반적으로 음식점의 조사는 이용한 고객에게 즉석에서 설문조사를 실시하는 것이 좋다. 즉 고객이 테이블에 앉으면 물과 함께 서브하고 설문지에 대해서 설명하고 난 뒤 기입을 요청하는 것이다. 이 경우에는 거의 모든 고객이 음식을 기다리는 동안에 기록하게 된다. 패스트푸드 음식점의 경우에는 적용하기가 곤란한 경우도 있으나, 볼펜 등 선물을 줄 경우에는 호응도가 높게 나타난다.

인터뷰에 의한 조사는 상당히 상세한 정보를 얻을 수 있는 반면, 경쟁점포의 평가와 같은 자료는 어려우며 항목에 제약이 있다.

8. 통행객(유동인구)과 차량조사

기존점포의 상권과 신규출점 후보지 물건의 상권범위를 추정하거나 상권의 고객층, 고객특성, 신규출점 타당성 등을 분석하기 위해 행하여지는 조사이다. 경쟁상태도 그다지 상세하지는 않지만 파악할 수가 있다. 신규출점에서는 출점 시 매출액의 추정과 판촉전략의 입안 등도 활용되고 있다. 상권 내의 주요한 지점[街頭]에 조사원을 배치하여 통행자에게 앙케이트 조사를 실시한다.

상가의 가운데 있는 점포에서는 충분히 활용하여 좋은 결과를 얻을 수 있다. 조사의 대상을 미리 성별, 연령별로 하여 샘플 수를 정하여 둔다. 조사의 요일과 시간에 대해서는 어느 시간이 적당한가 하는 판단 등이 주요 포인트가 된다. 날짜와 시간에 따라 고객층이 다를 수 있기 때문에 판단을 잘못하면 분석결과를 망치게 된다.

〈표 3-5〉 통행인구 조사방법

① 평일과 주말의 특정시간대를 정한다. 　평일은 최소한 2일(월요일과 금요일이 좋다), 토요일 2회, 일요일 2회 ② 조사시간 : 점심시간 / 오전 11시~오후 2시 　　　　　　　간식시간 / 오후 2~6시 　　　　　　　저녁시간 / 오후 6~9시 ③ 계층분류는 업종·업태별로 다르다. 일반적으로 어린이, 청소년(중·고교생), 주부, 직장인, 중장년층을 남녀로 세분해서 시간대별 이동량을 조사해야 타깃에 맞는 전략을 구사할 수 있다.

통행 성격(목적) 파악, 유동인구현황(성별, 연령별, 시간대별, 요일별 유동량, 유입-유출, 통행 인구의 거주, 상주권 파악 - 어디에서 어디로 이동하는가)을 파악해야 한다. 또한 점포 앞 유동인구 조사는 통행인구 중 누구를 대상으로 무엇을 판매할 것인지를 결정하는 데 중요한 판단자료로써 활용할 수 있고, 단순히 어느 시간대 몇 명이 다니느냐가 아닌, 통행인구의 성격과 이동방향, 움직이는 동선, 통행인구의 연령대별 직업, 이동목적, 걸음걸이 속도 등에 대한 세부적인 조사와 분석작업이 필요하다.

평일과 주말의 특정 시간대를 정한다.	조사시간	조사방법	시간대별 이동량을 조사해야 타깃에 맞는 전략을 구사할 수 있다.
• 평일은 최소한 3일(월요일과 금요일이 좋다), 토요일 2회, 일요일 2회 • 상권의 성격에 따라 조사 시간 상이	• 외식업소의 경우 점심시간 오전 11시~오후 2시, 간식 시간 오후 2~6시, 저녁시간 오후 6~9시	• 일반적으로 어린이, 청소년(중·고교생), 주부, 직장인, 중장년층을 남녀로 세분 • 조사목적 및 여건을 감안한 조사표 설계·작성 • 손에 쥐고 누르면 인원체크가 가능한 카운터기 등 사용 • 통행인구의 걸음걸이 속도 확인 • 유동인구의 흐름, 통행목적 등에 대한 확인	• 저녁시간대 먹자골목은 오후 및 야간시간대 중점조사, 일상 생필품: 주부들의 구매 시간대 감안 조사 • 문구류 등: 학생 등하교 시간 등 감안 조사

[그림 3-4] 유동인구 조사 Tip

알고 싶은 특정지점의 통행량을 파악하기 위하여 행해지는 조사이다. 특히 신규출점 후보지를 결정하거나 후보물건의 주변 통행량을 알기 위하여 실시한다. 요일과 시간대에 따라 고객층에 차이가 있기 때문에 일주일 전체를 유추할 수 있도록 시간을 정확하게 정하는 것이 필요하다. 통상 토·일요일과 평일의 각각 2일, 시간대는 30분 간격으로 통제한다. 차량의 통행량은 승용차만 하여도 된다. 트럭이나 화물차량은 구매력이 약하다.

교통시설조사는 지하철, 버스정류소, 택시승강장, 터미널, 주차장, 도로, 신호등과 신호체제, 횡단보도, 노상주차, 승하차 등을 구분하여 조사하는 것이 좋다.

교통량 조사는 차종별, 시간대별, 통행 차량의 거주, 상주권 파악, 탑승자로 구분하여 조사하여야 한다.

9. 상권 이용자 조사

특히 지역밀착형의 소매업이나 식당업에 있어서 유효한 조사방법이며 상권조사에서 대표적이다. 상권 내 이용자를 조사대상으로 하여 상품의 구매행동과 의식, 점포의 선택과 점포의 서비스에 대한 사고방식, 이미지 평가 등의 분석을 할 수 있다. 그리고 대상자의 특성을 분석하면 상권 내의 고객특성을 면밀하게 파악할 수 있다. 자기점포와 라이벌점, 점포의 침투상황(점포별 지명도와 판매상황, 단골고객)과 이미지 평가 등 구체적인 정보도 얻을 수 있어 전략입안의 대부분에 걸친 조사가 가능하며 매우 유효한 조사이다. 그런 만큼 정보수집의 테크닉과 조사의 기획 및 설계가 어려워 일반적으로 제3자(전문의 조사기관)에 의뢰하는 경우가 많다. 특히, 고객의 니즈를 파악하기 위해서는 고객의 세분화 및 세분시장별 고객 프로파일 및 특성 파악을 통하여 해당 집단의 고객 니즈를 정확하게 파악하여 활용해야 한다.

10. 업종구성의 파악

상권 내의 업종별 점포 수, 업종비율, 업종별·층별 분포를 파악한다. 업종별로는 판매업종과 서비스업종으로 구분한다.

1) 상업시설 업종·업태 분석

해당 점포가 입지되어 있는 상권의 업종분포현황 조사를 통하여 지역의 특성(근린상권, 먹자골목, 유흥가 상권 등)을 파악할 수 있다.

2) 외식업 업종·업태 조사

외식업 업종·업태의 경우 외식은 고깃집, 한정식, 패밀리레스토랑, 패스트푸드(햄버거, 치킨) 등으로 세부적으로 분류하고, 업종의 층별 구성, 입점 브랜드를 분석한다. 우리나라 소비자는 브랜드 선호도가 높으므로 유명 브랜드가 많이 입점해 있으면 좋은 입지이다(시너지효과 고려).

3) 외식업 업종배치도 그리기

주변 점포 업종 분포도 작성을 통해 주변 점포 특성 및 업종분석을 정확하게 할 수 있고, 건물 내 층별 업종 구성도 및 인근 지역 점포의 업종배치도를 작성하는 것이 바람직한 상권 현황을 파악하는 데 유용하다.

• 판매업종과 서비스업종의 구조를 파악한다.

판매업종	식품류, 신변잡화류, 의류, 가정용품류, 문화용품류, 레포츠용품류, 가전가구류
서비스업종	외식서비스, 유흥서비스, 레저오락서비스, 문화서비스, 교육서비스, 의료서비스, 근린서비스

판매업종이 많을수록 유동성이 높으며 패스트푸드 점포가 유망하다. 또한, 판매업종이 다수일 경우 판매업종을 출점하면 전문상가가 되기 때문에 유리하다. 서비스업종이 많으면 서비스업을 택하는 것도 좋다. 명동의 경우 판매업종(80%), 서비스(20%)이고, 일반적인 상가는 판매(20%), 서비스(80%)이다.

• 건물의 층별 점포구성을 분석한다. 건물의 1층 구성비가 높으면 상권이 나쁘고 구성비가 고르면 상권이 좋다. 또한, 지하, 1층, 2층, 3층, 4층의 업종구성을 파악한다. 2층의 구성률이 40%이면 좋다.

Tip

동종업종이 집적되어 있으면 초기투자비가 높다. 경쟁점포가 출점하더라도 매출이 민감하게 변하지 않는다. 소비자는 바가지 쓸 염려를 하지 않는다. 구색이 다양해서 선택의 폭이 넓어진다.

(1) 동종업종의 집적을 고려한 입지선정

유사업종(테크노마트, 논현 가구거리)의 집객력을 고려하여 선정한다.

• 판매업종이 집중된 백화점, 할인점에 외식업을 출점하면 시너지효과를 최대한 확보할 수 있다.

• 서비스업종이 집중된 음식점이나 유흥위락단지, 숙박업, 학원, 극장 등 같은 업종끼리 집중되면 시너지효과가 극대화된다.

(2) 특정시설에 의존하는 입지를 선택

호텔이나 백화점, 시장, 대형 오피스, 대형 상가, 대형 복합빌딩 등 바로 옆이나 아니면 영향권에서 벗어난 지역에 입점해야 한다. 그러나 소매점 판매업은 가급적 피하는 것이 좋다. 소비자들이 대형 할인점 등 대형 시설물을 좋아하고, 사이버시장이 급속히 증가하고 있으며, 재고가 부담되고 점포는 과포화상태이다.

11. 상권규모와 라이프스타일 분석

상권조사는 체인의 각 점포가 고객 늘리기와 점포의 경쟁력 강화를 효과적·효율적으로 진행시키기 위한 전략의 기본이 되는 마케팅활동이자, 개업할 때 실패의 리스크를 줄이고자 하는 데 그 목적이 있다. 점포가 시장의 고객과 경쟁점포의 실태를 지켜보면서 어떻게 하면 매출을 계속 안정 또는 확장시킬 수 있을까를 판단하는 데 상권조사는 불가결한 것이다.

상권조사방법은 앞에서 기본적인 사고방식과 방법을 기술하였기 때문에 여기에서는 구체적인 조사항목, 상권 데이터의 수집과 분석내용을 체크 포인트로써 정리하였다.

1) 상권규모와 상권의 라이프스타일 분석

상권에 어느 만큼의 수요가 있는지 그리고 어떤 고객이 어떠한 생각과 행동을 하고 있는지(상권의 라이프스타일)를 아는 것이며, 점포의 목표와 경영전략 세우기에 도움이 된다.

상권조사는 전략상권의 경계선 설정에서부터 시작된다. 조사의 대상 지역을 결정하거나 입지가 결정되면 상권을 조사하게 되며, 고객의 분포를 분석하는 방법과 통행객조사 등에 의한 방법이 있다.

점포 또는 상가의 고객이 어느 지역에서 어느 만큼 올 것인가, 오고 있는가를 분석하여 상권 범위를 확정하여 조사대상자의 주거지역을 동별로 집계하면 좋다. 분석에서는 양뿐만 아니라 그 지역의 주거자 숫자에 대한 비율을 산출하여 동별 고객의 집중밀도를 보는 것이다. 또한, 분석을 더 세밀하게 하기 위해서는 상권을 몇 개의 블록으로 나누어 블록 간의 차이를 파악하면 효과적인 전략을 세울 수 있다.

상권이 확정되면 다음으로 그 상권 내에서 수요의 동향을 파악하는 것이 중요하다. 상권의 수요액은 앞에서 설명하였으므로 여기서는 생략한다.

상권수요의 변화를 알기 위해서는 거주인구와 평균 외식금액의 증감을 연도별로 체크하는 것이 좋으며 다음과 같은 데이터가 필요하다.

① 동별 인구(세대수, 회사 수 등)

② 연도별 인구 등의 증가 수, 신장률

③ 외식비의 평균 이용금액 : 전국과 지역별로 외식비를 업계 데이터와 통계조사(통계청, 기획재정부) 등에서 파악한다. 그 전체의 액수를 인구로 나누어 1인당 금액을 산출할 수 있다.

2) 상권수요의 유출입 상황

위에서 분석한 수요금액과 상권 내 판매금액을 비교해 보면 수요의 유출입(流出入) 상황을 분석할 수 있다. 수요액이 판매액을 상회하고 있으면 수요가 상권 외로 유출하는 것이며 판매액이 많으면 유입되는 것으로 그 금액의 크기에 따라 유출입의 정도를 추정할 수 있다.

또한, 유출입의 상황은 이용자의 직접 조사에서도 알 수 있다. 고객들의 외식지역과 구체적인 외식점포를 파악하면 상권의 내외 어느 쪽에서 외식하고 있는가를 알게 된다.

상권 내 고객의 특징을 파악하는 데에는 몇 가지 방법이 있다. 이것은 점포의 타깃이 되는 고객층이 어느 정도 있는가를 알기 위한 분석이며 점포의 고객 늘리기에 유효한 자료가 된다.

- 연령구성 : 상권 내 총인구의 연령별 인구수이다. 특히 점포에서 타깃으로 하는 연령층의 양과 구성비의 크기를 본다.
- 직업구성 : 상권 내 세대의 세대주 직업의 비율을 파악하여 조사항목에 넣는다. 국세조사에도 직업에 관한 데이터는 있지만, 시·군·구의 구분으로밖에 모르는 것이 난점이다.
- 거주연수별 구성 : 주민이 상권 내에 거주한 지 몇 년이 되는가 하는 분석이다. 신흥주택지인가, 옛날부터 내려온 상권인가를 파악하는 것이다. 이것에 따라 점포선택의 기준을 추정할 수 있다.
- 소득구성 : 상권 내 세대의 소득 레벨을 파악하는 것이다. 조사에서는 직접적으로 수입을 묻는 것보다는 소득액을 단계별로 나누는 방법이 좋다.

3) 점포를 선택하는 이용현황

- 점포선택 이유 : 외식점포를 선택하는 데 있어 고객은 어떤 이유에서 이용하고 있는가를 파악하는 것이다. 점포를 선택하는 이유는 각각 다르겠지만, 입지·점포가 제공하고 있는 서비스, 메인상품, 점포의 시설, 점포의 이미지, 가격 등의 이유를 정리하여 어느 요소가 강하게 움직이고 있는가를 파악한다. 이 결과에 따라 업태의 기본방향, 서비스의 방법을 체크할 수 있다.
- 점포 이용현황 : 어느 지역의 점포를 이용하고 있는가 또는 어떤 타입의 점포를 이용하고 있는가를 파악하는 것이다.
- 점포의 고정 이용도 : 고객이 몇 개의 점포를 염두에 두고 있는가를 파악하는 것이다. 하나의 점포로 결정하고 있는가, 두세 개 점포로 이용하고 있는가, 아니면 특별하게 정하지 않고 있는가 등을 체크한다. 이 결과에서 상권 내 점포 중 우위점포와 차별점이 무엇인가를 알 수 있다.

12. 경쟁상황 분석

상권 내 경쟁점포와의 관계, 즉 자기점포와 경쟁이 되는 점포가 어느 정도 우위를 점하고 있는가, 어느 정도의 셰어를 점하고 있는가를 파악해 보는 방법으로 3가지 측면에서 간략하게 설명한다.

- 지명도 : 상권 내의 세대 또는 인구 중에서 자기점포와 경쟁점포의 이름을 알고 있는 고객 수의 비율을 파악한다.
- 이용경험률 : 자기점포에서 이용한 고객 수의 비율을 분석한다.
- 고정고객률 : 고객 중에서 그 점포를 항상 이용하고 있다고 대답한 고객 수의 분석, 특히 점포 측에서 생각하는 고정객과 고객 측에서 생각하는 차이를 보는 데 유효하다. 이 경우 점포명을 고유명사로 질문한다.

따라서 자기점포를 포함한 상권 내의 점포에 대해서 같은 질문으로 조사하고, 역학관계를 분석한다.

이 분석에 따라 단골고객 만들기 방침을 확실히 할 수 있다.

1) 상권 내 유명 점포의 이미지 평가

이용자가 상권 내의 점포를 어떤 눈으로 보고 있는가, 제공하는 서비스를 어떻게 평가하는가를 파악하는 것이다. 이것에 따라 점포의 활동개선책, 이미지 만들기의 전략을 세우고, 지점과 라이벌점포의 장단점을 파악한다. 평가내용은 업종·업태에 따라 다르지만, 기본적으로 다음 항목이 필요하다.

- 상품구성 : 양과 질은 괜찮은지, 원하는 맛있는 것이 있는지 평가
- 가격 : 점포의 가격대가 높은지 싼지의 평가로서 실제로 팔고 있는 가격의 차이가 아니라 의식적으로 어떻게 보고 있는가가 포인트
- 점포의 출입관계 : 점포의 크기뿐만 아니라 심리적으로 점포에 들어가고 싶은지 여부
- 점포의 분위기 : 점포의 역사와 존재가치를 포함한 격(格)을 어떻게 생각하고 있는지, 그리고 점포의 외관, 인테리어, 레이아웃 등의 분위기
- 종업원의 접객태도 : 고객 방문 시 전반적인 접객태도
- 점포가 제공하는 서비스 : 접객서비스, 기타 서비스 등, 내용과 양이 좋은지 나쁜지

점포의 판촉활동에 대하여 어떤 평가를 하고 있는지, 그리고 경쟁점의 판촉활동이 어느 정도 침투하고 있는가를 파악한다. 이때 조사항목도 업종·업태에 따라 다르지만, 다음 항목은 꼭 체크해 볼 필요가 있다.

- 전단지·DM 등에 대한 반응 : 전단지와 DM을 어느 정도 보고 있는가. 그리고 실제적으로 전단지·DM을 보고 이용하는지 여부(방문활동 포함)
- 원하는 정보의 내용 : 판촉활동은 점포에서 고객에 대한 정보제공이지만, 그 내용이 어

떤 것을 원하고 있는가, 현 상태에 대한 만족 여부
- 유명 점포의 판촉도달 상황 : 자기점포와 라이벌점의 전단지와 DM 등의 판촉이 어느 일정기간(예를 들면, 2주간이라든지, 1개월)에 각각 어느 정도 영향을 미치는가, 이용하였는가 또한 그 내용은 좋은가? 이상(以上)은 기존점포의 상권조사에 있어서 기본적인 체크 포인트가 되지만, 신규출점을 위한 조사에 대해서도 원칙은 같다.

신규출점의 조사에서는 기존점포의 '자기점포'에 해당하는 부분을 출점 후보지로 바꾸어 생각하면 된다. 그리고 경쟁현황의 분석으로 상권 내의 경쟁예상점포의 현황을 체크하면 좋다. 또한, 신규출점 시 상권설정에 대해서도 앞에서 기술하였으므로 이해하였을 것이다. 상권조사를 분석하는 체크 포인트는 이와 같지만, 조사의 효과적인 운영을 위해 잊으면 안 되는 4가지 원칙이 있다.

2) 조사의 효과적인 운영을 위해 잊으면 안 되는 4가지 원칙

- 분석방법과 분석결과를 누구라도 이해할 수 있고 활용할 수 있어야 한다(표준화).
- 조사의 흐름에 연관성이 있고 하나로 통합되는 스토리가 있어야 한다(시스템화).
- 분석결과를 평가하는 기준이 있고 전체 속에서 위치를 정해야 한다(기준화).
- 같은 항목을 시간을 두고 분석할 수 있다(계속성).

13. 입지 · 상권의 관찰조사

상권조사는 기존 데이터와 각종 통계자료, 사내자료의 분석, 통행량조사, 상권 내 고객조사 등에 한정되는 것은 아니다. 조사의 원점(原點)은 눈으로 보는 것과 피부로 느끼는 것에서부터 시작한다.

관찰조사는 구체적인 숫자와 도표로 분석하는 그 이상으로 중요한 것이다.

체인점의 점장이나 조사원이 일상적으로 실행 가능한 항목들이다. 이런 조사는 점포의 점장이 정기적으로 계속해야 하는 것들도 있다.

1) 상권의 상황을 판단하는 데 필요한 것

- 상권의 범위는 점포의 주변을 돌아다니면서 상권의 경계지역까지의 거리와 각 포인트마다 걸리는 시간(도보 · 자동차에 의한다) 등을 체크한다.
- 상권의 자연조건(산과 강, 언덕길 등)과 사회적 조건(철도와 도로 등)을 파악한다. 공장과 사무실의 분포상황도 보아둔다.
- 통행량을 체크할 때에는 점포 주변과 상권 내의 포인트가 되는 지점에서의 통행량과 통

행자의 방향을 가능하면 요일과 시간대별로 체크해야 한다.

2) 점포의 타깃이나 이용고객의 동향을 파악하는 데 필요한 것

- 고객계층의 연령·복장 등의 유행속도, 언어사용 등 그리고 시간대별 고객 수, 이용수단·방법 등을 체크한다. 자동차로 내점해야 하는 콘셉트라면 차종 구성이나 동승자 등 체크항목이 많아진다.
- 영업하는 점포가 입지전략을 세우거나 매출 증대를 위하여 조사를 실시할 때에는 점포 내 고객의 움직임도 일상적으로 실행해야 하는 포인트이다. 단, 판매의 직접적인 항목뿐만 아니라 고객의 점내에서의 움직임, 종업원과의 대화 등 상세한 관찰이 중요하다. 캐셔를 모아서 좌담회를 개최하는 등의 정보수집도 실행해야 한다.

3) 상권 내 고객의 동향을 평가하는 데 필요한 것

- 고객의 분포를 확인하는 데 고객 데이터에 의하여 동(洞) 또는 섹션별로 고객의 범위를 미리 알아두고 어떤 조건에서 고객이 어떤 이유에서, 많은지 또한 고객이 적은 경우는 어떤 이유인가를 관찰한다.
- 상권 내 주택의 밀집상황과 주택의 레벨(크기와 질(質)·아파트 평수의 구성비 등)을 파악한다. 그리고 아파트의 건축과 택지의 조성예정 등도 체크한다.
- 상권의 고객계층은 아파트도 포함되지만, 그 외에 살림살이(예를 들면, 세탁물의 질과 에어컨의 보급 등 외부에서 보이는 것) 등을 체크한다. 신규 출점예정 점포라도 이와 같은 방법으로 예상되는 상권 내의 고객을 평가해야만 점포콘셉트에 적절하게 맞는지를 알 수 있다.

4) 경쟁점포의 동향을 파악하는 데 필요한 것

- 경쟁점의 입지가 어떤가. 역에서의 거리, 번화가와 주택지의 위치 등 고객의 흐름과 도로상황을 정리한다. 특히 경쟁점포의 우위성을 체크한다.
- 경쟁점 이용고객의 양과 질은 자기점포와 동일한 항목을 체크하고 자기점포와의 차이를 명확하게 한다. 라이벌점과의 차별화는 타깃이 되는 고객계층을 확실하게 설정하는 것부터 시작한다.
- 경쟁점포의 움직임은 점포의 상황, 점포 내외의 장식 레이아웃, 상품진열, 가격대, 서비스의 표시 등 그 외 접객의 태도, 고객의 움직임 등을 관찰한다.

〈표 3-6〉 패밀리레스토랑의 자료, 관찰에 의한 조사표(자료에 의한 판단)

	항 목	기준 수치	데이터	평 가
1	상권 내 인구	30,000명 (반경 3km)		차로 10분 이내로 올 수 있는 거리
2	연령구성	20~49세 44% 이상		객층이 되는 연령구성률
3	세대당 인원	3.1 이하		이 숫자는 낮은 쪽이 영패밀리가 많고, 내점빈도가 많다.
4	인구증가율/ 발전성	2% 이상		연도별 매상증가율 4%를 목표로 하기 위해서는 2% 이상 이 이상적이다.
5	교통량/ 일(日)	15,000~ 30,000대		이것보다 적거나 많으면 좋지 않다.
6	투시거리/ 가시성	200m 이상		최저 200m 떨어진 곳에서 발견할 수 있어야 한다.
7	정면의 폭의 길이	28m 이상		이상적인 배치가 되기 위해서는 최저 28m 이상이 필요 하다.
8	주차 대수	40대 이상		좌석 수(120석)로 고려하여 이것 이상은 필요하다. 좌석 (3석에 1대)
9	경쟁점포 수/ 우위성			없는 것이 바람직하다.

주: 패밀리레스토랑의 자료에 의한 체크리스트

〈표 3-7〉 관찰에 의한 상권 판단표(외식업)

	항목	채점	의견	평가
1	접근성			도로사정 및 입구 부근의 상태를 고려할 때, 점포에 접근하기 쉬운가, 아닌가
2	에어리어의 경관			주위의 경관이 좋은가 아닌가. 정취가 있는가 아닌가
3	대상차의 교통량			고객계층이 되는 차량의 통행량. 트럭, 덤프차가 많지 않은가
4	보행자/시장성			고객계층이 되는 사람들이 많이 걸어다니고 있는가
5	집객시설/흡입성			고객계층이 되는 사람들이 많이 모이는 시설이 가까이에 있 는가 아닌가. 예를 들면, 시민회관, 쇼핑센터 등

주: 패밀리레스토랑의 관찰에 의한 체크리스트

제4절 입지의 전략

1. 입지이해

입지상권에는 다음과 같은 3가지 유형이 있다.

■ **입지의 3가지 유형**
- 적응형 : 통행객의 유동성에 의해 장사가 되는 입지를 말한다.
- 생활형 : 지역의 주민들에 의해 장사가 되는, 즉 근린상가 등을 말한다.
- 목적형 : 유동인구에 의존하기보다는 고객창출 요소로 고객이 유인되는 입지를 말한다. 즉 유인요소가 있어야 한다.

외식산업의 점포는 입지의 선택에서 성공이 좌우된다. 그러면 어떤 판단에 의하여 입지[1]를 선택할 것인가 의문이 제기될 것이다. 저자는 15년여 년간 외식업계에 종사하면서 거의 매일 어떤 자리가 좋은지, 점포를 하나 봐둔 것이 있는데, 좋은지 나쁜지를 판단해 달라는 등의 수많은 질문을 받아왔다. 그런 판단을 내리기 위해서는 꼭 필요한 몇 가지 조건항목이 있다. 그럼에도 고객들은 한 번 와서 보고 판단해 달라고 재촉한다. 난감할 때가 많다. 조사도 없이 선뜻 좋다 나쁘다라는 말 한마디가 그 사람의 인생을 좌우하기 때문이다.

외식업 종사자들이라면 누구나 돈 버는 점포를 만들고 싶어 한다. 점포를 개업해서 '성공해야지, 돈을 벌어야지' 하는 의욕을 가지고 개업하지만, 처음의 장밋빛 꿈에서 멀어지면 '왜 이렇게 장사가 안 되지.'라고 낙담하는 사례가 아주 많다. 맛있는 메뉴, 친절한 서비스, 깨끗한 점포(점포력)의 밸런스를 잘 조화시켜 QSC 레벨을 높이려고 노력해도 매출이 늘어나지 않는 경우도 많다. 아무리 훌륭한 점포를 개업시켜도 입지의 특징을 살리지 못하면 개업한 후에 고전할 수밖에 없다. 야심차게 진출한 '플래닛 할리우드' 데니스, LA팜스 등이 입지전략 및 영업전략에 실패한 예이다.

입지전략은 음식점을 성공시키는 데 아주 중요한 요소이다. 적당한 상권[2]의 입지는 식당 오너 한 사람의 의지에 의해서 좋아지는 것이 아니다. 그 입지가 좋은 입지로 변하려면 최소한 5~6년이라는 시간이 필요하다. 식당은 입지가 좋아질 때까지 기다릴 수가 없다. 아마 그 전에 망하게 될 것이다. 입지가 식당의 성공을 좌우하는 비율은 패스트푸드가 95% 이상, 패밀리레스토랑이 85% 이상, 패밀리다이닝(캐주얼 레스토랑)이 80%, 디너하우스(최고급 레스

---

1) 입지 : 대지나 물건(점포)이 소재하고 있는 위치적인 조건을 입지(Location)라 한다.
2) 상권 : 대지나 물건(점포)이 미치는 영향권(거래권)의 범위(Trading area)를 말한다.

토랑)가 70% 정도이다. 즉 외식업은 개점하기 전 입지에 의하여 80~90% 정도의 성공 여부가 결정된다. 그러나 일반음식점 경영자는 무분별하게 대충 감(感)으로 2호점, 3호점을 개점하거나 경험도 없는 사람이 가볍게 점포를 창업하는 경우도 아주 많다. 경쟁이 심화되고 있는 지금부터라도 시대의 흐름에 잘 부응하여 점포를 성공으로 이끌기 위한 노력이 필요하다.

■ 좋은 입지의 조건
　좋은 입지를 일반화하기는 어렵지만, 통상적인 경우 좋은 입지는 다음과 같은 특성을 보유한다.
- 상권 내 소비대상 인구가 다수이고, 계속 증가가 예상되는 입지(성장성)
- 소득수준 및 소비수준이 높고, 구매력이 왕성한 소비자 집단이 거주하는 곳(多수요)
- 계획업종 및 업태에 적합한 소비자가 다수 존재하는 곳(세분고객 수요)
- 도로, 지하철, 버스 노선망 등 교통체계가 발달되어서 사람이 모이기 쉬운 곳
- 대중교통, 승용차, 도보 등 접근이 편리하고 도로망이 잘 갖추어진 곳(접근성)
- 다수 소비자를 유인할 수 있는 시설이 주변에 존재하는 곳(입지성, 집객성, 홍보성)
- 주변에 강력한 경쟁업체가 없는 곳(경합)
- 멀리서도 잘 보이고 지역의 랜드마크가 주변 100m 이내에 있는 곳(가시성)

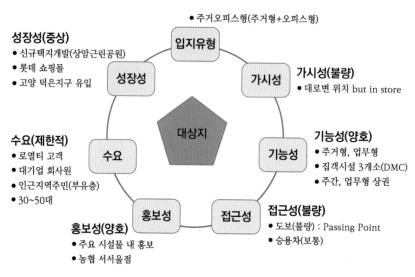

[그림 3-5] 후보지/대상지 입지분석 종합

2. 음식점 창업을 위한 입지조사

개업을 위한 입지조사는 물건(物件) 주변의 전반적인 조사이다. 그 입지가 가지고 있는 특징을 명확히 분석하여 입지에 적합한 업종·업태를 결정해야 한다. 결정된 업종·업태는 그 타당성을 검토하여 개점해야 할 것이다. 물론 입지조사 이전에 외식업에 임하는 마음자세와 그 음식점의 출점기본방침을 명확히 해야 한다. 종업원을 채용하여 그들에게 대충 맡기면 되겠지라는 안이한 자세는 버려야 한다. 또한 물건을 찾아 부동산 등을 통하여 여러 물건을 리스트(물건조사)하고 그 물건이 사업성이 있는지를 과학적으로 조사(입지조사)한 후 계약하여 개업해야 한다.

이 조사에 기초하여 어떠한 영업콘셉트, 메뉴콘셉트, 서비스콘셉트, 점포콘셉트로 운영할 것인지를 결정(콘셉트의 결정)하여 개업까지의 확실한 스케줄을 만드는 것이 중요하다(개업 시스템 구축).

즉 ① 무엇이든지 할 수 있다는 마음자세를 가다듬고 하고, ② 물건을 찾고, ③ 입지조사를 하여, ④ 콘셉트(기본개념)를 만들고, ⑤ 스케줄을 통해 개업을 준비해 가는 것이 좋은 방법인 것이다.

1) 입지의 종류

음식점에 있어서 입지는 아주 중요하다. '외식사업은 첫째도 입지, 둘째도 입지, 셋째도 입지'라고 할 정도로 매우 중요하다. TGIF나 맥도날드, 스카이락 등 유명 체인회사에서는 본부에 입지를 찾는 개발담당자를 몇 명씩 두고, 좀 더 좋은 입지를 입수하려고 노력한다. 세계 최고의 외식기업인 맥도날드에서도 "맥도날드(브랜드)를 믿지 말고 입지를 믿어라"고 강조하고 있다. 그만큼 입지는 중요하다. 즉 음식점은 입지산업이다. 매입할 경우에는 부동산 그 자체만으로도 사업성이 있다. 일부 체인기업의 경우에는 이 입지전략의 과대평가로 부동산 사업이 아니냐는 비난을 받기도 한다. 특히 서울의 명동이나 강남, 신촌, 영등포, 잠실 등은 좋은 입지인데, 이같이 대도시뿐만 아니라 부산의 광복동, 서면 등과 인구 10만 명을 초과하는 지방도시에서도 1등 입지는 전국에 수없이 산재해 있다. 그러나 아무리 좋은 입지라고 해도 음식점의 업종·업태에 따라서는 오히려 교외라든가 도로변 입지가 좋은 경우도 있다. 사람이 살아가며 또 즐기기 위해 외출하는 각각의 장소에서, 사람이 있는 한 식사가 수반되기 때문에 음식점은 사람이 있는 곳이면 어디서든 영업할 수 있다. 일반적으로 역세권이나 대형 쇼핑센터 또는 도보객이 현저히 많은 거리에는 패스트푸드형 외식업체가 좋으며, 관공서 등 오피스타운 밀집가는 전문점 형태의 대중음식점이 좋다. 아파트 밀집가 등은 패밀리레스토랑이 좋고 강가나 드라이브코스가 좋은 곳은 고급음식점, 카페 등이 좋다. 〈표 3-8〉은 입지의 기본적인 종류이다. 여기에서 입지는 원칙적으로 다운타운(도심)형, 시가지형, 도시근교형, 야외형(드라이브인)의 4종류로 나눌 수 있다.

〈표 3-8〉 입지의 기본적 유형(종류)

	도심형(번화가)	시가지형	도시근교형	야외형(드라이브인)
성격분류	① 역전형 ② 번화가형 ③ 시장형 ④ 비즈니스형 ⑤ 기타	① 구 주택지형 ② 이웃 상점형 ③ 간선도로형 ④ 생활도로형 ⑤ 기타	① 신흥주택형 ② 신흥단지형 ③ 공업단지형 ④ 간선도로형 ⑤ 생활도로형 ⑥ 교외형	① 휴식지형 ② 관광지형 ③ 기타
특징	• 그 도시에서 가장 사람이 많이 모인다. • 인구 규모 격차가 심함 • 낮밤의 인구 흐름이 심함 • 전철, 버스, 도보 이동이 주체다.	• 80~90년대 초 주택 형성 • 고연령이나 독신이 많고 연령별 격차가 크다. • 편의동기 • 도보, 자전거, 오토바이의 이동이 많다.	• 80~90년대 아파트 형성 지구 • 30대 뉴패밀리가 많다. • 핵세대화가 높고 외식 비율이 높다. • 자동차로 이동	• 자동차생활의 일반화로 휴양지 등이 형성
상권규모	• 광역, 지역형 상권을 형성 • 10만 명 이상 • 1~10km	• 지역, 이웃형 상권을 형성 • 5만 명 전후 • 1~3km	• 지역, 아웃형 상권을 형성하고 성격 변화가 있다. • 5~10만 명 • 1~10km	• 거리, 도로형 • 광역 상권, 격차가 큰 성격. 변화 有 • 1,000~5만 명 • 5~20km

(1) 도심형(번화가, 다운타운형)

도심 내의 번화한 입지, 즉 명동이나 강남역 주변, 영등포, 압구정동, 신촌 등이 대표적인 다운타운형 입지이다. 이것은 도심형, 번화가형이라고 한다. 서울이나 부산, 대구를 비롯해서 대도시는 물론 인구 6~7만 명의 지방도시에도 이 형태의 입지는 있다. 그 지방의 중핵도시를 중심으로 쇼핑을 비롯하여 상권의 흐름이 이 상권을 중심으로 모여 분산되어 간다.

당연히 서비스업이 활성화되어 있고 비즈니스 관계의 오피스도 있으며, 병원이나 학교, 서비스 관련의 회사도 많은 등 일반적인 패턴이 이루어져 낮과 밤의 인구이동이 아주 높다. 패스트푸드나 패밀리 다이닝, 디너하우스, 전문점 등 거의 모든 업종·업태가 유리하다. 다만, 상권 내 사무인구의 형태에 주의해야 한다. 특히 명동에서 고급레스토랑은 주의해서 개업하지 않으면 문제가 될 수 있다.

(2) 시가지형

아파트, 일반주택가 및 오피스가의 혼재형이다. 예를 들면, 서울의 중요 핵상권(다운타운)

인 명동이나 강남역, 신촌, 영등포 등의 지역을 제외한 지역, 인구 20~30만 명의 지방도시에서 흔히 발견할 수 있는데, 교외로 나가는 간선도로를 따라 그 뒤편에는 주택이나 아파트가 늘어서 있는 패턴이다. 이것을 시가지형이라고 한다. 10~20년 전에는 구 주택가였는데, 거리의 발전확대에 따라 도로가 늘어나고 그 양측으로 오피스가 생기는 거리를 말한다. 이런 입지는 새로운 거리에서 나타나듯이 낮에는 비즈니스맨의 이용이 꽤 많지만, 일반 주민들은 비교적 고령자가 많아 손님의 내점빈도는 그다지 높지 않다. 따라서 적당한 업종은 전문점형이나 탕집, 잡종한식 등 비교적 대중 레벨의 음식점이 유리하다.

(3) 도시근교형

서울 주변의 분당, 일산, 평촌 등의 신도시나 부산의 해운대, 기장 등의 뉴 아파트 타운에는 그 규모나 밀도에 있어서 고객을 아주 많이 모을 수 있는 지역이다. 지방의 경우에는 공업단지나 도매단지, 개중에는 대형 교외쇼핑센터가 입지하는 경우도 있는데, 이 특수한 경우를 제외하고는 이런 입지에는 일요일에 고객이 집중되는 경우가 많다. 또한 뉴패밀리가 비교적 많기 때문에 외식빈도가 높아서 유리하다. 대부분의 가정은 자동차를 소유하고 있기 때문에 자동차객이 몰리고, 비교적 넓은 지역을 대상으로 장사할 수 있다. 따라서 업태로서는 패밀리레스토랑의 입지가 이상적이며, 대형 아파트 단지에서는 패스트푸드점도 유리하다. 대표적인 입지로는 서울 근교의 중동 아파트단지, 일산 아파트단지, 평촌 아파트단지, 산본 아파트단지, 안산 아파트단지, 하남 아파트단지, 구리 아파트단지 등이다.

(4) 야외형(드라이브인)

간선도로를 따라 생기는 드라이브인 입지이다. 도로형이라고도 할 수 있다. 최근에는 관광지, 리조트입지도 생겨 드라이브인형이라고 한다. 드라이브인은 고속도로의 발달에 따라 고속도로 휴게소에 입지하는 휴게용 레스토랑이나 인터체인지 출입구에 입지하는 레스토랑 등 그 스타일이 변화되고 있으며, 레저시대와 여가시대를 맞이한 오늘날에는 최근에 개발되는 리조트지에 아주 새로운 타입의 레스토랑이 출현하고 있다. 또한 고속도로 휴게소 등에도 기존의 개념에서 벗어난 새로운 스타일의 Food-court도 생기고 있다.

이 형태의 입지는 다운타운 입지와 같아서 주변 주거인구가 적고, 지나가는 자동차 수나 그 지역까지 관광하러 나오는 관광객, 레저객 수에 따라 좋고 나쁜 입지가 정해진다고 할 수 있다. 그러나 계절성이 높고 식사시간대별로 변수가 커 위험도 많은 지역이다.

2) 입지의 형태별 분류

앞에서 개업을 위한 입지를 크게 도심형(번화가), 시가지형, 도시근교형, 야외형(드라이브인)으로 분류하였다. 그러나 보다 중요하고 실무자가 현실에 적합하게 판단하는 기준으로 이론상의 설명 이상을 더하지 못한다. 개업하고자 하는 사람들의 판단기준으로는 입지의 일반적인 분류보다는 입지형태의 세부 분류가 응용하기 쉬울 것이다. 입지형태별 분류로는 ① 주거형 입지, ② 역세권 입지, ③ 터미널형 입지, ④ 도심번화가형 입지, ⑤ 오피스형 입지, 교외형, 근린형, 유원지형, 학원가형, 유흥가형, 백화점형 등이 있다.

(1) 주거형 입지

주거를 목적으로 형성된 지역을 말한다. 서울의 개포동아파트단지, 목동아파트단지, 광명아파트단지 등의 지역을 말한다. 주거형 입지에는 패밀리형 레스토랑이나 배달전문점 등이 유망한 업태이다.

(2) 역(驛)세권 입지

역을 중심으로 형성된 입지를 말한다. 서울의 영등포역 주변, 신촌역 주변, 강남역 주변, 명동역 주변, 분당 서현역 주변, 2호선 신천역 주변 등이 1급 입지로서 패스트푸드형 외식업체가 유망한 지역이다. 앞으로 엄청난 발전이 예견되는 입지가 역세권이다. 차량의 과(過)포화상태가 더욱 심해질 것으로 예측되는 도시는 아직까지 미개발된 지역을 타깃으로 하여 입지를 개발하면 좋을 것이다. 중동역, 산본역, 분당 서현역, 기타 5, 6, 7, 8, 9호선의 입지를 중점적으로 개척하라. 그러면 권리금만으로도 투자가치성이 충분히 있을 것이다. 특히 역세권은 젊은 층이나 샐러리맨을 상대로 한 외식업체 개발이 유망하다.

(3) 터미널형 입지

시외버스, 고속버스, 버스정류장 등의 터미널 입지이다. 대부분의 사람들이 목적을 가지고 이동하는 이동중심지로서 외식업소로는 패스트푸드형 음식점이나 간이음식점, 식료품 점포가 유망한 지역이다. 패밀리레스토랑이나 디너하우스 등 중고급 업종의 선택은 바람직하지 않다.

(4) 도심번화가형 입지

명동이나 압구정동, 대학로, 신천역, 신촌, 강남역 등 유행성 점포가 밀집된 지역으로 쇼핑이나 만남을 목적으로 고객들이 모여드는 입지이다. 유행에 민감하고 집객력이 시설형태에 따라 철새처럼 이동하는 경향이 높다. 패스트푸드나 커피전문점 등 퀵서비스가 가능한 외식업소가 적당하다. 임대료가 비싸고 권리금이 높기 때문에 객석회전율을 높이지 않으면 사업성이 없다. 대부분의 고객이 젊은 층으로 이루어져 있기 때문에 그들의 욕구에 적합한 사업을 구상해야 한다. 커피, 카페, 피자, 햄버거, 아이스크림 등이 좋은 지역이나 역발상으로 30~40대 중장년층을 겨냥한 틈새시장의 개발을 노려볼 만한 입지이다.

(5) 오피스형 입지

사무실 밀집지역이다. 서울의 테헤란로 일대, 여의도가 대표적인 입지이다. 이들 지역은 도심 공동화현상이 심한 지역으로 야간고객이 문제가 된다. 점심시간에는 자리가 없다. 북새통을 이루는 것이 특징이고 저녁에는 텅텅 비어 파리를 날린다. 점심이나 아침식사를 타깃으로 하는 음식점이 좋다. 일반적으로 대중음식점이 유리하고 객단가 4,000원대의 전문점도 유망하다. 디너 스타일의 레스토랑은 전문점 형태로서 최고의 맛과 서비스를 제공할 수 있는 차별화된 고급레스토랑이면 좋다.

(6) 교외형 입지

비교적 한가한 사람들 즉 주부들의 모임, 가족나들이, 드라이브를 즐기는 사람들, 기타 아베크족 등을 타깃으로 업종·업태를 결정해야 한다. 건강식 메뉴를 도입한 식당이나 전문점이 유망하고, 지역의 입지특성을 살려 자연경관을 활용하는 것도 중요하다. 차량소통이 원활하고 가시성 높은 입지가 좋다.

(7) 근린형 입지

패밀리레스토랑이나 한국식 전문음식점이 유리하다.

(8) 유원지형 입지(행락지형)

유원지 형태의 지역이다. 용인에버랜드, 민속촌, 서울대공원, 양평 등 주말이나 공휴일에 집객력이 높은 지역이다. 이와 같은 지역의 단점은 평일의 고객이 약하다는 것이다. 이를 극복할 수 있는 음식점이 유망하다. 전문음식점이나 차량용품 판매, 주유소 등 복합점포가 적합한 업종이다.

(9) 학원가, 학교형 입지

학교나 학원가 주변의 입지이다. 이들 입지는 10대 후반 또는 20대 초반 젊은이들의 이동이 많은 지역이다. 커피숍이나 패스트푸드형 점포, 피자, 스파게티 등의 점포가 유망하다. 대표적인 입지로는 서울의 강남역, 종로, 이대, 신촌지역, 경희대, 한양대, 서울대 등의 상권이다.

(10) 유흥가형 입지

유흥가 밀집지역으로 심야 영업점포나 술 해독을 위한 음식점이 유망하다. 서울의 신사동, 역삼동, 신림동, 영등포역, 종로일대의 입지가 대표적이다.

(11) 백화점, 구·신시장형 입지

백화점 내 또는 주변의 입지를 말한다. 중·저가형 레스토랑이 유망하다. 가족고객이나 주부들의 고객이 대부분이다. 백화점 주변의 입지는 중급의 레스토랑이 적합하다. 패밀리레스토랑이나 커피점 등도 유망하다. 그러나 시장형의 입지는 스낵류의 음식점이나 테이크 아웃(Take-out) 포장판매 점포가 적합하다. 우리나라의 상권은 백화점이 주도한다. 그래서 백화점 주변의 식당은 크게 성공하나 구·신 시장은 스낵류나 소규모 판매점만이 명맥을 유지하고 있다.

3. 지형·지세에 따른 좋은 입지선정 방법

먹는 장사의 입지는 인터체인지, 간선도로, 모퉁이, 역, 강, 하천, 철도, 대형 할인점 등 대형 시설물과 지형·지세에 따라 현격한 차이가 있다. 여기서 몇 가지 사례를 소개해 봄으로써 입지 전반에 대하여 개념을 이해할 수 있도록 하였다.

이런 입지는 현대적이고 고객을 창출할 수 있는 화제성이 높은 새로운 업태, 새로운 업종이 적당하다. 특히 미국형 로드사이드형 업종은 적중한다고 보아도 된다. 물건을 판매하는 할인점에는 매장면적 4평에 대하여 1대 이상의 주차장이 필요하다. 그러나 식당일 경우에는 1대의 주차공간이 이동 동선을 포함하여 5평 정도 필요하다. 좌석 3개당 1대의 주차공간이 필요한 것이다.

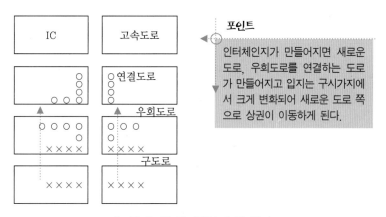

[그림 3-6] 인터체인지(IC) 입지

예를 들어 국민 1인당 소매업 면적이 0.84m²/명이라고 가정하면 E읍의 인구가 10,000명이라고 하면 10,000명 × 0.84m²/명 = 8,400m²의 소매면적이 필요하게 된다.

이 중에서 26%를 쇼핑센터에서 커버하려고 생각한다. 8,400m² × 26% = 2,184m²로 600~700평의 쇼핑센터를 개장할 수 있다. '체인점포의 출점거리'(〈표 3-9〉 참조)를 정해 놓았다면 업종별 중간입지를 알 수 있다. 예를 들면, 패밀리레스토랑이 6km 이상 떨어져 입지하는 경우에는 그 중간입지에도 출점할 여지가 충분히 있는 것이 된다.

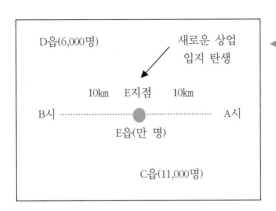

포인트

식당의 흡인율은 매장면적(또는 인구)의 크기에 비례하고 거리의 2승에 반비례한다. 따라서 그림 A시와 B시에 흡인력이 있더라도 거리가 떨어져 있는 E읍에는 영향이 적어 새로운 상업입지가 탄생하게 된다.

[그림 3-7] 도시와 도시 중간지점

〈표 3-9〉 체인점포의 출점거리

① 교외형 대형 SC형태(12km)	② GMS형태(9km)
③ SM형태(6km)	④ 미니 SM형태(3km)
⑤ CVS형태(1.5km)	⑥ 패밀리레스토랑(5km)

　그러나 음식점의 점포 간 거리는 소매점과 다르다고 할 수 있다. 음식점은 QSC에 의해 성공이 좌우되므로 오히려 타 브랜드와 밀집하면 시너지효과에 의해 더 많은 고객을 창출할 수 있고, 강력한 힘이 생길 수도 있다. 그러므로 주변상권의 수요에 대비하여 적정한 수량이 결정될 수 있다. 또한 권외의 상권으로부터도 추가 유입될 수 있을 것이다.

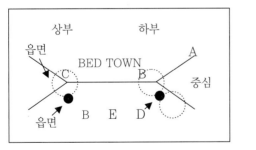
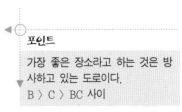

포인트

가장 좋은 장소라고 하는 것은 방사하고 있는 도로이다.
B > C > BC 사이

[그림 3-8] 교차, 방사(放射) 입지

245

- B는 Bed Town(대도시 주변의 아파트단지)의 결속지점으로서 교외의 대형 할인점 존이 될 가능성이 높다. 입지를 찾을 때는 B지점이 첫 번째 후보지가 된다. 대형, 중형점, 대형전문점, 양판점 형태의 점포라면 과감한 규모로 출점해야 한다. 좁은 면적에서 출점해서는 대형점에 잠식당하여 실패한다. 특히 B 주변은 대형음식점(패밀리레스토랑)도 유망하다.
- B지역의 대형 할인점이나 백화점 주변이 식당의 창업지역으로 유망하다.
- C는 읍면의 주민을 집객하는 데 유리하며 지역밀착형 점포가 유리하다. 지역형 전문점, 한식당이 좋다.

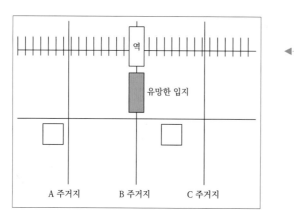

포인트

B주택지보다 A, C 주택지 쪽이 넓이가 있으므로 좋으며, 대로는 역 앞 대로의 좌우가 대부분 좋은 입지이다. 역 앞의 입지는 주점형 식당이 좋다. 또한 젊은 층이나 샐러리맨을 상대로 한 영업전략이 적절하다. 한식구이점, 로바다야끼, 돼지구이점, 패스트푸드, 맥주점, 김밥 등 스낵류가 성공할 수 있다.

[그림 3-9] 역 앞 대로변 입지

1) 할인점 주변입지

대형 할인점의 근처는 좋은 입지이다.

3,000㎡ 이상의 대형점은 그 점포 내에서 대부분 구매할 수 있으므로 접근하면 접근할수록 소매점은 불리하다. 그러나 가족형 음식점은 유망하다.

그러나 500~1,500㎡ 대형점은 모든 수요에 완전히 대응할 수 없으므로 보완업종으로 홈센터, 신사복점, 구두점, 가전점, 완구점, 스포츠용품점, 비디오 렌털점, 타이어센터, 컨비니언스 스토어, 오토바이점, 패밀리레스토랑, 피자, 국수, 만두점, 세탁소 등을 개점하면 좋다.

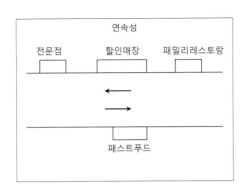

포인트

같이 늘어서 있을 것
가까이에 있을 것
쌍방향 통행이 가능한 곳일수록
좋으며 가능한 많은 업종이 늘어
서 있으면 좋다. 신당동 떡볶이 골
목이나 신림동의 순대타운, 청담
동 퓨전음식거리 등이 대표적인
지역이다.

[그림 3-10] 시너지 창출형 입지

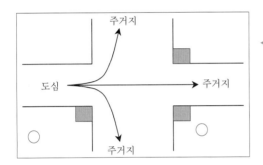

포인트

내점하기 쉬운 점을 생각하면 자동차 진
행방향의 오른쪽에 입지하는 것이 꺾어
지기 쉬우므로 훨씬 유리하다.
또한 도심에서 베트타운 쪽(오른쪽)이
진입하기에 편리하고, 외식은 퇴근 때
이루어지므로 퇴근방향 쪽이 좋다.

[그림 3-11] 퇴근길 오른쪽 입지

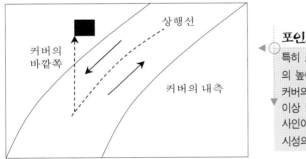

포인트

특히 로드사이드점의 경우, 시계성
의 높이가 포인트이다.
커버의 경우 내측보다 외측이 **50m**
이상 떨어져 있어도 건물 또는 폴
사인이 보이는 것이 바람직하다(가
시성의 양호).

[그림 3-12] 커버의 바깥쪽

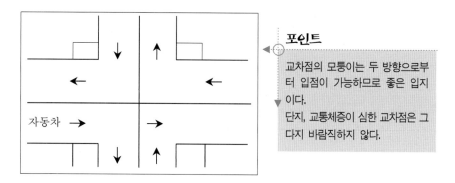

[그림 3-13] 도로의 모퉁이 입지

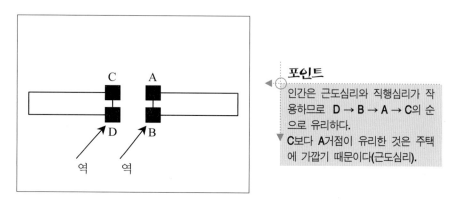

[그림 3-14] 근도심리 직행심리

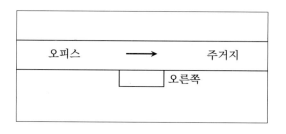

[그림 3-15] 일면입지

2) 기타 입지

① 일면입지

일면입지는 생활도로가 좋고 승용차 통행량이 많은 오피스와 아파트 단지가 많은 지역이 좋다. 또 점포 앞 전면으로 주차장이 있으며 전면 길이가 5m 이상이면 좋다. 최초 길목으로 횡단보도와 버스정류장, 지하철역이 인접해 있으면 음식점 입지로 적합하다.

② 삼거리 코너입지

삼거리 코너입지는 우회전 방향의 코너가 좋으며 삼각방향에서 가시성이 좋아 홍보에 유리하다. 삼거리 교차지점에서 코너입지를 끼고 좌회전 또는 U턴할 수 있으면 좋고 비보호 신호등일수록 좋으며 주차장이 전면에 있어야 한다.

③ 4거리, 5거리 코너입지

5거리는 상권이 분산되는 입지로써 지점 내 집적시설(주차장, 백화점, 관공서 등)이 있는 곳이어야 출점할 수 있고, 4거리 코너는 좌회전, 우회전, U턴, 직진 등 자동차가 자유롭게 왕래할 수 있어야 하고 신호등이 점포 전면에 있으면 좋다.

④ 쌍방향 일자형, 쌍방향 양면입지

아주 좋은 입지로서 가시성, 홍보성이 우수하다. 4면이 교통도로가 아니면 좋고 생활도로나 도보 도로이면 좋다. 특히 4방향 양면입지는 접근성이 좋다.

[그림 3-16]은 기타 입지의 유망입지를 표시한 것이다.

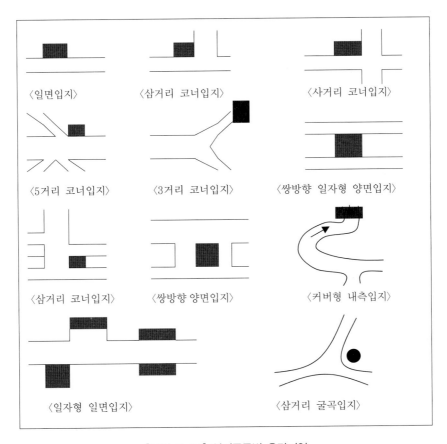

[그림 3-16] 입지종류별 유망지역

4. 도로입지 종류별 적합 업종·업태

도로의 형태와 이용차량에 따른 업종·업태의 선택방법이다. 물론 여기에는 차량의 정체나 시간대별 이동량, 차종 등의 변화에 따라 고려할 필요가 있다.

물류도로란 물자 등을 운반하기 위한 경제활동의 도로이지만 리조트용 등에도 사용된다.

1) 물류도로

물류도로는 화물자동차의 이동이 대부분이나 통행량은 승용차와 비슷하다.

화물차는 대부분의 운전사가 남성이며 이들은 식사량이 비교적 많다.

(1) 적정업종

남성을 타깃으로 한 레스토랑, 즉 불고기점, 설렁탕, 스낵점, 곰탕, 국밥, 운전기사식당, 주유소, 창고업, 드라이브인, 고급외식전문점(리조트지가 있는 경우)이 적합한 입지이다.

(2) 적절하지 않은 업종

가족, 여성을 타깃으로 한 업종이다.

2) 상업 물류도로

상업 물류도로란 비즈니스를 위한 도·소매 서비스업과 세일즈활동에 주로 사용되는 도로이다. 이 도로의 주된 통행차량은 승용차이다. 승용차가 50% 이상을 차지하므로 이들을 타깃으로 하는 업종을 선택해야 한다. 배후세력으로 아파트나 공장지대가 있으면 업종의 폭이 넓어진다. 수원, 인천을 오가는 수인선 산업도로나 춘천가도를 예로 들 수 있다.

(1) 적정 업종

휴게음식점, 국수, 만두점, 불고기점, 곰탕, 백반, 대형가전전문점, 홈센터, 가구센터, 대형타이어센터, 운전기사식당, 카 딜러, 중고차센터, 1만 평 이상의 대형 SC, 주부나 아동을 타깃으로 한 업종(아파트단지가 있는 경우)이다.

(2) 적절하지 않은 업종

고객계층, 개념이 명확하지 않은 것, 소규모점 등이다.

3) 교외 생활간선도로

상업지역을 빠져나와 교외의 대도시 주변의 주택단지(APT단지)를 배경으로 하여 교외로 뻗어 있는 생활간선도로는 생활용품이 가장 유망한 도로이다. 상업 물류도로와 마찬가지로 승용차 통행량이 지배적이므로 이들을 타깃으로 업종을 설정해야 한다. 생활도로는 필요 소비성이 높은 도로이다.

(1) 적정업종

- 식생활 : 패밀리레스토랑, 햄버거, 횟집, theme 레스토랑, 카페, 슈퍼마켓, 주류양판점
- 주생활 : 홈센터, 가구센터, 골동품점, 민예품점, 가전전문점
- 오락 : 비디오, 교외영화관, 테니스코트, 사우나, 스포츠용품점, 완구점
- 기타 : 선물센터, 카 딜러, 중고차센터, 주유소, 애완동물점, 동물병원
- A급 도로, 즉 대학과 고급주택(신도시 아파트 단지)이 있는 도로 : 대형전문서적, 퍼스널컴퓨터점, 대형전문문구점, 취미용품점, 카레, 중국요리집, 한국음식점, 신형차 쇼룸 등
- B급 도로, 즉 약간 빈약한 신흥주택(구주택지)이 있는 도로 : 디스카운트 업태
- C급 도로, 즉 농촌을 배후지로 하는 도로 : 슈퍼마켓 등의 원스톱 쇼핑기능을 가지는 점포

4) 시가지 생활도로

옛날의 낡은 주택이 있는 시가지로, 상가와 주택이 혼재되어 있는 도로로서 승용차의 통행량이 60% 이상을 차지하고 차량의 숫자도 물류도로에 대비해서 월등히 많다.

생활도로는 주민들이 일상생활에 필요한 용품들을 구매하고 일상적으로 활동하는 도로이다.

(1) 적정업종

포장도시락, 포장초밥, 짜장면, 비빔밥, 국밥, 부대찌개, 아이스크림, 케이크점, 비디오, CD점, 인스토어 베이커리, 커피점, 애완동물점, 세탁소, 스포츠클럽, CVS 등이다.

(2) 적절하지 않은 업종

대형전문점, 남성을 타깃으로 한 점포 등이다.

5) 교외 혼합도로

시가지에서 교외로 빠지는 간선도로는 차종이 혼합되고 그 용도와 고객계층도 혼합되어 있으므로 다양한 욕구가 혼재되어 발생한다. 그런 만큼 경합도 복잡하고 실패의 확률도 높다.

(1) 적정업종

쇼핑센터, 대형전문점, 대형음식점, 대형서비스점, 대형 · 중형규모의 양판형 종합점

(2) 적절하지 않은 업종

아이템 수가 적은 단순점, 특징이 없는 전문점 등이다.

〈표 3-10〉 입지 특성에 따른 적정업종의 설정

물건해당 / 입지형태		입지조건 — 상권인구						상권 중심성		상권규모			교통기관			환경		인구밀집역 (통행자밀도)		
업종·업태		광역형	중간형	근린형	교외형	터미널형	도심형	중심지 입지	중심이 아님	집객(대)	중간형	집객(소)	철도객 의존	도보자전거 의존	자동차객 의존	집객강제요소(有)	집객강제요소(無)	밀집지역	분산지역	평점
기타	관공서관공청	○	○		○	○	○	○		○				○	○			○	○	
	티켓판매관공청	○			○	○	○	○		○					○	○	○		○	
	광고업	○			○	○	○		○						○	○			○	
	주차장	○			○	○				○						○	○	○	○	
	주류<아파트>	○	○		○			○						○	○	○		○	○	
	자동차학원	○			○			○							○	○			○	
	가정학교	○			○			○												
	미용원·야간원		○	○	○		○	○							○	○		○		
	학원	○	○		○	○	○	○										○	○	
서비스	주유소		○	○	○	○								○	○	○		○	○	
	의료양로원		○	○	○		○	○	○						○			○	○	
	결혼식장	○		○	○		○								○	○		○	○	
	목욕탕		○	○	○			○	○	○	○			○	○			○	○	
	병원		○	○	○			○		○	○			○	○			○	○	
	세탁소			○	○						○				○			○		
	미용실			○	○						○				○			○	○	
	호텔	○	○		○	○				○	○			○	○			○	○	
	금융	○	○		○	○				○	○			○	○			○	○	
	렌터카	○	○		○	○		○							○				○	
레저	실내레저·레크리에이션시설	○	○		○	○		○		○	○			○		○			○	
	실외스포츠시설	○			○	○		○		○	○			○	○	○			○	
	어린이레크리에이션시설	○			○	○		○		○	○			○					○	
	어린이스포츠시설	○			○	○		○		○	○			○					○	
	영화·극장	○			○	○				○				○				○		
식음	주류전문점		○	○	○	○	○	○		○	○			○					○	
	스낵·패스트바니		○	○	○	○	○	○		○	○			○					○	
	찻집		○	○	○	○	○	○		○	○			○					○	
	간이음식점<아빠>		○	○	○	○	○	○						○		○			○	
	전문식당		○	○	○	○	○			○				○		○			○	
	패밀리레스토랑		○	○	○	○		○				○				○			○	
건전 판매	종합<정포 대>종합식료품	○			○	○	○	○						○						
소형점	식료품점			○						○				○	○	○			○	
	일반영업품	○	○		○	○				○				○	○				○	
	가정용품	○	○		○	○				○				○	○				○	
	신변품	○	○		○	○								○	○				○	
	의류품	○	○		○	○								○	○				○	
	CVS<편의점>		○	○	○			○				○		○	○				○	
	SM<슈퍼마켓>		○	○	○			○				○		○	○				○	
복합 전문마켓점	전문관련점	○			○					○				○	○				○	
	홈센터	○			○					○				○	○				○	
	파워센터빌딩	○	○		○	○		○		○				○	○				○	
복합 소매점	양판점	○	○		○	○	○	○		○				○	○	○			○	
	백화점	○	○		○	○		○	○	○				○	○			○	○	

5. 입지조사 방법

1) 입지조사의 자세

입지조사의 방법에는 2가지 유형이 있다. ① 업종·업태를 먼저 결정하고(체인의 대부분이 이 방식에 속한다) 조사를 실시하는 방법과 ② 시장조사의 결과에 따라 업종·업태를 결정하는 방법이다. 입지조사를 시작할 때 가장 중요한 것은 어떤 업종·업태로 개점할 것인가를 먼저 생각해 보는 것이다. 업종·업태를 결정하기 전에 전문가의 자문을 구하는 것이 시행착오를 줄일 수 있는 방법이다. 전문가의 자문을 구할 때 자신의 취미와 좋아하는 음식, 그리고 본인의 비전과 꿈 등을 솔직하게 공개해야 한다. 또 자신의 현재의 환경과 자금여력, 맨파워, 타인과의 차이점 등도 전문가에게 소개하여 자신의 적성과 능력에 맞는 업종·업태를 결정해야 한다.

2) 입지선정의 전제조건

앞에서도 다소 언급했지만 점포의 물건(物件)을 조사하기 전에 다음과 같은 일부 필수불가결한 전제조건을 미리 설정하여 정리해 놓으면 자기의 출점 전제조건의 기본사항에 맞지 않는 물건을 조사하기 위한 시간과 노력 및 비용을 낭비하지 않을 수 있다. 전제조건들은 사업주 개인 사정 또는 하고자 하는 업종·업태에 따라 좌우되는 것으로 개인마다 또는 회사마다 전제조건들이 상이하게 나타날 수 있다.

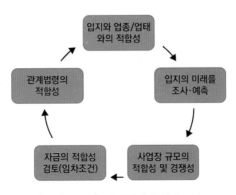

[그림 3-17] 입지선정의 전제조건

3) 입지선정의 주의점

(1) 시장구매력의 파악

시장구매력을 파악하는 방법은 ① 생활형 입지일 경우 배후구매력을 판단해야 하고, ② 적응형일 경우에는 유동인구의 구매력을 파악해야 한다.

① 생활형 입지

배후구매력×점유율＝매출이므로 배후인구×소비지출액(외식비)은 그 지역의 소비시장(외식)이다. 소비지출금액은 『도시가계연보』(통계청 발간)에서 가구당 소득수준, 소비지출, 항목별 지출을 파악할 수 있다.

② 적응형(유동형) 입지

패스트푸드 음식점에 적용할 수 있다. 즉 도심 중심가에 출점 예정일 때는 1차 상권 내(500m)의 유사점포 앞의 통행량 3~4개 업소를 측정하여 그 점포들의 매출액 평균값을 구하면 출점예정지 점포의 매출을 추정할 수 있다. 이와 같은 매출추정법을 다중회귀법이라 한다.

③ 배후인구의 통계적 특성 파악

가구, 인구, 가구당 인구, 연령별 구조를 파악한다. 이와 같은 것들을 파악하기 위해서는 구, 시 통계연보를 시청이나 구청 동사무소에서 구해야 한다. 이 통계연보에서는 연령별 인구, 남녀별, 지역별, 가구별 등을 파악할 수 있다. 또한 도·소매업 조사보고서, 서비스업 조사보고서 등에서는 그 지역주민들의 생활상을 파악할 수 있다.

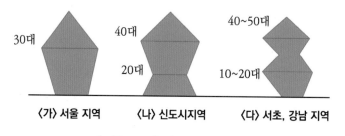

[그림 3-18] 인구 구성형태

위의 그림에서 〈가〉는 서울 지역의 인구형태이며 30대 인구가 가장 많다. 그림 〈나〉는 신도시 분당이나 일산 같은 지역의 인구분포도로 40대 전후, 어린이가 많으며, 20대가 비교적 적은 지역의 형태이다. 그림〈다〉는 서울 서초, 강남 지역의 인구분포도로서 10~20대, 40~50대가 많으며 유아인구가 거의 없다.

(2) 점포입지별 조사포인트

업종과 업태에 따라 구체적인 항목과 분석결과의 평가는 달라도 기본을 지키지 않으면 좋은 진단은 나올 수 없고 입안한 전략도 유효한 것이 되지 않는다.

① 역상권형 점포

일반적으로 이 타입의 점포상권은 광역적으로 넓어진다. 특히 터미널역 입지는 연선전역(沿線全域)이 되어 있으므로 몇 개의 지역 또는 몇 개의 도시가 상권이 된다.

따라서 상권조사도 목적을 설정하여 실시하지 않으면 효율이 나쁘고 의도한 분석이 나오지 않는 경향이 있다. 이 타입의 조사에서 유의할 사항은 다음과 같다.

• 점포의 고객타깃에 조사대상을 설정한다.

광역상권의 고객증대에 있어서 상권범위는 가능한 넓게 잡고 타깃 고객계층을 설정하는 것이 원칙이다. 따라서 상권조사도 점포의 타깃이 되고 있는 고객계층을 확실하게 구분하여 그 대상자만을 분석한다.

• 조사지역을 잡는다.

타깃 고객계층을 잡을 수 없을 경우에는 조사대상 지역을 한정하는 방법도 있다. 에어리어 샘플링(Area sampling, 특정지역 설정)으로서 광역 에어리어를 몇 개로 나누어 그 가운데서 무작위로 소수의 에어리어를 선택하여 그곳만 조사를 실시하는 방법이다. 물론 선택한 에어리어는 다른 지역도 대표할 수 있는 지역이어야 한다.

• 역 상권과 점포상권의 차이를 명확하게 한다.

역은 선택할 수 없지만, 점포는 선택할 수 있는 것이기 때문에 일어나는 차이이기도 하다. 역을 지나다니는 사람들의 성향만으로 점포의 전략을 세워서는 안 된다. 전략은 어디까지나 점포상권의 분석결과만으로 세울 수밖에 없는 것이다.

② 길거리형 점포

로드사이드형 점포의 상권은 광역형(廣域型)과 협역형(狹域型)으로 나눌 수 있다. 통행량이 많은 간선도로에 위치한 점포는 역상권형과 동일하게 고객이 넓은 범위로 확대된다. 반대로 일반 상가와 주택지와 같은 점포의 상권은 좁다고 말할 수 있다.

• 협역상권 타입은 보다 세밀한 분석이 필요하다.

한정된 상권으로 데이터 수집이 쉽기 때문에 보다 상세한 조사를 실시한다. 협역상권의 전략원칙은 한정된 상권 속에서 특수한 업종·업태를 제외하고는 보다 넓은 폭의 고객계층을 획득하는 것에 있다. 지역에 밀착한 커뮤니케이션이 원칙이며 상세한 분석이 필요하고 한 사람 한 사람의 고객 니즈(Needs)를 분석해야 한다.

• 광역상권 타입은 면적의 범위와 이용수단의 분석을 중시해야 한다.

로드사이드형 광역상권은 그 범위가 특수하다. 주요 도로를 중심으로 지상(枝狀)의 상권이 형성되어 있어 상권범위의 확정이 중요하다. 그리고 갈라져 나온 상권 하나 하나의 에어리어에는 그 규모와 고객계층이 다르며 점포의 고객분포 농담(濃淡)도 다르다. 이들 차이를 확실하게 하는 것이 체크 포인트의 가장 중요한 점이다. 주택지역을 이용하여 인구세대수 등의 시장규모를 신중하게 분석하는 것이 요구된다. 또한, 상권조사에서 나누어지는 에어리어마다 전략을 세울 수 있는 구조를 만들어야 한다.

어떤 방법으로 내점하고 있는가의 분석도 중요한 포인트의 하나가 된다. 자동차에 의한 내점자가 중심인 점포에서는 자동차에 대응하는 서비스의 제공 등과 같은 고객 증대의 전략이 필요하게 된다.

③ 쇼핑센터형 점포

이 타입의 점포도 센터의 고객흡인력에 의해서 광역상권과 협역상권으로 나눌 수 있다. 아래의 점들에 주의하면서 조사를 한다.

• 센터 전체와 개별점포의 차이를 명확하게 한다.

센터 전체와 테넌트(Tenant)점포의 상권은 다르다. 이것은 역(驛)상권형 점포에서도 언급하였지만, 센터 측의 조사에만 의존하지 않고 점포 독자적인 분석을 해둔다. 반드시 고객계층의 구성도 다르고 고객 증대의 전략도 센터 전체의 틀에서 이루어지지만, 독자적인 것이 필요하다. 광역상권의 점포에서는 조사의 효율을 생각하여 타깃을 지역에 따라 한정하는 것도 필요하다.

• '목적이용'과 '기회이용'의 고객구분을 명확하게 해야 한다.

센터 이용객에는 처음부터 특정의 점포에서 확실한 목적을 갖고 이용하는 고객과 가끔 동일한 센터 내의 점포에서 쇼핑을 하다가 우연히 이용하는 고객으로 나눌 수 있다. 따라서 고객증대 전략을 구사하기 위한 활동(판촉과 업태설정)도 달라진다.

(3) 접근성 분석

접근성도 입지유형에 따라 분석해야 한다.

① 적응형 입지

도보자의 접근성을 우선 고려해야 한다. 도보자가 접근하기 쉬운 출입구, 시설물, 계단, 가시성 등이 좋아야 한다. 대부분의 도보객은 버스나 택시, 지하철을 이용하므로 이들 교통시설물과 근접하면 좋다. 도심의 최적입지는 차 없는 거리이다. 굳이 주차장을 둔다면 건물 뒤편에 위치하는 것이 좋다. 도보객이 우선적으로 접근하기 쉬워야 하기 때문이다.

② 목적형 입지

특정테마에 따라 고객이 유입되므로 차량이 접근하기 쉬워야 한다. 주 도로에서 접근하기 쉽고 주차장이 크고 편리성이 있어야 하고, 주차관리원도 두어야 한다. 또 주차장의 위치는 건물 앞쪽에 있어야 이용자의 편리성이 높다.

③ 생활형 입지

지역주민이 주로 이용하는 식당이므로 도보나 차량을 모두 흡수할 수 있어야 한다. 주차시설도 갖추고 도보객의 접근도 유리한 지역에 출점해야 한다.

4) 입지의 지리적 위치 조사

(1) 코너 위치의 입지

입지에는 일자형 도로에 위치한 '一面' 입지, '삼거리 코너' 입지, '사거리 코너' 입지, 쌍방향 일자형 '兩面' 입지, '5거리 코너' 입지, 기타 입지로 구분할 수 있다. 여러 형태 입지의 장단점은 제각각이나 지역의 특성에 따라 상당한 차이가 있다.

(2) 점포의 시계(視界) : 가시성

입지의 시계성은 넓고 길수록 좋다. 오목형 입지보다는 볼록형 입지가 좋다. 특히 주변의 간판이나 전면의 가로수 장애, 주변 건물의 장애 등을 잘 체크해야 한다. 시계성이 낮으면 그만큼 홍보가 더디고 고객들의 인지속도가 늦어지게 된다. 또한 점포를 찾아올 때도 그만큼 힘들다. 고객은 단순한 것을 좋아한다. 쉽게 찾을 수 있고 주차하기 편리한 곳을 선호한다.

(3) 접근성

점포의 출입이 용이해야 한다. 승용차의 출입구나 도보자의 출입구, 특히 계단 등의 장애가 없어야 한다. 차량 출입 시 좌·우회전이나 직진, U턴 등이 원활해야 한다. 전용 보행도로나 교통도로가 있는 곳이 좋으며 특히 생활도로 주변이 외식수요가 높은 지역이다.

(4) 홍보성

간판의 위치나 크기, 점포의 위치, 유동인구의 규모, 점포의 전면 길이, 건물 전체의 규모, 건물의 집객능력 등이 홍보에 미치는 영향은 크다. 특히 간판의 위치나 크기는 가능한 크게 만드는 것이 유리하고, 높이는 지상으로부터 4~6m가 가장 좋다. 옥상의 간판 설치가 가능한지도 체크해야 한다.

(5) 상권의 외식형태와 생활동선의 파악

지역 내 주요 외식업체의 위치 등을 파악하고 이동하는 동선은 어디인지 파악한다. 또한 외부의 유출입 동선도 파악하여 출퇴근 동선, 통학통로, 구매동선 등을 파악하여야 한다.

(6) 주변 교통시설 현황조사

접근성과 밀접한 관련이 있는 교통시설을 조사함으로써 내점 가능 여부를 판단할 수 있게 된다. 조사대상으로는 버스정류장, 전철역, 횡단보도, 지하도, 육교, 신호등 유무, 교통도로 등을 이용하는 교통시설 이용인구가 어느 정도인지를 파악해야 한다.

(7) 도로현황 조사

보행 전용도로의 도로 폭이나 차량통행 여부를 체크하고, 교통도로는 도로차선, 노변 주차 여부, 좌회전 여부, U턴 여부 등을 조사해야 한다.

(8) 지형이나 지세의 파악

철도, 도로, 대형담장, 아파트 경계, 언덕, 평지, 강 등을 조사해야 한다. 이와 같은 대형 지형이나 지세는 음식점의 상권에 장애가 되는 요인이다.

(9) 입지의 향후 발전방향

도로의 신설, 전철역 신설, 횡단보도 신설, 교량 신설, 터널 신설, 비보호 좌회전 신설, 대형 유통센터 신설, 학원신설 등은 발전의 가능성이 높은 지역이다.

5) 입지의 기능적 위치조사

기능적 위치조사를 통해서 광역적 또는 협역적으로 주변지역의 발전상황을 알 수 있게 된다.

① 주변지역의 주된 기능을 파악한다.

주거지역, 상업지역, 공장지역, 공원지역, 오피스 밀집지역, 학원지역 등을 파악한다. 공장지역은 사원식당 등을 제외하고는 극히 일부의 한식메뉴 수요가 있을 뿐이다. 패 밀리나 패스트푸드형 외식업체는 출점하지 않는 것이 좋다.

② 주변의 부속기능을 파악한다.

유흥가, 근린상가 밀집지, 시장, 숙박시설 밀집지, 대형상가, 식당가, 대형병원, 호텔, 학교, 학원, 관공서 등의 부속기능을 파악한다. 혐오시설(화장터, 쓰레기소각장 등)이 있는 지역은 출점해서는 안 된다.

③ 야간인구의 유발기능을 체크한다.

유흥가, 호텔 등의 숙박기능, 경찰서 등 장시간 영업 또는 업무를 하여 야간인구를 유발하는 기능들의 규모와 위치를 파악하여야 한다.

④ 유동인구의 유발기능을 파악한다.

대형 집객시설의 기능을 가진 학교, 호텔, 관공서, 대형빌딩, 극장, 경찰서, 공원, 백화점, 대형할인점, 전철역 등을 파악하고 유동인구의 형태와 부류를 체크한다.

⑤ 인접지의 상가현황과 상가의 업종을 파악한다.

⑥ 기능별 집적도나 활성도를 파악하고 기능별 입지의 발전방향을 체크한다.

6) 법적 조건 체크

입지의 용도는 도시지역, 준도시지역, 농림지역, 준농림지역, 자연환경보전지역 등 5개로 분류된다. 이 중 도시지역만 「도시계획법」에 적용되고 나머지는 「국토이용관리법」이 적용된다.

입지담당자는 「도시계획법」, 「유통상업발전법」, 「건축법」 등 3가지에 대해서는 잘 알아야 한다.

(1) 용도지역

용도지역은 상업지역, 주거지역, 공업지역, 녹지로 구분되나, 상업지역은 일반사업지역, 유통, 중심, 근린상업지역으로 나뉜다. 이 지역들은 건축이 가능한 지역이 있고, 전혀 불가능한 지역이 있으며, 지방자치단체의 조례에 따라 가부가 결정되는 지역도 있다.

자세한 세부내용은 구청에 문의하면 최신정보를 얻을 수 있다. 또한 학교시설지구(고등학교 이하)에서는 50m까지가 절대정화구역, 200m까지가 상대정화구역이다.

(2) 건폐율과 용적률 체크

건폐율이란 건물을 땅바닥에 앉히는 면적비를 말한다. 용적률이란 땅 대비 총건축 가능평수를 말한다. 용도지역에 따라 건폐율과 용적률은 많은 차이가 있으므로 유의해야 한다. 1998년 5월부터는 용도의 전환이 아주 쉬워졌다. 특히 용도 변경은 전환할 때 신고만으로도 가능해진 군이 있다. 주택을 근린시설로 신고만 해도 변경할 수 있게 되었다.

시설군과 용도군은 다음과 같다.

〈표 3-11〉 시설별 용도 변경

시설군	용도군
1. 영업 및 판매시설	위락판매 및 영업숙박
2. 문화 및 집회시설	집회, 운동, 관광, 휴게
3. 산업시설	공장
4. 교육 및 의료시설	교육 및 복지시설
5. 주거 및 업무시설	업무시설
6. 기타 시설	근린시설

주 : 용도군 내의 1번 항목에서 6번 항목으로 용도변경은 신고만으로 가능하다.

7) 입지선정 시 고려해야 할 조건

상기의 입지선정이 끝나면 현재의 입지가 어떻게 형성돼 지금에 이르렀는지 파악해 두는 것이 필요하다. 이것은 입지 자체가 쇠퇴하는 입지인지, 떠오르는 입지인지를 파악하는 기준이 된다. 상업시설이 개발되는 곳에서는 사무실 건물이 한 동(棟) 들어설 때마다 매출이 증가하는 경우도 있다. 중장기 개발 전망 시 맞는 입지를 적절하게 선택해야 한다.

- 주요 고객이 누구인지, 취향, 소비형태, 소비심리는 어떤지 등을 파악하여 주택가나 사무실 밀집지역 또는 상업지역 번화가가 좋은지를 결정하여야 한다.
- 소비대상자가 많고 향후 인구증가가 예상되는 곳이어야 한다.
- 주변상권이 활성화되어 고객을 흡수할 수 있는 업종들이 고루 분포된 곳이어야 한다.
- 고객이 모여들 수 있는 시설이 있는 곳이어야 한다.
- 교통체계가 좋아 사람이 많이 모이는 곳이어야 한다.
- 퇴근길 동선을 따라 위치한 점포가 유리하다. 높은 지대보다는 낮은 지대가 유리하다.
- 점포 맞은편에 상권이 발달되지 않은 경우에는 피하는 것이 좋다.
- 권리금이 붙어 있는 점포가 안전하다. 다만, 거품이 존재하는지 반드시 체크해야 한다.
- 자금이 부족하다고 안 좋은 입지에 점포를 얻는 것보다는 점포의 크기를 줄이더라도 목이 좋은 곳을 선택하는 것이 유리하다.

제5절 경쟁 분석

1. 경쟁점포의 이해

상권조사에 있어서 경쟁점포의 동향을 정확하게 파악하는 것이 꼭 필요하다. 경쟁점포를 분석하는 데는 경쟁점포의 능력이나 고객 수(數), 상품의 동향, 점포의 인기도(인지도), 매출 등을 조사해야 한다. 이 조사는 그렇게 쉽지 않다. 경쟁점포의 동향을 파악하는 조사에 대해 몇 가지 각도에서 공부해 보자. 먼저 경쟁구조부터 이해해야 한다.

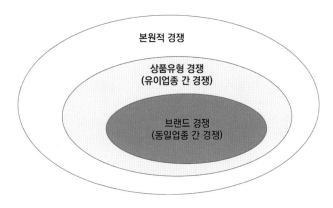

[그림 3-19] 경쟁관계의 이해도

일반적으로 경쟁의 정의를 동일한 업종을 영위하는 점포로 한정하여 비교하는 경우가 다수이나, 이런 경우 실질적인 경쟁관계를 파악하지 못하는 오류를 가져올 수 있다.

따라서 실질적인 경쟁구조 및 경쟁점포를 이해하기 위해서는 상권분석을 통하여 경쟁수준별, 세부 업종별, 그리고 고객의 니즈 측면에서 경쟁을 분석하여야 한다.

① 본원적 수준 : 고객의 본원적 욕구를 충족시키는 상품 전체의 경쟁으로 파악(고객의 수요를 어떤 상품이 흡수하느냐의 경쟁)

② 상품유형 수준 : 구체화된 고객 동일욕구를 충족시키는 상품 간의 경쟁(외식 : 한식, 중식, 갈비, 뷔페 등)

③ 브랜드 수준 : 동일 업종 내 각 브랜드 간 경쟁으로 고객니즈를 충족시켜 주는 동일상품 수준의 경쟁(중국음식점 간 경쟁)

즉 정확한 경쟁자를 파악하기 위하여는 고객(Needs) 측면에서 상품유형 경쟁단계까지 파악하는 것이 필요하고 또한 동일상권 및 타 광역상권과의 경쟁도 고려해야 한다.

2. 경쟁점포 능력측정

경쟁점포를 조사할 경우 그 점포가 어느 정도의 힘이 있고 어떤 특징을 갖고 있는가, 또는 자기점포에 어떤 영향을 줄 것인가, 주고 있는가 하는 경쟁점포의 종합적인 능력을 파악하는 것이 중요하다.

이를 위해서 다음과 같은 여러 가지 조사가 필요하게 된다.

1) 경쟁점포의 현황조사

경쟁예상점포 또는 경쟁점포(이하 경쟁점이라 칭한다)의 현황에 대해 현 상태에서 파악한다. 조사내용으로는 상호, 주소, 매장면적, 주차장 면적, 개업연도, 영업시간, 종업원 수, 판촉수단, 추정 월매출 등이다.

2) 경쟁점의 상권조사

정확하게 실시하기 위해서는 경쟁점의 점포 앞에서 입점자 조사를 실시하여, 이용자가 어디서 오는지 주소를 묻고 그 범위로 경쟁점의 상권을 추정하는 것이 좋다. 그 다음으로 설정된 상권을 기본으로 하여 상권 내의 세대수와 인구 등을 산출한다.

3) 경쟁점포의 이용객 수 조사

- 거래 납품업자의 납품실적
- 영업 마감시간 전 영수증의 전표 발행

$$번호 \times Table단가 = 매출$$

- 입점객 수×객단가 등의 방법이 있다.

4) 경쟁점포의 매출 추정

경쟁점포의 상권 내 세대수에 외식비용을 1세대당 평균 소비금액을 곱해서 수요와 경쟁점의 이용객 수 결과를 기본으로 매출을 추정한다.

$$상권 \ 내 \ 외식비 = 세대수 \times 가구당 \ 외식비$$
$$경쟁점 \ 매출 = 이용객 \ 수 \times 객단가$$

5) 관찰조사

경쟁점포의 힘을 종합적으로 파악하기 위해서는 앞에서 언급한 정보가 필요하지만, 경쟁점의 관찰조사만으로도 유효할 수 있다.

사람들의 움직임, 고객의 특성, 피크 시의 분위기, 상품(메뉴의 동향, 가격동향) 등을 직접 피부로 실감하면서 파악한다. 그래서 경쟁점 조사는 양(量)적으로 파악하는 부분과 질(質)적으로 파악하는 부분이 있는데, 자기점포와의 대비가 가능하도록 정리하고 종합적으로 자기점포와의 관계에서 경쟁점의 포지션과 힘을 평가분석할 필요가 있다.

신규창업을 목표로 조사하는 경우에는 조사기관에 의뢰해서 자문을 구하는 것이 바람직하다. 잘못된 판단으로 개업하게 되면 평생 모은 재산을 한순간에 날려버릴 수도 있기 때문이다. 점포방문, 면접조사, 조사내용의 분석 등은 전문 조사기관에 위탁하는 것이 좋다. 조사주체가 제3자일 때보다 객관적이면서 정확한 정보를 입수할 수 있게 된다.

〈표 3-12〉 경쟁점포와 자기점포의 비교분석표

개 황	A점포	B점포	자기점포	비교
1. 상권의 범위				
2. 매출규모의 추정				
3. 점포의 외관/이미지				
4. 입지조건				
5. 메뉴 및 가격				
6. 고객의 분포				
7. 종업원				
8. 서비스				
9. 마케팅				
10. 조리시스템				
11. 기 타				

3. 경쟁점포의 고객 수 분석

경쟁점포에 고객이 많은가 어떤가는 경쟁점포의 매출을 추정하면 알 수 있다. 또한 경쟁점의 집객력을 관찰하는 데 중요한 테마가 된다.

이것을 정확하게 알기 위해서는 점포 앞에서 평일과 휴일, 시간대별로 내점자를 카운트하는 것이 필요하지만, 경쟁점의 점두에서 실시하는 데는 현실적으로 어려운 점이 있다. 그러나 전문조사기관에 위탁하면 문제는 없게 된다. 이 방법 외에는 가상으로 설정한 상권 내의 가구에 대해서 무작위로 면접조사를 실시하여 경쟁점을 어느 정도 이용하고 있는가를 파악하는 방법이 있다. 이 방법은 전화조사로 실시하거나 통행자의 면접조사로 실시하는 등의 방법이 있으며, 다른 조사목적과 병행하여 적당하게 이용하면 좋다. 가능한 넓은 지역을 샘

플로 설정하여 조사하면 정확도도 증가하고 유효한 방법이 될 것이다. 그 외 조사를 직접 하지 않고 내점객 수를 조사하는 방법으로는 폐점까지의 레지스터 영수증 번호를 체크하는 방법이 있다.

이것은 폐점까지 판매 레지스터의 번호를 봄으로써 그날의 이용객 수를 조사하는 방법으로 레지스터가 1대인 경우에는 신뢰도가 상당히 높다.

4. 경쟁점포의 메뉴동향

경쟁점포의 상품(메뉴)동향 조사 분석은 취급상품 부문이 어느 정도 있는가에 따라 복잡함과 난이(難易)함이 있는데, 기본적으로는 다음과 같은 조사가 필요하다.

1) 메뉴 조사

점포 전체의 상품이 어떻게 구성되어 있는가에 대한 조사는 메뉴북의 디자인 내용을 잘 살펴보면 전략적인 상품이 어떤 것인가를 알 수 있게 된다. 가능하면 전단지, 테이블, 플레이스 매트, 포스트, 플라이어, 이벤트, 전단 등을 수집하여 분석하면 된다.

2) 가격존과 가격라인 조사

메뉴구성 가운데 가장 중요한 것이 경쟁점포의 가격전략이며 그 동향이다. 경쟁점의 전단지 분석 등으로 일부품목에 대해서 대략적인 것을 파악한다고 해도 업태 이미지로서 전체를 완전히 파악할 수는 없다. 그래서 가격에 있어서도 실제로 식사를 해보고 느낌을 관찰해 보아야 한다. 돈을 낸 만큼의 가치가 있는지 어떤지를 분석할 필요가 있다. 모든 메뉴의 가격을 조사하고 원가를 조사하는 것은 매우 어렵기 때문에 대상부문에서 주력상품 메뉴를 몇 개 선택하여 조사해 보아야 할 것이다. 또한 그 상품의 가격 zone(상한과 하한)과 가격 라인(중심상품군의 가격 zone)을 조사하여 그 경향을 파악한다. 이 경우에는 메뉴북의 일반가격을 파악하고, 특매가격(할인가격)은 별도로 파악한다. 상품아이템별로 상세하게 파악할 경우에는 미리 조사할 상품을 추출하고 리스트화하여 실시하면 보다 무난하게 행할 수 있다.

3) 상품정책 조사

이것은 경쟁점포의 점주(店主), 매장책임자 등을 대상으로 하여 전문기관의 명의로 앙케이트 조사를 직접 실시하는 것이다. 어떤 방침으로 어떤 상품을 전략적으로 지향하고 있는가, 이용객이 어떤 상품을 주로 이용하는가 등에 대해서 파악하는 방법으로 이것은 객관성을 유지하기 위해서도 전문조사기관에 맡기는 것이 바람직하다.

4) 전단지 분석

경쟁점포의 전단지에는 그 점포의 전략이 반영되어 있기 때문에 상품동향과 가격동향에 대해 연구를 할 수 있다.

따라서 경쟁점의 전단지 광고를 시계열(時系列)로 수집하고 주요 메뉴의 구성과 할인가격표 등의 작성을 통해서 경쟁점의 메뉴정책과 마케팅전략을 분석할 수 있다.

5. 경쟁점포의 인지도 조사

① 점포의 인지율(認知率, 인기도)
② 점포의 이용경험률(한번 시험적으로 이용한 적이 있는 비율)
③ 점포의 계속 이용경험률(항상 이 점포를 이용하는 비율)

경쟁점포가 상권 내에서 어떻게 인식되고 어느 정도 인기가 있는가는 상권 내의 전체 경쟁점을 대상으로 상대적인 위치계열에서 파악해 볼 필요가 있다.

인기도의 최종적인 지표는 고정고객(단골고객)이 그 점포를 어느 정도 이용하고 있는가에 있다. 그 가운데서 인기는 있는 반면, 이용률이 낮은 점포도 존재할 것이다. 따라서 실질적인 인지도를 관찰하는 지표를 아래의 3가지로 집약할 수 있다. 3개 점포가 모두 이용하기 쉽다는 관점에서 보면 점포가 어떤 이미지로 받아들여지고 있는지가 중요한 포인트가 된다.

이것을 도시(圖示)하면 [그림 3-20]과 같다.

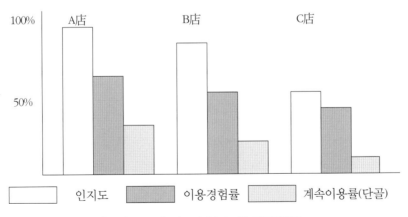

[그림 3-20] 점포의 인지도와 이용경험률

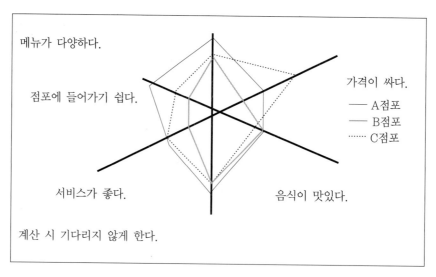

[그림 3-21] 점포 이용률과 고객만족 포인트

　　정보수집은 상권 내의 가구에 대한 호별방문 면접조사(경우에 따라서는 전화조사 등)나 유동고객에게 면접조사를 실시하는 것이 바람직하다. 전체를 대상으로 직장인(남·여), 학생(남·여), 일을 갖고 있는 주부, 어린이 등 고객계층에 따라서 분석하고 각각의 경쟁점이 어떤 사람에게 어느 정도의 인기를 얻고 있는가를 파악하는 것이 중요하다.

　　이것은 상권 내의 블록 단위로 분석이 가능하며 전략 블록 내에서 경쟁점의 포지션도 명확하게 된다. 또한 이 조사를 실시할 때에는 다른 조사내용에 대해서도 조사하는 것이 가능하다. [그림 3-21]은 이용률과 점포의 이미지, 이용하는 이유, 부족한 메뉴, 서비스, 가격평가, 점포에 대한 요망사항, 판촉활동의 접촉상황 등 여러 가지 항목에 대해서 동시조사가 가능하다. 더욱이 인기도를 '좋다/싫다'로 파악하고 그 이유를 조사하는 방법도 자기점포의 이미지 구축에 큰 역할을 할 수 있는 정보가 된다.

6. 경쟁점포의 매출추정

　　경쟁점포의 매출분석을 다음과 같은 형태로 실시하면 대략 경쟁점이 어느 정도의 매출을 올리고 있는지 짐작할 수 있다. 그러나 정확하게 추정하고자 하면 그 나름대로의 절차가 필요하다.

1) 종업원 1인당 매출액에 따른 추정

　　우리나라 산업 전반에서 경쟁력 제고를 위한 갖가지 노력을 하고 있으나, 노사의 대립이

만만치 않다. 특히 인건비가 경쟁력 제고에 걸림돌이 되고 있다는 것은 누구나 아는 사실이다. 특히 외식업계도 인건비가 차지하는 비율이 적게는 15%에서 많게는 50%에 이르고 있다. 최근 호텔업계에 따르면 S호텔의 인건비가 매출대비 50%를 초과하였다고 한다. 외식업계도 예외는 아니다. 식당의 성패를 좌우하는 인건비 관리가 최대의 운영과제이기 때문이다. 따라서 노동생산성을 고려하여 식당을 경영하는 점포는 이 방법에 의해 매출을 추정할 수 있다. 종업원 수를 조사하고, 1인당 매출(급여의 4배 정도)을 종업원 수와 곱해서 산출한다. 1인당 매출(고깃집 : 400만 원/1인당)은 업계의 평균치를 사용하는 것이 좋다. 점포에 따라서는 생산성이 다르기 때문에 정확성이 약간 결여되는 단점이 있지만 근사치는 얻을 수 있다.

2) POS 대수(臺數) 추정

POS 1대당 매출을 기준치로 설정하고 대수를 곱해서 평균 일일매출을 추정한다. 이것도 POS 1대당 일일매출이 점포의 성격이나 영업 정도에 따라 다르기 때문에 그 추정에는 주의를 기울일 필요가 있다. 각 포스 1대당 일일 판매실적을 포스수량으로 곱해서 추정하는 것이 가장 정확하다.

3) 식당 면적으로 추정

1평당 매출 기준으로 총면적을 곱해서 평균 일일매출을 추정한다. 이것도 다종의 메뉴를 취급하고 있으면 메뉴마다 기준치가 다르기 때문에 단일메뉴 또는 소량의 메뉴분야에서 유효한 방법이 된다.

그러나 이 방법은 거의 사용하지 않는다. 다만, 유사업종 수개의 평균치를 대입하여 산출하기도 한다.

4) 이용객 수에 따른 추정

가장 정확도가 높은 방법으로 이용객 수에 추정 객단가를 곱하여 산출한다.

객단가는 다음 공식으로 얻을 수 있지만, 자기점포와 경쟁점 동향에서 미리 기준치를 정해 둔다.

$$\text{객단가 = 월매출총액 ÷ 월 고객 수}$$

추정 객단가는 앞에서 언급한 것 외에도 전문지 기자나 분석하고자 하는 점포의 종업원이나 점장을 통하여 파악하는 것이 정확하다. 내점객 수는 점포입구에서 체크하면 된다.

5) 상권셰어로 추정

경쟁점의 추정셰어(상권 내 점유율)가 판명될 경우, 상권 내 총수요에 셰어를 곱하여 매출을 추정한다. 이 방법으로 대략적인 추정치를 산출할 수 있다.

6) 납품업자의 정보에 따른 추정

정보로서는 정성적(定性的)인 정보가 되지만 상당히 정확도가 높은 것이 된다. 이것은 유통에 종사하는 메이커와 도매상의 출입업자로부터 경쟁점의 매출을 알아내는 방법으로 그들의 대부분이 경쟁점포에 납품하기 때문에 상당히 정확한 매출규모를 파악할 수 있다. 특히 납품품목의 양과 질로써 원가와 매출을 추정할 수 있다. 따라서 이 정보를 바탕으로 다른 방법과 병행하여 다시 체크하면서 정밀도를 높여가는 방법이 좋다.

7) 소비지수에 따른 추정

경쟁점포의 상권을 설정하여 그 상권 내에 거주하는 세대수를 베이스로 하여 그 지역의 1세대당 소비금액을 곱하여 총수요를 산출한다.

이것을 경쟁점의 수로 나누는 방법으로 약간의 개략적인 추정치는 산출된다. 이 경우 특정지역에 관한 소비지출 금액의 데이터를 입수할 수 없는 곳이 많기 때문에 매출을 추정하기가 어렵다. 다만, 도 · 시 · 구 단위의 여타 지역의 데이터를 목표로 하는 지역에 소득격차 등을 고려하여 추정치를 산출하는 방법이다.

이와 같이 경쟁점의 매출 추정에는 몇 가지 방법이 있지만, 예산, 스케줄 및 추구하고 있는 정밀도, 갖고 있는 정보의 종류 등에 따라 여러 가지 방법을 병행하여 실시하면 정확도를 높일 수 있다.

그러나 매출의 추정은 경쟁점 조사의 가장 어려운 부분이며 어떤 결과도 추정치의 테두리를 벗어나지 못하기 때문에 시계열(時系列)로 변화를 쫓아가면서 정밀도를 높여가는 독자적인 방법을 찾아내는 것이 중요하다.

그리고 사용 데이터가 오래된 것은 최신의 것으로 수정하여 사용할 필요가 있으며, 인구, 세대의 신장률이 현저한 지역이나 역과 버스노선의 개통으로 통행자가 급증할 경우에는 주의하여 데이터를 만드는 것이 중요하다.

제6절 후보점포 분석

물건(物件)의 조사항목은 물건이 위치하고 있는 형태에 따라 증감될 수 있다. 그러나 일반적인 조사항목은 다음과 같다.

1. 점포의 현장조사

- 점포의 전면 길이를 조사한다.
- 점포의 형태(모양)를 조사한다.
- 전용면적을 계산한다(평 = 가로(m) × 세로(m) ÷ 3.3).
- 기둥의 위치 및 크기를 파악하여 업종·업태와 상관관계를 체크한다.
- 천장높이(층고) : 가능한 높을수록 좋으며 2m 이하의 점포는 출점하지 않는 것이 좋다.
- 영업시설의 장비 반입구 : 기기, 기계 등의 반입에 문제가 없는지 체크해야 한다.
- 전기용량 체크 : 적정 용량과 증설 가능성 타진
- 층별 위치(지하층, 반지하층, 1층, 2층) : 1, 2층 연결해서 사용할 수 있는지 등
- 점포의 방향(동향, 남향, 도로변 정문 등)
- 환기시설(아주 중요한 체크항목이다)
- 주차장 : 패밀리레스토랑의 경우에는 좌석 3개당 1대의 주차공간이 필요
- 상품 배송차량의 진입 및 일시정차 가능 여부
- 출입구 위치 및 출입계단의 장애요인
- 전체적인 건물 및 영업시설 노후상태 확인(시설투자 증감요인)
- 건물 자체의 업종구성 및 건물 전체 규모 : 업종이 중복되지 않는지 체크
- 신축건물인 경우는 건축도면 확인 및 건축주 면담
- 설계도면이 있는 경우 복사자료 입수할 것

2. 공부서류 조사

1) 토지 및 건물에 관한 등기부등본 조사 : 등기소

- 계약자 확인, 토지·건물 소유주의 확인, 근저당 등 채무의 확인
- 신축건물인 경우 건축허가서 확인

2) 건축물관리대장 조사 : 구청

- 건물 노후연한 조사
- 건물 전체 용도 및 후보점포의 용도 확인
- 주차장 용도 확인
- 신축건물인 경우 건축허가 도면 확인

3) 도시계획확인원 조사 : 구청

- 도시계획상황 조사
- 신축건물인 경우(정식허가서가 있는 경우) 도시계획확인원이 불필요할 수도 있다.

3. 권리분석

1) 권리금

권리금은 법률상 근거가 없는 상 관행, 현실적으로 존재하며 권리금의 적정유무와 추후 보상가능성 등을 충분히 조사하여 현재상황 및 미래전망을 분석한 후 계약을 진행해야 한다.

권리금이란 영업장소의 시설, 비품 등 유형물이나 거래처, 신용, 영업상의 know-how(노하우) 또는 점포위치에 따른 이점 등 무형의 재산적 가치의 양도 또는 일정 기간 동안의 이용대가이다. 영업권리금은 계약 잔여기간이 1년인 점포에서 평균적으로 발생되는 매출이익으로 볼 수 있으며, 기존 영업주가 운영하면서 단골고객 확보, 영업활성화되어 있다면 인수자가 이를 인정하여 보전하는 성격이다. 일반적으로는 6개월~1년간의 순이익을 기준으로 판단한다.

시설 권리금은 영업주가 초기 개점 시에 투자한 시설비용을 말한다. 인테리어, 간판, 기자재 등으로 시설물의 감가상각은 보통 3년 내외로 하고 영업부진이나 폐업이라면 협상을 통한 인하요인이 된다.

바닥 권리금은 상권이 가져다주는 기본 영업력, 위치에 대한 프리미엄 성격, 좋은 입지인 경우 일정매출 보장 가능하다는 근거에 따라 생긴다. 바닥 권리금은 거품이 많으므로 철저한 조사가 필요하다.

〈표 3-13〉 권리금의 평가

구분		점포 현황	권리금 산정방법
입지조건 좋은 경우	영업양호		순수권리금 + 시설비
	손익분기점 정도		약간의 순수권리금 + 시설비 (주변 점포의 시세 감안)
	손익분기점 이하		약간의 시설비 (일종의 바닥권리)
입지조건 나쁜 경우	영업 양호		주변 점포들의 순수익 감안 산정
	손익분기점 정도		약간의 시설비
	손익분기점 이하		권리금, 시설비 아예 없다.

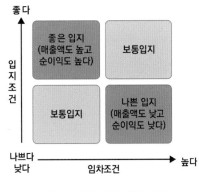

[그림 3-22] 좋은 입지 유형

4. 상가건물 「임대차보호법」의 이해

상가건물 「임대차보호법」의 취지는 사회적, 경제적 약자인 임차인의 보호 목적이다. 따라서 임대차 존속기간 보장은 최대 5년(계약갱신 요구)이다. 점포 인도 후 사업자등록을 신청하면 소유주가 변경되더라도 임차권을 주장할 수 있다. 임대료 인상 상한선도 연 9% 이내 범위이고, 영세상인에 한정한다.

5. 점포 선택과 계약

1) 점포 현장조사 시 체크 포인트

(1) 내부 확인
- 전용면적(실평수)
- 점포의 전면길이와 점포의 모양
- 점포방향 : 유동화 측면에서 정한다.
- 주차시설 유무
- 건물 및 영업시설의 노후상태
- 기타(수도, 도시가스, 창고, 화장실)

(2) 외부 확인
- 배후지역 점검
- 유동, 고정고객 유무
- 경쟁점 : 대 · 소형 점포구성 및 영업형태
- 상권 내 소득수준과 인적 구성

- 업종별 라이프사이클
- 임대가격 비교
- 신, 구 건물상태(임대보증금 및 월세 설정, 관리비, 공과금 문제 등)

2) 기존점포 인수 시 참고사항

- 권리금과 임대료가 주위 시세와 비교하여 적당한지 확인한다.
- 기존업종으로 그 지역에서 경쟁력이 있는지 확인한다.
- 점포, 건물에 이상은 없는지 확인한다.
- 주변의 기존상권에 커다란 변화요인은 없는지 확인한다(도시계획, 대형할인점 등).
- 기존점포에 대한 소비자들의 반응은 어떠한지 확인한다.
- 투자금액 대비 수익성이 있는 점포인지 확인한다.
- 기존 사업자의 폐업사유를 확인한다.
- 건물 주인이 건물의 보수계획을 갖고 있는지, 건물을 팔려고 내놓았는지 등을 사전에 확인한다.

3) 점포 임대차계약 시 주의할 점

- 권리유무 확인(등기부등본, 도시계획확인원, 보증금 및 권리금 등)
- 건물의 용도가 상업용도인지 확인(건물주의 임대의도 확인)
- 목적물 확인(점포의 구조와 건물의 노후상태, 출입문의 방향 등 접근성)
- 점포가 위치한 층수와 업종의 상관관계 확인
- 채권확보 대책 확인(공증 또는 전세권 설정 등)
- 계약 시 건물주 본인과 직접 계약하고, 계약서 내용은 세부내용까지 정확하게 작성(중도해약 조건, 권리금의 양도 여부, 건물하자 보수조건, 계약갱신 조건 등)

제7절 타깃 설정(Target segmentation map)

시장조사 데이터를 바탕으로 상권 내 타깃을 명확하게 설정하는 것이 창업에 있어 핵심전략이 될 수 있다.

Life Stage와 소득([그림 3-23]), 고객집단과 소득([그림 3-24]), 식사유형과 소득([그림 3-25]), 외식빈도와 외식비([그림 3-26]), 메뉴구성과 가격대([그림 3-27]) 등을 고려하여 콘셉트 및 타깃 등 사업방향을 설정하는 것이 중요하다.

1. Life stage와 소득

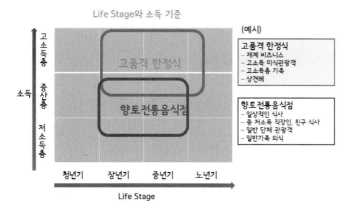

[그림 3-23] Life Stage와 소득

2. 고객집단과 소득

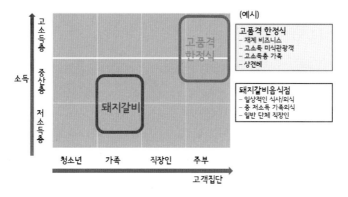

[그림 3-24] 고객집단과 소득

3. 식사유형과 소득

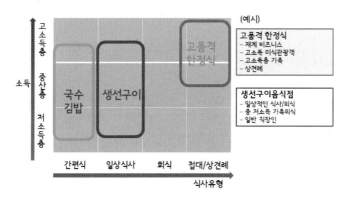

[그림 3-25] 식사유형과 소득

4. 외식빈도와 외식비 지출

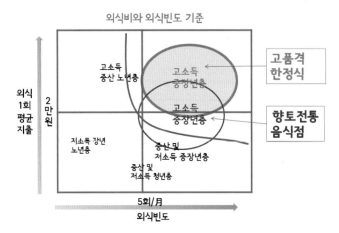

출처: 농림축산식품부

[그림 3-26] 외식빈도와 외식비

5. 메뉴구성과 가격대

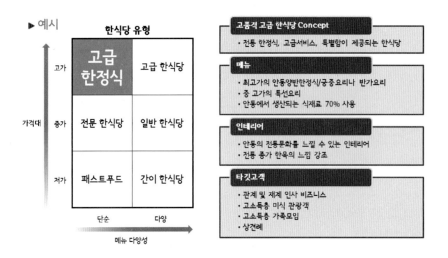

[그림 3-27] 메뉴구성과 가격대

제8절 상권입지 분석을 통한 투자수익성 분석

영리목적 사업은 투자를 통한 수익을 창출하는 것이 목적이다. 최소 투자로 최대 수익을 창출하여야 한다. 창업 시 투자비용은 20~30% 높게 설정하고 준비하는 것이 안정적이다.

〈표 3-14〉 투자수익성 지표

항목	산출 공식	산출 비율
투자수익률(월)	$\dfrac{월매출 - 월비용}{총투자비} \times 100 = \dfrac{(\quad)}{(\quad)} \times 100$	
투자회전율(월)	$\dfrac{월간\ 총매출}{총투자비} \times 100 = \dfrac{(\quad)}{(\quad)} \times 100$	
총자산(사업투자비) 회전율(연)	$\dfrac{연간\ 총매출}{총자산(사업투자비)} \times 100 =$	
총자산(사업투자비) 수익률(연)	$\dfrac{연간\ 순이익}{총자산(사업투자비)} \times 100 =$	

사업투자비를 3년 내에 회수하려면 연수익률이 33% 이상이어야 한다.

사업타당성 분석은 투자수익률, 투자회전율, 손익분기점매출, 목표매출액 등을 고려하여 투자수익성을 검증한다. 투자수익률이 월 3% 정도이면 수익성이 좋다고 할 수 있다.

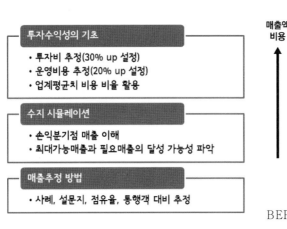

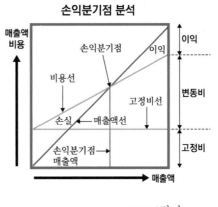

$$BEP = \frac{F}{1 - \dfrac{V}{S}}$$

F : 고정비
V : 변동비
S : 매출액

[그림 3-28] 손익분기점과 수지시뮬레이션

매출추정에는 다양한 방법들을 활용할 수 있다. 〈표 3-15〉와 같이 설문조사, 통행객조사, 사례조사, 점유율법 등을 이용할 수 있다. 또한 도심에는 해당 점포의 추정 매출액 분석을 해당 상권의 총수요 분석을 통하여 상권 내 M/S 또는 고객흡인율 분석으로 파악할 수 있다. 점포의 추정 매출액은 가능하면 입지 및 상권특성, 점포의 강약점 분석 등을 통하여 객관적이고 보수적으로 하는 것이 바람직하다. 기타 점포 매출액 추정에는 매장면적 효율, 객수 및 객단가 활용, 지역별 M/S추정, 매장면적 M/S추정 등의 다양한 방법이 있다.

〈표 3-15〉 매출 추정방법

모델	적응형 입지	목적형 입지	근린형 입지
설문조사법	○	○	○
통행객조사법	○	×	×
사례조사법	○	○	○
점유율법	×	×	△

점포흡수율지수(%) = 흡입 고객 수(1시간당 평균 내점 고객 수) ÷ 유동인구(1시간당 평균 유동인구) × 100%

손익분기매출	x=고정비+(재료비+인건비+제경비)+세금 $$BEP = \frac{F}{1-\dfrac{V}{S}}$$ F: 고정비 V: 변동비 S: 매출액
최소 필요매출	x=(고정비+변동비)×100÷20%(이익)

[그림 3-29] 점포 예상매출액 추정(산정) Process

- 상권범위 : 각 상권별 인구, 세대수, 소득수준, 해당제품 평균 지출액 등
- 제품 이용률 : 해당 제품 이용고객층, 상권 내 잠재 이용인구, 연평균/월평균/일평균 이용횟수 또는 이용률
- 구매단가 : 1회 이용 시 구매단가
- 상권인구 외 유동인구 등 반영여부 검토 : 역세권, 도심, 오피스가 등 유동인구 구매고객 비율이 높은 지역은 유동인구 또는 사무실 상주인구 등의 파악을 통한 흡인율 산출이 중요
- 기타 방법 : 주변 경쟁점과의 비교방법, 전체 시장총량을 동일업종 M/S로 추정하는 방법

04 업종 · 업태(Concept) 결정하기

제1절 외식산업의 개요

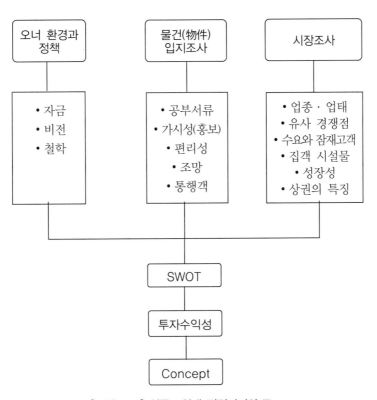

[그림 4-1] 업종 · 업태 결정까지의 Flow

1. 외식업 콘셉트

점포개발에 있어 점포의 실체화를 위한 첫 번째 작업이 점포콘셉트의 수립이다. 점포란 것이 입지산업의 특성을 갖고, 지역의 소비에 대응하여 그 결과로 성공·실패가 판가름되어 점포가 이익을 얻는 것인 만큼 투자대상으로서의 점포는 이런 연결고리하에서 점포콘셉트를 만들어간다.

외식업 콘셉트를 한마디로 하면 '점포의 방침'이라 할 수 있다. 즉 점포의 목표이고 기본 틀이다. 이것만으로 끝나는 것이 아니고 메뉴구성 등 점포를 만들기 위한 모든 작업과 연결 되어야 한다.

2. 콘셉트의 수립단계

이 작업의 수행을 보다 효과적이고 체계적으로 하기 위한 수립단계가 필요하다.

작업의 순서는 맨 처음 본인이나 회사가 보유하고 있고 동원할 수 있는 경영자원을 파악 하는데, 이를 강약점 파악(SW분석)이라 한다.

다음은 제반조건에 따른 점포가설을 수립하고 이를 검증하는 단계로 들어간다. 이를 위해 서는 매우 다양한 양적·질적 정보가 필요하고, 다음은 시장환경에 따른 기회, OT 분석을 한다. 이러한 작업이 완료되면 비로소 점포콘셉트가 정의되는 것이다.

3. 업종·업태 결정 시 유의사항

■ 업종 · 업태 결정 시 유의사항
- 유행업종이나 과열업종은 피한다.
- 법률적 토대가 미비한 업종은 피한다.
- 대중적인 시장이 형성된 업종을 택한다.
- 재래업종을 다시 재단장하는 것을 택한다.
- 나만이 할 수 있는 틈새사업, 이색사업에 도전한다.

창업이란 즉흥적으로 해서는 절대 안 되는 것이다. 순간적인 선택이나 한번 해보는 일이 되어서는 안 되며, 그것이 곧 자신의 평생을 좌우할 수도 있는 전환점이라는 사실을 알아야 한다.

매스컴에서는 연일 창업자들의 성공담을 보도하고 있고 창업박람회가 열리는 것은 물론, 창 업서적도 우후죽순처럼 쏟아지고 있다. 그리고 정확한 답을 가르쳐주는 곳은 어디에도 없다. 그것은 어디까지나 참고사항일 뿐 누구에게나 적용할 수 있는 창업의 왕도란 없는 것이다.

성공이란 다양한 요소가 결합하여 나타나는 결과이다. 확실한 사업을 정하기에 앞서 일단 철저히 탐색한다. 이것이 곧 창업에 있어서 가장 중요한 원칙이다.

그렇다면 도대체 '무엇'을 해야 할까? 창업을 결심한 사람이 가장 먼저 부딪히게 되는 고민은 바로 업종선택이다. 아무리 세상에 널린 것이 장삿거리라고 하지만, 자칫 업종을 잘못 선택하면 아까운 사업자금만 날리고 패가망신하는 경우가 있기 때문이다. 어떤 복병을 만날지 모르는 업종선택의 험한 길 위에서 예비창업자가 꼭 알아야 할 사항 몇 가지를 알아본다.

1) 유행업종이나 과열업종은 피한다

창업시장에는 이른바 유행업종이라는 것이 몇 개월의 간격을 두고 되풀이되는 경향이 있다. 과거의 업종들을 살펴보더라도 국수전문점, 조개구이점, 탕수육전문점, 24시간 편의방, 찜질방, 비디오방, 도서대여점, 빨래방, 커피전문점 등과 같은 수많은 업종이 세월과 사회현상에 따라 부침을 거듭해 왔다.

수많은 사업장은 다른 업종으로 전환하거나 사업을 포기해야 했다. 물론 손해를 본 투자자들과 가맹본부 사이에 갈등도 벌어졌다. 하지만 초기에 사업을 주도했던 가맹본부들조차도 그처럼 경쟁업체가 많이 생겨 과열될 줄은 몰랐던 상황에서 누구를 탓해야 할까?

이 같은 관점에서 볼 때 예비창업자들은 아무리 독특하고, 유망한 업종이라 할지라도 엉뚱하게 유사한 회사에서 내준 경쟁업소들을 만날 가능성에 대해서는 항상 생각해야 한다. 즉 경쟁업소가 생겨나기 힘들 정도로 가맹본부가 기술이나 노하우, 상표권, 실용신안권 같은 산업재산권, 특정원료나 재료를 독점할 수 있는지를 살펴봐야 한다. 지금 반짝 경기를 타는 유행업종이라는 것만 믿고 섣불리 뛰어들어서는 안 된다. 지금 당장에는 큰 이익을 볼 수 없더라도 긴 안목으로 내다보았을 때 지속적인 매출을 올릴 만한 유망업종을 선택해야 한다.

2) 법률적 토대가 미비한 업종은 피한다

간혹 반짝이는 아이디어가 돋보이는 신흥 업종의 경우, 언론의 소개라든지 입소문 등으로 폭발적인 인기를 끌곤 한다. 그러나 이런 업종은 대부분 법률적인 토대가 없거나 미비한 경우가 많아 나중에 골치 아픈 문제가 많이 발생하기 마련이다. 결국 나중에는 법적인 단속대상이 되어 경영에 어려움을 겪게 되는 경우가 비일비재하다. 게다가 이러한 업종들은 대부분 사회적으로 물의를 일으켜 도덕적으로 지탄받게 되는 경우가 많아 이래저래 점주가 볼썽사나운 꼴을 겪기도 한다.

그뿐만 아니라 기존의 업종 중에서도 먼저 정부의 허가를 받거나 등록을 해야 하는 업종의 경우, "그 정도면 문제없다. 남들도 다 그렇게 한다."라는 가맹본부의 말만 믿었다가 강제로 영업정지를 당하거나 세무조사, 형사입건 등의 불상사를 당하기도 한다. 맥주를 팔다가 곧잘 단속에 걸리는 제과점이나 다방, 툭하면 자격증 대여니 제3자 대리창업이니 하는 시비에 휘말리는 약국, 부동산중개업소, 미용실, 안경점 등이 좋은 예이다. 하지만 말 그대로 법의 칼날은 날카롭다. 조금 힘에 부치더라도 관련 법규를 세심하게 뒤적여보고 경험자들을 찾아다니며 만반의 준비를 하는 수밖에 없다.

3) 대중적인 시장이 형성된 업종을 택한다

우리는 흔히 '아직 경쟁업체가 많지 않은 독과점 사업은 잘될 것'이라고 생각한다. 물론 아주 틀린 생각은 아니다. 그러나 이런 사업의 경우, 아직 널리 알려지지 않아 대중적인 수요가 형성되지 않은 상태에서 영업해야 하므로 홍보판촉 면에서 몇 배의 노력을 들여야 한다. 게다가 언제 도태될지 모르는 위험부담까지 안고 있다.

이에 반해, 이미 대중적으로 널리 안정적인 시장이 형성된 업종의 경우, 비록 경쟁은 치열하지만, 브랜드들끼리 서로 부딪쳐볼 수 있어서 좋다. 서로 경쟁하는 가운데 서로 발전할 수 있기 때문이다. 먹자골목에서 장사하는 것이 한적한 지역에서 혼자 하는 것보다 훨씬 잘되는 것과 같은 이치이다. 이러한 업종은 대부분 의식주와 관련된 것이 많은데 그중에서도 매출이 꾸준한 외식업, 즉 먹거리 장사가 으뜸이며 그중에서도 간식거리가 아닌 주식을 주요 아이템으로 한 것이 좋다.

소매업 중에서는 생활필수품을 취급하는, 대중성 있는 사업이 안정적이다. 또한, 어린이나 여성, 신세대를 상대로 하여 안정적으로 운영할 수 있는 대중 업종도 인기가 높다.

4) 재래업종의 재단장을 택한다

재래업종, 즉 앞에서 살펴본 경우와 비슷한 맥락에 있으며 이미 안정적인 시장수요가 형성된 업종을 현대적인 분위기에 맞게 새로이 단장한 업종이 고객들 사이에서 큰 인기를 끌고 있다. 말하자면, 아이템 자체는 오래된 것이지만 영업형태를 현대적인 감각에 맞게 더욱 세련되고 고급스러운 형태로 다시 단장하는 것이다.

예를 들면, 낡은 탁자에 왠지 곰팡내 나는 듯한 촌스러운 분위기의 다방 대신에 커피전문점이 들어서고 있으며 솔벤트 냄새가 풍기는 재래식 세탁소 대신 동전을 넣고 고객이 직접 세탁할 수 있는 빨래방이 점차 확산되고 있다. 또한, 동네 아저씨들이 알음알음으로 소개해주던 복덕방들이 부동산 중개 체인점으로 편입되는 것도 이러한 추세를 반영한 것이다.

이것은 현대인이 편리함을 추구하며 지저분한 것은 참지 못하고 깔끔하고 세련된 것을 추구하는 세태를 발 빠르게 간파하여 브랜드나 업종의 경쟁력으로 발전시킨 경우라 할 수 있다. 따라서 이런 업종의 아이템들이 계속 히트 치고 있다.

길거리를 살펴보라. 아직도 이런 가능성이 숨어 있는 사업 아이템이 수시로 눈에 뜨일 것이다.

5) 나만이 할 수 있는 틈새사업, 이색사업에 도전한다

모험을 즐기는 타입이라면 남이 하지 않는 업종, 나만이 할 수 있는 독특한 사업 아이템을 가지고 신종사업, 이색사업에 뛰어드는 것도 나름대로 무한한 가능성이 있다. 그러기 위해서는 기존시장에 대한 정보를 세밀히 수집하고 그 허술한 틈새를 비집고 들어갈 수 있는, 반짝이는 아이디어와 치밀함을 갖추어야 한다. 물론 이때는 반드시 틈새시장에 있거나 고객을 확보할 수 있다는 가정 아래 시작해야 한다.

신종업종, 이색업종은 아직 대중적인 수요가 널리 확산되지 않았다는 맹점을 갖고 있기는 하지만, 부지런히 영업을 뛰고 홍보활동을 벌여 스스로 시장을 개척한다면 독점사업으로서 고소득을 올릴 수 있을 것이다.

이러한 아이디어가 돋보이는 신설업종은 대개 소자본으로 시작할 수 있는 소호(SOHO, Small Office Home Office ; 작은 사무실 또는 집에서 하는 사업)를 중심으로 널리 확산되어 있다. 예를 들어, 웨딩이벤트 사업에서 결혼식 방명록에 남은 사인과 재치 있는 문구를 동판에 새겨 기념품을 만들어주는 '웨딩사인', 음식 배달을 넘어선 '프리미엄 배달대행'사업 같은 것이 이에 해당한다.

어느 업종을 막론하고 할인이 일상화된 요즘의 현실을 반영하고, 가맹점포를 모집하고 고객이 배달앱을 처음 이용하면 할인혜택을 받을 수 있는 쿠폰을 주는 '배달앱 쿠폰/할인'사업 등도 톡톡 튀는 아이디어가 돋보이는 틈새사업이다.

4. 창업 결정 시 고려사항

1) 창업정보를 수집한다

창업하려면 우선 충분한 정보를 수집하고 적성에 맞는 선택을 해야 한다. 객관적 아이템 분석으로 상권에 맞는 업종선택이 무엇보다 절실할 때이다.

무조건적인 의욕과 설렘보다는 프로 근성을 갖고 정보를 수집하고 분석하는 적극적이고 합리적인 자세야말로 창업 성공의 지름길이 아닐 수 없다. 이런 맥락에서 창업의 첫걸음은 자신의 조건에 맞는 창업정보를 꼼꼼히 수집하는 일이 돼야 한다. 떠도는 무수한 정보들 가운데 실질적인 정보, 신뢰할 수 있는 고급정보를 가려내고 염두에 둔 사업이 있으면 스파이가 된 듯 해당 업종의 관련 데이터를 수집해야 한다. 그 정보를 바탕으로 모형점포 운영현황을 나름대로 만들어보고, 수입과 지출항목을 조목조목 따져보는 게 다음 순서이다. 한두 군데서 모은 정보에 만족하지 않고, 여러 가지 케이스를 종합한 뒤 자신의 조건을 대입해 결과를 예측해 보는 노력이 필요하다.

'친구 따라 강남 가듯이' 부화뇌동식으로 사업을 시작했다가 함께 실패를 맛보는 경우도 많다. 창업에 앞서 관련 정보를 충분히 수집하고 자신의 조건에 맞추어 신중히 예측해 보는 것은 아무리 강조해도 지나치지 않다.

2) 적성에 맞는 업종을 선택한다

새로 사업을 시작하는 예비창업주들은 창업에서 오는 위험부담을 최소한으로 줄이기 위하여 그쪽 분야에 어느 정도까지 지식이 있거나 잘 알고 있는 업종을 선택하는 것이 바람직하다. 최근 유행에 민감하지도 못하고 정보에도 미숙한 사람이 단지 추측만으로 사업을 시작하려는 것은 위험천만한 처사이다. 그러므로 새로 사업을 하려는 사람은 자기 특기나 전공, 적성 등을 최대한 살릴 수 있는 업종을 선택해야 한다.

〈표 4-1〉 전공, 자격증을 활용할 수 있는 업종

전공/적성/특기 등	업종 방향 권장
미술, 미적 감각	의류 · 액세서리 등 패션 관련 사업, 화장품점, 속옷, 목욕용품점, 향수전문점, 미술학원 등
아동학, 어린이	놀이방, 유아동복, 완구점, 문구점, 분식점, 어린이 관련 학원 등
체육, 스포츠	사격장 등 스포츠시설, 스포츠용품점, 오락실, 실내 서바이벌, 포켓볼, 헬스, 에어로빅 등
대기업 간부, 교사	입시학원 · 보습학원 · 컴퓨터학원 등 각종 학원, 서구적 편의점, 중대형 패스트푸드점, 한식집 등 대형사업
광고, 이벤트	대행업
주부	어린이/여성 대상 업종
자격증 소지 시	약국, 부동산, 미용실, 제과점, 조리음식점, 유치원 등 자격증에 맞는 사업

3) 객관적으로 아이템을 분석한다

국내에 프랜차이즈의 개념이 본격적으로 정착되면서 예비창업주 대다수가 이에 대해 깊은 관심이 있다. 그러나 프랜차이즈의 사업이라 해서 위험성이나 불안 내재 요인이 전혀 없는 것도 아니다.

최근 들어, 의도적인 사기가 아니더라도 부실하거나 아이템 자체가 라이프사이클이 짧은 업종의 선택으로 말미암아 피해를 보는 경우가 속출하고 있다. 따라서 가맹점에 가맹본부의 사업추진계획을 동반자적인 자세로 검증해 볼 필요가 있다. 우선 가맹본부의 사업 아이템을 객관적으로 분석해야 한다. 특수한 업종이나 신종 아이디어 사업 등은 반짝 사업으로 끝나기 일쑤이므로 시간을 두고 사업성을 지켜볼 필요가 있다. 의류, 제과, 커피숍, 학원 등 대중적이고 연륜 있는 사업은 비교적 안정적이다. 지금까지 시장수요가 꾸준히 유지됐기 때문에 브랜드 선택만 잘하면, 장기적으로 운영할 수 있다는 뜻이다.

대부분의 가맹본부들이 예비점주들을 대상으로 상권, 투자액, 예상이익 등을 홍보하고 있다. 이때 가맹본부로부터 추천점포에 대한 상권분석서, 투자내역서, 예상손익계산서 등을 서면으로 받아둘 필요가 있다. 이는 후에 분쟁이 생길 경우 훌륭한 증거자료일 뿐 아니라 가맹본부의 사업자질을 향상시킬 수 있는 압력으로도 작용할 수 있다.

공정거래위원회는 프랜차이즈 가맹사업에 대한 불공정거래행위 기준을 수시로 고시 변경하니 이를 잘 숙지해 가맹 시 불이익을 피하고 소비자의 관점에서 실속을 챙겨야 한다.

4) 상권에 맞는 업종을 선택한다

유망한 사업아이템이라 해서 어디에서든지 잘 되는 것은 아니다. 상권 안에 들어갈 품목 및 지역 특성들을 꼼꼼히 살펴보고 판단해야만 비로소 사업은 성공의 길로 접어들게 된다. 예를 들면, 서민가 소비자들은 백화점 쇼핑고객과는 성향이 다르다. 과소비가 많지 않고, 꼭 필요한 물품을 저가로 구매한다. 부담없는 분위기를 선호하고, 구매도 그다지 잦지 않으며, 어린이들이 많다는 점도 특징이다.

〈표 4-2〉 서민 중심 상권에 위치한 경쟁업종

서민가 점포 위치	경쟁업종
재래시장 내	브랜드 내의점, 건강식품점, 반찬전문점, 유아용품점, 신발점, 완구점 등
주택가 골목, 상가	중국집 · 한식집 등 음식점, 피아노 · 컴퓨터 · 체육 등 학원, 오락실, 슈퍼, 제과점, 약국 등
학교 주변	어린이, 청소년 고객 겨냥 문구점, 분식점, 소형 패스트푸드점 등

중상류층 주택가는 이와 다르다. 부유층 소비자는 일부러 백화점, 쇼핑센터 등의 전문점 등을 찾아가는 독특한 기호와 기동성이 있다. 부유 주택가에서는 수입의류점, 화장품점, 목욕용품점, 애완용품점, 수입 주류 판매점, 스포츠용품점, 테마카페, 각종 용역업(택배, 구매대행, 심부름센터, 청소, 정원관리), 고급 외식집 등이 유망하다.

5) 대행 아이템에 주목한다

아이디어와 소자본을 밑천으로 이른바 튀는 신사업을 개척하는 정신은 새로이 자신의 사업을 하려는 예비창업주들에게 좋은 교훈이 되기 마련인데, 이 면에서는 신세대형 유망업종과 개발 가능한 신규 아이템을 알아본다.

각종 대행업도 개인 특유의 끼와 아이디어를 마음껏 활용할 수 있어 인기를 얻고 있는 신종업종이다. 행사대행업, 점포개업이벤트 대행업, 서류송달, 자동차검사대행, 사랑 고백 이벤트업, 웨딩보조서비스, 일정관리 비서서비스, 연락대행, 배달대행, 탁아 및 탁아모 파견서비스, 가정 및 오피스 청소대행, 점포위탁경영, 주차 및 세차서비스, 노인 간병서비스, 텔레마케팅, DM발송대행 등이 있다.

신세대 창업업종의 특징은 자본이 적기 때문에 무점포 서비스 업종에 집중된다. 아직은 시작단계이지만 이런 아이디어 사업은 후에 전국체인화 사업이 가능한 유망업종이라 할 수 있다.

6) 가족 및 친인척의 손을 빌린다

아르바이트 고용은 이제 전 업종에 걸쳐 확산되어 있다. 이들 고용의 가장 큰 장점은 바쁜 시간에 집중적으로 필요한 일손을 값싼 인건비로 충당할 수 있다는 점이며, 필요할 때 수시로 고용할 수 있다는 것도 이점이다.

그러나 아르바이트는 편리함은 있으나 구하기 어렵고 구해놓아도 장기간 근속을 보장할 수 없다는 문제점이 있다. 여러 가지 사유로 이직률이 매우 높고, 사업에 대한 소속감이나 고객관리 의욕이 결여돼 단골고객에게 불친절하게 대하는 등 사업에 악영향까지 미치는 경우도 있다.

이에 대한 대안으로 가족이나 주변 친척을 고용하는 것을 고려해 볼 수 있다. 가족에게 지급되는 비용은 큰 부담이 되지 않는데다 사업이 어려우면 서로 이해할 수 있으므로 인건비를 절감할 수도 있다. 주인과 같은 의욕과 심정으로 고객을 맞는다는 것도 장점이다.

차선의 방법으로는 부부 유휴인력이나 나이든 분들을 고용할 수도 있다. 이들은 일에 대한 책임감이 강하고 경험이 많아 효율적으로 사업을 운영할 수 있다.

7) 여유자금이나 최소유입자금으로 시작한다

우리는 흔히 투자를 많이 할수록 수익 또한 비례한다고 말한다. 그러나 이러한 잘못된 생각으로 지나치게 외부자금을 끌어 쓰기도 하는데, 이는 오랫동안 빚에 대한 부담으로 노심초사하는 계기를 제공하기도 한다.

평균 5천만 원 내외 소자본 출자자들이 창업 2~3년 후에 투자액 대비 월 3~5부가량의 순수익을 올리지만, 1억 원 이상 대규모 출자자들은 월 2~3부가량의 비교적 적은 수익을 올리는 것을 볼 때가 많다. 투자액이 모자란다고 외부자금을 갖다 쓰기 전에 충분히 손익을 따져봐야 한다. 같은 규모의 사업장이라 해도 본인의 여유자금만으로 시작한 경우와 은행대출금을 이용한 경우, 고리의 사채를 끌어 쓴 경우 등을 비교해 보면 실제 수익이 크게 차이가 나는 것을 볼 수 있다. 외부자금을 쓰면 수입에서 이자를 제일 먼저 공제해야 하는 부담을 안게 되는 것이다.

창업할 때에는 본인의 여유자금 또는 저리의 최소 유입자금으로 시작하는 것이 사업을 안정적으로 편안하게 전개하는 지속적인 힘이 된다.

8) 여성 관련 업종, 틈새사업을 선택한다

외식사업, 어린이 사업과 함께 떠오르는 비즈니스로 각광받고 있는 여성 관련 업종은 이미 상당한 시장점유율을 기록하고 있으며, 잠재시장 또한 무궁무진하다고 할 수 있다. 패션의류나 구두, 핸드백, 액세서리, 화장품, 미용실 등 기존 안정사업분야 외에도 최근에는 더 고급화한 신종 틈새사업들이 수입브랜드 중심으로 영역을 넓혀가고 있다.

목욕용품 전문점은 순 식물성 자연 추출물로 만든 무공해화장품과 비누, 샴푸 등 각종 목욕 관련 용품을 취급하는 환경보호사업으로 주목받고 있다. 주요 입지로는 여대 앞이나 직업여성, 미시족, 중산층 이상 주부들이 많은 상권 등이다.

속옷 전문점도 각양각색의 소재, 과감한 디자인과 색상 등 차별화한 제품들로 양산시대를 맞고 있고, 다이어트 및 체형보정을 위한 맞춤 속옷 전문점까지 등장했다. 중산층 이상 밀집주택가 및 아파트, 상가, 유흥가, 쇼핑센터 등이 적합하다. 과학적, 체계적으로 피부관리를 해주는 전문피부미용센터, 손 · 발톱 관리 전문점 등의 틈새사업들이 확장됐다. 헬스, 다이어트, 에어로빅, 체형전문점 등도 꾸준하게 이어지고 있는 여성 관련 안전업종들이다.

여성들의 부업 경향이 강세를 보이는 가운데 정작 시작단계에서는 여간 머뭇거려지지 않는다. 사업에 필요한 전문지식, 운영능력 등 사회적 경험이 남성에 비해 적은 데서 오는 불안요소로 지적된다.

따라서 여성들의 창업은 여성에게 다소 가까운 품목을 선정하는 것이 훨씬 유리하다.

5. 외식사업 창업지침

음식점 창업 후 1년 내에 주인이 바뀌거나 문을 닫는 경우가 약 40%에 달한다. 2년 내에는 60%에 달한다. 명퇴자나 조퇴자, 정리해고자, 자진 사직자 등 실업자가 할 수 있는 일은 소규모 점포의 창업이나 재취업인 데 반해 그들이 설 자리는 별로 없다. 퇴직금이나 운 좋게도 퇴직 장려금을 받은 사람은 다행이지만 그래도 마련할 수 있는 돈은 1억 정도이다. 이들이 이 돈을 날리면 오갈 데가 없어 길거리에서 해마다 자포자기(自暴自棄)해서 삶을 마치는 경우도 있다. 경험이 전혀 없는 창업예정자들의 대부분이 현금수입, 가정에서 라면이라도 끓여 봤고, 부인이 음식을 잘 만드니까, 체인본부에서 모든 것을 지원받을 수 있을 테니까 등 열심히만 하면 되겠지 하는 생각에 필수적으로 체크하고 경험해야 될 포인트를 간과하고 개업해 버리는 경우가 대부분이다.

외식업을 창업할 때 이것만은 꼭 체크해야 한다.

① 빤짝 장사가 되는 업종은 피하라. 대중 수요가 없는 업종은 특수한 지역이 아니면 성공할 수 없다. 또한 전문지식이 있어야 한다.

② 업종에 적합한 입지를 선택해야 한다. 젊은 층이 많은 지역은 패스트푸드, 주거지역이나 주차장 확보가 가능한 지역에는 패밀리레스토랑, 고급 비즈니스街나 특급호텔 주변에는 파인다이닝, 오피스街에는 대중음식점, 학교 주변에는 분식점 및 커피숍 등 입지와 상권 및 고객의 특성을 조사해야 한다.

③ 좋아하지 않는 음식이나 적성에 맞지 않는 업종은 피하라. 좋아하는 음식이면 자주 먹게 되므로 음식을 맛있게 개선할 수 있다. 좋아하지 않으면 먹어보지도 않고 관심도 없어진다. 적성에 맞지 않으면 재미를 느끼지 못하고 중도 포기하게 된다.

④ 아무리 좋은 입지라도 과다경쟁 상태인 업종은 피하라. 유동인구가 많고 배후세력이 좋다고 해도 수요에는 한계가 있다. 초보자가 경험자에게 이길 수는 없다.

⑤ 과거의 직업에 얽매이거나 독단은 금물이다. 과거에 대기업 부장이었는데, 대학을 나왔는데, 쪽 팔려서 등등 과거에 얽매이거나 직업에 대한 편견을 버려야 한다. 제로(Zero)상태에서 떳떳하게 창업해야 한다. 혼자서 독단으로 처리하지 말고 주변의 많은 사람들로부터 조언을 구하라.

⑥ 집과 가깝고 가족노동력을 활용할 수 있는 업종을 택하라. 외식업은 종업원들의 직업 의식이 낮기 때문에 근태상태가 나쁜 편이다. 종업원이 무단결근할 때 가족노동력을 이용할 수 있어야 한다. 외식업은 아침부터 저녁 늦게까지 잔일이 많고 가족이 도우려면 집에서 가까운 곳이 좋다.

⑦ 체인본부를 잘 선택하라. 체인본부가 부실해지면 체인점 전체가 타격을 입게 되고 업

종변경이나 새로운 메뉴의 개발 등 개선을 독자적으로 실행하기가 어렵게 된다.

⑧ 기대하는 수익을 낮추고 투자를 적게 하라. 장기 투자가 예상되는 지역이나 수익을 높게 설정하면 초기투자가 많아져 고정비가 많아진다. 시설비가 많이 드는 업종이나 권리금이 많은 물건(物件)은 피하는 것이 좋다. 초보자일수록 소규모 점포부터 차근차근 공부하면서 경험을 키워야 한다.

⑨ 신종사업보다는 틈새시장을 노리고 전문가의 조언을 구하라. 신규 수요를 노리는 것보다는 틈새시장과 같은 잠재시장을 파고들어야 한다. 무경험자일수록 전문가의 조언은 필수적이다. 철저한 조사와 계획서의 작성으로 수익성을 검토하여 사전에 문제점을 파악하고 그 대책을 수립한 후에 창업해야 한다.

05 외식업 프랜차이즈 창업

1. 가맹점의 성공요건

프랜차이즈 사업은 본사와 가맹점의 오너가 다른 독립기업이면서도 본사와 동일한 상품 및 상호를 가지고 영업하기 때문에 가맹본부 선택이 사업성패의 관건이 된다. 따라서 개점 시에는 사전에 가맹본부에 대한 철저한 조사와 더불어 계약 체결 시에도 다음과 같은 사항에 세심한 주의가 요구된다.

첫째, 가맹본부의 신용상태를 정확히 조사해 보아야 한다. 회사는 창업한 지 얼마나 되었으며, 대표이사의 주요 경력은 어떠하고, 회사의 일반적인 지명도는 어느 정도인지를 세심하게 살펴보아야 한다. 공정거래위원회 홈페이지를 방문하여 가맹사업분야를 클릭하면 「가맹사업법」에 의하여 기등록된 가맹본부의 정보공개서에서 가맹본부의 매출, 점포현황, 재무제표, 지역별 가맹점매출현황, 가맹계약서 등을 확인할 수 있다.

둘째, 상품 또는 원재료 공급 시스템과 조직구성에 짜임새가 있는지를 살펴보아야 한다. 상품이나 원재료를 미리 확보해 두는 것도 필요하겠지만, 때로는 예상치 못한 상황에 어느 정도 기동성을 갖추고 있는지를 조직구성과 함께 자세히 살펴보아야 한다.

셋째, 반드시 경쟁업체와 비교해 보고 결정하되 타 업체에 비해 경영전략상 어떤 특징이 있는지, 향후 발전전망은 어느 정도인지도 조사해 보아야 한다.

넷째, 실적이나 통계자료에 의해 이미 영업을 하고 있는 기존 가맹점의 최근 매출실적과 가맹점주의 변동사항 등 영업상황을 숨기지 않고 자세히 공개하는 회사인지를 살펴보아야 한다.

다섯째, 혹시라도 허황된 아이템이거나 광고 내용이 지나치게 과장된 점은 없는지, 그리고 한 발 더 나아가 가맹점 가입만을 유도하지는 않는지 여러 각도에서 살펴보고 난 후 최종적으로 가맹본부를 결정해야 한다.

가맹점을 경영하기 위해서는 가맹본부와 별도의 계약을 체결해야 한다. 일반적으로 모든 상거래에 있어서는 사후 발생할지도 모르는 분쟁에 대비하여 계약서를 작성하는 것이 보통이며 체인점 역시 마찬가지이므로 몇 가지 사항에 주의하여 계약을 체결해야 한다.

첫째, 본사에 일방적으로 유리하고, 가맹점에는 불리한 조항이 없는지 계약서 전체의 내용을 자세히 읽어보아야 한다.

둘째, 가맹본부가 제공하는 광고, 홍보활동 및 기타 지원체제 등의 모든 지원 내용이 명시되어 있으며, 이들 내용에 대해 구체적인 실천방법이 제시되고 있는지 살펴보아야 한다.

셋째, 계약상 본사와 가맹점이 독립기업으로 명시되어 있으며, 상품 및 서비스에 대한 독점은 물론 지역적 독점 상권이 확보되어 있는지 살펴보아야 한다.

넷째, 특약사항이나 체인 본사에 대해 특별히 보완을 요하는 사항은 없는지 자세히 살펴본 후 최종적으로 계약을 체결해야 한다.

2. 가맹점의 경영실태

국내 가맹점 실태를 살펴보면 종전에는 주로 편의점, 외식산업, 커피전문점, 의류점, 제과점, 팬시점, 생맥주집 등에 국한되어 있었으나, 최근에는 액세서리점, 귀금속점, 세탁소, 반찬전문점, 인쇄소, 스포츠클럽, 실버산업, 특허제품 취급점, 화환 취급점, 수입품 취급점, 토털패션점, 홈 인테리어, 가요주점 등으로 다양화되고 있다. 특히 종전까지는 이들 가맹본부 대부분이 중소 기업체들이었으나, 최근 들어 대기업들이 참여하면서 점차 대형화, 전문화되고 있다.

3. 가맹본부의 기능

가맹본부가 가맹점에 대해서 져야 하는 주요 의무는 국제 프랜차이즈 연맹의 윤리강령에 명시되어 있다. 이를 근거로 본사가 가맹점에 대해 져야 하는 주요 의무사항을 살펴보면 다음과 같다.

- 가맹본부는 가맹점을 속이거나 착취하기 위한 수단으로 상품 및 서비스를 제공, 판매하거나 판매촉진을 강요해서는 안 된다.
- 가맹본부는 소비자에게 오인이나 혼동을 주는 방법을 사용해 타사의 상표, 상호, 회사명, 슬로건 등을 모방해서는 안 된다.
- 가맹본부는 피라미드 판매방식이나 다단계 판매방식을 채택하여 사업할 경우 잠재적인 가맹점 희망자 등에게 손해를 입히지 않도록 해야 한다.
- 광고를 할 때에는 최종 소비자에게 미치는 영향을 항상 고려하여 실시하고, 모호한 표

현을 피해 이해를 높여야 하며, 국회에서 제정한 법률 및 규칙, 규정, 규율, 명령, 지시 등을 지켜야 한다. 또한 가맹점의 이익, 실질소득에 관한 데이터 계산방식 등 과학적인 자료를 근거로 하여 광고를 해야 하며, 자료의 대상지역과 기간까지 정확히 표시하여 가맹점이 착오를 일으키지 않도록 해야 한다. 아울러 광고를 할 때에는 가맹점 희망자 에게 프랜차이즈 사업에 대한 필요 최소 투자액을 상세히 알려주어야 한다.

- 프랜차이즈 사업에 대한 모든 정보는 정확한 문서로 작성해서 계약 희망 의사를 밝혀온 가맹점 희망자에게 제시되어야 한다(다만, 가맹사업상 중요한 기밀사항에 대해서는 가 맹계약체결이 결정되는 시점에 공개하겠다는 분명한 의사표시를 하는 것이 좋다).
- 가맹점과 가맹본부의 관계는 계약서에 명시되어야 하며, 이때 쌍방 간의 권리와 의무를 명확히 규정해야 한다.
- 가맹본부는 가맹점을 선정할 때 프랜차이즈 사업을 잘 수행할 수 있는 기초적인 기능, 교육, 인격, 개인적 자질, 자금능력 등을 가맹기준으로 정한다. 그러나 인종, 피부색, 종 교, 국적, 성별 등을 가지고 가맹점 가입을 제한해서는 안 된다.
- 가맹본부는 가맹점의 사업경영 능력향상과 사업 운영기법 개선을 위해 가맹점주 및 사 원을 교육시킬 의무가 있다.
- 가맹본부는 소비자의 이익보호와 프랜차이즈 시스템 전체의 동질성을 유지하기 위해 가맹점을 지도해야 한다.
- 가맹본부와 가맹점 상호 간의 거래는 공정해야 하며, 본사는 가맹점이 계약 위반을 할 경우 우선 가맹점에게 위반사항을 통지하고, 가맹점이 시정할 수 있는 충분한 시간을 주어야 한다.
- 가맹본부는 가맹점이 친근감을 느끼도록 접근하기 쉽게 해주며, 가맹점으로부터 사소 한 연락이 오더라도 친절하게 응대하여야 한다.
- 가맹본부는 가맹점의 불평, 불만, 고충처리를 해결하기 위해 노력해야 하며, 커뮤니케이 션이 공정하고 합리적이라는 신뢰감을 갖도록 해야 한다.

4. 가맹본부의 선택

1) 가맹점주 자신에 관한 사항

지금까지 한 번도 경험해 본 적이 없는 프랜차이즈 시스템의 가맹점주가 되어 가맹사업을 경영하기 위해서는 자신이 가맹사업 경영에 적합한지 스스로 적성을 신중하게 확인해 볼 필 요가 있다. 또한, 가맹점 경영자로서 종업원을 다스릴 능력은 있는지 가맹본부의 경영방침에 따라 통일적이고 표준화된 운영방법을 적용할 수 있는 마음가짐과 유연한 대응력이 있는지도 생각해 보아야 한다. 뿐만 아니라 프랜차이즈 시스템의 장단점을 잘 이해하고 있는지, 사업 전개 시 자금이 원활히 조달되며, 가능 금액이 얼마인지도 생각해 보아야 한다. 그리고 사업설명회의 설명만으로 가맹점 가입을 결정하려 하지는 않았는지, 집안의 모든 식구가 환영하며 상호 협력하여 일해 나갈 수 있는지 등도 부수적으로 염두에 두어야 한다.

2) 가맹본부의 업종 및 취급상품에 관한 사항

가맹점에서 취급할 상품이나 서비스에 대한 기본 점검사항 및 그 요령은 다음과 같다.

- 취급할 상품의 범위와 종류 등을 점검해 보아야 한다.
- 취급할 판매상품이 타사 상품과 비교하여 어느 정도 비교우위에 있는지 살펴보아야 한다.
- 이미 설치된 가맹점을 방문하여 상품가격과 품질 등을 조사해 보아야 한다.
- 취급할 상품이 계절과 기후에 따라 어떤 영향을 받는지 고려해야 한다.
- 가맹본부로부터 제공된 상품구매 가격이 매입 면에서 어느 정도이고 상품 수명은 어느 정도나 되는지 조사해 보아야 한다.

3) 가맹본부 자체에 관한 사항

가맹점 희망자는 가맹본부를 선택할 경우 다양한 방법으로 가맹본부에 대해 알아보아야 하며 체크 포인트는 다음과 같다.

① 본사의 직영점이 몇 개인지 확인한다. 직영점이 많다는 것은 재무상태가 양호하고 사업 아이템이 수익성이 있다는 증거이다.

② 본사의 재정이나 운영 상태를 확인한다. 거래은행이나 하청업체, 가맹점 등을 통하여 확인한다. 대표자와 간부사원의 경력이나 인간성 등도 탐색한다.

③ 본사의 조직구성을 체크한다. 가맹점 지원을 위한 슈퍼바이저(가맹점 지도, 지원, 체크 등 운영을 지원해 주는 요원)나 식재 생산, 물류(납품)요원 등을 체크한다.

④ CK(중앙공급식 주방, 식재 제조공장)가 있는지 확인한다. CK가 없으면 거래업체들의 식공급이 불완전하고 납품가격도 비교적 높다(가격 인상요인).

⑤ 하청업체나 고객들로부터 평판이 좋은지 조사한다. 하청업체의 본사에 대한 신인도가 높으면 고객들로부터의 평판이 좋다.

⑥ 매스컴을 통하여 광고를 지나치게 많이 하는 본사는 피하라. 식당업은 구전(口傳)을 통해서 광고되어야 한다. 유명가맹점은 전혀 광고하지 않는다.

⑦ 본사의 가맹점 수가 많을수록 성공확률이 높다. 점포 수가 30개 정도는 되어야 CK가

손익분기점을 맞출 수 있기 때문이다. 가맹점 수가 많을수록 다양한 입지에서 시행착오를 겪으면서 노하우(Know-how)를 축적했기 때문이다.

⑧ 본사의 가맹점 지도를 위한 종합 매뉴얼(Manual)이 있는지 체크한다. 가맹점 업소를 몇 군데 방문하여 상담을 통해 본사의 설명과 일치하는지 확인한다.

⑨ 본사에서 지역 상권을 보호해 주는지 확인한다. 일정 지역 내에서 독점영업 권한을 보장해 주어야 한다.

⑩ 법률적으로 문제가 없는 업종·업태인지를 확인한다.

4) 가맹본부 선정 전후의 검토사항

(1) 입지선정에 대한 점검사항

- 동업종의 경쟁자가 있는가? 있다면 경쟁에서 이길 수 있겠는가?
- 실질적인 상권범위가 개점 시 고객 유치에 충분한가?
- 해당 지역의 소득수준은 높은가? 또는 성장할 가능성은 있는가?
- 다른 체인 본사의 경쟁 가맹점이 생길 경우, 그 영향은 얼마나 되는가?
- 체인 본사의 입지 분석 데이터는 신뢰할 만한가?

(2) 자금에 대한 점검사항

- 점포 개설 시 소요자금에 대한 내역은 신뢰할 수 있으며, 총금액은 파악되었는가?
- 개점 후 소요될 운전자금은 파악되었는가?
- 가맹본부가 제공할 수 있는 융자 알선 규모와 그 방법은?
- 광고 선전에 대한 점검사항
  - 가맹본부는 충분한 광고 선전 계획을 갖고 있는가?
  - 판매촉진활동이 가맹점에 지속적으로 지원되고 있는가?

5) 가맹본부의 지도범위에 관한 사항

(1) 개점하기까지의 사항

- 점포시설 계획에서부터 설비·조달까지 점포 설계공사와 관련하여 얼마만큼 지도·원조를 받을 수 있는가?
- 사업경영 노하우와 교육·훈련 계획은 어떻게 되어 있는가?
- 개점 시 가맹본부에서 가맹점에 지도를 겸한 원조를 얼마나 기대할 수 있는가?
- 개점 시 광고 선전은 얼마나 지원되는가?

(2) 영업 개시 후의 사항

- 영업 개시 후 지속적인 경영지원 방법에는 무엇이 있는가?
- 가맹본부에서 파견된 가맹점 지도 관리요원이 가맹점 경영상의 제반사항을 정기적으로 컨설팅해 주는가?
- 경영자료를 분석하여 결과를 점검할 전문가는 있는가?
- 종업원에 대한 교육 프로그램은 제공되는가?
- 회계, 판매, 구매, 경리 등 가맹점 관리에 대한 경영방침과 교재는 정비되어 있는가?
- 회계 경리상의 시스템이 통일된 표준방법으로 시행되고 있는가?
- 개점 후 적자가 누적될 경우 체인 본사는 어떠한 원조를 해줄 수 있으며 별도의 특별 대책은 강구되어 있는가?
- 가맹점에 대한 복지정책은 있는가?

6) 계약과 관련된 사항

- 계약서에 '프랜차이즈 계약서의 기본조항'이 누락되지 않고 명시되어 있는가?
- 가맹본부의 담당자가 계약 체결 시 '개인적 재량으로 약속하니까 계약서에는 기재할 필요가 없다'라고 말한 경우에 특히 주의해야 하는데, 이런 사항이 발견되었는가?
- 가맹사업에 관련된 법과 계약서 간 상호 모순되는 점은 없는가?
- 계약서상에 판매지역은 확실히 명시되어 있는가?
- 상품매입에 대한 규정 중 가맹본부가 책임을 지고 공급하는 품목과 가맹점이 자유롭게 매입할 수 있는 범위와 권한이 명확히 기재되어 있는가?
- 계약 내용의 갱신 · 해제 · 지속 조건은 어떻게 규정되어 있는가?
- 계약 내용이 가맹본부에 일방적으로 유리하게 되어 있지는 않은가?
- 가맹점 가입조건은 상세히 명시되어 있는가? 가입조건은 까다로운가? 쉬운가?
- 프랜차이즈 권리를 박탈할 경우, 그 사실에 관한 조건은 상세하게 규정되어 있는가?
- 품질관리 및 안전관리에 대한 시스템은 잘되어 있는가?
- 매출액 실적에 따른 로열티는 있는가? 있다면 로열티 비율은 얼마이며, 기준은 무엇인가? 그리고 적정한가?
- 가맹본부에 정기적으로 지급할 금액에 관한 조항이 있다면 그 산정기준과 경비부담을 상세히 명시하고 있는가?
- 계약서상의 손해배상 요구조건은 양자가 각각 어떤 경우에 청구할 수 있는가?
- 양자가 계약을 위반할 경우에 대비해 위약금 징수 규정은 명시되어 있는가?
- 해약할 경우에 대비해 해약금과 해약조건 등에 관한 규정은 명시되어 있는가?

7) 가맹점이 가맹본부에 부담해야 할 의무에 관한 사항

- 가맹점 가입 시 가맹본부가 요구하는 가맹비에 관한 사항은 언급되어 있는가?
- 개점 후 정기적으로 가맹본부가 징수하는 로열티에 관한 사항은 기재되어 있는가?
- 점포 개설 시 점포 구조나 레이아웃에 대해 특별한 의무가 명시되어 있는가?
- 점포 운영 시 상품 대금 결제방법에 대한 사항은 명시되어 있는가?

8) 가맹점이 최종 의사결정 전에 주의해야 할 7가지

- 가맹본부가 제안하는 계약서 내용을 충분히 숙지하고 검토했는가?
- 변호사나 가맹거래사 등의 관련 전문가의 조언을 받아 의사결정 전에 상의했는가?
- 가맹점 유치 담당자의 약속 내용이 서면으로 된 계약서에 포함되어 있는가?
- 사업경영에 필요한 경험과 경영 노하우를 이미 개점한 가맹점주에게 물어보았는가?
- 가맹본부가 제시하는 예상수익은 면밀히 조사해 보았는가? 이때 예상수익은 서면으로 받아 놓았는가? 또한, 어떤 근거로 산출되었는가를 확인하는 것은 물론 먼저 가입한 가맹점의 수익과 비교해 보았는가?
- 다른 형태의 유사 가맹본부와 가입을 희망하는 가맹본부는 각각 어떠한 장단점이 있는가?
- 상기 조사가 끝나기 전까지는 가맹점 가입을 자제하고 있는가?

5. 프랜차이즈 성공의 4요소

가맹사업을 성공적으로 이끌기 위해서는 가맹점주의 경영 마인드, 상품·서비스의 질과 브랜드 인지도, 시장 전망, 체인 본사의 신용 등이 있는데, 이들 네 가지 성공요건에 대한 평가 포인트를 잘 숙지하여 가맹본부 선택을 신중히 해야 가맹점 사업에서 성공할 수 있다.

1) 가맹점주의 경영 마인드

예비 가맹점주가 가맹점 경영을 하기 위해서는 우선 자신의 경영 마인드, 특히 가맹사업에 대한 기본 인식과 가맹점 경영에 대한 장단점을 충분히 이해한 다음 접근하는 것이 좋다. 그리고 다음 사항들에 대해 깊이 생각해 보아야 한다.

- 본인이 시간과 돈을 투자할 수 있으며, 위험이 생길 경우 헤쳐 나갈 각오는 되어 있는가?
- 사업이 안정될 때까지 수년간의 고생을 각오하고 사업을 성공적으로 이끌 준비는 되어 있는가?
- 본인을 관리할 능력은 있는가?
- 가맹본부와 조화를 이루며 체인사업을 경영할 수 있는가?
- 동시다발적인 상황 속에서 신속한 의사결정을 내릴 능력은 있는가?

- 가맹본부 또는 다른 사람으로부터 협조나 지원받기를 좋아하는 성격인가?
- 운영자금은 충분한가?
- 가맹본부에서 제공하는 이점을 얻기 위해 자신의 권리를 포기할 수 있는가?
- 본인이 정신적으로나 육체적으로 건강하다고 생각하는가?
- 성격은 원만하고 침착한가?
- 신용상태는 좋은가?
- 가족이나 친지로부터 물질적인 지원을 받을 수 있는가?
- 사업에 도움이 되는 과거 경험이나 교육수준은 갖추어져 있는가?
- 가맹사업과 관련된 법률은 이해하고 있는가?

2) 상품 · 서비스의 질과 브랜드 인지도

가맹사업 성공의 제2요소는 상품 및 서비스의 질과 가맹본부 브랜드의 인지도이다. 다음 항목에 따라 이를 체크해 보자.

- 가맹본부의 아이템이 열과 성을 바쳐서 사업할 가치가 있는 상품 · 서비스인가?
- 타사의 상품이나 서비스에 비해 경쟁력은 높다고 판단되는가?
- 상품과 서비스의 품질은 믿을 만한가?
- 기존시장에서 이미 판매되고 있는 상품은 아닌가? 소비자로부터의 인기는 어떠한가?
- 원재료 공급회사는 믿을 만한가?
- 상품등록은 되어 있는가?
- 정부의 소비자보호정책에 따라 보상받을 수 있는 상품인가?
- ISO9000 시리즈 기준에 맞는 상품인가?
- 전국적으로 광고가 잘되어 있는 상품인가?
- 다른 가맹본부에서도 개발 가능한 상품인가?
- 환경이나 공해에 저촉되는 상품은 아닌가?

3) 시장 전망

요즈음은 제품이나 상품의 라이프사이클이 매우 짧다. 1~2년 전의 신상품이 현재는 구상품이 되기도 하고, 오늘 신상품이 다시 1~2년 후에는 구상품이 된다. 이런 관점에서 가맹본부 아이템에 대한 현재의 소비자 반응과 향후 시장 전망을 체크하는 것은 매우 중요하다.

가맹상품 및 브랜드에 대한 시장 전망을 예측할 때 체크해야 할 사항은 다음과 같다.

- 가맹사업에 관련된 아이템의 시장규모는 점점 커지는가? 정체되어 있는가? 급격히 줄어드

는가?

- 인근 경쟁 가맹점의 상품 및 서비스 수요는 어떤가?
- 인근 가맹점에 경쟁상품은 있는가? 있다면 품질과 가격경쟁력은 어느 정도인가?
- 취급할 상품은 1년 이상 판매가 가능한가? 아니면 계절을 타는 상품인가?
- 유행을 타는 상품인가? 아니면 수명주기가 짧은 상품인가?
- 가맹점 희망지역의 인구가 늘어날 것인가? 정체될 것인가? 줄어들 것인가?

4) 가맹본부의 신용

가맹사업은 본사가 절반을 담당하는 것으로 가맹본부의 신용이 가맹점 경영에 직간접적으로 영향을 미친다. 따라서 신용 있는 가맹본부 선택이야말로 가맹점 성공의 기본요건이라고 할 수 있다.

가맹본부의 신용을 체크하는 방법은 다음과 같다.

- 가맹본부의 명성, 자금력의 수준은 어떠한가?
- 가맹본부의 주요 간부와 경영진은 어떤 경력의 소유자들인가?
- 가맹본부에 대한 소비자 인지도는 어느 정도인가?
- 가맹본부의 대차대조표는 양호한가? 같은 업종의 경쟁사와 비교하여 건실한가?
- 가맹본부가 현재 민사나 형사소송에 관련되어 있지는 않은가?
- 가맹본부가 제시하는 단기 및 장기 목표는 있는가? 있다면 무엇인가?
- 가맹본부 직원은 몇 명이고, 주로 어떤 직종에 치중되어 있는가?
- 각 분야별 전문인력은 확보되어 있는가?
- 가맹본부의 사업은 언제 시작됐으며, 몇 년이나 되는가?
- 최근 3년 동안 가맹사업 부문의 총매출액은 얼마인가? 또 내년도 예상 매출은 얼마인가?
- 각 가맹사업 가맹점의 평균 매출액과 평균 순이익은 얼마인가?
- 가맹사업 가맹점은 현재 몇 개인가? 직영점은 있는가? 지난해 추가된 가맹점은 몇 개인가? 금년에 추가 예정인 가맹점은 몇 개인가?
- 현재 지역별로 어떻게 분배되어 있으며, 확장계획은 있는가?
- 「가맹사업법」을 위반하여 처벌받은 적이 있는가?
- 가맹점으로부터 소송을 당한 적이 있는가? 있다면 소송내용은 어떤 것이며 어떻게 처리되었는가?
- 연구·개발비는 매년 얼마나 지출되며, 매출액의 몇 %나 지출되는가?
- 최근 3년 동안 실패한 가맹점은 몇 개나 되는가? 실패한 주요 원인은 무엇인가?
- 최근 3년 동안 제삼자에게 소유권을 넘긴 가맹점은 몇 개인가? 소유권을 이전하게 된 주요

원인은 무엇인가?

• 최근 3년 동안 가맹본부에 의해 강제로 폐쇄된 가맹점은 몇 개인가? 폐쇄된 주요 원인은 무엇인가?

6. 프랜차이즈 사업의 장단점

1) 가맹점 경영의 장점

가맹본부의 가맹점이 되어 가맹점을 경영하게 되면 자영점포를 운영하는 것에 비해 다양한 이점을 얻게 된다. 우선, 가맹본부가 프랜차이즈 패키지를 개발하여 사업경영의 노하우를 제공하고, 경영지도와 함께 여러 방면에서 지원해 주기 때문에 사업 성공확률이 높다는 점을 들 수 있다. 게다가 소액 자본으로 사업을 시작할 수 있다는 것 또한 장점 중 하나라고 볼 수 있다.

아울러 사업 경험이 없는 가맹점주도 가맹본부로부터 교육·훈련의 지원과 지도, 자문을 받을 수 있을 뿐만 아니라 본사가 제공하는 우량상품 초기부터 지명도를 갖고 효과적으로 경영할 수 있다. 또한, 가맹본부가 일괄적으로 광고해 주므로 판매촉진에 큰 도움을 주는 것은 물론 본사로부터 상품을 집중적으로 대량 구매할 수 있으므로 상품 및 원재료를 싼값으로 받을 수 있다. 본사가 컴퓨터에 의한 전표처리, 노무관리 등을 측면 지원하여 주기 때문에 보다 손쉬운 사업경영이 가능하다. 그리고 가맹점주가 질병으로 경영이 어렵거나 사망한 때도 사업을 수행할 수 있는 가족이 가맹본부와 계약을 다시 체결하고 영업을 계속할 수 있다.

2) 가맹점 경영의 단점 및 문제점

가맹본부는 프랜차이즈 패키지는 일반적이고 전체적인 입장에서 최대의 효과를 내는 방법을 계획하여 실시했기 때문에 개별 가맹점은 점포 입지, 지역적 특수성, 소비자구매 수준 등이 실정에 맞지 않아 실패할 수도 있다. 따라서 가맹본부의 가맹점 지도·관리요원과 수시로 면담을 하여 지점 실정에 맞는 사업경영이 되도록 노력해야 한다. 그러나 양측 모두 독립 사업자이기 때문에 상호 이해가 상반되면 체인 본사가 일방적으로 자기 이익을 고집할 수도 있으므로 각 가맹점은 가맹점 자체 협의회를 운영하여 이런 때에 대비할 수 있도록 한다.

아울러 다른 가맹점이 사업에 실패한 경우 자기 자신의 점포이미지와 신용에 영향을 줄 수도 있으므로 이미지 관리를 위해서라도 가맹점 상호 간, 특히 이웃 가맹점과는 수시로 정보를 교환하고 사업을 독려함으로써 자신의 점포가 간접적인 피해를 보지 않도록 협력해야 한다. 만약 가맹본부의 급박한 상황으로 인해 업무방침이 바뀌면 가맹점은 그 의사결정에 참여할 수 있다. 따라서 가맹본부의 일방적인 경영방침 변경에 자신의 점포가 피해를 보지 않도록 계약서 작성 시에 예방조항을 삽입할 필요가 있다.

본사와의 계약은 어디까지나 부합계약(附合契約)이므로 예비 가맹점은 계약 체결 전 일방적으로 불리한 계약조항이 없는지 자세히 살펴보아야 한다.

그리고 가맹본부의 사업 추진력이 약화되었거나 판매정책을 자주 변경할 경우에 가맹사업 경영은 불안해지며 본사로부터 지원받을 수 없게 된다는 것 또한 간과해서는 안 된다.

따라서 프랜차이즈 시스템 운영에 관계되는 가맹본부와 각 가맹점은 가맹사업의 취지와 목표, 그리고 프랜차이즈 패키지 내용 등을 잘 이해하고 상호 협력해야만 사업에 성공할 수 있다는 점을 재삼 인식해 둘 필요가 있다.

7. 프랜차이즈 계약 시 고려사항

가맹사업 참여의 결정은 계약서 작성이 그 시점이 된다. 즉 계약서가 작성되면 그때부터 체인 본사와 가맹점 간의 관계가 성립되는 것이다. 일단 계약이 체결된 후 하자가 발생하더라도 계약서상에 보호조항이 없으면 가맹계약금 등을 손해 볼 수도 있다.

따라서 계약서에 서명하기 전에는 가맹점 계약에 관해 다년간 업무를 취급한 경험이 있는 변호사나 공인회계사, 가맹거래사 또는 경영 컨설턴트의 의견을 듣고 난 후 계약에 임하는 것이 좋다. 다음은 계약 전에 반드시 확인해야 할 사항들이다.

- 가맹본부가 제공하는 상품과 서비스에 독점권이 있는가? 또한, 일정 구역을 보호받을 수 있는가?
- 계약기간은 몇 년이며, 규정은 어떻게 명시되어 있는가?
- 가맹점을 팔려고 할 때 가맹본부가 거부권을 갖고 있는가? 또한, 구매자 선택권은 누가 갖고 있는가?
- 계약 당사자가 가맹점을 직접 운영해야 하는가? 혹은 사업경영을 대리인이 해도 되는가?
- 가맹본부가 제시하는 가맹점 예상수익은 얼마이며, 산출근거는 타당한가?
- 개점 전 필요한 자금 및 운영자금 규모는 파악되었는가?
- 가맹비는 얼마인가? 또한, 개점 시에 필요한 점포 임차비용, 원료 및 설비, 비품, 인테리어 비용, 초도상품비, 광고, 마케팅 등에 투자해야 하는 자금은 얼마인가?
- 개점 시에 가맹본부가 지원해 주는 항목은 무엇인가? 예를 들면, 입지 선택 및 계약 지원, 점포의 구매나 임대에 대한 선택권, 실내구조나 장식, 서비스 및 유지보수에 대한 계약 등 가맹본부가 지원해 주는 항목에는 구체적으로 어떤 것이 있는가?
- 가맹본부가 지원하는 항목에 대한 수수료는 가맹점이 지불하는가?

- 가맹점 점포 임차 및 시설 설치 등에 대한 융자는 가능한가? 가능하다면 융자기간과 이자는 얼마인가?
- 가맹점 개설장소 선택권은 누구에게 있으며, 가맹점주가 희망하는 영업장소는 가맹본부 기준에 반드시 맞아야 하는가?
- 가맹점주가 영업장소를 물색할 경우, 이를 위한 충분한 시간을 가맹본부가 인정하는가?
- 로열티는 지속적으로 지불해야 하는가? 이때 얼마나 지불해야 하며, 또한 동업종의 로열티와 비슷한 수준인가?
- 가맹점이 팔아야 할 상품 및 서비스에 대한 제약이 따르는가?
- 가맹점이 판매할 물품 구매에 있어 공급자가 지정되어 있는가? 지정되어 있다면 구매가격은 경쟁력이 있는가?
- 가맹본부의 로고 사용이나 직원의 유니폼 착용, 보험가입 등의 요건에 제한규정이 있는가?
- 가맹점주가 계약서에 서명한 이후부터 실제 사업을 개시하는 시점까지 얼마의 예산이 소요되는가?
- 사업을 개시할 처음 몇 명의 종업원이 필요하며 이들의 급여는 얼마인가? 이때 임시 고용인을 채용해도 되는가?
- 가맹본부가 제공하는 교육 프로그램은 있는가? 이때 교육내용은 무엇이며, 교육비는 체인본사가 부담하는가? 또한 기간은 어느 정도이며 교육받을 대상은 관리직과 현장직 모두 포함되는가?
- 신문, TV, 잡지 등의 광고 횟수는 어느 정도인가? 이와 관련된 광고비는 체인 본사가 부담하는가, 혹은 가맹점이 일부 부담하는가?
- 가맹본부의 광고비 예산은 얼마나 책정되어 있는가?
- 가맹본부가 상품정보, 회사 경영방침, 시장정보 등을 지속적으로 가맹점에 제공하는가?
- 가맹점의 외상매출금에 대한 자금융통을 위한 금융제도는 갖추고 있는가?
- 가맹본부의 가맹점 직원 부서요원은 지식과 경험이 많은가?
- 가맹본부의 관리 차원의 지원(정기적인 매장 방문 및 지도, 매뉴얼 제공, 각종 양식 제공, 고객관리 매뉴얼 제공 등)에는 어떤 것들이 있는가?
- 가맹점 영업을 관리하기 위해 가맹본부가 파견한 관리 담당직원은 누구이며 그 수준은 어느 정도이고 관할 구역에서의 평판은 어떠한가?
- 가맹본부가 지원하는 보험 종류에는 어떠한 것들이 있는가?
- 우수 가맹점에 대한 포상지원제도는 있는가?
- 가맹점이 가맹본부에 제출해야 할 서류의 종류와 기간은 각각 어떠한가?
- 다른 가맹점과 정보 및 의견을 교환할 수 있는 가맹본부차원의 정기적인 회의는 있는가?

8. 프랜차이즈 입지선정

1) 가맹점 입지선정의 중요성

가맹점의 입지선정은 가맹사업에서 가장 중요한 사항이다. 입지선정이 잘못되면 아무리 좋은 서비스를 하더라도 상품이 지속적으로 판매되지 않아 결국 실패하고 만다. 점포 장소는 일종의 고정자산이므로 한 번 투자하고 나면 그때부터는 관리비용이 들어가며, 만약 사업이 안 되어 이를 철회하고자 할 때도 많은 비용이 소요되는 것은 물론, 최악의 경우에는 큰 손실도 감수해야 한다.

이처럼 가맹사업에 있어서 좋은 입지 선택은 매우 중요한데, 가맹본부의 업종 및 업태에 따라 입지 기준이 다를 수 있지만 대부분 체인 본사에서 사업 아이템에 맞는 기본 입지 기준을 설정해 둔 경우가 대부분이다. 그러나 실제 입지 선택 시에는 지역별 상황이 다를 수 있고, 보는 시각에 따라 판단에 차질이 생길 수도 있으므로 적당한 입지가 물색되면 우선 가맹본부의 입지 전담 직원과 상의하는 것은 물론, 부수적으로 전문 컨설턴트와 상의해 보는 것도 좋은 방법이다.

왜냐하면, 가맹본부 입지 전담 직원의 경우 가맹점 증가실적을 염두에 두다 보면 확실한 입지가 아니어도 가맹점 가맹을 유도하는 경우가 종종 있기 때문이다.

2) 가맹점 점포 입지설계

(1) 점포 입지설계의 신개념

프랜차이즈 가맹점의 입지를 선정할 때 고려해 보아야 할 내용 중 기존점포에 권리금을 주고 입점할 것이냐, 아니면 신축점포를 개발할 것이냐가 의사결정의 포인트가 될 수 있다.

점포를 임차할 때 최대의 고민거리는 바로 권리금이다. 권리금이 적정한지에서부터 나중에 처분할 때 다시 받아나갈 수 있는지, 손해는 보지 않을 것인지 등 여러 가지 복잡한 문제가 예상된다. 따라서 이런 권리금 문제 발생의 소지가 없는 신축건물 내에 점포를 임차하는 것도 좋은 방법이다. 그뿐만 아니라 중심가에서 교외로, 또는 중심가의 재개발 지역을 공략할 수도 있다. 이때 인구가 증가하는 지역이 중점적으로 탐색해 볼 만한 곳이다. 교외로 나갈 경우 주요 도로변을 중심으로 입지를 따져보아야 하며 도심보다 임차료 등이 싸서 실리적이다.

프랜차이즈 가맹점은 소상권주의라고 볼 수 있다. 이에 필요한 인구는 식품의 경우 3만 5천 명에서 5만 명 정도를 목표를 잡고 있다. 또한, 소상권에 인접해 있는 지역을 중심으로 이미 진출해 있는 점포 수가 11개점에서 30개점 정도인 지역을 흔히 상역권이라고 하는데,

상역권의 인구는 150만에서 300만 사이로 간주하고 있다. 상역권에는 상품이나 원재료의 물류, 상품관리를 하는 유통센터, 집배, 가공센터를 설치할 수 있는 장점도 있다.

(2) 적정 규모

가맹점의 기본조건은 적정 규모를 실현하는 일이다. 이는 기술혁신과 소비생활의 변화에 따라 고객의 구매욕구가 달라졌기 때문으로, 업종 및 업태에 상응한 면적을 확보하여 적정한 규모를 갖추어야 한다.

적정 규모란 경제적인 규모로서 예상고객 수를 추정하여 산정한다. 아울러 가맹점의 점포 규모는 가맹본부에서 설정하는 것이 대부분이기 때문에 가맹본부와 협의하여 결정하면 큰 무리는 따르지 않는다.

(3) 점포의 구조

가맹점의 경우 기본적으로 1층이 좋으며, 특이한 대형 종합점포일 경우나 특수 업종일 때 2층이 오히려 적격일 수 있다. 점포 구조의 결정 시에는 고객의 입장에서 생각하고 주고객의 취향에 맞춰 결정하는 것이 좋다. 가능하다면 향후 확장 가능한 구조가 좋고, 주차장이 확보된 점포라면 최상의 입지구조라고 볼 수 있다.

(4) 점포 분위기 연출 및 인테리어

점포 인테리어는 분위기 연출이 중요한 요소이다. 특히, 가맹점은 쾌적한 현대식 분위기로 고객을 맞이할 수 있도록 환경을 꾸미는 것이 일반적이다.

가맹점의 독특한 통로와 매장의 설치, 점포 내의 레이아웃을 특별한 진열형식으로 꾸미면 좋다. 또한, 점포 내의 형태와 배색, 깨끗한 설비, 조명과 사인아크, 광고, 분위기 연출 등은 모두 중요한 인테리어 기술이다. 가맹점의 분위기 연출은 체인 본사에서 주로 하지만, 가맹점의 의견이 반영될 수 있다면 점포 규모, 아이템, 주변 점포 분위기 등을 고려하여 융통성 있는 설계를 하는 것이 바람직하다.

3) 점포 입지선정 시 고려사항

규모가 큰 프랜차이즈 본사에는 대부분 점포 입지 전문가들이 있어서 가맹점 희망자와 함께 장소 물색을 하는 경우가 많다. 그러나 가맹점주도 기본적인 사항은 알고 있는 것이 좋다. 점포 입지선정 시 고려해야 할 사항은 다음과 같다.

- 팔고자 하는 상품과 서비스의 종류는 무엇인가?
- 프랜차이즈 운영의 장단기 계획은 세웠는가?
- 예상 후보지 인근의 연령별, 성별, 소득별 인구통계 분석은 되어 있는가?

- 예상 후보지 근처의 교통량 동태는 파악되었는가?
- 주차는 용이한가?
- 주택지역, 상업지역 등의 구분 및 상점에 대한 도시의 규제사항은 확인했는가?

9. 프랜차이즈 계약서 작성 시 유의사항

법률에 따라 가맹 계약서 작성 전에 가맹금을 지급할 경우 그 가맹금 지급일 전이나 가맹계약서 체결 이전에 가맹본부의 정보공개서를 열람하거나 받을 수 있다. 이것은 가맹희망자의 최대의 권리이다.

가맹본부의 재무상태나 가맹점 현황,「가맹사업법」과 관련된 행정처벌사항, 가맹점희망자가 원하는 상권 주변의 점포현황과 매출현황 등을 제공받아 가맹본부의 안정성을 검토하여야 한다. 특히, 예상 매출액 등은 반드시 서면으로 확보하여 두는 것이 후일을 위하여 많은 도움이 된다.

가맹계약체결일 전에 가맹계약서도 사전에 받게 되어 있다. 사전에 계약서를 분석하고 검토하여「가맹사업법」상의 권리를 확보해야 한다. 이때 가맹거래사를 적극적으로 활용할 수도 있다. 가맹거래사는 가맹본부와 가맹점 사업자 간의 중개 역할을 하며 계약대행이나 분쟁조정신청, 정보공개서 등록이나 열람 등의 업무를 담당하여 많은 도움이 된다.

> ["가맹점을 창업하실 때에는 본사에 정보공개서를 요구하세요."
> "예상매출액, 수익 등의 정보는 서면으로 꼭 받으세요."]

자세한 내용은 공정거래위원회 홈페이지(www.ftc.go.kr. 1670-0007)를 참고하기 바란다.

06 창업계획과 창업실무

제1절 창업 접근방법

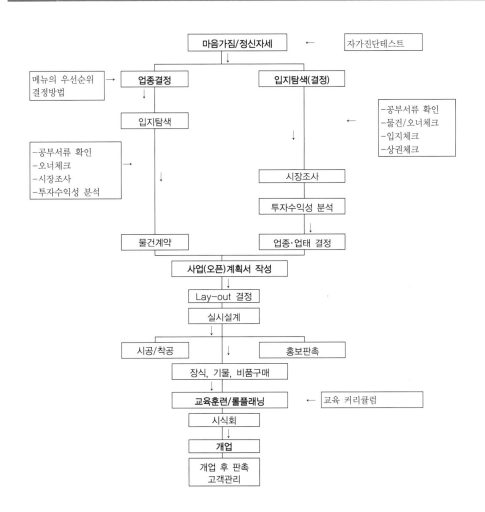

제2절 외식업 창업절차 흐름도

(1) 일반음식점과 휴게음식점 창업

절차 및 체크 포인트		처리부서
시장조사(지역)	• 지역상권 조사 • 중소벤처기업부 소상공인시장진흥공단(www.smba.go.kr)	영업자
영업장소 실태조사(건물)	• 도시계획상 지역 확인(도시계획확인원) • 건물용도 확인, 위법 건축물 여부(건축물 관리대장) • 소유자 확인(건물등기부등본) • 종전 영업사항 폐업, 허가 취소 여부 확인 • 정화조 용량 확인 • 지하 20평 이상 유무	영업자
시설 및 공사	• 「식품위생법」에 의한 시설기준 • 「소방법」에 의한 소방시설기준 • 액화석유가스 사용시설기준 • 정화조 시설기준 • 기타	영업자
검사필증 신청	• 소방시설 완비 증명서 • 액화석유가스 완성검사필증	소방서 가스안전공사
위생교육	• 일반음식점교육원(문의 : 한국외식업중앙회) • 휴게음식점교육원(문의 : 한국휴게음식점중앙회)	교육원
신 고	신고서 및 구비서류 제출·수수료 납부	보건소 민원실
서류검토 및 수리	• 구비서류 확인(시설조사는 신고수리 후 1개월 이내) • 이중허가(신고) 여부 검토 • 같은 장소 허가취소 여부 검토	보건위생과
신고증 교부	• 즉시 처리 • 도시철도채권 매입·면허세 납부	보건소 민원실
사업자등록	영업자가 신고증을 첨부하여 등록신청	세무서
개 업		영업자

(2) 단란주점과 유흥주점 창업

절차 및 체크 포인트		처리부서
시장조사 (지역)	• 지역상권 조사 • 학교 · 학원 위치 확인(학교 보건정화 절대구역 여부)	영업자
영업장소 실태조사(건물)	• 상업지역 여부(도시계획확인원) • 건물용도 확인, 위법건축물 여부(건축물관리대장) • 소유자 확인(건물등기부등본) • 종전 영업사항 폐업, 허가취소 여부 확인 • 정화조 용량 확인	영업자
학교 정화구역 심의 신청	• 「학교보건법 및 학원설립 운영에 관한 법률」에 의한 학교 담장으로부터 200m 이내, 인근 학원과의 거리	교육청
시설 및 공사	• 「식품위생법」에 의한 시설기준 • 「소방법」에 의한 소방시설 기준 • 액화석유가스 사용시설 기준 · 정화조 시설기준	영업자
검사필증 신청	• 소방시설 완비 증명서 • 액화석유가스 시설 검사필증	소방서 한국가스안전 공사
위생교육	• 단란주점(문의 : 한국단란주점업중앙회) • 유흥주점(문의 : 한국유흥주점업중앙회)	교육원
허가신청	신청서 및 구비서류 제출 · 수수료 납부	보건소 민원실
서류검토 및 수리	• 신청인 자격(동업종 허가 취소 1년 이후, 타 업종 청소년 고용혐의로 취소 2년 이후) 여부 확인 • 금치산자, 파산선고를 받은 여부 확인 • 구비서류 확인 • 이중 허가 여부 검토 • 동장소 허가 취소 여부 검토	보건위생과
현장조사	위생공무원이 3일 이내 현장조사	보건위생과
허가증 교부	• 면허세(유흥 · 단란주점 45,000원) 납부 • 도시철도 채권매입(유흥 : 2,100,000원, 단란 : 1,500,000원)	보건소 민원실
사업자등록	영업자가 허가증을 첨부하여 등록신청	세무서
개 업		영업자

(3) 기존점포 인수창업[영업자 지위승계 신고(명의변경)]

① 영업자 지위승계란?

흔히 말하는 영업주 명의변경으로 기존의 허가(신고)업소를 다른 사람으로부터 권리를 넘겨받아 1개월 이내에 허가(신고)관청에 영업주 명의변경을 신청하는 절차로서 허가 내용은 물론 행정처분(예정사항 포함) 사항까지 승계된다.

이때, 상호 변경신고도 함께할 수 있다(처리기간 : 즉시).

② 절차

절차 및 체크 포인트		처리자
영업장소 조사	• 허가(신고) 여부 • 행정처분 사항 • 각종 세금, 과태료 등 체납 여부	양수인
계약 및 서류 준비	• 양도자 인감증명서 • 양도 양수서 양식 등에 인감날인	양수인
위생교육	• 식품접객업 외 업종은 식품공업협회에서 차후 통보 실시	양수인
신고서 및 구비서류 제출	• 상호변경 등을 함께할 수 있음 • 수수료 납부	보건소 민원실
서류검토(신원조회)	• 최근 1년 이내 행정처분사항 검토 (주점의 경우 금치산자, 파산선고를 받은 여부)	보건위생과
허가증(신고증) 교부	• 면허세 납부	보건소 민원실
사업자등록	• 영업자가 허가증(신고증)을 첨부하여 등록 신청	세무서
개 업		영업자

제3절 등급별 외식창업 투자비용

"창업에 있어 자금이 많다고 무조건 성공을 보장하는 것은 아니다. 문제는 자신이 갖고 있는 자금을 얼마나 규모 있게 사용하는가 하는 점이다."

20여 년간 몸담아온 회사를 그만두고 최근 상계동에 칼국수 전문점을 개점한 박영기 씨(47). 박씨가 창업을 준비하면서 가장 고민했던 점은 역시 자금문제였다. 다른 예비창업자와 마찬가지로 자신의 보유자금과 희망하는 아이템을 맞추기가 쉽지 않았기 때문이다.

고민 끝에 딱 부러지게 해답을 찾지 못한 박씨는 창업전문가인 저자를 찾아 조언을 구했다. 그 결과 비로소 꽉 막혔던 실마리를 풀 수 있었고 본격적으로 창업 준비에 나설 수 있었다.

저자가 박씨에게 조언한 점은 막연하게 창업비용을 생각하지 말라는 것이었다. 박씨가 희망한 칼국수 점포를 낼 경우 같은 지역 동일한 규모라 해도 인테리어, 주방기구, 종업원 등의 등급을 어떻게 정하는가에 따라 투자비용은 크게 달라진다.

박씨의 경우 창업비용은 총 1억 2,000만 원이다. 저자는 박씨의 자금규모를 감안할 때 A급을 사용하기는 어렵다고 판단해 등급을 한두 단계 낮춰 할 것을 조언했다. 동일한 조건이라도 인테리어 식자재 등을 A급이 아닌 B, C급을 쓸 때에는 시설투자비용을 최소 수천만 원은 줄일 수 있다. 물론 최고급 매장으로 꾸미고 싶은 욕심이 없는 것은 아니지만, 박씨는 나름대로 투자규모와 창업의 방향을 결정할 수 있었다. 박씨는 시설투자비를 줄인 대신 여유자금을 홍보 등 마케팅에 치중할 수 있었다.

고소득층이 밀집된 압구정 등 강남권과 핵심상권의 경우 고급 매장으로 꾸며야 하지만, 부심권 지역에서는 투자비용을 유연하게 조절할 수 있어 창업의 애로점을 상당히 해소할 수 있다. 여유자금을 갖고 창업을 준비하는 사람은 극히 드물다. 그러나 부족한 자금범위 내에서 창업비용과 희망 아이템을 얼마나 잘 조화시키는가도 중요한 문제이다.

최근 인기를 끄는 창업 아이템을 중심으로 등급별에 따른 투자비용을 알아보자.

(1) 돼지갈비 전문점

30평형대 돼지갈비 전문점을 창업하려면 고급식당의 경우 인테리어, 주방기구, 간판, 인쇄물 등 전부 포함해 1억 원이 훨씬 넘는 자금이 필요하다. 고급식당의 인테리어는 평균 6,000만 원 정도가 필요하며 주방기구는 1,500만 원, 간판 300만 원, 인쇄물 400만 원, 초도상품비 550만 원 수준이다.

이와 함께 프랜차이즈로 가맹할 경우 평균 500만 원을 추가하면 약 1억 400만 원 수준이된다. 30평형대 중급 돼지갈비점은 인테리어 등 모든 비용을 다 더하더라도 5,790만 원 정도의 창업비용이 든다.

중급식당이 고급 전문점과 큰 차이를 보이는 게 바로 인테리어 비용으로 3,000만 원대로 고급 돼지갈비 전문점에 비해 절반 수준이다.

인테리어 비용을 제외하면 나머지 비용은 고급식당과 별로 차이가 나지 않는다. 주방기구는 1,000만 원 정도이며 간판비용 250만 원, 인쇄물 200만 원, 초도상품비 350만 원, 가맹비 300만 원 등으로 모두 5,790만 원이면 그럴듯한 돼지갈비 전문점을 차릴 수 있다.

자금사정이 여의치 않을 경우 4,520만 원만 있으면 돼지갈비 전문점을 차릴 수 있다. 인테리어의 경우 2,100만 원, 주방기구 1,000만 원, 간판비용 200만 원, 인쇄물 200만 원 등이다.

(2) 일식 돈가스점

일식 돈가스점도 비용이 가장 많이 드는 부문이 인테리어. 고급 매장은 총 투자비용 1억 2,500만 원 가운데 인테리어비는 7,200만 원으로 전체 비용 가운데 60%가 넘는다. 주방기구는 2,000만 원, 간판 300만 원, 그릇 등 기물류가 500만 원이다.

중급식당의 경우 인테리어 비용은 총 투자비용 8,900만 원 가운데 절반이 넘는 5,200만 원 수준. 주방기구 설치비용은 1,500만 원이며 간판 250만 원, 그릇 350만 원, 인쇄물 200만 원 등이다.

이에 비해 하급 일식 돈가스점을 차릴 경우 인테리어 비용 3,000만 원, 주방기구 1,500만 원, 간판 200만 원, 인쇄물 200만 원 등 모두 6,200만 원의 투자비용이 소요된다.

(3) 스파게티 전문점

최근 젊은 층으로부터 큰 인기를 모으고 있는 스파게티 전문점은 고급식당의 경우 모두 2억 8,900만 원 정도가 필요하다.

고급 스파게티 전문점은 다른 업종과 달리 간판과 주방기구 등에 대한 투자비용이 많이 든다. 이른바 N세대를 공략하기 위해서는 이들의 시선을 끌 만한 독특한 간판과 튀는 주방시설을 갖춰야 하기 때문이다. 그릇 등 기물류가 고급 스파게티 전문점 총투자비용 가운데 30%가 넘는 8,000만 원이 들어가는 것도 이러한 이유 때문이다.

중급 스파게티 전문점은 총투자비용 1억 1,500만 원 중 인테리어 투자비용이 절반 수준인 6,000만 원이다. 이 밖에 주방기구 2,500만 원, 간판 300만 원, 그릇 등 기물류가 600만 원대이다.

창업자금이 여의치 않으면 7,400만 원으로도 스파게티 전문점을 시작할 수 있다. 여기에는 인테리어 4,000만 원, 주방기구 1,500만 원, 간판 200만 원, 그릇 및 기물류 300만 원 정도가 필요하다.

(4) 투자할 때 유의사항

창업투자비용이 많다고 장사가 잘되는 것은 아니다. 창업자금을 사용하는 데도 원칙이 있다.

창업자금을 100%로 볼 때 점포선정비를 20~25%, 인테리어와 주방설비 등 이른바 점포건설비 30~40%, 행정절차와 광고비 10%는 기본이며 이와 함께 위험요소 대비방안으로 예비비 25~30%를 책정해 사업을 시작해야 한다.

특히 사업을 하다 보면 아무리 사전조사가 치밀해도 예상치 못한 불이익을 당할 수 있기 때문에 예비비는 이러한 애로점을 해결해 줄 수 있는 지원역할을 한다.

제**4**절 자금조달과 운용계획

1. 자금운용계획

무리하지 않겠다고 다짐하면서도 하다 보면 한계를 훌쩍 넘어버리는 것이 창업자금이다. 그런데도 불구하고 아직도 많은 창업자들은 창업자금 개념을 '자신이 동원 가능한 최대한의 자금'으로 잘못 인식하는 경우가 많다. 저자의 상담자들 중 초보인 만큼 우선 경험 삼아 적은 자본만 투자하겠다는 사람은 드물고 대부분이 퇴직금 등을 포함해 현재 얼마가 있고, 집을 담보로 융자받을 수 있으니 여기에 맞는 괜찮은 아이템을 찾아 달라는 식이다. 하지만 이는 창업을 새로운 삶의 출발이 아니라, 인생을 담보로 한 마지막 승부를 만드는 행위이다. 자금운용에 관하여는 다음의 원칙을 유념해야 한다.

음식업 최초 창업의 경우 아무리 무리해도 총동원 자금의 60~70% 범위 내에서 시작하는 것이 좋다. 실패하더라도 재기할 여력을 남겨두자는 이야기이자 창업 도중 뜻하지 않게 발생될 수 있는 자금수요에 대비하자는 차원이다. 부득이 돈을 빌려 창업할 경우에는 빌린 돈이 전체 창업규모의 20~30% 이내여야 하며, 그 이상은 정말 위험하다. 창업만 생각하고 운영과정을 생각하지 않는 것도 문제이다. 흔히 창업자금이라면 점포 보증금, 권리금, 인테리어시설, 초도물품 구입비, 보증금 등과 최초 2~3개월간의 인건비, 월 임대료 정도만 생각하는 경우가 많다. 하지만 실제 창업과정에서는 여기에다 최소한 6개월 정도의 운영자금을 덧붙여 생각해야 한다. 문을 열자마자 돈이 벌리는 사업은 드물다. 홍보, 판촉활동을 해야 하고, 그러면서 단골고객을 한두 명씩 늘려가는 과정에서 장사의 기틀이 잡히는 것이 음식점이기 때문이다. 창업과정에서 준비된 자금을 다 써버리고 막상 영업을 시작해서는 고객홍보, 할인행사, 종업원 채용, 경쟁점포에 대한 대응 등을 제대로 하지 못해 곤란에 빠지는 경우를 종종 본다. 따라서 창업할 때는 자신감 못지않게 냉정함과 신중함이 함께 필요하다. 또한 창업자금을 막연히 "돈을 어디서 구하나", "친구, 친척에게 부탁할까"라고 생각해서는 곤란하다. 따라서 신중한 자금조달계획을 세워야 한다. 이때 정부가 지원하는 장기 저금리 자금을 활용해보자. 근래에는 중소벤처기업부 산하기관인 소상공인시장진흥공단에서 지원하는 다양한 지원제도를 활용하는 것도 좋다.

2. 자금조달계획[1]

A. 소상공인정책자금(기관 : 소상공인시장진흥공단)

　소상공인정책자금은 소상공인시장진흥공단에서 주관하고 있으며, 지역에 따라서 신용보증재단이 시행하기도 한다.

　소상공인정책자금 지원공통요건으로는 「소상공인보호 및 지원에 관한 법률」상 소상공인(상시근로자 5인 미만 업체. 단, 제조업, 건설업, 운수업, 광업의 경우 10인 미만 업체)이다.

　세부지원요건 중 외식업 분야가 지원가능한 정책자금은 다음과 같으며, 타 기관(신용보증재단 등) 중복지원은 불가하며, 신용등급에 따라 지원여부가 달라질 수 있다.

　일반경영안정자금과 특별경영안정자금 중 외식업체에서도 지원가능한 일반자금, 창업초기자금, 여성가장지원자금, 사업전환자금, 신사업창업사관학교연계자금, 긴급경영안정자금, 청년고용연계자금(해당 내용은 2022년 기준이며 일부 변경될 수 있으며, 신청 전 사전 확인 등이 필요하다).

◆ 소상공인 정책지원 자금

구분	세부	신청요건
일반경영안정자금	일반자금	(대리대출) 업력 1년 이상 소상공인
	창업초기자금	(대리대출) 업력 1년 미만이고 중소벤처기업부 장관이 정한 교육과정을 12시간 이상 수료한 소상공인
	여성가장지원자금	(대리대출) 경제활동 능력이 없는 부양가족만 있는 여성가장 소상공인
	사업전환자금	(대리대출) "소상공인 희망리턴패키지 내 재창업·업종전환 교육"을 수료한 소상공인
	신사업창업사관학교 연계자금	(직접대출) 신사업창업사관학교 졸업생 중 수료일 1년 이내 창업 소상공인
특별경영안정자금	긴급경영안정자금 (재해피해소상공인)	(대리대출) 집중호우 등으로 피해를 입고 지자체에서 "재해확인증"을 발급받은 소상공인
	청년고용연계자금	(대리대출) 대표자가 만39세 이하인 청년소상공인 또는 신청일 기준, 전체 상시근로자 가운데 50% 이상인 청년근로자를 고용 중이거나 최근 1년 이내 청년근로자 1인 이상 고용하고 유지 중인 소상공인

출처: 소상공인정책자금 홈페이지 정리, 각 자금별 접수 순서대로 처지한도 소진 시 마감

---

1) 소상공인시장진흥공단, 신용보증재단, 지원내용은 정책방향에 따라 변경될 수 있음

1) 일반자금(일반소상공인)

① 지원대상 : 사업자등록기준 1년 이상의 소상공인
② 융자조건 : 업체당 최대 7천만 원
③ 대출금리 : 정책자금기준금리 + 0.6%p(분기별 변동금리)
④ 대출기간 : 5년(거치기간 2년 포함)
⑤ 준비서류

구분	준비 서류

공통	① 실명확인증표(운전면허증, 노인복지카드, 장애인복지카드, 여권 등)
	 ② 사업자등록증 또는 사업자등록증명(최근 1개월 이내)
	 ③ 상시근로자 확인가능 서류(최근 1개월 이내)
	   - 상시근로자 없는 경우 : 보험자격득실확인서(개인별, 과거이력 포함) 또는 소상공인확인서
	   - 상시근로자 있는 경우 : 건강보험 월별사업장가입자별 부과현황(또는 내역), 개인별 건강보험 고지산출내역, 월별보험료부과내역조회(고용, 산재), 월별 원천징수이행상황신고서, 소상공인확인서 中 택 1
	 ④ 매출액 확인서류 : 최근 3년간 표준재무제표증명(손익계산서) 또는 부가가 치세과세표준증명
	   * 단, 직전 또는 당해 연도 창업기업은 융자 신청서상 연매출액으로 대체
	   * ③번 상시근로자 확인서류로 "소상공인확인서"를 제출한 경우 생략 가능
	 ⑤ (필요시*) 업종별 연매출액 확인 서류(최근 1년간)
	   - 표준재무제표증명(손익계산서), 부가가치세신고서, 사업장현황신고서 中 택 1
	   * 하나의 기업이 상시근로자 수 기준이 다른 2개 이상의 사업을 영위하는 경우
	 ⑥ (필요시) 부동산중개업의 6개월 이상 영업여부 확인서류
	   - 사업장임대차계약서, 등기사항전부증명서 중 택 1
	   * 현재 소재지에서는 6개월 미만이지만 과거 사업장에서는 6개월 이상 영업한 경우 사업자등록 변경내역으로 확인 가능

추가	① "개인기업 → 법인기업" 전환 시 업력 인정 요건 확인서류 : 개인기업 폐업사실증명원, 신설법인 사업자등록증명, 포괄양수도계약서, 표준재무제표, 법인등기사항전부증명서, 주주명부
우대 (해당 시)	① 제로페이 가맹확인(제로페이 가맹현황 조회) ② 풍수해보험 가입 증권 사본 ③ 업력 3년 이상 여부 확인 ④ 착한 프랜차이즈 가맹본부 확인증

2) 창업초기지원자금

① 지원대상 : 사업자등록 기준 업력 1년 미만의 소상공인으로 중소벤처기업부 장관이 정한 교육과정 12시간 이상 수료한 소상공인

② 교육인정 기준

구분	시수	비고
① 공단 온라인 교육 (edu.sbiz.or.kr)	12시간 이상	• 지식배움터 온라인 교육과정 * 재기(재창업패키지, 희망리턴패키지) 교육 제외
② 신사업창업사관학교	20주	• 신사업창업사관학교 수료생
③ 소상공인 경영교육	12시간 이상	• 튼튼창업교육, 경영개선교육, 전문기술교육, 전용 교육장교육
①~③ 이외 교육	12시간 이상	• [붙임4] 중소벤처기업부 인정교육 범위 참조 • 관련교육 수료증 지참 및 확인 필수

③ 교육인정 기간 : 교육 수료일로부터 1년까지

④ 대출한도 : 업체당 최고 7천만 원

⑤ 대출금리 : 정책자금 기준금리 + 0.6%p(분기별 변동금리)

⑥ 대출기간 : 5년(2년 거치기간 포함)

⑦ 준비서류

구분	준비 서류
공통	① 실명확인증표(운전면허증, 노인복지카드, 장애인복지카드, 여권 등) ② 사업자등록증 또는 사업자등록증명(최근 1개월 이내) ③ 상시근로자 확인가능 서류(최근 1개월 이내) - 상시근로자 없는 경우 : 보험자격득실확인서(개인별, 과거이력 포함) 또는 소상공인확인서 - 상시근로자 있는 경우 : 건강보험 월별사업장가입자별 부과현황(또는 내역), 개인별 건강보험 고지산출내역, 월별보험료부과내역조회(고용, 산재), 월별 원천징수이행상황신고서, 소상공인확인서 中 택 1 ④ 매출액 확인서류 : 최근 3년간 표준재무제표증명(손익계산서) 또는 부가가치세과세표준증명 * 단, 직전 또는 당해 연도 창업기업은 융자 신청서상 연매출액으로 대체 * ③번 상시근로자 확인서류로 "소상공인확인서"를 제출한 경우 생략 가능 ⑤ (필요시*) 업종별 연매출액 확인 서류(최근 1년간) - 표준재무제표증명(손익계산서), 부가가치세신고서, 사업장현황신고서 中 택 1 * 하나의 기업이 상시근로자 수 기준이 다른 2개 이상의 사업을 영위하는 경우

구분	준비 서류
공통	⑥ (필요시*) 부동산중개업의 6개월 이상 영업여부 확인서류 - 사업장임대차계약서, 등기사항전부증명서 중 택 1 * 현재 소재지에서는 6개월 미만이지만 과거 사업장에서는 6개월 이상 영업한 경우 사업자등록 변경내역으로 확인 가능
추가 (해당 시)	① (재해피해 소상공인 경우) 교육 수료조건 예외 적용 시 : 재해확인증 또는 피해사실확인서(지자체 발급) * 특별재난지역 소재 소상공인은 재해확인을 위한 증빙서류 불필요 ② (중소벤처기업 인정교육의 경우) 중소벤처기업부 인정교육 수료증 * 공단 온라인교육, 신사업창업사관학교, 소상공인경영교육 이외 교육을 수료한 경우
우대 (해당 시)	① 제로페이 가맹확인(제로페이 가맹현황 조회) ② 풍수해보험 가입 증권 사본 ③ 건강보험자격득실확인서

3) 여성가장지원금

① 지원대상 : 경제활동이 불가능한 부양가족(가족관계증명서 등재가족 중 주민등록등본상 최근 6개월 이상 동일 세대 세대원으로 등록된 자 전체가 경제활동 능력이 없는 경우)

② 대출한도 : 업체당 최고 7천만 원

③ 대출금리 : 정책자금 기준금리 + 0.6%p(분기별 변동 금리)

④ 준비서류

구분	준비 서류
공통	① 실명확인증표(운전면허증, 노인복지카드, 장애인복지카드, 여권 등) ② 사업자등록증 또는 사업자등록증명(최근 1개월 이내) ③ 상시근로자 확인가능 서류(최근 1개월 이내) - 상시근로자 없는 경우 : 보험자격득실확인서(개인별, 과거이력 포함) 또는 소상공인확인서 - 상시근로자 있는 경우 : 건강보험 월별사업장가입자별 부과현황(또는 내역), 개인별 건강보험 고지산출내역, 월별보험료부과내역조회(고용, 산재), 월별원천징수이행상황신고서, 소상공인확인서 中 택 1 ④ 매출액 확인서류 : 최근 3년간 표준재무제표증명(손익계산서) 또는 부가가치세과세표준증명 * 단, 직전 또는 당해 연도 창업기업은 융자 신청서상 연매출액으로 대체

구분	준비 서류
공통	* ③번 상시근로자 확인서류로 "소상공인확인서"를 제출한 경우 생략 가능 ⑤ (필요시*) 업종별 연매출액 확인 서류(최근 1년간) - 표준재무제표증명(손익계산서), 부가가치세신고서, 사업장현황신고서 中 택 1 * 하나의 기업이 상시근로자 수 기준이 다른 2개 이상의 사업을 영위하는 경우 ⑥ (필요시*) 부동산중개업의 6개월 이상 영업여부 확인서류 - 사업장임대차계약서, 등기사항전부증명서 중 택 1 * 현재 소재지에서는 6개월 미만이지만 과거 사업장에서는 6개월 이상 영업한 경우 사업자등록 변경내역으로 확인 가능
추가	① 가족관계증명서 ② 주민등록등본 - 단, 최근 6개월간 주소 변동이 있는 경우, 세대 구성원(신청인 포함)의 주민등록표초본(과거 주소변동(이력)사항을 포함) 추가 제출 ③ 주민등록등본 또는 가족관계증명서상 동일 세대를 이루는 세대원으로 등재된 지 6개월 이상 된 세대원의 경제활동 불가능을 증빙하는 서류(최근 3개월 이내) - 배우자 및 형제, 자매 : 장애인복지카드, 장애 혹은 질병으로 경제활동이 불가능하다는 의사소견서 등 - 직계존속 : 만 65세 미만일 경우 증빙서류 필요 * 만 65세 이상일 경우 증빙서류 불필요 * 장애인복지카드, 장애 혹은 질병으로 경제활동이 불가능하다는 의사소견서 등 - 직계비속 : 만 18세 이상일 경우 증빙서류 필요 * 만 18세 미만일 경우 증빙서류 불필요 * 장애인복지카드, 장애 혹은 질병으로 경제활동이 불가능하다는 의사소견서 등, 군복무확인서, 재학(휴학)증명서 등
우대 (해당 시)	① 제로페이 가맹확인(제로페이 가맹현황 조회) ② 풍수해보험 가입 증권 사본 ③ 업력 3년 이상 여부 확인

4) 사업전환자금

① 지원대상 : 소상공인 희망 리턴 패키지 재창업·업종전환 교육을 수료한 소상공인

② 대출한도 : 업체당 최고 1억 원

③ 대출금리 : 정책자금 기준 금리 + 0.2%p(분기별 변동금리)

④ 대출기간 : 5년(거치기간 2년 포함)

⑤ 준비서류

구분	준비 서류
공통	① 실명확인증표(운전면허증, 노인복지카드, 장애인복지카드, 여권 등)
	② 사업자등록증 또는 사업자등록증명(최근 1개월 이내)
	③ 상시근로자 확인가능 서류(최근 1개월 이내)
	- 상시근로자 없는 경우 : 보험자격득실확인서(개인별, 과거이력 포함) 또는 소상공인확인서
	- 상시근로자 있는 경우 : 건강보험 월별사업장가입자별 부과현황(또는 내역), 개인별 건강보험 고지산출내역, 월별보험료부과내역조회(고용, 산재), 월별 원천징수이행상황신고서, 소상공인확인서 中 택 1
	④ 매출액 확인서류 : 최근 3년간 표준재무제표증명(손익계산서) 또는 부가가 치세과세표준증명
	*단, 직전 또는 당해 연도 창업기업은 융자 신청서상 연매출액으로 대체
	*③번 상시근로자 확인서류로 "소상공인확인서"를 제출한 경우 생략 가능
	⑤ (필요시*) 업종별 연매출액 확인 서류(최근 1년간)
	- 표준재무제표증명(손익계산서), 부가가치세신고서, 사업장현황신고서 中 택 1
	*하나의 기업이 상시근로자 수 기준이 다른 2개 이상의 사업을 영위하는 경우
	⑥ (필요시*) 부동산중개업의 6개월 이상 영업여부 확인서류
	- 사업장임대차계약서, 등기사항전부증명서 중 택 1
	*현재 소재지에서는 6개월 미만이지만 과거 사업장에서는 6개월 이상 영업한 경우 사업자등록 변경내역으로 확인 가능
우대 (해당 시)	① 제로페이 가맹확인(제로페이 가맹현황 조회)
	② 풍수해보험 가입 증권 사본
	③ 업력 3년 이상 여부 확인

5) 긴급경영자금(재해피해 소상공인)

① 지원대상 : 집중호우, 태풍, 폭설, 화재 등으로 피해를 입고 지자체에서 "재해확인증"을 받은 소상공인

② 대출한도 : 업체당 최고 7천만 원

③ 대출금리 : 연 2.0%(고정금리)

④ 대출기간 : 5년(거치기간 2년 포함)

⑤ 준비서류

구분	준비 서류
공통	① 재해확인증(지자체)
	② 보증기관(지역신보) 징구서류

구분	준비 서류
공통	**보증심사 시 징구서류**
	공통: ■신분증 ■임대차계약서(사업장 및 거주주택, 임차일 시) ■부동산등기사항전부증명서(사업장 자가일 시) ■금융거래확인서 ■4대보험 가입자 명부(해당 시) ※ 국세청 과세자료는 지역신보 직접 발급 – 사업자등록증명, 매출액확인서류(부가세과세표준증명, 표준재무제표 등), 국세·지방세 납부증명
	추가(법인): ■법인등기사항전부증명서 1부 ■법인 주주명부 사본 1부
	* 상기 징구 서류 외 필요시 추가 자료보완을 요구할 수 있음

⑥ 진행절차 : 융자방식(지방자치단체가 재해 소상공인 재해 피해 확인 및 재해 확인 등 발급 후 보증심사기간을 거쳐, 금융기관(대리대출)을 통해 대출

재해확인증 발급 (지자체)	⇨	신용평가 (보증기관)	⇨	대출실행 (금융기관)
재해 피해금액 확인		신용, 재정상태, 경영능력, 사업성 등 평가 후 신용보증서 발급		신용, 담보, 보증 등을 통해 대출

6) 청년고용연계자금

① 지원대상 : 아래의 내용 중 어느 하나에 해당하는 소상공인
- 청년 소상공인(만 39세 이하)
- 신청일 기준, 전체 상시근로자가 50% 이상 청년고용자를 고용 중이거나
- 또는, 최근 1년 이내 청년 근로자 1인 이상 고용하고 유지 중인 소상공인

② 대출한도 : 업체당 최고 3천만 원

③ 대출금리 : 연 2.0%(고정금리)

④ 대출기간 : 5년(거치기간 2년 포함)

⑤ 준비서류

구분	준비 서류
공통	① 실명확인증표(운전면허증, 노인복지카드, 장애인복지카드, 여권 등) ② 사업자등록증 또는 사업자등록증명(최근 1개월 이내) ③ 상시근로자 확인가능 서류(최근 1개월 이내) - 상시근로자 없는 경우: 보험자격득실확인서(개인별, 과거이력 포함) 또는 소상공인확인서

구분	준비 서류
공통	- 상시근로자 있는 경우 : 건강보험 월별사업장가입자별 부과현황(또는 내역), 개인별 건강보험 고지산출내역, 월별보험료부과내역조회(고용, 산재), 월별 원천징수이행상황신고서, 소상공인확인서 中 택 1 ④ 매출액 확인서류 : 최근 3년간 표준재무제표증명(손익계산서) 또는 부가가치세과세표준증명 　* 단, 직전 또는 당해연도 창업기업은 융자 신청서상 연매출액으로 대체 　* ③번 상시근로자 확인서류로 "소상공인확인서"를 제출한 경우 생략 가능 ⑤ (필요시*) 업종별 연매출액 확인 서류(최근 1년간) - 표준재무제표증명(손익계산서), 부가가치세신고서, 사업장현황신고서 中 택 1 　* 하나의 기업이 상시근로자 수 기준이 다른 2개 이상의 사업을 영위하는 경우 ⑥ (필요시*) 부동산중개업의 6개월 이상 영업여부 확인서류 - 사업장임대차계약서, 등기사항전부증명서 중 택 1 　* 현재 소재지에서는 6개월 미만이지만 과거 사업장에서는 6개월 이상 영업한 경우 사업자등록 변경내역으로 확인 가능
추가	① (청년근로자 고용 사업자) 사업장 가입자 명부 또는 4대 사회보험 사업장 가입자 명부(최근 1개월 이내) ② ('22년 청년근로자 고용 사업자) 청년고용 유지 서약서(양식7)

⑥ 자격요건 확인 방법
- 청년사업자 : 「실명확인인증표」를 통해 연령(만 39세 이하) 확인
- 청년근로자 고용사업자 : 「사업자 가입자 명부」 또는 「4대 사회 보험 사업장 가입자 명부」를 통해 청년근로자 연령, 자격취득일 확인

B. 희망리턴패키지(소상공인시장진흥공단)

희망리턴패키지 사업은 소상공인의 신속한 경영정상화, 안전한 폐업, 성공적인 재창업 등을 위해 시행하는 사업으로서 1) 경영개선사업화 2) 재창업사업화 3) 원스톱폐업지원사업이 있으며 주요 내용은 다음과 같다.

사업명	지원대상	지원내용
경영 개선 사업화	• 경영위기 소상공인	■ 경영교육 + 경영진단 및 개선전략 수립 + 경영개선자금(최대 2천만 원)
재창업 사업화	• 폐업 소상공인	■ 창업교육 + 전담 멘토링 + 재창업자금(최대 2천만 원)

사업명	지원대상	지원내용
원스톱 폐업 지원	• 폐업(예정) 소상공인 ※ 채무조정은 사업체대표 배우자 지원가능	■ (사업정리컨설팅) 재기 전략, 세무, 부동산, 직무·직능, 심리 분야별 전문가 컨설팅 지원 ■ (법률자문) 폐업·재기 과정에서 발생하는 법률 사항에 대한 전문변호사의 법률 상담지원 ■ (채무조정) 사업부채 관련 개인파산·개인회생 및 워크아웃 지원 ■ (점포철거비) 점포철거 및 원상복구 소요비용 지원
재도전 역량 강화	• 폐업(예정) 소상공인	■ (전직기초교육) 취업을 위한 직무직능 탐색, 취업 마인드 함양 과정 현장 및 e러닝 교육 운영 ■ (전직특화교육) 취업을 위한 기업처 인재양성·직무특화 이론 및 실습 교육 운영 ■ (사업전환교육) 비과밀업종 사업전환 및 재창업을 위한 경영교육 및 기술실습 과정 운영 ■ (전직장려수당) 폐업 소상공인의 취업 활동 또는 취업성공에 대한 수당(최대 1백만 원) 지급

1) 경영개선 사업화

① 신청자격 : 경영위기를 겪고 있는 소상공인(신청자 명의의 사업체 운영, 지원제외업종에 해당하지 않고, 매출액 감소 또는 저신용 소상공인)

② 지원규모 : 총 1천 개사 내외

③ 지원내용 : 경영교육 + 경영진단 + 경영개선자금(최대 2천만 원)

- 경영교육 : 경영위기 소상공인에 필요한 피보팅 전략 및 사례학습, 소비트렌드, 상권분석, 재무 등 경영교육(32시간)
- 경영진단 : 분야별 전문가로 구성된 그룹 컨설팅
- 개선자금 : 총사업비의 최대 2천만 원(50%) 국비지원

정부지원금	소상공인 자부담	
	현금	현물
총사업비의 50% (20백만 원) 이하	총사업비의 15% (6백만 원) 이상	총사업비의 35% (14백만 원) 이하

*현물은 소상공인 대표자 본인 및 수행에 직접 참여하는 기고용인력의 인건비, 사무실, 임차료, 보유 기자재 등으로 부담

2) 재창업 사업화

① 신청자격 : 폐업 후 유망·특화·융복합 분야 재창업을 희망하는 소상공인

② 지원규모 : 총 1,200사 내외

③ 지원내용 : 재창업교육 + 멘토링 + 재창업 자금(최대 2천만 원)
  - 창업교육 : 폐업원인 분석, 창업실무 경영방법, 비즈니스모델설계, 아이디어 검증 등 재창업 교육(32시간)
  - 멘토링 : 전담 멘토를 통해 재창업 계획수립, 수시자문, 사업화 이행상황 확인 등 사업화 전 과정 멘토링(최대 6개월 12회 내외)
  - 재창업 자금 : 총사업비의 2천만 원(50%) 국비지원

정부지원금	소상공인 자부담	
	현금	현물
총사업비의 50% (20백만 원) 이하	총사업비의 15% (6백만 원) 이상	총사업비의 35% (14백만 원) 이하

*현물은 소상공인 대표자 본인 및 수행에 직접 참여하는 기고용인력의 인건비, 사무실, 임차료, 보유 기자재 등으로 부담

3) 원스톱폐업지원

① 신청자격 : 폐업(예정) 소상공인

▶ 「소상공인기본법」 제2조에 따른 소상공인* 중 공고일 기준 폐업을 하였거나 폐업 예정인 자
▶ 지원 제외 업종에 해당하지 않는 경우
▶ 사업자등록증(또는 폐업사실증명원)상 사업개시일이 60일이 경과된 소상공인
  ■ (철거신청) 임대차계약으로 사업장을 운영하여 임대차계약서 제출이 가능한 소상공인
  ■ (채무조정) 위 자격요건을 갖춘 소상공인의 배우자(단, 악의적 채무불이행 등 제외)

② 지원규모 : 총 1만 명 내외
③ 지원내용 : 사업정리컨설팅 + 점포철거지원 + 법률자문 + 채무조정 패키지

구분	지원 세부사항		
사업 정리 컨설팅	▶ 지원방식 : 분야별 전문가를 통한 1:1 컨설팅 제공 ▶ 지원분야 : 세무·부동산 등 5개 분야에 대한 자문 제공		
	자격요건	분야	세부 지원 내용
	폐업 예정	재기전략	• 폐업 절차, 신고사항 집기·시설 처분 등 정보 제공
		세무	• 폐업 시, 세무신고 안내, 절세방안, 세무 관련 컨설팅 • 폐업관련 세금 신고대행(종합소득세, 부가가치세 등)
		부동산	• 권리금·보증금 보호 관련 정보 제공 • 사업장 양수도, 자산 매각 및 원상회복, 직거래 방법

구분	지원 세부사항		
사업 정리 컨설팅	자격요건	분야	세부 지원 내용
	기폐업	세무	• 폐업관련 세금 신고대행(종합소득세, 부가가치세 등)
	공통	심리	• 폐업트라우마 극복, 자신감 회복, 재기마인드 함양 지원
		직무· 직능	• 직업탐색 및 개인맞춤형 직업적성·직능검사 실시·해석 • 직업정보(지자체 일자리사업 등), 유망직군 연계
법률 자문	▶ 지원방식: 전담변호사 1:1 배정을 통한 방문, 서면, 전화 법률자문 지원 ▶ 지원내용: 임대차, 신용, 노무, 가맹, 세무 등에 대한 법률자문		
채무 조정	▶ 지원방식: 신용전문가의 채무조정 상담·솔루션 제공, 채무조정 지원 ▶ 지원분야: 개인파산·개인회생 소송대리 및 신용회복위원회 연계를 통한 워크아웃		
	분야	세부 지원 내용	
	공적 채무조정	• 개인파산·개인회생 소송대리 전담변호사 지원 • 채무조정 절차 비용 지원(파산관재인 선임비용, 송달료, 인지대 등)	
	사적 채무조정	• 신용회복위원회 연계 채무조정 상담 • 채무 이자율 및 원금 조정 등	
점포 철거 지원	▶ 지원방식: 전용면적(3.3㎡)당 8만 원 이내로 지원 ▶ 지원내용: 점포철거 및 원상복구 비용의 250만 원 한도 내에서 지원(부가세 제외) * 전용면적(3.3㎡)은 소수점 첫째자리에서 반올림(ex. 11.4㎡ → 11㎡, 11.8㎡ → 12㎡) ▶ 지원대상: 기폐업 소상공인의 경우, 폐업일이 '18년 1월 1일 이후인 경우 지원 ▶ 지원제외: 아래 제외사항에 1개라도 해당되는 경우 지원 제외		
	구분	세부내용	
	① 자가건물 및 무상임차 사용	• 임대차 계약이 아닌, 자가 소유건물에 사업장을 운영하는 경우 • 무상으로 임차계약서를 작성한 경우	
	② 기수혜자	• 신청인(대표자) 기준으로 점포철거비 지원을 받은 경우	
	③ 유사 사업수혜자	• 점포철거 지원에 관한 유사 정부 및 지자체사업 수혜를 받은 경우	
	④ 사업장 이전	• 폐업이 아닌, 사업장 이전인 경우 • 폐업 후 동일 장소에 재창업한 경우	
	⑤ 제외업종	• 부동산 임대사업자 제외(1개의 사업자등록증에 부동산 임대업 외 타 업종이 있을 경우 사업 참여 가능) • 비영리사업자 및 비영리법인 제외(고유번호증 소지자) • 지원 제외업종 제외	

④ 지원 유의사항

▶ 사업정리컨설팅 : 5개 분야 중 최대 3개 분야 신청가능(단, 최초 신청 시 지원 분야 선택)

▶ 법률자문 : 사업 관련 법률상담 外 개인 민사(이혼, 증여 등) 상담 지원 제외

▶ 채무조정 : 사업관련 성실채무 外 악의적 채무불이행, 사치 및 향락 채무 지원 제외
　　　　　　소상공인 배우자의 경우, 혼인관계에 한해 지원(사실혼 관계, 동거자 지원 제외)

▶ 점포철거지원 : 업체를 통하지 않고 자력으로 철거한 경우 지원 제외

※ (공통) 소상공인 정책자금 융자 제외 대상업종, 비영리사업자 및 비영리법인은 지원 제외

⑤ 신청서류

구분	제출서류		비고
공통 서류	① 신청서 및 체크리스트 ② 개인정보 수집이용·제공 동의서 ③ (소상공인/폐업예정자) 사업자등록증명원 　(기폐업자) 폐업사실증명원 　* 공동사업의 경우 세무서 사실증명원(개업일~탈퇴일 확인) ④ 소상공인 증빙서류(매출액·상시근로자확인서류)		①, ② 홈페이지에 직접 입력 ③, ④ 행망(행정전산망) 동의 시, 제출 생략 가능
채무 조정	① (서울거주자인 경우) 주민등록등본 　* 기타 지역 불필요 ② (해당 소상공인의 배우자인 경우) 주민등록등본 　* 가족관계를 입증할 수 있는 서류		서울금융복지 상담센터 (1644-0120)
점포 철거 지원	건물 임차 확인	① 임대차계약서 또는 기타 형태 임대차계약서	• 가족 간 임대차계약은 불인정 • 임대목적물, 사용기간, 차임, 전용면적 명시
		② 건축물대장	• 점포가 아닌 주거용 공간 및 건물철거 등은 불인정 * 정부24(www.gov.kr) 발급가능
		③ 영업신고증(필요시)	• 임대차계약서상 면적확인 불가 시
	정산 서류	① 점포철거 전·후 사진	• 철거 전·후 비교사진 必 * 철거 후 타 업체 입점 사진 불가
		② 공사내역서	• 철거업체에서 발급한 공사내역서

구분	제출서류			비고
점포 철거 지원	정산 서류	구분	제출서류	비고
		③ 통장사본		• 입금받을 통장 사본 ＊타인명의 통장 사용 시 직계 및 배우자 통장만 가능
		④ 폐업사실증명원		• 국세청 홈택스 또는 무인민원발급기 발급 가능
		⑤ 전자세금계산서 또는 카드전표		• 철거업체에서 발급한 전자세금계산서 또는 카드전표
		⑥ 이체확인증 또는 이용대금 명세서		• 신청인이 철거업체로 이체한 내역확인 - (전자세금계산서 제출 시) 신청인 계좌(통장)에서 철거업체 계좌(통장)로 철거비용 전액을 이체한 내역(현금거래 불인정) - (카드전표 제출 시) 철거업체와의 거래내역이 포함된 이용대금 명세서 ※ 편의점인 경우 본사에서 발행한 정산내역서 (철거항목) 제출

4) 재도전 역량 강화

① 신청자격 : 폐업(예정) 소상공인
② 지원규모 : 총 21,000명 내외
③ 지원내용 : 재도전을 위한 취업·사업전환교육 및 전직장려수당 지급

구분	지원 세부사항
전직 기초 교육	▶ 지원방식 : 취업전문교육기관 현장 및 온라인 e러닝 교육(연 1회) ▶ 지원내용 : 취업관련 직무·직능 탐색 및 취업마인드 함양 등 교육 및 교육수당 지급 ＊ 현장교육수당(5~10만 원 지급, 100% 수료 시), 단, 온라인(e러닝) 과정은 미지급
전직 특화 교육	▶ 지원방식 : 이론 및 현장실습·인터십 교육 등(연 1회) ▶ 지원내용 : 취업을 위한 기업처별 인재양성·직무특화 이론 및 실습교육
사업 전환 교육	▶ 지원방식 : 창업전문교육기관 현장 이론·실습 교육 및 온라인 e러닝 교육 (연 2회) ▶ 지원내용 : 업종별 전문교육 및 경영 공통교육(50시간)
전직 장려 수당	▶ 지원대상 : 폐업신고를 하고 구직활동＊ 또는 취업을 완료한 자 ＊ 구직활동 : ①취업교육 수료하거나, ②컨설팅 또는 e러닝 수료 + 구직활동인정 사업 참여

구분	지원 세부사항		
	- 「구직활동인정사업」 국민취업지원제도 취업활동계획 수립 또는 노사발전재단 사업에 참여하는 활동 ▶ 지원기준: 희망리턴패키지(취업교육·e러닝·사업정리컨설팅) 수료일로부터 14개월 이내에 신청 ① (구직활동) 구직활동을 포함하여 희망리턴패키지 수료일로부터 14개월 이내에 신청 ② (취업완료) 희망리턴패키지 수료 후 12개월 이내 취업완료 → 30일 이상 근속기간 확보 → 1개월 이내 신청(총 14개월 이내)		

전직 장려 수당	구분		지급기준	지급액
	공통		소상공업 폐업(필수)	
	분할 지급	1차 (구직활동) ①, ②, ③ 중 택 1	① 취업교육(직무/직능교육·수요특화교육) 수료 ② 사업정리컨설팅(재기전략·세무·부동산·직무/직능·심리치유) + 구직활동인정사업(국민취업지원제도 또는 노사발전재단 교육) ③ 취업 e러닝교육 + 구직활동 인정사업(국민취업지원제도 또는 노사발전재단 교육)	40 만 원
		2차 (취업완료) ④, ⑤ 전체준용	④ 희망리턴패키지 수료 후 12개월 이내 취업 ⑤ 취업한 사업장에 고용보험 가입(근속) 기간이 30일 이상	60 만 원
	일괄 지급		(취업완료) ①, ②, ③ 전체준용 ① 희망리턴패키지(취업교육·사업정리컨설팅·취업e러닝교육 중 택 1) 수료 ② 희망리턴패키지 수료 후 12개월 이내 취업 ③ 취업한 사업장에 고용보험 가입(근속) 기간이 30일 이상	100 만 원

④ 신청서류

구분	추가서류	비고
공통 서류	① 신청서 및 체크리스트 ② 개인정보 수집이용·제공 동의서 ③ (소상공인/폐업예정자) 사업자등록증명원 (기폐업자) 폐업사실증명원 * 공동사업의 경우 세무서 사실증명원(개업일~탈퇴일 확인) ④ 소상공인 증빙서류(매출액·상시근로자확인서류)	①, ② 홈페이지에 직접 입력 ③, ④ 행망(행정전산망) 동의 시, 제출 생략 가능
전직 특화교육	① 채용기업 지원서 (교육과정별 상이) ② 자기기술서 등 (교육과정별 상이)	'21월 2월 중 별도 공고

구분	추가서류	비고
사업 전환교육	① (해당 소상공인의 배우자인 경우) 주민등록등본 * 가족관계를 입증할 수 있는 서류	
전직 장려수당	① 본인명의 통장사본(공통) ② 구직활동 증빙서류(구직 활동 시 제출) - 국민취업지원제도 참여확인서(국민취업지원제도 참여 시) 　또는 * 취업활동계획(IAP) 수립 필수 - 노사발전재단 교육 수료증(노사발전재단 교육 참여 시) ③ 취업완료 증빙서류(취업완료 시 제출) 　1) 근로계약서, 2) 고용보험피보험자격이력내역서	고용산재보험 토탈서비스 (total.kcomwel. or.kr)

3. 음식점업 특화 O2O 플랫폼 지원사업(기관 : 소상공인시장진흥공단)

코로나19 및 외식소비행태의 변화로 비대면 서비스 이용률이 증가하면서 소상공인시장진흥공단에서는 음식점업을 대상으로 소상공인 O2O플랫폼 지원사업을 2022년도에 시행하였으며, 주요 내용은 다음과 같다.

① 지원대상 : 선택한 O2O플랫폼(배달앱) 활용(사업지원 시 O2O플랫폼 임점 가능여부를 확인)

② 지원규모 : 소상공인 약 8,000개사 내외

③ 지원내용 : O2O 플랫폼(배달앱) 활용 시 필요한 홍보, 광고비 배달비 지원(국비 이외, 플랫폼사 자체적으로 상생차원에서 홍보, 광고비, 배달비, 소비자 할인쿠폰 등을 추가 지원)

④ 지원플랫폼 : 배달의민족/위메프오/쿠팡이츠(3개사 중 택 1개)

⑤ 플랫폼별 지원항목

구분	지원항목(선택)		
배달의민족	■ 홍보·광고		■ 배달비
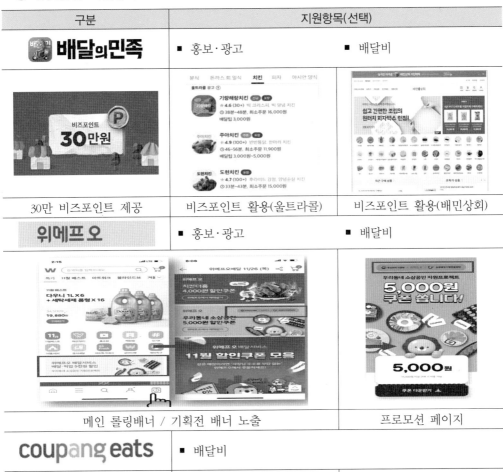			
30만 비즈포인트 제공	비즈포인트 활용(울트라콜)		비즈포인트 활용(배민상회)
위메프오	■ 홍보·광고		■ 배달비
메인 롤링배너 / 기획전 배너 노출			프로모션 페이지
coupang eats	■ 배달비		

2,000원 할인쿠폰	배너광고 지원		광고노출

⑥ 플랫폼별 상세 지원내용

O2O 플랫폼	지원규모*	지원항목	상세 지원내용	
			정부지원	플랫폼사 상생지원
배달의 민족	2,600개	① 홍보·광고	20만 비즈포인트 제공(울트라콜, 배민상회에서 사용 가능)	10만 비즈포인트 제공(울트라콜, 배민상회에서 사용 가능)
		② 배달비*(배민1)	20만 원 상당 배달비 지원(배달건당 900원 이내 지원)	10만 원 상당 배달비 지원(배달건당 900원 이내 지원)
위메프오	2,600개	① 홍보·광고	5,000원 할인쿠폰 40매 지원(2만 원 이상 주문 시 사용가능)	5% 소비자 페이백 지원
		② 배달비	20만 원 상당 배달비 지원(배달건당 1,000원 지원)	1% 소비자 페이백 및 2% 할인쿠폰 200매 지원(최대 3,000원 할인)
쿠팡이츠	2,600개	① 홍보·광고	2,000원 할인쿠폰 100매 지원	배너광고 지원

* 배달의민족 "배달비" 항목을 신청하는 경우 배민1 기본형, 배달비 절약형 교육제를 사용하는 소상공인만 지원가능(단, 지원기간 중 통합형 요금제로 변경 시 지원불가)
* 플랫폼사별 지원규모는 신청수요에 따라 변경될 수 있음

⑦ 신청 시 유의사항
- 플랫폼사 3곳 중 1곳만 선택가능(선착순 마감에 따라 일부 플랫폼 선택 제한될 수 있음)
- 지원항목 플랫폼별 지원항목 중 1개만 선택가능, 선택 후 중도변경 불가
- 중복지원 불가
- 신청접수는 기간 내 선착순 마감임
- 신청은 온라인 접수로만 신청함

⑧ 신청 서류
- 소상공인 여부 자가진단(온라인)
- 소상공인 O2O 진출사업 신청서(온라인)
- 개인정보 수집, 이용제공 동의서(온라인)
- 사업자등록증 또는 사업자등록증명원(스캔본)
- 중소기업확인서(중소벤처기업부 발급)

4. 경영환경개선사업

경영환경개선사업은 업소 환경개선, 홍보, 위생용품 등을 지원해 주는 사업으로 소상공인 영업환경개선을 통해 경쟁력을 강화하는 데 그 목적이 있다.

경영환경개선사업은 각 지자체별로 시행하고 있으며, 각 지자체별로 지원항목, 지원사항이 상이하다. 일반적으로 물품을 지원하는 사업이기 때문에 업주가 일정부분 사업비를 부담하는 방식이다. (단, 경기도시장상권진흥원의 경우 2022년 7월 업주 자부담금을 없애고 100%로 지원으로 변경)

① 지원대상: 해당 지역 관내 사업자등록기준 6개월 이상 운영(경기도는 1년 이상)

② 지원항목: 점포환경개선, 홍보 및 광고, 위생 및 안전 등(지자체별로 상이)으로 지원항목 중 1개만 지원할 수 있음

③ 지원서류: 해당 지자체별 사업계획서 작성 후 제출(일반적으로 체크리스트, 지원신청서, 사업계획서, 견적서, 개인정보동의서로 구성되어 있음)

경영환경개선지원사업 지원분야 사례(2022년 인천시 경영환경 개선사업)

지원분야	지원내용	지원비용
점포 환경개선	• 옥외간판 교체 • 제품진열대, 수납대 등 • 입식 좌식 개선 • 내/외부 인테리어(도배, 조명, 샷시, 닥트, 바닥공사 등)	최대 200만 원 (공급가액 90%)
홍보 및 광고	• 홍보물 제작 및 배포(리플릿, 카탈로그, 판촉물 등) • 제품포장(포장용기, 쇼핑백 등) • 대중교통, 신문, 게시대 광고 등 • 기업이미지(CI), 브랜드이미지(BI) 및 제품	최대 150만 원 (공급가액 90%)
위생 및 안전관리	• 방역, 소독, 청소용역 비용 등 • 전기, 가스, 화재 점검 및 교체 비용 등 • CCTV 구매 및 설치 비용 등 • 코로나19 예방 관련 지원(손소독기 등) • 에너지 효율화(효율향상 설비개체) 지원 등	최대 100만 원 (공급가액 90%)
스마트 상점화	• 키오스크 구매 및 설치 등 • 3D 미러, 3D 프린터 구매 등 • 서빙로봇 구매 등 • 챗봇 시스템 구축 등 • 기타 점포 스마트 상점화	최대 100만 원 (공급가액 90%)

5. 기타 외식관련 지원사업

서울시 등 지자체에서 시행하는 외식업 지원 사업은 대부분 청년을 대상으로 하는 형태로 주로 교육 및 창업비보증 또는 외식 창업 인큐베이팅의 형태로 이루어진다.

1) (외식업 청년 창업) 서울시 골목창업학교(기관 : 서울신용보증재단)

① 지원대상 : 서울시에 거주하고 서울에서 외식업으로 창업을 계획하는 청년
(만 19~39세)

② 지원내용 : 교육지원 및 창업금융지원(교육 수료 시)

구분	교육지원	금융지원(수료 시)
이론교육	창업 교육 및 전담 전문가를 통한 1:1 코칭, 나만의 비즈니스 모델 구축	최대 7천만 원 이내 창업보증지원 창업에 소요한 비용 범위 이내
실습교육	조리실습을 통한 실력향상 및 나만의 레시피	
현장체험	선배사업가들의 비즈니스 모델 체험	

③ 제출서류 : 신청서, 사업계획서, 개인정보 동의서 등

연번	구분	비고
1	골목창업학교 지원 신청서	서식1
2	사업계획서 양식	서식2
3	개인 및 기업정보 수집·이용 / 제공 동의서	서식3
4	사실증명원(사업자등록 이력에 따라 제출서류 다름) - 이력 有 : 총사업자등록내역, 이력 無 : 사업자등록사실여부	
5	경력관련서류(건강보험득실확인서, 자격증, 사업자등록증, 폐업사실증명원 등)	
6	주민등록초본(주민번호 뒷자리 마스킹), * 신분증은 추후 면접 시 제출	
7	개인신용평가확인서(NICE, 올크레딧 등 개인신용평가기관에서 발급)	면접 시

2) 서울시 푸드메이커(기관 : 서울시 창업허브센터)

① 지원대상 : 서울지역 온오프라인 식품 및 외식(예비)창업자

② 지원내용 : 키친인큐베이터 내 푸드코트 형태로 구성된 주방을 활용하여 식사 메뉴 판매(상시 판매 메뉴 3개 이상, 판매가 8,000원 미만)

  - 6평 규모의 개별 주방 공간 및 기본 시설 제공(기타 조리도구, 소모품은 창업자 준비)

  - 임대료(단, 전기, 수도, 가스, 음식물쓰레기 처리비용은 창업자 부담)

  - 팀구성 : 2명 이상

  - 개인사업자등록불가(사업자 없이도 운영 가능함)

③ 선발규모 : 3개 팀 내외

④ 신청방법 : 온라인 링크를 통한 지원신청

3) 경기도 청년창업허브

① 지원대상 : 경기도에 거주하며, 외식업 예비창업자 및 기창업자(주민등록초본상 신청자 출생일 만 20세 이상~만 39세 이하, 주민등록초본상 경기도 거주)

② 모집분야 : 개별주방, 공유부장 중 택일하여 지원가능

  - 개별주방(7팀) : 1개 부수에서 현장, 배달 판매로 3개월간 운영이 가능한 자

  - 공유주방(23팀) : 외식/푸드 창업을 위한 메뉴개발 검증이 필요한 자, 청년푸드 창업허브 제공 기본 교육 이수가 가능한 자

③ 선발과정

  - 개별 주방창업팀 : 서류, 발표(PT), 조리심사

  - 공유 주방창업팀 : 서류, 발표(PT)

④ 공통혜택 : 외식산업을 위한 기본 교육 제공 및 브랜딩, 디자인 지원

⑤ 공유주방 위치 : 경기도 안산시 와스타디움 1층

⑥ 팀별 혜택

지원팀	지원분야
개별 주방 창업팀	• 집기/시설이 완비된 개별주방 부스 3개월간 무료 사용 • 외식/푸드 창업을 위한 기본 및 심화 교육 과정 • 메뉴개발, 브랜딩, 마케팅 등 오픈을 위한 맞춤형 컨설팅 • 배달플랫폼 입점(배민, 쿠팡이츠, 배달특급, 요기요)
공유주방 창업팀	• 집기/시설이 완비된 공유주방 3개월간 무료 사용 • 외식/푸드 창업을 위한 기본 교육 과정 • 푸드메이커를 위한 특화컨설팅(밀키트 제조, 온라인 마케팅 등)

4) 대전 외식창업 사관학교(기관 : 대전일자리경제진흥원)

① 지원대상 : 공고일 기준 대전광역시에 주소를 두거나 3년 이상 거주경력자 또는 대전 소
   재 대학을 졸업한 자 중 외식창업을 희망하는 예비창업자(6개월간 운영지원)

② 모집인원 : 1~2팀

③ 운영장소 : 대전지식산업센터 7층 외식창업사관학교 푸드코트

④ 운영방법 : 백화점 및 휴게소 등의 푸드코트 형태 주방 운영

⑤ 지원내용

시설
지원
	• 조리시설
	- 기구 : 칼·도마 소독기, 식기세척기, 자외선 식기 소독장, 냉장·냉동고, 음료
	  냉장고, 튀김기 등
	- 시설 : 2구 가스레인지, 다구레인지, 1구 중화레인지, 배기후드, 트렌치 등 설치
	• 영업공간 : 대전시 동구 계족로 151, 대전지식산업센터 7층(영업장 면적 :
	  286.65㎡ / 86평)

창업 지원	• 전문가 컨설팅 등(주 1회 이상) - CS 및 위생교육 : 고객서비스 화법, 복장 등, 기본 위생교육 - 경영교육 : 창업절차 및 점포운영, 원가계산 등 - 법무교육 : 세무기초, 회계 등 - 마케팅교육 : 목표고객설정과 고객관리, 소셜미디어 마케팅 전략 등 • 고객 만족도 조사
운영 비용	• 임대비 지원 • 일반관리비(수도, 가스, 전기 등) • 공동사용 소모품(냅킨, 영수증 용지 등)
기타 지원	• 식재료비 제외 매출금, 무인주문기 유지비용 등 • 메뉴개발 및 맛개선 등 • 자체 위생점검 등 • 실시간 피드백을 통한 메뉴보안 등

⑥ 참여자 자부담 : 인건비, 식자재, 카드수수료, 부가가치세금, 소모품 경비

⑦ 신청서류 : 참가신청서, 사업계획서, 개인정보동의서, 주민등록등본(팀 대표만)

제5절 사업계획서 작성과 사업성 분석

1. 사업계획서 수립의 필요성

가맹점 사업을 작정했다면 이제 출발선상에 선 셈이다. 지금부터는 사업을 개시하고 성공하는 일에만 전력질주를 해서 반드시 성공해야 한다. 길게는 5년에서 짧게는 1년 정도의 가맹점 사업준비는 아주 굳은 마음이나 절실함이 없으면 한때의 생각으로 치부하며 자연스레 없었던 일이 되기 십상이다. 그러나 준비계획에 따른 행동이 하나하나 이루어지고 그에 대한 평가와 점검이 이루어진다면 정말 의욕 넘치고 활력 있는 준비기간이 될 수 있다.

그러기 위해서는 무엇보다 해야 할 일을 정하고 생활의 패턴을 바꾸는 게 중요하다. 아침과 저녁시간을 활용할 계획을 세우고 만나야 할 사람, 목적 등을 정하고 술자리 하나라도 무의미하게 보내서는 안 된다.

사업을 계획하는 사람에게는 하루 24시간도 부족하기 때문이다. 실제로 사업을 준비하는 사람들은 틈나는 대로 관련정보를 얻고 신문기사 하나도 무심코 읽지 않는다. 부동산 정보에도 항상 신경이 집중되어 있고 자신이 아는 가맹사업가를 찾아 자문과 도움을 얻거나 사람을 소개받기도 한다. 보다 생생한 경험을 얻기 위해 동종업소에서 단기간 근무해 보거나 비슷한 업종의 가게도 무심코 지나치는 일이 없어야 한다. 또 사업 필요자금을 확보하기 위해 생활비를 절약하는 것은 물론 가맹사업 시작 예정시기에 맞춰 계에 들거나 은행융자 등을 위해 융자가 가능한 조건을 미리부터 들어놓기도 한다. 그러나 가맹사업 시작에 필요한 모든 일을 주먹구구식으로 해나가면 대개는 가맹사업을 시작하지 못하게 되거나, 시기를 놓쳐 제대로 준비하지도 못한 채 점포부터 벌여놓고 어려움을 겪게 되는 경우를 자주 보게 된다. 따라서 무엇보다도 사업계획은 항목을 정해 놓고 일정에 따라 체계적으로 추진해야 한다.

사업준비계획서라니까 무슨 거창한 것으로 생각하기 쉽지만, 누구나가 사업을 시작하기 전에 이런저런 준비사항들을 생각해 보는 것을 보다 체계적으로 정리하고 체크할 수 있게 자신의 조건에 따라 만들면 되는 것이다. 이러한 체계적인 사업준비계획서의 작성과 체크로 사업에 대한 추진력도 생기게 되고 생활 하나의 목적을 향해 집중될 수도 있다. 그러나 사업준비계획서는 창업계획서와는 다르다. 사업준비계획서는 말 그대로 사업을 결심하고 사업을 시작하기 위한 준비과정에 필요한 계획서로, 이미 업종을 정하고 가게 터를 고르며 어떻게 운영할까를 정하는 창업계획서 작성 이전 단계의 것이다.

2. 사업준비계획서 체크리스트

사업준비계획서는 남에게 보여주어 설득하기 위한 것이 아니라 자신이 체계적으로 준비하기 위해 필요한 것이므로 형식에 구애될 필요는 없다. 단지 각 항목별로 해야 하는 일을 정하고 언제까지 이것을 실행할 것이라는 목표를 세워 달성여부를 체크하면 되는 것이다.

사업준비계획서는 업종과 조건에 따라 약간의 차이는 있겠지만, 소규모 점포사업을 계획하는 사람에게 기본적으로 꼭 필요한 내용을 정리하면 다음과 같다.

〈표 6-1〉 사업준비계획 리스트

항 목	준비내용	실행내용	일정
주변 여건 조성	가족 동의	특히 배우자나 부모의 동의	사업결단 직후
	보증인 확보	금융기관 이용을 위한 준비	창업 이전
업종 선택 과 입지 선정 계획	업종별 사업전망 검토작업	자료수집 및 비교 검토, 주변접촉대상자 설정, 업종별 운영점포 답사	각 항목별 세부일정 수립
	입지선정을 위한 준비작업	입지에 대한 안목, 입지에 따른 예상자금 규모, 사업희망지역 설정	각 항목별 세부일정 수립
자금 확보 계획 수립	예상필요자금 (예상금액의 1.5배)	실사를 통한 자금확정 임대료, 고정비, 시설비, 운영자금, 예비비 등	업종결정 직후
	부족자금 확보계획 수립	금융기관 활용계획 수립, 계 등 자금적립 방법 검토, 주변 사채활용 검토	가게터 계약 이전
사업 운영 능력 향상 계획	업종에 따른 사업 노하우 향상	요령, 기술, 자격증, 주의점 등 도움을 줄 대상자 접촉	업종 결정 이후부터 세부일정 수립
	기타 개인사업경영에 필요한 상식	세금, 수표, 어음, 상식, 교양, 부기 등 입출금관리요령, 인력확보 대상자 설정	창업 이전까지 세부일정 수립

1) 사업준비계획서 상세 체크리스트

(1) 사업목표설정

- 경영목표(점포콘셉트 설정)
- 주변 시장환경 분석
- 생산메뉴의 특성
- 투자규모
- 경영방향
- 기대효과
- 자금동원 여부

(2) 입지 및 상권분석

- 인구수
- 통행량
- 접근성
- 주변지역의 기능분석
- 고객동향 조사
- 환경분석
- 수요예측

- 세대수
- 지리적 발전가능성
- 홍보성
- 점포비용과 수익률관계 분석
- 도시계획
- 법적 규제

(3) 동종업계 현황파악

- 업종형태별 현황
- 메뉴가격 객단가
- 경영방침
- 마케팅
- 전략 월평균 매출액 및 평균이익
- 휴가일수
- 시장점유율과 경쟁관계
- 수용능력 대상 고객 수

- 주력메뉴
- 점포콘셉트
- 서비스 매뉴얼
- 평균 매장면적 및 종업원 수
- 영업일수
- 종업원 평균급료
- 시장의 규모와 전망
- 계획메뉴의 침투가능성

(4) 사업 진출확정

- 업종 및 업태 결정
- 상호, 브랜드, CI 결정
- 자금조달계획서 작성(시설 · 운전자금)
- 손익계산서 작성(표준)
- 매뉴얼 작성(교육 · 서비스 · 주방 매뉴얼)
- 점포콘셉트
- 점포 레이아웃
- 핵심요원 확정
- 시공업자 선정
- 매뉴얼 제작
- 건축설계
- 건축시공 및 동선 · 구조 · 설비 · 전기 · 방재 계획

- 주메뉴, 부메뉴의 결정

- 상품가격 결정
- 소요인원 계획
- 조직구성도 결정
- 판매촉진 방안
- 오픈일정, 이벤트계획서 작성

- 인테리어 설계(시공)
- 위생교육(영업허가 신청)
- 전화가설 신청
- 소방관계 확인
- 중·장기 마케팅전략
- 제반 관련법규
- 필요비품 구입
- 작업스케줄 작성
- 중·장기 매출계획
- 서비스방식 결정
- 개점준비 계획
- 영업관리 양식
    - ① 영업일보   ② 식재료 발주 현황표   ③ 재고조사표
    - ④ 주방설비 리스트   ⑤ 메뉴분석표   ⑥ 직원별 업무분담표
    - ⑦ 납품업체 현황   ⑧ 식재관리표   ⑨ 판매 및 매출현황
    - ⑩ 월간/연간 누계 ABC분석   ⑪ 사입현황
    - ⑫ 노동시간 집계표 ⑬ 시간대별 매상집계표
- 설비공사
    - ① 동기 보일러 설치 ② 급·배수 위생시설   ③ 공기조절 설비
    - ④ 세탁정 설비
- 전기공사(전기배관·배선방재·동선설비·방송설비)
- 기타 공사(정화조 설치·조경·도로·청소)

- 주방기기
- 정화조 신청
- 사용가스 확인
- 보건관계 확인
- 회계경리시스템
- 오픈 리허설
- 식자재 거래시장 확보
- 취업규칙 확정
- 메뉴가격 결정
- 원·부자재 조달계획

제6절 매출과 적정규모 추정

1. 매출액 추정 기초 데이터

상권 내 외식 총수요(잠재수요, 잠재구매력)를 파악하는 것이 매출액 예측에 있어 아주 중요한 항목이다. 통계청에서 조사 발표하는 가계조사를 보면 방대한 소비항목이 조사되고 있으며 세대당 연간 품목별 소비지출액을 유효하게 활용할 수 있는 자료이다.

상권 내 외식 총수요의 파악은 가구당 '외식비×세대'로 계산한다. 상권 내의 평균소득은 근로자 1인당의 실수입, 가처분소득, 실수입총액, 연간수입, 1인당 소득, 전국 평균 100으로 한 소득지수, 과세대상액 등의 용어가 산재하나 가처분소득을 기준으로 하여 가구당, 인당 외식수요를 구하는 것이 적당하다.

2. 매출액의 추정방법

점포를 오픈하려는 창업예정자는 개설지역이나 예정점포에 월 매출이 어느 정도 될까가 가장 중요한 관심 중의 하나이다. 이 추정매출에 따라 손익분기점을 유출할 수 있고 사업타당성을 검증할 수 있기 때문이다. 매출액의 추정방법에는 간이 산출법, 컨트롤 스토어법, 매장면적 비율법, 케인법, 통계해석법 등 여러 가지가 있다. 간이산출방법에는 객단가 산출법, 종업원 1인당 산출법, 인건비율법 등이 있다.

① 간이산출법

- 객단가를 기초로 산출하는 방법이다. 즉 객수에 객단가를 곱하여 산출한다.
- 종업원 1인당 매출액을 기초로 산출하는 방식에는 종업원 1인당 매출액에 종업원 수를 곱하는 방식으로 종업원 1인당의 매출액은 업계의 평균치를 파악하고 종업원 수를 어떻게 결정할 것인가가 과제가 된다.
- 평당 연간매출액을 기준으로 산출하는 방법은 평균 평당 매출금액에 매장면적을 곱하면 된다.

② Control store법

유사지역의 유사점포를 예로 하여 추측하는 방법이다. 이 방법은 유사사례를 탐색하는 것이 어렵지만 입수되면 간단히 파악할 수 있다. 구체적으로 공표된 매출액의 유사케이스를 목적점포에 적용시켜 시뮬레이션하는 것이다. 이것은 시장점거율을 파악하는 데도 좋은 수단이 된다. 문제점은 유사한 점포를 찾기가 힘들고 공표된 데이터가 없다는 것이다. 그러나 유사점포를 직접 찾아 조사해야 한다.

③ 매장면적 비율법

자기점포의 셰어를 판단하는 방법으로 적당하다. 자기점포를 상권 내의 경쟁점포(자기점포 포함)를 합한 것으로 나누면 된다. 매장의 크기가 그대로 매출에 작용하는 것은 아니다. 그러나 소매점의 경우에는 적합성이 높다.

$$\frac{\text{자기점포의 매장면적}}{\text{상권 내 경쟁점포의 전 매장면적} + \text{자기점포의 매장면적}}$$

④ 케인법

매출셰어비율에 매장면적비율을 나누는 방법이다. 계산방법은 다음과 같다.

$$\frac{\text{매출셰어비율}}{\text{매장면적비율}} \times 100$$

$$\text{매출셰어비율} = \frac{\text{자기점포의 매출액}}{\text{상권 내 잠재수요액}} \times 100$$

이 방법에서 산출된 수치는 경쟁력지수이다. 이 수치를 활용하여 새로운 점포를 출점할 때에는 매출액을 예측하는 데 사용될 수 있다.

사례

모 식당(이하 '한국식당'이라 칭한다)은 역전에서 매장면적 200평을 운영하고 있다. 상권내의 경쟁점은 모두 3개 점포이고 그 매장면적의 합계는 800평이다. 상권 내 세대수는 1,000세대이고 1세대당 연간 외식비용은 100만 원이라고 하면 잠재수요는 10억 원이다. 한국식당의 연간매출은 2억 4천만 원, 이상의 조건에서 산출하면 다음과 같다.

－ 한국식당의 매출셰어비율은

$$\frac{\text{한국식당의 매출액}}{\text{상권 내 잠재수요액 10억 원}} \times 100 \quad \frac{\text{2억 4천만 원}}{\text{10억 원}} = 24\%$$

－ 한국식당의 매장면적 비율은

$$\frac{\text{한국식당의 매장면적}}{\text{상권 내 경쟁점포 + 한국식당의 매장면적}} = \frac{\text{200평}}{\text{800평 + 200평}} = 20\%$$

－ 한국식당의 매장면적 대 매출셰어비율은

$$\frac{\text{매출셰어비율}(24\%)}{\text{매장면적비율}(20\%)} \times 100 = 120\%$$

결국 한국식당은 매장면적이 20%의 비율이면서 잠재수요의 24%를 획득하고 있는 우수점포라 할 수 있다.

그러면 새로운 점포의 매출액 예측방법을 알아보자. 한국식당이 X시의 인접한 Y시에 출점을 시도하는 경우이다. 매장면적을 300평으로 한다고 가정하면 이미 Y시에는 4점포의 합계 900평의 매장이 존재한다. Y시의 잠재 수요액은 15억 원으로 가정한다.

– 한국식당의 Y시에서의 매장면적비율은

$$\frac{\text{한국식당의 매장면적}}{\text{Y시의 경쟁점 + 자기점포의 매장면적}} \times 100 = \frac{300평}{900 + 300} \times 100 = 25\%$$

$$\frac{\text{자기점포의 매출액}}{\text{상권 내 잠재수요금액}} \times 100 = \frac{(?)}{15억 원} \times 100$$

– 한국식당의 Y시에서의 매출예측

Y시의 잠재수요액×(Y시에서의 매장 면적률×X시에서의[매장면적비율 대 매출셰어비율] = 15억 원×(25%×120%)=15억 원×30% = 4억 5천만 원

이상의 방법으로 〈매장면적비율법〉에 대한 시장점거율(매출 Share율)을 가미한 점에서 볼 때 신뢰도가 높아진다고 생각한다.

⑤ 통계해석법

통계해석 방법으로 '다변량해석'을 하는 데 많이 사용되나, 음식점의 매출예측에는 잘 사용되지 않으므로 생략한다.

3. 매출예측을 위한 기초자료의 작성방법

신규출점의 매출자료 작성은 유사점포를 선택하여 실시하고 체인점의 기초자료 작성은 기존점포의 데이터를 활용하는 것이 가장 좋다.

① 이용객 앙케이트의 실시
* 고객 수가 평균적인 요일을 선택한다.
* 1일 고객의 10~20%에게 조사를 실시한다. 특정시간대에 편중하지 않고 균형을 유지한다.
* 계산이 끝난 고객에게 부탁하여 기입하도록 한다.
* 2~3개의 책상과 의자가 있으면 좋다.
* 간단한 사례품도 준비한다.

② 앙케이트 결과의 표시와 지역별 셰어 추계
* 앙케이트표의 주소를 상권지도 위에 표시한다.
* 표시된 지도의 지역별로 셰어를 산출한다.

③ 상권과 시장규모의 확인

- 60% 이상 달성 가능한 지역을 1차 상권으로 생각한다.
- 20% 이상 달성 가능한 에어리어를 2차 상권으로 생각한다.
- 이상의 상권을 기초상권으로 생각하고 그 외 지역에 대해서는 추가 유입분으로 생각한다.

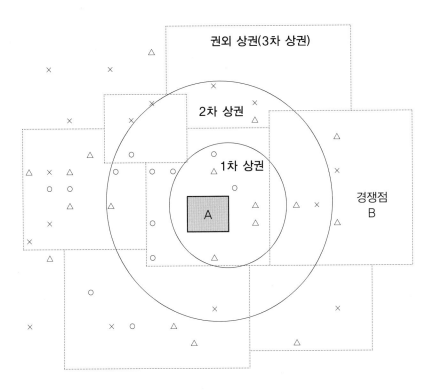

주: 원은 반경 500m. ○ : 주 2~3회 이용, △ : 주 1회 이용, × : 월 2~3회 정도 이용

[그림 6-1] 지역별 매출셰어 분포도

④ 기타 유동인구와 상주인구, 유동차량 등을 조사하고 유입률을 곱하여 산출하는 방식 등
   그러나 어느 방식이나 오차의 한계가 있으므로 매출 추정은 여러 가지 방법을 병행하여
   검증해야 오차를 줄일 수 있다.

제**7**절 사업타당성 분석

아무리 좋은 입지라 할지라도 창업하려는 콘셉트(개념)에 부합되지 않으면 사업으로서 가치가 없다. 외식산업은 영리목적의 비즈니스이다. 돈을 벌지 못하면 아무런 의미가 없다. 사업성 분석은 입지조사, 상권조사, 물건(부동산)조사, 예상고객(소비자)조사 등을 기본 데이터로 하여 콘셉트를 설정한다.

시장조사 결과 아래와 같은 콘셉트를 창출하였다고 가정하자.

〈표 6-2〉 시장조사에 의한 기본 콘셉트

```
① 판매메뉴      : 햄버거, 치킨
② 객 단 가      : 3,600원(1인당 구매금액)
③ 목표고객      : 20~30대 및 주변 가족고객
④ 실내분위기    : 밝고 경쾌하며 심플하게
⑤ 판매방식      : 셀프서비스 및 배달, 포장 판매
⑥ 점포규모      : 52평(실평)(F1 : 32평 B1 : 20평)
⑦ 임대보증금    : 2억 6천만 원
⑧ 계약기간      : 5년(2년 단위로 조정)
⑨ 전세보증금에 대한 담보 : 건물 및 토지에 근저당권 설정
```

위와 같이 고객이 설정되고 판매메뉴, 객단가, 실내분위기, 판매방식, 점포규모가 확정되면 투자예산을 유추할 수 있다. 또한 시장조사결과 목적물건 주변의 유동객과 유동차량, 배후 주거현황, 오피스 현황, 물건현황, 업종·업태 구성 현황, 고객동향, 메뉴동향 등의 데이터에 의하여 매출을 예측할 수 있다.

1. 투자추정

투자금액 추정은 업계의 인테리어나 주방설비 등 표준금액을 대입하여 전체적인 투자비용을 추정할 수 있다.

〈표 6-3〉 투자예측(안)

(단위 : 천 원)

설 비 명	비 고
인테리어	
철거공사	
가설공사	
주방공사	
객장공사	• 점포 예상배치 내역(52평 기준)
화장실, 창고 등 공사	– 방설비 : 16평
전기등 기타 공사	– 객 석 : 28평
설비공사	– 사무실 : 2.5평
기타(공과잡비 포함)	– 화장실 : 공용
주방설비	– 냉동창고 및 상온창고 : 1.5평 별도
냉동냉장고	– 탈의실 및 메이트 휴게실 : 4평
냉동창고	총 계 : 52평
그리들	
후라이어	• 예상객석 수 : 92석(1.8석/평)
제빙기	
번스토스터	• 전면 및 돌출
기 타	
기타 설비	• 4인용 23조
PC(컴퓨터)	
간 판	
에어컨(겸용)	
의탁자	
POS(금전등록기)	
기타 비품 외	
임대 보증금	
총 예 상 투 자 금 액	• 임대보증금은 불포함

2. 매출추정(안)

　매출추정방법은 객단가를 기초로 산출하는 방식과 종업원 1인당 매출액을 기초로 한 방식, 그리고 평당 연간매출액 기준 방식이 있는데 이는, 유사지역의 유사점포를 기준으로 시뮬레이션하는 방법 등의 여러 가지가 있다. 여기서는 일반인들이 쉽게 접근할 수 있는 유사점포를 기준으로 유사 케이스를 목적점포에 적용시키는 방법과 평당 매출액을 유사점포에 적용시킨 매출추정분을 합한 금액의 평균값으로 매출을 추정하는 방법으로 설명하겠다.

우선 시장조사 내용 중에서 유동인구를 집계한다. 햄버거나 치킨 등 셀프스타일의 휴게음식점은 여타 시장조사 내용보다 유동인구에 가장 큰 변수가 있으므로 가능한 유동인구가 많은 곳, 즉 10대나 20대의 인구유동이 많은 곳이 성공확률이 높다.

유동인구 체크는 평일 2일, 토요일 2일, 일요일 2일 등으로 복수 체크해야 한다. 보다 정확한 수치를 원한다면 평일은 월요일에서 금요일까지의 합계치를 평균으로 산출하면 예측신뢰도가 높아질 수 있다. 〈표 6-4〉는 시간대별 목적물건 주변의 유동인구이다.

이 통계치에서 주목할 것은 평일의 경우 오후 2시까지의 유동인구가 극히 적고 3시 이후에 급격히 증가하고 있음을 알 수 있다. 그러나 공휴일이나 토요일은 12시 이후부터 저녁 8시까지 유동인구가 고르게 분포되어 있음을 알 수 있다. 이것은 평일의 매출이 높아질 것으로 예측되는 증거이다.

〈표 6-4〉 시간대별 유동인구

(단위 : 명)

구 분	평 일	토요일	공휴일
10:00~11:00	598	764	820
~12:00	641	814	1,551
~13:00	702	1,030	754
~14:00	645	1,719	917
~15:00	1,107	1,016	871
~16:00	1,369	970	810
~17:00	1,067	1,360	1,005
~18:00	1,484	1,464	1,176
~19:00	1,704	1,166	1,129
~20:00	1,788	1,241	1,232
~21:00	1,357	1,113	1,053
~22:00	1,039	801	907
합 계	13,407	13,458	12,225

〈표 6-5〉 Peak Time별 유동인구 현황

구 분	유동인구										합계	시간대별 Peak Time
	남자					여자						
	어린이	중고생	대학생	사무원	소계	주부	중고생	대학생	사무원	소계		
평일	1,789	1,197	1,307	2,312	6,605	2,933	1,290	1,091	1,488	6,802	13,407	15:00 ~ 20:00
구성비	13.3	8.9	9.7	17.2	49.3	21.9	9.6	8.1	11.1	50.7	100.0	
토요일	1,108	1,358	1,383	2,118	6,037	2,566	1,917	1,237	1,701	7,421	13,458	16:00 ~ 20:00
구성비	8.2	10.1	10.3	16.3	44.9	19.1	14.2	9.2	12.6	55.1	100.0	
일요일	1,778	1,728	952	1,553	6,011	2,330	1,424	1,114	1,346	6,214	12,225	16:00 ~ 20:00
구성비	14.5	14.1	7.8	12.7	49.2	19.1	11.6	9.1	11.0	50.8	100.0	
평균	1,697	1,313	1,254	2,161	6,425	2,778	1,396	1,114	1,491	6,779	13,204	
구성비	12.9	9.9	9.5	16.4	48.7	21.0	10.6	8.4	11.3	51.3	100.0	

* 통행량 특성 : 주거지형 상권으로 주간시간대는 중·장년층 중심이며 주말에는 중·고생층 학생층이 급증함. 평일점심시간에는 매출이 낮을 것으로 예측된다.

　〈표 6-6〉은 유사점포와 비교하여 예측되는 매출을 산출하였다. 여기서 흡수율은 햄버거와 치킨 점포의 경험에 의한 흡수율로서 오차가 있을 수 있다.

〈표 6-6 ①〉 고객계층별 흡수율 적용 예측매출 산출표(평일 1)

고객층	유사점포			평균 객단가	신규점포			평균 객단가
	통행량 일객수	흡수율 (%)	일매출 (천 원)		통행량 일객수	흡수율 (%)	일매출 (천 원)	
어린이(남)	3,032 / 216	7.3	778	3,600	1,789 / 131	7.3	472	3,600
중고생(남)	1,137 / 17	0.7	61		1,197 / 8	0.7	29	
대학생(남)	1,516 / 17	0.3	61		1,307 / 4	0.3	14	
사무원(남)	1,894 / 47	2.5	169		2,312 / 57	2.5	205	
주 부(여)	3,716 / 161	4.3	580	3,600	2,933 / 127	4.3	457	3,600
중고생(여)	1,239 / 115	9.3	414		1,290 / 120	9.3	432	
대학생(여)	1,652 / 42	2.5	151		1,091 / 28	2.5	101	
사무원(여)	1,652 / 33	2.0	119		1,488 / 30	2.0	108	
합　계	15,838 / 648	4.1	2,333		13,407 / 505	3.8	1,818	

〈표 6-6 ②〉 고객계층별 흡수율 적용 예측매출 산출표(평일 2)

고객층	유사점포			평균 객단가	신규점			평균 객단가
	통행량 일객수	흡수율 (%)	일매출 (천 원)		통행량 일객수	흡수율 (%)	일매출 (천 원)	
어린이(남)	1,010 / 119	11.8	428	3,600	1,789 / 211	11.8	760	3,600
중고생(남)	821 / 21	2.6	76		1,197 / 31	2.6	112	
대학생(남)	1,894 / 49	2.6	176		1,307 / 34	2.6	122	
사무원(남)	2,589 / 97	3.7	349		2,312 / 87	3.7	313	
주 부(여)	3,066 / 154	5.0	554	3,600	2,933 / 147	5.0	529	3,600
중고생(여)	818 / 35	4.3	126		1,290 / 55	4.3	198	
대학생(여)	1,703 / 99	5.8	356		1,091 / 63	5.8	227	
사무원(여)	1,226 / 48	3.9	173		1,488 / 58	3.9	209	
합　계	13,127 / 622	4.7	2,239		13,407 / 686	5.1	2,470	

〈표 6-7〉 객석당(客席當) 매출 적용 예상매출 산출 월평균 매출 추정(안)

(단위 : 평, 천 원)

점포명	면적	객석 수	매출	객석당 매출	상권급지	비고
유사점포 1	50	96	83,000	865	A	효율성 양호
유사점포 2	50	100	81,000	810	B	효율성 양호
신규점	52	92	80,448	838	B	비교점 수준

여기서 상권급지는 상권규모 및 입지여건을 기준으로 객석당 생산성을 고려하여 A, B, C, D 등 4등급으로 분류하여 당해 점포들의 수준을 지정하였다. 〈표 6-7〉은 객석당 매출(유사점포 1 · 2의 합계를 2로 나눈 값)을 기준으로 예상매출을 산출하는 방식이다. 이와 같은 방식은 유사점포를 기준으로 추정할 수 있다.

3. 추정손익(안)

손익계산은 통행량 기준 수치와 평당 매출의 평균값을 매출로 추정하여 계산하였다.

〈표 6-8〉은 추정 손익계산서와 손익분기점의 추정 수치이다. 신규예정 점포의 손익은 월간 16,130,000원의 이익을 낼 수 있다.

월간 이용객 수는 21,541명(일일 718명)이고 매출은 77,548,000원이며 매출원가는 29,468천 원이다. 또한 이 점포의 손익분기점(BEP)은 40,242천 원이고 손익분기명수로는 11,178(일일 373명)명이다. 그러므로 이 출점 예정지는 월 1,600원의 이익을 낼 수 있다.

〈표 6-8〉출점(出店) 예정 점포(店鋪) 예상 손익계산서

구분	신 규 점				비 고
	손익분기점	%	추정매출(안)	%	
매 출 액	40,242	100.0	77,548	100.0	
매출원가	15,291	38.0	29,486	38.0	
매출 총이익	24,951	62.0	48,080	62.0	
판매, 일반관리비	20,185	50.16	27,142	35.0	• 상여, 잡급, 퇴직금 포함 • 직원 식대, 메이트 급식 포함
직원 급료	9,944	24.71	11,632	15.0	
복리후생비	926	2.3	2,326	3.0	
수도광열비	2,313	5.75	2,326	3.0	
임대료	0	0.0	0	0.0	
감가상각비	3,018	7.50	3,017	3.89	
소모품비	1,489	3.70	2,869	3.7	• 설비(1.8억 원) 5년 정액산정
광고선전비	81	0.2	155	0.2	
기타	2,415	6.0	4,815	6.21	
영 업 이 익	4,766	11.84	20,938	27.0	• 수선비, 교육훈련비, 공과금, 잡비 등 • 보증금(2.6억 원)＋설비(1.8억)＝4.4억 원 (연 13% 적용)
금 리	4,808	11.94	4,808	6.2	
손 익	-42		16,130	20.8	

주 : 손익계산서는 기업회계기준에 의하여 작성하는 것이 가장 합리적이다(기업회계 기준에서는 차입금에 대한 지급이자는 계산하되, 투자금에 대한 인정이자는 계산에서 제외한다). 단, 여기서 투자금 전체를 이자로 계산하였다. 또한 원세는 계산하지 않았다.

07 개업실무 : 경쟁력 있는 점포 개설하기

제1절 식품접객업의 업종 분류

「식품위생법」에서 식품접객업의 업종은 일반음식점, 휴게음식점, 단란주점, 유흥주점, 위탁급식, 제과점의 6가지로 분류된다. 이들 업종은 허가나 신고사항이다. 업종 간의 변경은 신고만으로 가능하다. 휴게음식점 영업과 일반음식점 영업은 시장·군수·구청장에게 신고해야 하고, 단란주점영업과 유흥주점영업은 시장·군수·구청장의 허가를 받아야 한다.

〈표 7-1〉 식품접객업 업종 분류

구분	영업내용	행정절차
일반음식점	음식류를 조리·판매하는 영업(부수적으로 음주행위가 허용되는 영업)	신고
휴게음식점	음식류를 조리·판매하는 영업(음주행위가 허용되지 않음) 주로 다류, 아이스크림류를 조리·판매하거나 다방·제과·패스트푸드점, 분식점 형태의 영업 등	신고
단란주점	주로 주류를 조리·판매하는 영업 손님이 노래를 부르는 행위가 허용되는 영업	허가
유흥주점	주로 주류를 조리·판매하는 영업 유흥종사자 고용·유흥시설 설치 허용, 손님이 노래 부르거나 춤을 추는 행위 허용	허가
위탁급식	집단급식소에서 음식류를 조리하여 제공하는 영업 집단급식소를 설치·운영하는 자와 계약	신고
제과점	주로 빵, 떡, 과자 등을 제조·판매하는 영업(음주행위가 허용되지 않음)	신고

제2절 외식업의 업태 분류

음식점의 업태는 패스트푸드, 패밀리레스토랑, 디너하우스(파인다이닝) 등으로 나눈다.

〈표 7-2〉 업종·업태별 브랜드 분류

업태 업종	패스트푸드 (FF)	패밀리레스토랑 (FR)	캐주얼레스토랑 (CR)	파인다이닝 (FD)
한식	한식류 분식점	대중한식점 냉면	고깃집(가든)	고급한식 (용수산)
일식	우동집	미소야	횟집 대중일식집	고급일식
중식	중국집	중식당 (선궁)	싱타이	신라호텔 (팔선)
양식	롯데리아 맥도날드	코코스	T.G.I.F 아웃백	힐튼 (일본테)
기타 전문점	포장마차 투다리	피자 치킨	비어전문점	고급중식당

(1) 업내별 고객 이용빈도

- FF : 주 3~4회, 메뉴한정
- FR : 주 1회 이용
- FD : 월 1~2회

제3절 인허가/위생교육/건강진단

1. 일반/휴게음식점 영업신고 안내[1]

(1) 일반음식점과 휴게음식점

- 일반음식점 : 음식류를 조리·판매하는 영업으로서 식사와 함께 부수적으로 음주행위가 허용되는 영업
- 휴게음식점 : 음식류를 조리·판매하는 영업으로서 음주행위가 허용되지 아니하는 영업 (주로 다류를 조리·판매하는 다방 및 주로 빵, 떡, 과자, 아이스크림류를 제조·판매하

---

1) 성남시 분당구 홈페이지

는 과자점 형태의 영업을 포함한다) 다만, 편의점, 슈퍼마켓, 휴게소 기타 음식류를 판매하는 장소에서 컵라면, 1회용 다류 기타 음식류에 뜨거운 물을 부어주는 경우를 제외한다.

(2) 업무처리 절차

1. 신청서 작성(관련 서류 제출)
2. 접수
3. 신고증 교부
4. 시설조사(담당공무원 시설조사 30일 이내)

(3) 구비서류

1. 식품영업신고서
2. 신분증
3. 위생교육 수료증
4. 건강진단결과서(구 보건증)
5. 수질검사(시험) 성적서(지하수 사용 경우에 해당)
6. 액화석유가스 사용시설완성 검사필증(LPG를 사용하는 경우) ⇨ 한국가스안전공사
7. 관할 소방서장이 발행한 안전시설 등 완비증명서 1부(지하 66㎡ 이상 지상 2층 100㎡ 이상인 경우)
8. 재난배상책임보험증권 : 1층에 위치하고 면적이 100㎡ 이상인 경우(의무)
9. 대리신고 시 : 위임장, 위임인의 인감증명서, 대리인 신분증

(4) 시설기준

- 일반음식점 및 휴게음식점
  - 일반음식점에 객실을 설치하는 경우 객실에는 잠금장치를 설치할 수 없다.
  - 휴게음식점 또는 제과점에는 객실을 둘 수 없으며, 객석을 설치하는 경우 객석에는 높이 1.5미터 미만의 칸막이(이동식 또는 고정식)를 설치할 수 있다.이 경우 2면 이상을 완전히 차단하지 아니하여야 하고, 다른 객석에서 내부가 서로 보이도록 하여야 한다.
  - 휴게음식점·일반음식점 또는 제과점의 영업장에는 손님이 이용할 수 있는 자막용 영상장치 또는 자동반주장치를 설치하여서는 아니된다. 다만, 연회석을 보유한 일반 음식점에서 회갑연, 칠순연 등 가정의 의례로서 행하는 경우에는 그러하지 아니하다.
  - 휴게음식점·일반음식점 또는 제과점의 영업장에는 손님이 이용할 수 있는 자막용 영상장치 또는 자동반주장치를 설치하여서는 아니된다. 다만, 연회석을 보유한 일반 음식

점에서 회갑연, 칠순연 등 가정의의례로서 행하는 경우에는 그러하지 아니하다.

- 일반음식점의 객실 안에는 무대장치, 음향 및 반주시설, 우주볼 등의 특수조명 시설을 설치하여서는 아니된다.

• 조리장

조리장은 손님이 그 내부를 볼 수 있는 구조로 되어 있어야 한다. 다만, 영 제21조 제8호 바목에 따른 제과점영업소로서 같은 건물 안에 조리장을 설치하는 경우와 「관광진흥법 시행령」 제2조 제1항 제2호 가목 및 같은 항 제3호 마목에 따른 관광호텔업 및 관광공연장업의 조리장의 경우에는 그러하지 아니하다.

조리장 바닥에 배수구가 있는 경우에는 덮개를 설치하여야 한다.

조리장 안에는 취급하는 음식을 위생적으로 조리하기 위하여 필요한 조리시설·세척시설·폐기물용기 및 손씻는 시설을 각각 설치하여야 하고, 폐기물 용기는 오물 악취 등이 누출되지 아니 하도록 뚜껑이 있는 내수성 재질로 된 것이어야 한다.

1명의 영업자가 하나의 조리장을 둘 이상의 영업에 공동으로 사용할 수 있는 경우는 다음과 같다.

1) 같은 건물 안의 같은 통로를 출입구로 사용하여 휴게음식점·제과점영업 및 일반음식점 영업을 하려는 경우
2) 「관광진흥법 시행령」에 따른 전문휴양업, 종합휴양업 및 유원시설업 시설안의 같은 장소에서 휴게음식점·제과점영업 또는 일반음식점 영업 중 둘 이상의 영업을 하려는 경우
3) 일반음식점 영업자가 일반음식점의 영업장과 직접 접한 장소에서 도시락류를 제조하는 즉석판매제조·가공업을 하려는 경우
4) 제과점영업자가 식품제조·가공업의 제과·제빵류 품목을 제조·가공하려는 경우
5) 제과점 영업자가 기존 제과점의 영업신고 관청과 같은 관할구역에서 5킬로미터 이내에 둘 이상의 제과점을 운영하려는 경우

조리장에는 주방용 식기류를 소독하기 위한 자외선 또는 전기 살균소독기를 설치하거나 열탕 세척소독시설(식중독을 일으키는 병원성 미생물 등이 살균될 수 있는 시설이어야 한다. 이하 같다)을 갖추어야 한다.

충분한 환기를 시킬 수 있는 시설을 갖추어야 한다. 다만, 자연적으로 통풍이 가능한 구조의 경우에는 그러하지 아니하다.

식품 등의 기준 및 규격 중 식품별 보존 및 유통기준에 적합한 온도가 유지될 수 있는 냉장시설 또는 냉동시설을 갖추어야 한다.

• 급수시설

수돗물이나 「먹는물관리법」 제5조에 따른 먹는물의 수질기준에 적합한 지하수 등을 공급할 수 있는 시설을 갖추어야 한다.

• 화장실

화장실은 콘크리트 등으로 내수처리를 하여야 한다. 다만, 공중화장실이 설치되어 있는 역·터미널·유원지 등에 위치하는 업소, 공동화장실이 설치된 건물 안에 있는 업소 및 인근에 사용하기 편리한 화장실이 있는 경우에는 따로 화장실을 설치하지 아니할 수 있다.

화장실은 조리장에 영향을 미치지 아니하는 장소에 설치하여야 한다.

정화조를 갖춘 수세식 화장실을 설치하여야 한다. 다만, 상·하수도가 설치되지 아니한 지역에서는 수세식이 아닌 화장실을 설치할 수 있다.

위 단서에 따라 수세식이 아닌 화장실을 설치하는 경우에는 변기의 뚜껑과 환기시설을 갖추어야 한다.

화장실에는 손을 씻는 시설을 갖추어야 한다.

• 공통시설기준 특례

공통시설기준에도 불구하고 다음의 경우에는 특별자치 도지사·시장·군수·구청장(시·도에서 음식물의 조리·판매 행위를 하는 경우에는 시·도지사)이 시설기준을 따로 정할 수 있다.

1) 「재래시장 및 상점가육성을 위한 특별법」 제2조 제1호에 따른 재래시장에서 음식점 영업을 하는 경우

2) 건설공사현장에서 영업을 하는 경우

3) 지방자치단체 및 농림축산식품부 장관이 인정한 생산자단체 등에서 국내산 농·수·축산물의 판매촉진 및 소비홍보 등을 위하여 14일이내의 기간에 한하여 특정 장소에서 음식물의 조리·판매행위를 하려는 경우

「도시와 농어촌간의 교류 촉진에 관한 법률」 제10조에 따라 농어촌체험·휴양마을사업자가 농어촌체험·휴양프로그램에 부수하여 음식을 제공하거나 지역 농림수산물을 주재료로 이용한 즉석식품을 제조·판매·가공하는 경우에는 「식품위생법」 제 36조에도 불구하고 대통령령으로 정하는 바에 따라 영업시설 기준을 따로 정할 수 있다.

백화점, 슈퍼마켓 등에서 휴게음식점영업 또는 제과점영업을 하려는 경우와 음식물을 전문으로 조리하여 판매하는 백화점 등의 일정 장소(식당가를 말한다)에서 휴게음식점영업·일반음식점영업 또는 제과점영업을 하려는 경우로서 위생상 위해 발생의 우려가 없다고 인정되는 경우에는 각 영업소와 영업소 사이를 분리 또는 구획하는 별도의 차단벽이나 칸막이

등을 설치하지 아니할 수 있다.

(5) 영업신고의 제한

- 당해 영업의 시설이 시설기준에 적합하지 아니한 때
- 영업소 폐쇄된 후 6개월이 경과하지 아니한 경우에 그 영업장소에서 같은 종류의 영업을 하고자 하는 때(영업시설의 전부를 철거하여 영업소가 폐쇄된 경우에는 그러하지 아니한다)
- 청소년을 유흥접객부고용 및 성매매알선 등 영업소 폐쇄된 경우는 식품접객업 전부 1년간 영업제한
- 영업소 폐쇄된 후 2년이 경과되지 아니한 자가 폐쇄된 영업과 같은 종류의 영업을 하고자 할 때
- 식품위생법 제4조, 제5조, 제6조, 제8조 위반하여 폐쇄된 후 5년이 경과되지 아니한 자가 폐쇄된 영업과 같은 종류의 영업을 하고자 할 때
- 공익상 그 허가를 제한할 필요가 현저하다고 인정되어 보건복지부장관이 고시하는 영업
- 영업의 신고를 받고자 하는 자가 금치산자이거나 파산의 선고를 받고 복권되지 아니한 자
- 영업의 신고를 받고자 하는 자가 식품위생법을 위반하여 징역형의 선고를 받고 그 형의 집행이 종료되지 아니하거나 집행을 받지 않기로 확정되지 아니한 자

2. 유흥주점/단란주점 영업허가 안내[2]

(1) 유흥주점과 단란주점

- 단란주점 : 주로 주류를 조리·판매하는 영업으로서 손님이 노래를 부르는 행위가 허용되는 영업
- 유흥주점 : 주로 주류를 조리·판매하는 영업으로서 유흥종사자를 두거나 유흥시설을 설치할 수 있고 손님이 노래를 부르거나 춤을 추는 행위가 허용되는 영업

(2) 업무처리 절차

1. 신청서 작성(관련 서류 제출)
2. 접수
3. 서류검토
4. 현장실사 및 시설조사

---

2) 분당구 홈페이지

5. 결재

6. 허가증교부

(3) 구비서류

1. 식품접객영업 허가신청서

2. 신분증

3. 위생교육 필증

4. 건강진단결과서(구 보건증)

5. 수질검사(시험) 성적서(지하수 사용 경우에 해당)

6. 액화석유가스 사용시설완성 검사필증(LPG를 사용하는 경우) ⇨ 한국가스안전공사

7. 관할 소방서장이 발행한 안전시설 등 완비증명서 1부(지하 66㎡ 이상, 지상 2층 100㎡ 이상인 경우)

8. 전기안전검사 확인서 ⇨ 한국전기안전공사

9. 학교보건법 제5조의 규정에 의한 학교환경위생정화구역 미접촉 확인서 1부

10. 대리신고 시 : 위임장, 위임인의 인감증명서, 대리인 신분증

(4) 시설기준

• 단란주점

영업장 안에 객실을 설치하는 경우 주된 객장의 중앙에서 객실내부가 훤하게 보일 수 있도록 투명한 유리로만 설비하여야 하며, 통로 및 복도형태로 설비하여서는 아니된다.

객실로 설치할 수 있는 면적은 객석면적의 1/2을 초과할 수 없다.

주된 객장 안에는 1.5미터 미만의 고정식, 이동식 칸막이를 설치할 수 있다. 이 경우 2면 이상을 완전히 차단하지 아니하여야 하고 다른 객석에서 내부가 서로 보이도록 하여야 한다.

객실에는 잠금장치를 설치할 수 없다.

소방시설설치유지 및 안전관리에 관한 법령이 정하는 소방·방화시설을 갖추어야 한다.

• 유흥주점

객실에는 잠금장치를 설치할 수 없다.

소방시설설치유지 및 안전관리에 관한 법령이 정하는 소방·방화시설을 갖추어야 한다.

• 공통시설기준 : 일반/휴게 음식점 시설기준과 동일

3. 위생교육 필증 취득

(1) 위생교육이란?

식품위생 수준의 향상을 위하여 모든 식품접객 영업자 또는 종업원은 보건복지부장관이 지정, 고시한 위생교육전문기관에서 실시하는 교육을 영업개시 전 또는 후에 받아야 한다.

(2) 위생교육대상 및 교육시간

- 식품접객 영업을 하고자 하는 자(1일 6시간)
- 「식품위생법」에 의한 명령 위반하여 행정처분을 받은 영업자(1일 4시간)
- 전염병, 집단식중독의 발생 및 확산될 우려가 있는 경우 해당 업종의 영업자 및 그 종사자(1일 4시간)

■ 용어설명
- 유흥접객원 - 손님과 함께 술을 마시거나 노래 또는 춤으로 손님의 유흥을 돋우는 만 19세 이상의 부녀자
- 유흥시설 - 유흥종사자 또는 손님이 춤을 출 수 있도록 설치한 무도장을 말함
- 특수조명 - 수은등, 백열등, 형광등 등 일반 조명시설이 아닌 것으로, 영업장 내 설치함으로써 영업장 내부에 대하여 현란함, 화려함과 혼란함을 주어 안락하고 단순한 음주 분위기를 해할 우려가 높은 미라볼(우주볼), 사인볼, 깜박이 등과 사이키 조명 등 모든 조명시설을 총칭
- 분리 - 벽 등에 의하여 별도의 방으로 구별되는 것
- 구획 - 칸막이나 커튼 등으로 구별되는 것
- 구분 - 선이나 줄 등으로 구별되는 경우
- 음향기기 - 자막용 영상반주기

---

(3) 교육 위임, 면제 및 유예 등

〈표 7-3〉 위생교육

구 분	참고사항
교육 면제	조리사, 영양사가 식품접객업을 하고자 하는 때는 신규 위생교육 면제(법 제27조 4항)
교육대상자 지정(위임)	위생교육을 받아야 하는 자로서 영업에 직접 종사하지 않는 경우 종업원 중 책임자를 지정하여 받게 할 수 있음. 2곳 이상의 장소에서 영업으로 하고자 하는 경우, 종업원 중 책임자를 지정하여 교육받게 할 수 있음
사전교육 유예 및 갈음	부득이한 사유로 미리 교육을 받을 수 없는 경우 개업 후 3개월 이내 교육받도록 함. 신규 위생교육을 받은 자가 교육받은 날로부터 2년 이내에 교육받은 업종과 동일한 업종 또는 유사업종(일반음식점과 휴게음식점 간, 단란주점과 유흥주점 간)을 영업하고자 하는 경우 교육을 받은 것으로 봄

(4) 교육기관

- 일반음식점 – 한국외식업중앙회
- 휴게음식점 – 한국휴게음식업중앙회
- 단란주점 – 한국단란주점연합회
- 유흥주점 – 한국유흥주점연합회
- 위탁급식 – 한국식품산업협회

(5) 보건증(건강진단)

① 건강진단 대상

식품 또는 식품첨가물(화학적 합성품 또는 기구 등의 살균·소독제는 제외)을 채취·제조·가공·조리·저장·운반 또는 판매하는 일에 직접 종사하는 종업원은 건강진단을 받아야 한다. 다만, 다른 법령에 따라 같은 내용의 건강진단을 받은 경우에는 「식품위생법」에 따른 건강진단을 받은 것으로 본다.

② 건강진단 항목 및 그 횟수

③ 영업에 종사하지 못하는 질병의 종류

- 전염병예방법 규정에 의한 제1군 전염병
  * 제1군 전염병 : 콜레라, 페스트, 장티푸스, 파라티푸스, 세균성이질, 장출혈성대장균감염증
- 전염병예방법 규정에 의한 제3군 전염병 중 결핵(비전염성인 경우 제외)
- 피부병 기타 화농성 질환
- 후천성 면역결핍증 : 성병에 관한 건강진단을 받아야 하는 영업에 종사하는 자에 한함
  * B형 간염 : 취업제한 대상자에서는 제외되었으나, 영양사 및 조리사의 면허교부 시 식품위생법 및 전염병예방법에 의거 면허교부 결격대상임(의사의 진단에 의하여 제한적으로 허용)

〈표 7-4〉 건강진단 항목과 회수

대상	항목	횟수
식품 또는 식품첨가물(화학적 합성품 또는 기구 등의 살균·소독제를 제외)을 채취·제조·가공·조리·저장·운반 또는 판매하는 데 직접 종사하는 사람(다만, 영업자 또는 종업원 중 완전 포장된 식품 또는 식품첨가물을 운반 또는 판매하는 데 종사하는 사람은 제외)	1. 장티푸스(식품위생 관련 영업 및 집단급식소 종사자만 해당) 2. 폐결핵 3. 전염성 피부질환(한센병 등 세균성 피부질환을 말함)	1회/년
「청소년 보호법 시행령」 제6조제2항제1호에 따른 영업소의 여성종업원	매독	1회/6개월
	HIV검사	1회/6개월
	그 밖의 성병검사	1회/6개월

대상	항목	횟수
「식품위생법 시행령」 제22조에 따른 유흥접객원	매독	1회/3개월
	HIV검사	1회/6개월
	그 밖의 성병검사	1회/3개월

④ 건강진단을 받지 않은 경우 과태료 부과

위반 시 : 이를 위반하여 건강진단을 받지 않거나, 건강진단 결과 타인에게 위해를 끼칠 우려가 있는 질병이 있는 자를 그 영업에 종사시키는 경우에는 500만 원 이하의 과태료가 부과된다.

〈표 7-5〉 과태료 유형

유 형		과태료
건강진단을 받지 아니한 영업자		20만 원
건강진단을 받지 아니한 종업원		10만 원
건강진단을 받지 아니한 자를 영업에 종사시킨 영업자	종업원 수가 5인 이상인 경우(대상자 50% 이상 위반 시)	50만 원
	종업원 수가 5인 이상인 경우(대상자 50% 미만 위반 시)	30만 원
	종업원 수가 5인 미만인 경우(대상자 50% 이상 위반 시)	30만 원
	종업원 수가 5인 미만인 경우(대상자 50% 미만 위반 시)	20만 원
진단결과 타인에게 위해를 끼칠 우려가 있는 질병자를 영업에 종사시킨 영업자		100만 원

4. 영업자 위생교육

(1) 대상자

음식점 영업자 및 유흥종사자를 둘 수 있는 음식점 영업자의 종업원은 매년 식품위생교육을 받아야 한다.

(2) 위생교육의 대리

식품위생교육을 받아야 하는 자가 영업에 직접 종사하지 않거나 두 곳 이상의 장소에서 영업을 하는 경우에는 종업원 중에서 식품위생에 관한 책임자를 지정하여 영업자 대신 교육을 받게 할 수 있다.

다만, 집단급식소에 종사하는 조리사 및 영양사(「국민영양관리법」에 따라 영양사 면허를 받은 사람은 식품위생에 관한 책임자로 지정되어 「식품위생법」 단서조항에 따라 교육을 받은 경우에는 해당 연도의 식품위생교육을 받은 것으로 본다.

(3) 면제

식품위생교육을 받은 자가 다음의 어느 하나에 해당하는 경우에는 해당 영업에 대한 식품위생교육을 받은 것으로 본다.

해당 연도에 식품위생교육을 받은 자가 기존 영업의 허가관청·신고관청과 같은 관할 구역에서 교육받은 업종과 같은 업종으로 영업을 하고 있는 경우

해당 연도에 식품위생교육을 받은 자가 기존 영업의 허가관청·신고관청과 같은 관할 구역에서 다음의 어느 하나에 해당하는 업종 중에서 같은 ① 또는 ②의 다른 업종으로 영업을 하고 있는 경우

① 휴게음식점영업, 일반음식점영업 및 제과점영업
② 단란주점영업 및 유흥주점영업

(4) 위생교육의 대체

식품위생교육 대상자 중 허가관청, 신고관청 또는 등록관청에서 교육에 참석하기 어렵다고 인정하는 도서·벽지 등의 영업자에 대해서는 교육교재를 배부하여 이를 익히고 활용하도록 함으로써 교육에 갈음할 수 있다.

(5) 시간

영업자 및 종업원이 받아야 하는 식품위생교육 시간은 다음과 같다.

① 영업자 : 3시간
② 유흥주점영업의 유흥종사자 : 2시간

(6) 교육기관

- 일반음식점 : (사)한국외식업중앙회, 한국외식산업협회
- 휴게음식점 : (사)한국휴게음식업중앙회
- 제과점 : (사)대한제과협회
- 유흥주점 : (사)한국유흥음식업중앙회
- 단란주점 : (사)한국단란주점업중앙회
- 위탁급식영업의 영업자 및 유흥종사자 : 한국식품산업협회, 한국외식산업협회(소속회원에 한함)
- 집단급식소 : 한국식품산업협회, 한국조리사중앙회, 대한영양사협회

(7) 위반 시

이를 위반하여 식품위생교육을 받지 않은 경우에는 500만 원 이하의 과태료가 부과된다.

제4절 사업자등록/창업세무

1. 사업자등록 및 창업세무

점포나 사무실을 계약한 후 개업일로부터 20일 이내에 구비서류를 갖추어 관할 세무서 민원봉사실에 신청해야 하며, 사업자등록신청서를 접수하면 발급일시가 기재된 접수증을 교부받게 되며 7일 이내에 민원봉사실에서 사업자등록증을 교부받는다.

- **■ 사업자등록 신청 시 필요한 서류**
  - 사업자등록 신청서 1부
  - 개인은 주민등록등본 1부(법인은 등기부등본)
  - 사업허가증 사본 1부
  - 점포나 사무실 임대차계약서(세무서에 제출하지는 않는다)

(1) 과세특례자가 되려면

새로운 사업을 시작하는 개인사업자의 경우 연간 매출액이 4,800만 원 미만이 될 것으로 예상되는 때에는 사업자등록신청서의 과세특례 적용란에 그 내용을 기재해야 한다.

그러나 아래의 경우에는 과세특례자가 될 수 없다. 도매업(도·소매업을 겸업 시에는 소매업도 과세특례적용을 받을 수 없음) 지역, 업종, 규모 등에 비추어 국세청장이 정하는 국세특례 배제기준에 해당하는 경우 연간 매출액이 4,800만 원 미만이더라도 일반 과세가 되고자 하는 경우에는 관세특례적용신고를 하지 않으면 된다.

(2) 간이과세자가 되려면

신규로 사업을 개시하는 개인사업자가 사업을 개시한 날이 속하는 1년의 공급대가의 합계액이 1억 5천만 원에 미달되고, 과세특례 기준금액인 4,800만 원 이상이 될 것으로 예상되는 때에는 사업자등록 신청서상 간이과세 적용란에 표시하면 된다.

- **■ POINT**
  - 점포를 구하면 인테리어를 하기 전에 사업자등록을 먼저 하는 것이 중요 포인트
  - 인테리어, 기자재 구입 비용 등은 세금계산서를 받을 수 있게 되므로 10%의 부가세 환급을 받을 수 있다(세무사 등에 조언을 구하면 적은 비용으로 안내를 받을 수 있다).

〈표 7-6〉 과세 유형별 과세기준

구분	일반과세자	간이과세자	과세특례자
대상 사업자	간이, 과세특례자가 아닌 모든 사업	1년 동안의 공급대가가 4,800만 원 이상 1억 5천만 원 미만의 개인 사업자	1년 동안의 공급대가가 4,800만 원 미만의 개인사업자
과세 표준	공급가액	공급대가	공급대가
세율	10%, 0%	업종별 부가율 10%	일반업종 : 2%
거래 징수	의무 있음	별도규정 없음	별도규정 없음
세금 계산서	세금계산서 또는 영수증 교부	세금계산서 교부는 불가능 영수증 교부	세금계산서 교부는 불가능 영수증 교부
납부 세액	매출세액 - 매입세액	과세표준, 업종별 부가가치율, 10%	과세표준, 2%, 3.5%
예정 신고 납부	연간 공급가액이 1억 5천만 원 미만인 개인사업자	직전 과세기간 납부세액의 50%	직전 과세기간 납부세액의 50%
매입 세액	매입세액으로 공제	매입세액의 20%만 공제	납부세액의 10%를 납부세액에서 공제
미등록 가산세	공급가액의 1% 법인은 2%	공급대가의 1%	공급대가의 0.5%
소액 무징수	적용대상이 아님	적용대상이 아님	납부세액이 24만 원 미만인 경우 적용
기장	장부에 의해 기장	교부받았거나 교부한 세금계산서 또는 영수증으로 갈음한다.	교부받았거나 교부한 세금계산서 또는 영수증으로 갈음한다.
포기 제도	없음	간이과세자를 포기하고 일반과세자가 될 수 있다.	간이과세자를 포기하고 간이과세자 또는 일반과세자가 될 수 있다.

2. 신규사업자가 알아야 할 기초지식

① 사업을 해서 번 돈, 즉 소득에 대해서는 소득세를 별도로 내야 한다. 모든 사업자가 소득세 납세의무자가 된다. 그러나 소득세는 여러 가지 공제제도가 있어 영세사업자가 이러한 공제금액을 빼고 나면 과세될 소득이 없어 소득세를 내지 않는 경우가 많다. 다만, 신고서는 제출하여야 한다. 사업체가 법인인 경우에는 소득세가 아닌 법인세를 내야 한다.

② 부가가치세는 소비자가 부담하는 세금이다.

부가가치세란 부가가치, 즉 물건을 사거나 파는 과정에서 발생된 가치(마진)에 대하여 부과되는 세금이다. 사업자는 물건값에 부가가치세를 포함하여 팔기 때문에 실제세금은 소비자가 부담하는 것이며, 사업자는 소비자가 부담한 세금을 잠시 보관했다가 국가에 내는 것에 지나지 않는다(이렇게 세금을 실제로 부담하는 사람과 납세의무자가 다른 세금을 간접세라 한다).

③ 직전 과세기간의 공급가액이 7,500만 원 미만인 사업자는 예정신고 의무가 없으며, 전기 과세기간 납부세액의 50%를 납세고지서에 의하여 납부하면 된다. 간이과세자, 과세특례자, 간이과세자와 간이 특례자는 예정신고의무는 없고 확정신고만 하면 된다.

④ 소득세를 신고 납부해야 할 사람은 종합소득(이자, 배당, 부동산, 사업, 근로, 기타), 퇴직소득, 양도소득, 산림소득이 있는 모든 사람이다. 다만, 소득금액이 소득공제에 미달되는 납세자와 수시부과를 받고 연말까지 소득공제와 소득금액에 변동이 없는 납세자는 확정신고를 하지 않아도 된다.

⑤ 주고받은 세금계산서 등 과세자료는 빠짐없이 제출해야 한다.

신고는 하였으나 신고내용이 불성실하거나 누락금액이 있을 경우에는 사후에 세무조사를 받아 많은 세금을 추가로 납부하게 된다.

물건을 사고팔 때 주고받은 세금계산서는 신고 시 빠짐없이 제출해야 한다. 주고받은 세금계산서를 세무신고 시 매입, 매출 세금계산서 합계표를 제출하지 아니하면, 그 거래내용이 컴퓨터에 의하여 불성실 혐의가 있는 거래로 분류되어, 가산세를 부담하게 되는 손해를 보게 된다.

⑥ 신용카드 가맹점에는 직전연도 수입금액이 3억 원 미만인 개인사업자는 신용카드 매출표에 의한 매출액의 1%를 납부할 세액에서 공제한다.

⑦ 과세특례 시, 간이과세자의 사업규모가 커지면 일반과세자가 된다. 일반과세자가 되면 과세특례자, 간이과세자와는 달리 영수증 대신 세금계산서를 교부하여야 하고, 납부세액 개선방법이 달라져 상품 매입 시 부담한 매입세액을 전액 공제받게 되며, 예정신고

세액고지제도가 없어지게 된다.

⑧ 일반과세자가 되면 다음과 같은 이점도 있다. 흔히 일반과세자가 되면 세율이 2%에서 10%로 인상되어 세금이 급격히 늘고, 각종 의무가 많아지는 것으로 생각되나, 세금계산서를 성실히 주고받은 사업자는 교부받은 세금계산서상의 매입세액(매입금액의 10%)을 전액 공제하게 되어, 오히려 세금이 적어지는 경우가 많다. 또 사업을 확장하거나 계절적 상품으로 일시에 많이 매입하는 경우에는 매입세액이 매출세액보다 많아져 환급도 받게 된다.

⑨ 사업이 커지면 법인으로 바꾸는 것이 유리하다. 최근 들어 이런 추세가 증가하고 있으나 반드시 유리한 것만은 아니다. 규모가 커진 사업을 개인으로 할 경우에는 가계와 기업이 혼동되기 쉬워 합리적인 기업경영이 곤란하게 된다. 개인사업을 법인으로 전환하게 되면 대외적인 신용도를 높일 수 있고, 정확한 세무회계 처리로 절세 면에서도 유리하다.

1) 개인기업과 법인기업의 장단점

(1) 개인기업의 장점

- 전 이윤의 독점성
- 창업의 용이성과 창업비의 저렴
- 활동의 자유와 신속성
- 유리한 대인 접촉성
- 비밀의 유지

(2) 개인기업의 단점

- 무한책임
- 영속성 결여
- 자본조달의 한정
- 경영능력의 한계
- 납세상의 불리

(3) 법인기업의 장점

- 일반적으로 개인사업보다는 법인형태가 대외신용도가 높으며 공유기관으로부터의 진입이 용이하다.
- 법인의 형태로 하면 유한책임이므로 출자의 한도 내에서 책임을 부담한다.
- 법인기업이 개인사업자보다 세금의 총액에서 유리하다.

(4) 법인기업의 단점

- 세금문제 때문에 법인형태를 취하는 것이 꼭 유리한 것은 아니며, 여러 상황을 고려하여야 한다.
- 기업이 어느 정도 이상의 외형 또는 소득을 올리고 있는 경우에는 법인이 유리하나 배당 등 여러 요인에 따라 달라지므로 일률적으로 말할 수만은 없다.

제5절 원산지표시제(原産地表示制)

1. 도입배경 및 경과

　원산지표시제(原産地表示制)란, 수입개방화 추세에 따라 값싼 외국산 농산물이 무분별하게 수입되고, 이들 농산물이 국산으로 둔갑 판매되는 등 부정유통사례가 늘어나고 있어, 공정한 거래질서를 확립하고 생산농업인과 소비자를 보호하기 위하여 '91년 7월 1일 농산물 원산지표시제도를 도입하였다.

　원산지란 농산물이 생산 또는 채취된 국가 또는 지역을 말한다(「농수산물 원산지표시에 관한 법률」). 국제적 거래에 있어서의 원산지는 일반적으로 그 물품이 생산된 정치적 실체를 지닌 국가를 가리키고 국내적으로는 지역 또는 지방을 의미한다고 할 수 있다. 원산지는 가공 · 생산공정 또는 재배 등의 과정을 거치지 않고 단순히 그 국가를 통하여 거래되었음을 의미하는 경유국, 적출국, 수출국과는 완전히 다른 개념이다.

　농산물은 동일작물 · 동일품종이라도 재배지역 · 기후 · 토질 · 재배방법 · 시기 등에 따라 그 품질이 달라진다(예 : 이천쌀, 나주배, 청송사과, 인삼(중국산), 쇠고기(미국산)).

　가공품은 원료의 산지 · 가공방법 등에 따라 품질의 차이가 있을 수 있다. 원산지표시제도는 국제규범에서 허용하고 있는 제도로서 미국, EU, 일본 등 대부분의 국가가 원산지표시제도를 운영하고 있다.

　공정한 유통질서를 확립해 생산자와 소비자를 보호할 목적으로 도입한 제도로, 표시 대상 품목은 곡류 · 채소류 · 과실류 · 축산물 등 국산농산물과 수입농산물 전 품목, 과자류 · 유가공품 · 식육제품 · 통조림 등 농산가공품이다. 원산지표시 대상 농산물을 판매할 목적으로 취급하는 도매업자와 소매업자, 수집상 및 재포장업자, 가공업자 및 판매를 목적으로 하는 자는 의무적으로 이 원산지표시를 해야 한다.

　표시방법은 수입농산물은 생산국명으로, 국산농산물은 '국산' 또는 '시 · 군명'으로, 농산가공품은 원료농산물의 생산국명으로 각각 표시한다.

1991년 7월 수입농산물 원산지표시제를 도입해 2년 동안의 계도기간을 거친 뒤 1993년 7월부터 수입농산물에 대한 원산지표시를 의무화하는 한편, 1995년부터는 '국산농산물', 2012년부터는 '국내가공 농산물 원료'에까지 확대해 시행하고 있다. 주무관청은 서울특별시·광역시·도 및 시·군·구와 국립농산물품질관리원 등이다.

농림축산식품부는 2008년 7월 초부터 모든 음식점에 대해 쇠고기와 쌀의 원산지 표시를 기존의 구이/탕/찜/튀김용에서 국/반찬류까지 확대하였고, 2012년 4월 11일부터는 농축산물에는 쇠고기, 돼지고기, 닭고기(배달용 포함), 오리고기(훈제용 포함), 쌀, 배추김치(반찬용, 찌개용, 탕용)와 수산물에는 넙치(광어), 조피볼락(우럭), 참돔, 낙지, 미꾸라지, 뱀장어(민물장어)까지 확대 시행되고 있다. 특히 수산물은 생식용, 구이용, 탕용, 찌개용, 튀김용, 데침용, 볶음용까지 포함된다.

> **■ 법령**
> 휴게음식점영업, 일반음식점영업 또는 위탁급식영업을 설치·운영하는 자는 다음에 해당하는 것을 조리하여 판매·제공하는 경우(조리하여 판매 또는 제공할 목적으로 보관·진열하는 경우 포함)에 그 농수산물이나 그 가공품의 원료에 대해 원산지(쇠고기는 식육의 종류 포함)를 표시해야 합니다(규제 「농수산물의 원산지 표시에 관한 법률」 제5조제3항 본문, 규제 「농수산물의 원산지 표시에 관한 법률 시행령」 제3조제5항 및 제4조).

2. 대상품목

① 쇠고기(식육·포장육·식육가공품 포함)

② 돼지고기(식육·포장육·식육가공품 포함)

③ 닭고기(식육·포장육·식육가공품 포함)

④ 오리고기(식육·포장육·식육가공품 포함)

⑤ 양(염소 등 산양 포함)고기(식육·포장육·식육가공품 포함)

⑥ 밥, 죽, 누룽지에 사용하는 쌀(쌀가공품, 찹쌀, 현미 및 찐쌀 포함)

⑦ 배추김치(배추김치가공품 포함)의 원료인 배추(얼갈이배추, 봄동배추 포함)와 고춧가루

⑧ 두부류(가공두부, 유바 제외), 콩비지, 콩국수에 사용하는 콩(콩가공품 포함)

⑨ 넙치, 조피볼락, 참돔, 미꾸라지, 뱀장어, 낙지, 명태(황태, 북어 등 건조한 것 제외), 고등어, 갈치, 오징어, 꽃게 및 참조기(해당 수산물가공품 포함)

⑩ 조리하여 판매·제공하기 위해 수족관 등에 보관·진열하는 살아 있는 수산물. 다만, 원산지인증 표시를 한 경우에는 원산지를 표시한 것으로 보며, 쇠고기의 경우에는 식육의 종류를 별도로 표시해야 합니다(규제「농수산물의 원산지 표시에 관한 법률」제5조제3항 단서).

■ 원산지표시 대상품목(898품목)
- 국산 농산물 : 220품목(쌀, 당근, 연근, 사과, 표고버섯, 밤, 쇠고기, 고사리 등)
- 수입 농산물과 그 가공품 : 161품목(커피, 곡물, 식용의 과실, 마가린, 포도주 등)
- 국내에서 가공한 농산물 : 257품목(과자류, 빵류, 식용유지류, 음료류 등)
- 국산 및 원양산 수산물 : 191품목(해면어류, 해면패류, 해조류, 자라, 식염 등)
- 수입 수산물 및 그 가공품 : 19품목(활어, 갑각류, 캐비아, 소금 등)
- 국내에서 가공한 수산물 가공품 : 50품목(어묵, 젓갈, 조미건어포류, 클로렐라 등)

---

3. 대상음식점

- 일반음식점 음식류를 조리하여 판매, 식사류와 함께 음주행위가 허용됨(일반음식점, 뷔페, 예식장, 장례식장 등)
- 휴게음식점, 패스트푸드점, 분식점 형태의 음식물을 조리 판매하고 음주행위가 허용 안됨(패스트푸드점, 분식점 등)
- 위탁급식영업 계약에 의하여 집단급식소 내에서 음식물을 조리·제공
- 집단급식소 영리를 목적으로 하지 않고 계속적으로 특정다수인(상시 1회 50명 이상)에게 음식물을 제공하는 급식소(학교, 기업체, 기숙사, 공공기관, 병원 등)

4. 영업형태별 표시방법

① 휴게음식점영업 및 일반음식점영업을 하는 영업소

1) 원산지는 소비자가 쉽게 알아볼 수 있도록 업소 내의 모든 메뉴판 및 게시판(메뉴판과 게시판 중 어느 한 종류만 사용하는 경우에는 그 메뉴판 또는 게시판을 말한다)에 표시하여야 한다. 다만, 아래의 기준에 따라 제작한 원산지 표시판을 아래 2)에 따라 부착하는 경우에는 메뉴판 및 게시판에는 원산지 표시를 생략할 수 있다.

가) 표제로 "원산지 표시판"을 사용할 것

나) 표시판 크기는 가로 × 세로(또는 세로 × 가로) 29cm × 42cm 이상일 것

다) 글자 크기는 60포인트 이상(음식명은 30포인트 이상)일 것

라) 제3호의 원산지 표시대상별 표시방법에 따라 원산지를 표시할 것

마) 글자색은 바탕색과 다른 색으로 선명하게 표시

2) 원산지를 원산지 표시판에 표시할 때에는 업소 내에 부착되어 있는 가장 큰 게시판(크기가 모두 같은 경우 소비자가 가장 잘 볼 수 있는 게시판 1곳)의 옆 또는 아래에 소비자가 잘 볼 수 있도록 원산지 표시판을 부착하여야 한다. 게시판을 사용하지 않는 업소의 경우에는 업소의 주 출입구 입장 후 정면에서 소비자가 잘 볼 수 있는 곳에 원산지 표시판을 부착 또는 게시하여야 한다.

3) 1) 및 2)에도 불구하고 취식(取食)장소가 벽(공간을 분리할 수 있는 칸막이 등을 포함한다)으로 구분된 경우 취식장소별로 원산지가 표시된 게시판 또는 원산지 표시판을 부착해야 한다. 다만, 부착이 어려울 경우 타 위치의 원산지 표시판 부착 여부에 상관없이 원산지 표시가 된 메뉴판을 반드시 제공하여야 한다.

4) 표시대상 품목이 혼합된 경우 각각의 원산지를 표시하여야 한다.

② 위탁급식영업을 하는 영업소 및 집단급식소

1) 식당이나 취식장소에 월간 메뉴표, 메뉴판, 게시판 또는 푯말 등을 사용하여 소비자(이용자를 포함한다)가 원산지를 쉽게 확인할 수 있도록 표시하여야 한다.

2) 교육·보육시설 등 미성년자를 대상으로 하는 영업소 및 집단급식소의 경우에는 1)에 따른 표시 외에 원산지가 적힌 주간 또는 월간 메뉴표를 작성하여 가정통신문(전자적 형태의 가정통신문을 포함한다)으로 알려주거나 교육·보육시설 등의 인터넷 홈페이지에 추가로 공개하여야 한다.

③ 장례식장, 예식장 또는 병원 등에 설치·운영되는 영업소나 집단급식소의 경우에는 가목 및 나목에도 불구하고 소비자(취식자를 포함한다)가 쉽게 볼 수 있는 장소에 푯말 또는 게시판 등을 사용하여 표시할 수 있다.

④ 축산물의 원산지 표시방법

축산물의 원산지는 국내산(국산)과 외국산으로 구분하고, 다음의 구분에 따라 표시한다.

1) 쇠고기

가) 국내산(국산)의 경우 "국산"이나 "국내산"으로 표시하고, 식육의 종류를 한우, 젖소, 육우로 구분하여 표시한다. 다만, 수입한 소를 국내에서 6개월 이상 사육한 후

국내산(국산)으로 유통하는 경우에는 "국산"이나 "국내산"으로 표시하되, 괄호 안에 식육의 종류 및 출생국가명을 함께 표시한다.

[예시] 소갈비(쇠고기: 국내산 한우), 등심(쇠고기: 국내산 육우), 소갈비(쇠고기: 국내산 육우(출생국: 호주))

나) 외국산의 경우에는 해당 국가명을 표시한다.

[예시] 소갈비(쇠고기: 미국산)

2) 돼지고기, 닭고기, 오리고기 및 양고기(염소 등 산양 포함)

가) 국내산(국산)의 경우 "국산"이나 "국내산"으로 표시한다. 다만, 수입한 돼지 또는 양을 국내에서 2개월 이상 사육한 후 국내산(국산)으로 유통하거나, 수입한 닭 또는 오리를 국내에서 1개월 이상 사육한 후 국내산(국산)으로 유통하는 경우에는 "국산"이나 "국내산"으로 표시하되, 괄호 안에 출생국가명을 함께 표시한다.

[예시] 삼겹살(돼지고기: 국내산), 삼계탕(닭고기: 국내산), 훈제오리(오리고기: 국내산), 삼겹살(돼지고기: 국내산(출생국: 덴마크)), 삼계탕(닭고기: 국내산(출생국: 프랑스)), 훈제오리(오리고기: 국내산(출생국: 중국))

나) 외국산의 경우 해당 국가명을 표시한다.

[예시] 삼겹살(돼지고기: 덴마크산), 염소탕(염소고기: 호주산), 삼계탕(닭고기: 중국산), 훈제오리(오리고기: 중국산)

⑤ 쌀(찹쌀, 현미, 찐쌀을 포함한다. 이하 같다) 또는 그 가공품의 원산지 표시방법

쌀 또는 그 가공품의 원산지는 국내산(국산)과 외국산으로 구분하고, 다음의 구분에 따라 표시한다.

1) 국내산(국산)의 경우 "밥(쌀: 국내산)", "누룽지(쌀: 국내산)"로 표시한다.

2) 외국산의 경우 쌀을 생산한 해당 국가명을 표시한다.

[예시] 밥(쌀: 미국산), 죽(쌀: 중국산)

⑥ 배추김치의 원산지 표시방법

1) 국내에서 배추김치를 조리하여 판매·제공하는 경우에는 "배추김치"로 표시하고, 그 옆에 괄호로 배추김치의 원료인 배추(절인 배추를 포함한다)의 원산지를 표시한다. 이 경우 고춧가루를 사용한 배추김치의 경우에는 고춧가루의 원산지를 함께 표시한다.

[예시]

- 배추김치(배추: 국내산, 고춧가루: 중국산), 배추김치(배추: 중국산, 고춧가루: 국내산)
- 고춧가루를 사용하지 않은 배추김치: 배추김치(배추: 국내산)

2) 외국에서 제조·가공한 배추김치를 수입하여 조리해서 판매·제공하는 경우에는 배추
   김치를 제조·가공한 해당 국가명을 표시한다.

   [예시] 배추김치(중국산)

⑦ 콩(콩 또는 그 가공품을 원료로 사용한 두부류·콩비지·콩국수)의 원산지 표시방법

   두부류, 콩비지, 콩국수의 원료로 사용한 콩에 대하여 국내산(국산)과 외국산으로 구분하
여 다음의 구분에 따라 표시한다.

   1) 국내산(국산) 콩 또는 그 가공품을 원료로 사용한 경우 "국산"이나 "국내산"으로 표시
      한다.

      [예시] 두부(콩: 국내산), 콩국수(콩: 국내산)

   2) 외국산 콩 또는 그 가공품을 원료로 사용한 경우 해당 국가명을 표시한다.

      [예시] 두부(콩: 중국산), 콩국수(콩: 미국산)

⑧ 넙치, 조피볼락, 참돔, 미꾸라지, 뱀장어, 낙지, 명태, 고등어, 갈치, 오징어, 꽃게 및 참조기
   의 원산지 표시방법: 원산지는 국내산(국산), 원양산 및 외국산으로 구분하고, 다음의 구분
   에 따라 표시한다.

   1) 국내산(국산)의 경우 "국산"이나 "국내산" 또는 "연근해산"으로 표시한다.

      [예시] 넙치회(넙치: 국내산), 참돔회(참돔: 연근해산)

   2) 원양산의 경우 "원양산" 또는 "원양산, 해역명"으로 한다.

      [예시] 참돔구이(참돔: 원양산), 넙치매운탕(넙치: 원양산, 태평양산)

   3) 외국산의 경우 해당 국가명을 표시한다.

      [예시] 참돔회(참돔: 일본산), 뱀장어구이(뱀장어: 영국산)

글자크기	메뉴판 또는 게시판 등에 적힌 음식명 글자크기와 같거나 크게 표시
표시위치	음식명 바로 옆이나 밑에 표시
동일품목의 혼합표시	섞음비율이 높은 순서대로 표시
표시대상 품목 혼합	각각의 원산지 표시
배추김치	배추와 고춧가루 함께 표시

메뉴판

삼계탕(닭고기: 브라질산)
불고기(쇠고기: 호주산과 국내산 한우 섞음)
함박스테이크(쇠고기: 미국산, 돼지고기: 국내산)
모둠회(넙치: 국내산, 참돔: 일본산, 조피볼락: 중국산)
배추김치(배추: 국내산, 고춧가루: 중국산)
※ 단, 조리용도에 따라 원산지가 다른 경우 용도별로 각각 원산지 표시

음식점 형태		표시방법
⊙ 일반음식점 · 휴게음식점		(기본) 사용 중인 모든 메뉴판 및 게시판에 표시 (추가) 취식장소가 벽(칸막이 등)으로 구분된 경우 취식장소별로 원산지 표시 추가
위탁급식 · 집단급식소	ⓛ 일반	(기본) 월간 메뉴표, 메뉴판, 게시판 또는 푯말 등을 사용하여 소비자가 원산지를 쉽게 확인할 수 있도록 표시
	ⓒ 교육 · 보육시설 등 미성년자 대상 영업	(기본) 사용 중인 모든 메뉴판 및 게시판에 표시 (추가) 원산지가 적힌 주간 또는 월간 메뉴표를 작성하여 가정통신문 또는 교육 · 보육시설 등의 인터넷 홈페이지에 추가 공개
	② 장례식장, 예식장, 병원 등에서 영업	(기본) ⊙ 또는 ⓛ 또는 ⓒ (허용) 소비자가 쉽게 볼 수 있는 장소에 푯말 또는 게시판 등을 사용하여 표시 가능

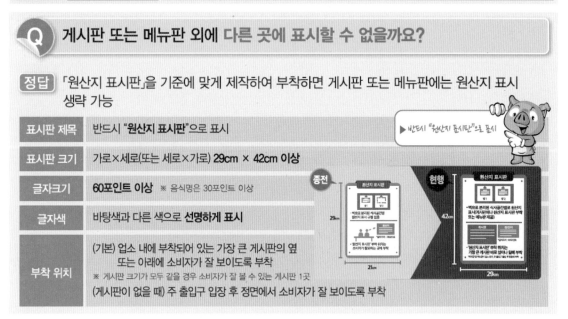

Q 게시판 또는 메뉴판 외에 다른 곳에 표시할 수 없을까요?

[정답] 「원산지 표시판」을 기준에 맞게 제작하여 부착하면 게시판 또는 메뉴판에는 원산지 표시 생략 가능

표시판 제목	반드시 "원산지 표시판"으로 표시
표시판 크기	가로×세로(또는 세로×가로) 29cm × 42cm 이상
글자크기	60포인트 이상 ※ 음식명은 30포인트 이상
글자색	바탕색과 다른 색으로 선명하게 표시
부착 위치	(기본) 업소 내에 부착되어 있는 가장 큰 게시판의 옆 또는 아래에 소비자가 잘 보이도록 부착 ※ 게시판 크기가 모두 같을 경우 소비자가 잘 볼 수 있는 게시판 1곳 (게시판이 없을 때) 주 출입구 입장 후 정면에서 소비자가 잘 보이도록 부착

출처: 농산물품질관리원 배포자료, 2017원산지표시제도 변경내용(일반음식점)

5. 원산지 단속절차 및 방법

원산지 표시단속은 농축산물의 유통량이 현저하게 증가하는 시기에 실시하는 일제단속과 부정유통신고를 접수한 때 등 필요한 경우에 실시하는 수시단속으로 나누어진다.

① 사회적인 검증방법
- 단속현장에서는 우선 원산지표시 여부와 방법이 적정한가를 확인한 다음, 조리하고 남은 원료 농 · 축산물의 원산지를 육안으로 식별한다.

- 원산지 표시 내용이 의심 가는 경우 거래내역을 토대로 추적 조사한다.

② 과학적인 검정방법

- DNA를 이용한 유전자 분석(쇠고기, 쌀)과 미량원소를 이용한 기기분석 등 과학적인 검정을 실시하여 위반 여부를 확인한다. 분석결과 수입산으로 판정되는 업소는 납품업체까지 추적 조사한다.

③ 원산지 단속절차

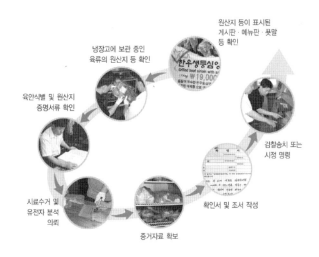

[그림 7-1] 원산지 단속절차

④ 원산지 단속체계

농식품 원산지 단속 전문기관인 농산물품질관리원은 특별사법경찰관 600명을 1,100명으로 확대하여 일제단속과 원산지 표시 지도를 병행하고 있다. 소비자단체 및 생산자단체로 구성된 2만여 명의 명예감시원을 활용하여 합동단속 및 사회적인 감시체계를 구성하고 있다. 검역 및 통관정보 활용으로 효율적인 단속체계를 구축했다. 관세청 통관정보(EDI시스템)를 실시간으로 단속원에 전파하여「수입 → 제조 · 도매 → 최종 소비판매」등 총괄적인 감시체계를 구축하고 있다.

6. 영업자 준수사항

- 음식점 영업자는 축산물 구입 영수증을 매입일로부터 6개월간 업소에 비치 · 보관하여야 한다(위반 시 과태료 20만 원 부과).
- 음식점 영업자가 원료공급자에게 속아서 원산지 위반이 발생한 경우, 원산지가 기재된 구입 영수증, 거래명세표 등으로 소명하여 위반에 대한 책임을 면제받을 수 있다.

7. 위반 시 처벌

- 쇠고기, 돼지고기, 닭고기, 오리고기, 쌀, 배추 김치류의 원산지를 거짓 표시하거나 국내산 쇠고기는 식육의 종류를 거짓 표시한 경우, 7년 이하의 징역 또는 1억 원 이하의 벌금이 부과된다.
- 원산지 및 쇠고기의 종류를 표시하지 아니한 경우에는 1천만 원 이하의 과태료가 부과된다.

〈표 7-7〉 위반사항 테이블

위반내용	과태료		
	1회	2회	3회
① 쇠고기의 원산지·식육의 종류 모두 미표시	150만 원	300만 원	500만 원
② 쇠고기의 원산지만 미표시	100만 원	200만 원	300만 원
③ 쇠고기 식육의 종류만 미표시	30만 원	60만 원	100만 원
④ 돼지고기, 닭고기, 오리고기, 쌀, 배추김치의 원산지 미표시 ⑤ 넙치, 조피볼락, 참돔, 미꾸라지, 뱀장어, 낙지의 원산지 미표시	30만 원	60만 원	100만 원
⑥ 영수증 미비치	20만 원	40만 원	80만 원
⑦ 상기 원산지표시 방법을 위반한 경우 미표시 과태료의 1/2 부과			

8. 신고포상제도

- 음식점에서 원산지를 거짓으로 표시한 것을 알게 되었을 때에는 가까운 국립농산물품질관리원에 직접 신고하거나 아래 전화나 인터넷으로 신고한다.
- 신고전화 : 전국 어디서나 1588-8112
- 인터넷 신고 : http://www.naqs.go.kr
- 신고 포상금은 단속공무원이 신고사실에 대해 위반여부를 조사하고, 원산지 허위표시로 확인되면 최고 200만 원까지 포상금을 지급하며, 미표시 위반자 신고에 대한 포상금은 5만 원으로 정하였다.

08 종업원 채용과 교육

■ 피플 비즈니스

음식업을 '피플 비즈니스(people business)'라고 한다. 아무리 입지가 좋더라도 식당에서 일하는 종업원의 질이 나쁘면 아무것도 되지 않는다. 음식점을 성공시키기 위해서는 상품력, 서비스력, 그리고 점포력, 이 3가지 조건을 충족시키지 않으면 안 된다. 이 3가지 조건, 맛있는 요리를 만들고, 미소로 서비스에 노력하고, 점포를 항상 청결하게 유지할 때 비로소 고객으로부터 지지를 받는 것이다. 이러한 조리, 접객, 메인터넌스의 3가지 행위는 그 점포에서 일하는 종업원이 담당해서 해주지 않으면 안 된다.

공장에서는 물건을 제조하는 행위가 대부분이고, 일반적인 판매업에서는 물건을 파는 행위가 일의 대부분을 차지하고 있지만, 음식업은 원료를 사입, 가공(조리)하고, 게다가 서비스를 곁들여야 기본적인 영업조건이 성립하고, 또한 손님에게 기분 좋은 식사를 제공하기 위해 점내를 청결하게 유지하고, 좋은 느낌으로 장식한다는 것은 여러 가지로 사람의 손을 요하는 일이다.

근대적인 공장은 오토메이션으로 로버트가 물건을 제조해 주지만 음식업은 점내에서 일하는 종업원의 손으로 모든 것이 이루어진다.

때문에 음식점에서 일하는 종업원들이 일할 의욕이 없거나 기술이 떨어진다면, 곧 점포의 품질이 큰 폭으로 떨어지게 된다. 이와 같은 의미에서 음식업을 피플 비즈니스라 하고, 점포에서 일하는 한 사람 한 사람의 質이 문제가 되는 것이다.

따라서 음식업에서는 좋은 인재의 확보를 위해 동분서주한다. 어떻게 좋은 인재를 확보해 점포에 어울리는 종업원으로 육성해 가느냐가 성공 음식점 만들기의 키포인트가 되기 때문이다.

■ 종업원의 가치

종업원이 지속적으로 근무하고 동기부여를 하기 위해 회사가 종업원들에게 어떤 가치를 제공할 것인지 종업원 가치 제안(EVP: Employee Value Proposition)을 분명히 하는 것이 중요하다.

> ■ 종업원 가치 = 보상의 크기에 대한 개인적 지각(외재적 보상, 내재적 보상) - 공헌도에 대한 개인적 지각(헌신적 노력, 직무수행 역량)
> → 외재적 보상(물질적 보상): 높은 수준의 연봉과 보수수준, 복리후생, 상여금, 스톡옵션, 주식 증여, 주택 및 차량제공 등
> → 내재적 보상(정신적 보상): 일로부터 얻는 재미와 성취감, 자기발전 기회, 타인으로부터 얻는 인정감, 동료애, 회사에 대한 자부심

종업원의 가치를 평가하기 위해서는 다음과 같은 전제조건이 필요하다.

첫째, 종업원들이 주어진 목표를 달성하는 데 있어서 헌신적인 노력을 유발하고 자신의 직무수행 역량을 극대화할 수 있도록 체계적인 목표 관리와 능력개발 시스템이 요구된다.

둘째, 공정하고 객관적인 평가시스템을 통하여 각 개인들의 공헌도를 측정한다.

셋째, 공헌도의 평가에 따라 이에 상응하는 차별적 보상을 제공한다.

넷째, 일로부터 보람을 느끼고 성취감을 느낄 수 있는 보다 다양하고 차원 높은 수준의 직무로의 전환이 요구되며, 동료애, 안정감, 소속감을 느낄 수 있도록 팀워크 증진과 커뮤니케이션 스킬을 함양시킨다.

> ■ 광고지를 통한 종업원 채용하기
> • 정보지 이용 : 벼룩시장, 가로수, 교차로, 기타 등(지역에 따라 접수)
> • 주간 구인지 이용
> • 인터넷 이용 : 사람인, 알바천국 등 온라인 구직구인 사이트 활용

제1절 종업원을 잘 채용하는 방법

일반적으로 음식업점에서는 종업원을 채용할 때 너무 쉽게 타협적인 채용방법을 취하는 경우가 많다. 즉 항상 일손이 부족하여 "마음에 안 들지만, 일단 채용해 보자"라는 식으로 채용하는 경영자가 많다. 이러한 타협이 점포의 레벨을 떨어뜨리는 요인이다.

간단한 면접을 하고 나서 "언제부터 일해주시겠습니까?"라는 식의 채용으로는 절대로 좋은 인재를 모을 수 없다.

우선 정확한 채용방법, 구분된 인사고용이 중요하다. 그러므로 이상적인 ① 정사원 ② 파트 · 아르바이트의 채용방법을 알아보자.

1. 정사원의 채용방법

좋은 인재를 채용하기 위해서는 정기적 채용이나 결원을 충원할 때일지라도 최소 3회의 면접기회를 가져야 할 것이다.

첫 번째는 회사의 고용조건을 명시하고, 응모자의 질문에 명확하게 답할 수 있음과 동시에 중소기업이라면 사장이나, 그에 버금가는 직원이 회사의 장래 꿈, 외식산업의 전망을 이야기하고, 또한 응모자가 어떠한 희망을 품고 응모했는가를 묻는다. 이 시간 내에 응모자의 대응 자세를 빠짐없이 관찰한다. 대체로 첫 번째 면접에서 절반 정도가 낙오된다.

두 번째는 회사가 경영하는 점포를 함께 돌며, 식사하면서 회사의 경영이념과 영업방침에 관해 이야기하고, 응모자의 장래 꿈이나 인생관을 듣는다. 여기서 또한 절반 정도는 탈락한다.

그리고 세 번째 면접에 응해 온 사람은 자신을 갖고 채용해도 된다. 그는 틀림없이 눈빛이 빛나고, 자신의 인생을 회사에 걸겠다는 결의가 있음이 틀림없다. 따라서 실제 채용자는 응모자의 20~30% 정도도 되지 않는다. 면접에 노력하는 만큼 회사가 구하는 좋은 인재를 확보할 수 있다.

'사람'이야말로 음식점에서 가장 많은 돈을 들여야 하는 대상이다. 그 증거로 한 사람의 정사원을 10년간 고용해서 급여, 보너스, 복리후생비를 계산해 보면, 곧 그 의미를 이해할 수 있을 것이다.

면접은 회사의 오너나 그에 버금가는 지위를 갖는 사람이 해야 한다. 이렇게 신중하게 채용하지 않기 때문에 이직률(離職率)이 높으며, 대충대충 채용하므로 채용과 퇴직의 악순환을 반복하게 되는 것이다.

정사원을 채용할 때 몇 년 정도 일하면 어느 정도의 기술을 습득할 수 있고, 어느 정도의 수입이 되는가를 명확하게 제시해야 한다. 그래서 교육 커리큘럼의 확립과 급여시스템이 명문화되어 있어야 하고, 또한 평가시스템이 갖추어져 일할 의욕이 나고 안심하고 일할 수 있는 환경을 조성하는 것이 중요하다.

2. 파트 · 아르바이트의 채용방법

음식업 경영을 정사원만으로 운영하는 기업은 극히 드물며, 파트 또는 아르바이트에 의존하는 경우가 일반적이라 할 수 있다. 따라서 음식점의 현장 레벨은 이 파트 · 아르바이트의 질에 따라 크게 좌우된다고 해도 과언이 아니다.

그렇다면 양질(良質)의 파트 · 아르바이트는 어떻게 면접을 하고 채용해야 할 것인가. 이것 또한 정사원의 면접처럼 면접방법이 중요한 포인트가 된다.

우선 응모자가 어떤 기분으로 응모하러 왔는가? 시간급(時間給)을 어디에 사용하는가?

그것을 명확하게 알고, 파트의 경우에는 '가정살림에 도움이 되기 위해서', '아이들의 교육비를 벌기 위해서' 등과 같은 진지한 목표가 있는 사람을 채용하는 것이 바람직하다. 단지 '시간이 나니까, 시간을 때우기 위해서' 점포에 취직하려는 사람을 채용해서는 안 된다.

이런 경우에는 함께 일하는 동료와 협조가 되지 않기 때문이다.

아르바이트도 마찬가지로 '여행갈 여비를 벌기 위해서'라든지 '오토바이를 사기 위해서', '학비를 벌고 싶어서' 등의 정확한 목표가 있는지 여부를 정확하게 파악해야 한다.

파트 · 아르바이트를 채용하고자 할 때에는 응모면접표를 준비해 두고, 질문사항과 확인사항을 명확하게 해둔다.

이때 질문사항은,

① 통근 시에 무엇을 이용하는가?(버스, 지하철, 오토바이, 자전거, 도보, 승용차) 그리고 시간은?

② 아이가 있는 경우, 보육원이나 유치원, 학교 등의 행사는 미리 알고 있는가?

③ 회사 사정으로 부득이한 경우에는 사전에 알려주면 출근이 가능한가?

고등학생, 대학생인 경우에는 또한,

④ 시험은 언제부터 언제까지인가?

⑤ 학교 수업에는 지장이 없는가?

⑥ 부모님에게 허락은 받았는가?

이러한 항목을 기재한 면접표를 미리 기재해 두고 언제 어떠한 경우라도 같은 질문을 하는 것이 중요하며, 시간이 없든가 바쁘다는 이유로 생략하지 않는 것이 중요하다.

※ 미성년자 고용 시 보호자 동의서가 없으면 민·형사법상의 책임이 수반되므로 반드시 동의가 필요하다.

고용계약서 작성 시 최소한 명시해 두어야 할 사항은 다음과 같다.

① 시간급에 대한 그 지급방법

② 직종(일의 내용)에 대해서

③ 노동시간에 대해서

④ 휴식시간에 대해서

⑤ 식사시간과 식대부담에 대해서

⑥ 교통비 지급에 관해서

⑦ 휴일에 대해서

⑧ 세탁물의 룰에 대해서

이러한 것이 명확히 되어 있을 때 비로소 응모자는 안심하고 일할 수 있다. 이러한 사항을 쌍방 확인하고 채용하게 되면 나중에 발생될 문제를 막고, 상호 양호한 고용관계를 유지할 수 있는 것이다.

정사원이나 파트 및 아르바이트가 어떠한 직종이든지 항상 아는 사람, 거래처, 친척, 또한 종업원들을 통해서 일할 의욕이 있고, 좋은 인재를 항상 구하려는 자세가 없으면 좋은 인재를 확보하는 것은 불가능하다. 사람이 그만둔다고 해서 당황하여 서둘러 보충해서는 좋은 인재를 결코 뽑을 수 없다. 항상 회사가 구하는 인재를 명시하고, 채용조건을 기입한 공고글을 작성해 업로드하고, 스카우트를 계속 요청할 때 비로소 회사가 원하는 양질의 인재를 얻을 수 있는 것이다.

제2절 음식점의 초기교육

"이 사람은 정말 좋은 인재다"라고 여겨 채용하더라도 아무것도 가르쳐주지 않고 현장에 투입한다면 고객이 요구하는 레벨의 인재로 결코 자랄 수 없다.

그런데 대부분의 음식점에서는 어떠한 교육도 시키지 않고 채용과 동시에 현장에 투입하는 경우가 참으로 많다. 이래서는 경쟁에서 이길 수 없고, 성공할 수 없다. 일하려는 의지를 가지고 취직을 한 사람은 누구나 의욕에 가득 차 첫 출근을 할 것이다. 이때가 바로 찬스다.

곧바로 현장에 투입하지 말고, 정확하게 경영자 스스로가 초기교육을 시켜야 한다.

초기교육에 필요한 항목은 다음과 같다.

① 업계상황의 이해 　　　　　② 서비스맨의 자질
③ 회사의 경영이념과 경영방침 　④ 회사의 조직
⑤ 점포의 룰 　　　　　　　　⑥ QSC란 무엇인가?

이것을 제한된 시간 내에 가르친다는 것은 정말 어려운 일이지만, 처음에는 3시간 정도 들여 모든 것을 설명하고, 그리고 다음 1주일간에 걸쳐 1항목을 매일 아이들 타임에 교육담당자(경영자 SV 또는 점장)가 2시간에 걸쳐 자세하게 가르친다. 외식사업은 피플 비즈니스, 그래서 일하는 사람의 의식, 일하고자 하는 의욕이 중요하다. 서비스맨으로서 기본을 정확하게 가르치는 것이 중요하고, 그 때문에 이 초기교육이 중요한 것이다.

제3절 개업 전 교육훈련 프로그램

개업 전 종합교육은 사원, 파트 및 아르바이트가 빨리 융화하여 정착률을 높이는 데 있다. 특히 목적의식이 적은 파트 및 아르바이트에 대해서는 외식산업의 구조를 이해시켜 일의 즐거움과 목적의식을 갖게 한다. 이 집합교육을 통하여 사원 및 파트·아르바이트와의 팀워크 및 연대의식을 만들어내고 사회인으로서의 상식적인 태도를 이해시킨다.

또 직원 상호 간에 보다 좋은 분위기를 창출하여 '교육제도'를 확립하고, 향후 Follow - up 체제를 갖추는 데 있다. 이 교육의 장이 Communication 기회를 마련할 수 있도록 환경을 조성하고, 정신적인 불안과 불만을 해소시키는 환경을 만드는 데도 그 목적이 있다.

09 메뉴개발과 가격결정

제1절 창업 아이템(메뉴) 선정

1. 창업, 아이템 선정이 가장 어렵다

한국외식산업연구소(소장 : 신봉규)에서 외식업 예비창업자를 대상으로 진행한 설문을 보면, 창업 아이템의 선정이야말로 예비창업자들이 가장 어려움을 느끼는 항목으로 조사되었다.

실제 외식업 창업시장의 현실은 그리 녹록지 않아 수많은 아이템이 시장에서 고전을 거듭하고 있다. 또한, 독자적으로 돈만 바라보고 출발한 부실한 신생 프랜차이즈 업체와 브랜드로 인하여 이러한 상황이 더욱 가중되고 있는 것도 작금의 현실이다.

여기에 더해 외식업 아이템의 유행주기가 점점 빨라지고 있는 것도 예비창업자는 물론이거니와 현재 외식업 매장을 운영 중인 사업자들에게 어려움을 가중시키고 있다.

2. 아이템 선정을 위한 단계

대부분 예비창업자 또는 전업 예정자들은 창업자 자신의 역량, 자금능력, 관련 제도의 변화, 시장상황 및 소비트렌드의 변화를 정확히 인지하지 못한 상태에서 '이 정도면 되겠지'라는 막연한 기대감으로 무한경쟁의 창업시장에 뛰어들고 있다.

외식업 창업 성공의 요소에는 여러 가지가 있겠지만 어느 한 가지 요소라도 소홀히 여겼다가는 바로 실패의 길로 추락하기 십상이다.

창업여건에 적합한 아이템 선정의 단계를 살펴보기로 하겠다.

1단계 : 창업 정보수집

① 창업박람회, ② 사업설명회, ③ 소상공인지원센터, ④ 창업전문 기관(컨설팅사) 및 ⑤ 인터넷 창업관련 사이트 검색 등을 통해 예비창업자 또는 전업예정자의 창업여건에 적합한 창업아이템 정보를 수집해야 한다.

2단계 : 1단계를 통해 창업에 적합한 2~3개의 후보 아이템 선정

후보 아이템을 선정하는 기준으로는 ① 예비창업자의 자질(경영능력), ② 시장성(수익성), ③ 홍보 및 마케팅(화제성), ④ 자금여력, ⑤ 조리(기술) 노하우 등에서 평가를 해야 한다.

3단계 : 2단계에서 선정한 2~3개의 후보 아이템을 현장에서 직접 확인

정보수집을 통해 선정한 후보 아이템을 판매하고 있는 매장에서 직접 시식을 하면서 고객의 만족도와 매출상황 등을 확인한다. 이때 가장 중요한 것은 특정 아이템에 대해 적어도 5곳 이상의 매장을 방문하여야 한다는 것이다.

4단계 : 외식업이나 창업 관련 전문가나 창업 선배들의 조언을 참조

중소벤처기업부 소상공인시장진흥공단, 외식업 관련 전문 창업컨설턴트 등을 통해서 본인이 선정한 2~3개의 후보 아이템에 대한 조언 혹은 평가를 받아보는 것이 필요하다는 것이다. 전문가들로부터 제대로 된 자문을 받고 창업하면서 창업 실패의 확률을 낮출 수 있다.

5단계 : 최종 아이템 선정

각 단계를 거치면서 후보 아이템을 검증하여 최종적으로 예비창업자가 사업을 개시할 최종 아이템을 선정한다. 여러 가지 조사와 현장 분석, 전문가 조언 등을 통하여 최종 아이템이 선정되면 성공에 대한 자신감과 긍정적인 마음을 갖는 것이 매우 중요하다.

6단계 : Grand open

예비창업자가 최종적으로 선정한 아이템을 세부적으로 조율하고, 매장운영에 필요한 제반사항의 준비를 마치면 개업일을 정하고 오픈하면 된다. 이때 중요한 것은 '장사'가 아니라 '사업'이라는 생각 속에서, '운영자'가 아니라 '경영자'라는 자세로 성공에 대한 목표와 비전을 만들어나가야 한다.

7단계 : 창업 후에도 항상 긴장감을 잃지 않고 외식업 동향 및 트렌드 연구

일반적으로 창업시장에서 가장 어려운 것은 창업 그 자체이지만, 창업 후에 가장 어려운 것은 수성(修城)이다. 또한, 외식업 창업시장과 고객의 수요 변화 및 외식 소비트렌드의 동향도 항상 주시하고, 연구해야 한다.

3. 창업 아이템 선정의 기본 요소

1) 외식업 대표업종을 보다 세분화한 성공 Keyword 인지

〈표 9-1〉 외식업 업종구분 핵심 Keyword

대표 업종	핵심 Keyword	대표 업종	핵심 Keyword
전문 음식점	맛 〉 입지 〉 분위기	Fast Food	입지 〉 브랜드 〉 맛
일반 음식점	입지 〉 맛 〉 분위기	주류 및 커피 음료	입지 〉 시설 〉 규모

2) 업종의 선정은 적성에 기반하고, 아이템의 선정은 입지에 좌우됨

업종을 선정할 때는 예비창업자의 적성, 사회 경험 및 자신만의 고유한 노하우를 고려하여 선정해야 한다.

3) 메뉴전략 및 세부 메뉴기획은 상권에 따라 결정됨

메뉴전략 및 세부 메뉴기획은 해당 입지의 상권분석을 토대로 목표고객, 구매력, 유사 경쟁업소의 영업현황 등을 종합적으로 파악한 후 비로소 주메뉴(main menu)와 부메뉴(side menu)를 선정하고 이에 따라 가격전략과 인테리어, 영업방법에 대한 방안을 도출해야 한다.

4) 유망 아이템과 유행 아이템의 구분

유행 아이템은 "차별화되고, 전문화된 고유의 아이템이나 기술적 축적(노하우) 없이 주로 짧은 시간에 기획되어 단기간에 시장에 등장했다 사라지는 경쟁력 없는 아이템"이다.

반면 유망 아이템은 기본적으로 독특한 아이템이라기보다 꾸준히 고객으로부터 사랑받아 온 아이템으로서 기술적 축적(노하우)이 하나 이상의 경쟁력을 갖추고 있다.

5) 예비창업자의 창업 자금규모에 적합한 아이템 선정

아이템과 입지에 따라 창업자금은 크게 차이가 나고, 통상적으로 점포구매비, 시설투자비, 운용자금으로 구분할 수 있으며, 그 비율은 50 : 35 : 15 정도로 구분된다. 실제로는 아이템 선정에 따라 점포구매비 부분에서 상당한 차이를 보이는 경우가 대부분이다.

6) 소비자의 외식 소비트렌드 파악

최근 외식산업 트렌드와 소비트렌드를 파악하여 비단 아이템 선정뿐만 아니라 세부메뉴의 선정과 영업전략의 수립까지 다양하게 고려되어야 할 요소이기도 하다.

4. 어떤 아이템을 선정할 것인가?

외식업 창업은 투자자금 - 아이템 - 입지(점포)에 따른 상관관계를 가지고 있는데, 여기서 아이템의 선정 여부는 안전성, 수익성, 발전가능성이 대전제가 되며, 차별화된 비교우위의 경쟁력을 갖추고 있는지가 중요하다.

아이템 선정에 따른 창업에는 일반적으로 개인독립 창업과 프랜차이즈 가맹점 창업 그리고 전수창업의 형태가 있으며 어떤 아이템을 어떻게 선택하느냐에 따라 확연히 달라진다.

1) 외식업 아이템 선정의 핵심 원칙

① 안전성 : 가장 보편적이고, 대중화되어 있는 아이템을 우선적으로 고려하는 가운데 전문성과 차별성을 부각하여 외식업 시장에서 검증받은 아이템을 선정해야 한다.
② 수익성 : 수익구조와 수익의 원천, 수익률을 정확히 살펴 투자와 노력에 대한 적절한 수익을 실현할 수 있는지 판단해야 한다.
③ 발전가능성 : 성숙기에 와 있거나, 성숙기를 지나 쇠퇴기에 접어든 아이템이 아니라 성장기 또는 성숙기 초기에 진입한 아이템을 선택해야 한다.
④ 선점성 : 시장진입에 있어 적절한 타이밍을 갖추고 선발 진입해야만 선두의 이점을 살리고, 경쟁의 위협요소를 줄이면서 수익을 극대화할 수 있다.
⑤ 가격적절성 : 아무리 아이템이 뛰어나고, 신선하다 할지라도 가격이 고객의 심리적 저항에 부딪히면 어려우므로 구매단가 - 제조원가 - 판매가에 이르는 과정에서 가격의 적절성이 확보되는 아이템을 선택해야 한다.

5. 메뉴전략 및 메뉴 구성

점포의 입지, 규모, 시설에 따라 주력메뉴 및 보조메뉴(side menu)가 달라지며 판매가격도 다양하게 적용되어야 한다.

1) 메뉴 선정을 위한 기본사항

① 자신이 좋아하는(관심 있는) 메뉴를 선택한다.
② 주력메뉴와 보조메뉴를 생각해 본다(전문점이라 해도 보조메뉴는 필요하다).

③ 예비창업자의 주관보다 목표고객과 외식 소비트렌드에 부합하는 객관성을 확보해야
한다.

④ 아이템(메뉴)과 입지의 조화를 고려한다.

⑤ 지역의 특색 및 정서를 고려한다.

⑥ 개인 독립형 창업인지, 프랜차이즈 창업인지 고려한다.

⑦ 반드시 외식업 전문가나 선배 창업자의 조언을 구한다.

⑧ 자기 점포만의 고유한 메뉴를 구성한다.

⑨ 판매 메뉴의 수와 품질수준을 결정한다.

⑩ 스페셜 메뉴, 세트 메뉴, 점심 특선메뉴 등 메뉴 선택의 다양성 고려

⑪ 가격은 유사 경쟁업소를 비교, 분석하여 결정한다.

2) 메뉴 선정을 위한 핵심 고려사항

외식업소에서 가장 중요한 메뉴는 입지 상권 특성, 매장 환경, 목표고객, 구매력, 주변의
상황들을 종합하여 적합한 메뉴를 선정하는 것이 가장 좋다.

① 메뉴 선정 시 주의사항 : 예비창업자와 업소의 여러 가지 여건과 목표 고객에게 맞는
메뉴를 선정해야 한다.

② 메뉴의 종류

- 주력메뉴 : 차별화, 전문화를 기반으로 비교우위의 경쟁력 확보에 초점
- 판촉 메뉴 : 조리 역량, 객석 수를 고려해 가격대가 낮고 조리가 간편한 판촉메뉴 전개
- 점심 메뉴 : 회전율을 높이고, 고객의 시간적, 경제적 부담을 고려해 판매하는 한정 메뉴
- 브런치, 티타임 메뉴 : 흔히 말하는 아점 메뉴 또는 오후 간식메뉴
- 계절 메뉴 : 계절의 미각을 자극시키기 위해 개발된 1~2가지 메뉴
- 저녁(디너) 메뉴 : 퇴근 후 가족이나 직장 동료, 지인들의 모임 또는 회식 등의 자리에
서 판매하는 메뉴로 단품보다는 10~15% 정도 할인된 코스메뉴가 좋으며, 이때 전략적
인 차원에서 음료나 디저트를 최대한 준비하면 좋다.

③ 홍보 마케팅을 고려한 메뉴 : 화제성과 집객성을 살릴 수 있는 메뉴를 선정 개발하는
것이 중요하다.

④ 식재료 및 재고를 고려한 메뉴 : 같은 식재료를 사용할 수 있는 메뉴를 사용하고, 구매
가 안정적인 가격에 지속적으로 공급가능한지 여부를 파악하여 선정하는 것도 중요하다.

⑤ 기획 메뉴 : 판매를 촉진하기 위해 전략상 고려된 메뉴로 두 가지 이상 결합된 메뉴를
상품으로 만드는 것이 유리하다.

⑥ 웰빙 건강 메뉴 : 저칼로리, 저염, 저당메뉴 또는 전통 식재료, 천연조미료를 사용한 메뉴를 선정하되 영양학적으로도 우수하다는 것을 보여줘야 한다.

⑦ 주방설비를 고려한 메뉴 : 주방설비가 부실할수록 음식의 품질을 떨어뜨려 고객의 기대를 반감시키므로 설비를 최대한 활용할 메뉴를 선정해야 한다.

제2절 창업메뉴 만들기 절차

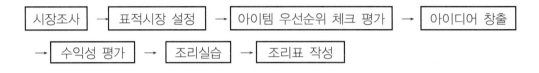

[그림 9-1] 창업메뉴 만들기 절차도

(1) 표적고객층(標的顧客層) 선택에 따른 메뉴범위의 결정

대상으로 할 고객층에 따라 메뉴의 종류와 질, 가격, 서비스, 마케팅전략 등이 달라지므로, 표적고객층의 필요와 욕구에 대한 정확한 이해는 바로 번성업소가 되기 위한 초석이자 메뉴개발의 첫 단계가 된다.

(2) 아이디어의 창출

각종 외식관련 정보는 물론 지역적 특성과 표적고객층에 대한 이해를 바탕으로 메뉴품목들을 개발해야 한다. 조리방법, 소스 등의 참신한 개발아이디어를 제공할 수도 있다.

(3) 조리표(調理表)의 작성

발상의 단계에 있는 메뉴를 실제화하는 과정으로 실험적인 조리과정을 통해 표준조리표(標準調理表)를 작성하는 단계이다. 품목별로 필요한 품목들을 일목요연하게 기술해 놓은 것으로 메뉴의 질적ㆍ양적 관리의 기준이자 원가관리의 중추가 된다.

(4) 메뉴의 수익성(收益性) 분석

메뉴를 개발하여 판매 전에 반드시 거쳐야 할 단계 중 하나가 바로 수익성(收益性) 분석이다. 자재 원가와 원가율, 실제 마진액, 예상판매량에 대한 정확한 이해를 바탕으로 이익을 낼 수 있는 메뉴로 결정해야 한다.

제3절 후보 아이템 우선순위 결정방법

〈표 9-2〉 메뉴의 적합성 세부평가표(메인메뉴 최종결정)

주요 항목	평가 요소	세부 검토사항
상 품 성	상품의 적합성	• 창업자가 잘 아는 메뉴나 조리방법인가? • 메뉴가 대중적인가? • 시대에 맞는 가격대인가? • 식재료를 구하기가 쉬운가? • 고객의 폭이 넓은가?
	상품의 독점성	• 식자재를 독점적으로 공급 구매할 수 있는가? • 정부의 인·허가에 의해 실제 창업이 제한되어 있지 않은가?
시 장 성	시장의 규모	• 예상되는 고객의 수는 어느 정도인가? • 시장 규모는 금액으로 어느 정도인가?
	경쟁성	• 경쟁자의 세력 및 지역별 분포는 어떤가? • 경쟁메뉴와 비교했을 때 품질과 가격관계는 유리한가? • 차별화가 가능한 메뉴인가?
	시장의 장래성	• 잠재고객 수의 증가는 있는가? • 새로운 창업기업의 침투 가능성은 어느 정도인가? • 소비자 성향이 안정적이고, 필요성이 증가하는가?
수 익 성	제품생산 비용의 효율성	• 적정비용으로 원재료를 구할 수 있는가? • 조리가 복잡하지 않고, 효율성은 있는가?
	적정이윤 보장성	• 원자재 조달이 용이하고, 값은 안정적인가? • 필요한 노동력 공급이 용이하며 저렴한가? • 제조 원가, 관리비, 인건비 등 공제 후 적정이윤이 보장되는가?
안 정 성	위험수준	• 경제순환과정에서 불황적응력은 어느 정도인가? • 기술적 진보수준은 어느 정도이며, 경쟁사의 출현에 쉽게 대처할 수 있는가?
	자금투입 적정성	• 초기 투자액은 어느 정도이며, 자금조달이 가능한 범위인가? • 이익이 실현되는 데 필요한 기간은 어느 정도이며, 그동안 자금력은 충분한가?
	재고 수준	• 원자재 조달 및 재고관리가 용이한가? • 수요의 계절성은 없는가?

〈표 9-3〉 Main메뉴의 최종 결정방법

주요항목	평가요소	세부 검토사항
소비기호	연령별, 직업별 소비기호	• 타깃연령대가 좋아하는 음식인가? • 타깃연령대의 그레이드(수준)에 적합한가? • 건강식인가? • 메뉴가격대는 어떤가? • 행사메뉴(모임, 회식, 기타)로 적합한 메뉴인가? • 가족고객이 좋아하는가? • 단순식사로 적합한가?
입지, 시장	물건 (物件), 입지, 시장	• 적합한 입지인가? • 적합한 물건(건축물)인가? • 경쟁상태는? • 상권 내의 외식성향은? • 성장 가능한 입지인가? • 접객시설이 있는가? • 유동인구는 얼마나 되는가? • 유동차량은 얼마나 되는가? • 주차시설은 되어 있는가? • 점포규모는? • 주변 시장의 가격대는? • 혐오시설은 없는가? • 접근성(편리성)은? • 홍보성(가시성)은? • 시장성(시장수요)은?
경영효율	경영관리 계수관리	• 투자금액 • 매출이익은 • 회전율은? • 객단가는? • 원가(재료비, 인건비, 제경비) • 메뉴관리는 용이한가? • 서비스의 난이도 • 점포관리는? • 사장의 메뉴 이해도는? • 구매의 난이도는? • 종업원 채용은?
식사형태		• 조식 • 중식 • 간식 • 석식 • 미드나이트
판매방식		• 내점(Eat in) • 배달(Delivery) • 포장판매(Take-out) • 복합판매 가능성은?

제4절 영업 중인 식당의 신메뉴 개발

(1) 입지와 고객계층에 맞는 메뉴콘셉트와 점포콘셉트
- 1차 상권 : 인구수, 경쟁점포, 통행인, 통행차량(시청, 상공회의소), 집객시설(백화점 등), 학교나 공장 등 산업시설(주택지, 상점가, 오피스, 공장지역 등)
- 2차 상권 : 상동
- 3차 상권 : 인구구성비, 산업구성비, 장래성 판단

(2) 내점한 고객계층과 객단가를 조사
- 고객계층 : 아이, 청년, 중장년, 노인 및 남녀별 구별하여 조사
- 객단가 : 식사시간대별 객단가 파악

(3) 메뉴 가격대 분석과 품목별 판매현황 분석
- 가격설정 : 원가계산, 유명점포 모방, 설문조사, 상권 내 유사점포 비교, QSC 레벨
- 메뉴가격 분석 : 대중가격, 가격의 평균화, 점심·저녁 대응하여 가격 설정
- 메뉴별 판매현황 분석 : 매출통계표, ABC분석표

(4) 메뉴 엔지니어링

영업 중인 점포의 메뉴를 분석하여 메뉴전략을 수립하기 위한 분석도구로써 활용되는 메뉴 엔지니어링 기법이다.

(5) 고객계층에 맞는 메뉴개발
- 조건 : 인력, 기술력, 주방기구, 주방레이아웃, 점포의 콘셉트, 서빙, 원가, 고객계층에 맞는 메뉴
- 개발단계
  - 조건에 맞는 메뉴 선택
  - 유명식당 시식
  - 시식회 개최
  - 메뉴기준표 작성
  - 주방동선 재배치
  - 롤플래닝/리허설
  - 판매 개시

제5절 메뉴가격 결정방법[1)]

수익성 분석을 통해 우열이 가려진 품목들에 적절한 판매가격을 결정하는 단계이다. 외식사업의 양대 주요 원가인 식자재원가(食資材原價)와 인건비(人件費) 비율은 두 가지를 합했을 때 대체적으로 판매가의 50~60%는 머물러야 이상적이고, 식자재원가만은 35% 이하로 유지해야 이상적인 원가비율을 달성하고 있다고 볼 수 있다. 물론 임대료나 지대가 상대적으로 높은 지역의 업소라면 식자재원가율은 이것보다 훨씬 낮은 20% 이하에서, 음료는 14~18%선에서 유지해야 하는 경우도 있다. 그러나 최근 들어 극심한 가격경쟁으로 이런 전통적인 기법을 탈피하여 원가가 60~70%대에 육박하는 박리다매형 점포들도 속속 생겨나고 있다.

다음은 외식사업에서 일반적으로 많이 이용되는 대표적인 가격책정법(價格策定法)이다.

1) 비구조적인 방법

(1) 원가기준가격결정법(Cost oriented pricing)

① 원가가산가격결정법(Cost plus or markup pricing)

제품의 단위당 원가에 일정비율의 차익금(Margin)을 가산하여 가격을 결정하는 방법

> * 가격 = 원가 + 마진. 일반적으로 수요가 비탄력적이고, 저장비용이 많이 들며, 자금회전율이 낮거나 계절상품 및 특별상품인 경우 팔리지 않을 경우의 위험에 대비하여 높은 마진을 붙인다.

② 목표가격결정법(Target pricing)

예측된 표준생산량을 전제로 한 총원가에 대해 목표이익률을 실현시켜 줄 수 있도록 가격을 결정하는 방법

(2) 수요기준가격결정법(Demand oriented pricing)

가격결정에 있어 중요한 것은 기업의 원가가 아니라 소비자의 가치인식이라는 가정하에 소비자의 지각과 수용의 강도를 기준으로 가격을 결정하는 방법

① 가격차별법(Price discrimination) : 특정제품의 고객 또는 시기에 따른 수요의 탄력성을 기준으로 하여, 둘 혹은 그 이상의 가격을 설정하는 방법

② 지각가치가격결정법(Perceived value pricing) : 제품에 대한 소비자의 지각된 가치에 기초하여 가격을 설정하는 방법. 마케팅 믹스상의 비가격 변수(품질, 광고 등)의 활용으로 소비자 마음속에 지각된 가치를 파악한다.

* 원가기준가격결정이나 수요기준가격결정은 경쟁을 고려하지 않고 있다.

---

1) 나정기 · 조춘봉(2001), "메뉴매가 결정기교", 한국외식경영학회 학술세미나

(3) 심리적 가격결정법

가격결정방법과 가격정책을 바탕으로 하여 최종적으로 구체적인 가격을 정하는 것으로 다음의 유형들로 구분된다.

① 긍지가격설정법(Prestige pricing even-number pricing) : 가격-품질연상효과를 이용한 가격설정방법으로 매자가 가격에 의하여 품질을 평가하는 경향이 강한 경우 수요가 가장 많은 수준에서 가격을 결정하는 방법이다. 비교적 고급상품(Quality)의 가격설정에서 많이 사용된다.

② 단수가격결정법(Odd-number pricing) : 가격이 최선의 선에서 결정되었다는 인상을 주기 위하여 가격의 끝수를 단수(Odd numbers)로 끝내는 방식으로 가격에 비하여 상대적 가치(Value)를 추구하는 고객층을 겨냥하는 방식으로 적용된다.

③ 가식단계화(Pricing lining) : 구매자는 가격에 큰 차이가 있는 경우에만 이를 인식하고 가정하여, 선정된 제품계열에 한정된 수의 몇 가지 가격만을 설정하는 방법이다.

④ 촉진가격(Promotional pricing) : 고객을 유인하기 위하여 특정품목의 가격을 대폭 낮게 설정하는 방법

(4) 경쟁기준가격결정법(Competition oriented pricing)

경쟁자가 결정한 가격을 기준으로 가격을 결정하는 방법으로 기업이 자사제품 생산에 소용되는 비용측정이 어렵거나 시장에서 경쟁기업의 반응이 불확실한 경우 사용된다.

① 경쟁대응가격결정법(시장기준가격결정법 : Going rate pricing) : 경쟁자(업세)의 평균적인 가격수준에 맞추어 가격을 결정하는 방법

② 입찰가격결정법(Sealed-bid pricing) : 입찰에서 낙찰받기 위하여 경쟁하는 기업이 사용하는 가격결정방법

(5) 모방(Benchmarking)

동종의 다른 레스토랑의 메뉴를 모방하는 것으로 가격결정자의 생각이 고객의 입장에서 대변되는 가격결정방법이다.

2) 구조적인 방법

구조적인 가격조정방법에는 팩터(Factor)를 이용하는 방식, 프라임 코스트(Prime-cost)를 이용한 방식, 식료원가를 제외한 모든 비용과 이윤을 이용한 방식, 실제 원가를 이용하는 방식, 매출 총이익(Gross-profit)을 이용하는 방식, 평균 객단가를 이용하는 방식, 레스토랑협회에서 개발한 방식을 이용하는 방법이 있다. 즉 주로 수치를 이용하여 매가를 계산한 후 기타의 변수를 고려하여 매가를 결정하는 방법이다.

(1) 팩터(Factor)를 이용하는 방식

승수(Multiplier), 또는 원가에 가산되는 금액(Mark-up)방식으로 기준이 되는 원가는 식료의 평균원가율로 과거의 데이터에서 얻어지는 원가율, 또는 바라는 원가율이다.

예) 원하는 원가율이 50%라고 가정했을 때 팩터(Factor)는 100%에 대한 숫자 2를 얻을 수가 있다. 여기서 계산된 2를 팩터라고 한다. 이 팩터를 기준으로 특정 아이템에 대한 매가는 다음과 같이 계산된다.

> 팩터 = 100 ÷ 50 = 2
>
> 식료원가 × 팩터=판매가격 / 5,000원 × 2 = 10,000원

(2) 프라임 코스트(Prime-cost)를 이용하는 방식

프라임 코스트(식자재원가+직접인건비)를 이용한 매가 결정방식에는 인건비가 더 추가되어 팩터를 이용한 매가 결정방식처럼 다음과 같은 방식에 의하여 특정 아이템에 대한 매가가 계산된다.

> 첫째, 프라임코스트의 계산
>
> 식료원가(5,000원)+직접인건비(1,500원)=6,500원
>
> 둘째, 프라임코스트율의 계산(총인건비 24% 중 1/3은 직접인건비로 간주)
>
> 식료원가율(40%)+직접인건비율(8%=24%×1/3)=48%
>
> 셋째, 팩터의 계산 : 매가(100%)-프라임코스트율(48%)=마진(52%)
>
> ∴ 팩터 = 100% / 52% = 1.9
>
> 넷째, 매가의 계산 : 6,500원 × 1.9 = 12,350원
>
> 다섯째, 매가결정 : ±a를 고려하여 매가를 결정한다.

(3) 식료원가를 제외한 모든 비용과 이윤을 이용한 방식

- 팩터나 실제원가를 이용하는 방식과 같은 방식으로 매가를 계산
- 식료원가를 제외한 모든 비용은 예측된 자료를 이용하여 결정
- 식료원가는 표준양목표에 의해서 산출된 원가를 이용

첫째, 식료원가를 제외한 제비용과 이익을 결정하는 데 전년도 데이터, 또는 예측된 데이터를 이용한다.

둘째, 식료원가가 차지하는 비율을 계산하기 위하여 매가를 100%로 보고, 식료원가를 제외한 제비용과 이익을 100%에서 감한다.

셋째, 팩터 계산을 위하여 100%에 대하여 식료원가율로 나누어 얻는다.

넷째, 매가 산출을 위하여 식료원가를 계산된 팩터로 곱하여 얻는다.

다섯째, ±a를 고려해야 매가를 결정한다.

매가		100%
− 제비용		40%
− 이익		10%
= 식료원가		50%
팩터	= 50/100%	= 2
매가	= 식료원가	× 2

(4) 실제 원가를 이용하는 방식

생산 및 운영에 소요되는 제비용과 원하는 이윤까지를 포함하여 매가를 계산하는 방식이다.

> 매가(100%)=식료원가+[{총매출액에 대한 변동비(%)+
> 총매출액에 대한 고정비(%)+총매출액에 대한 이윤(%)매가}]

예) 식료원가 3,000원, 총인건비 1,500원

매출액 vs 변동비의 10% / 매출액 vs 고정비의 15%

매출액 vs 이익의 12%

첫째, 매가는 항상 100%가 된다.

둘째, 식료원가와 인건비가 매가(100%)에서 차지하는 비율을 계산한다.

* 변동비(10%)+고정비(15%)+이윤(12%)−100% =
식료원가와 인건비가 차지하는 비율(63%)이다.

셋째, 주어진 공식을 이용하여 매가를 계산한다.

3,000원+1,500원+(0.10+0.15+0.12)매가 = 매가(100%)

4,500원+0.37매가 = 매가(1)

$$4,500원 = 0.63매가$$
$$매가 = 4,500원 / 0.63$$
$$매가 = 7,143원$$

넷째, ±a를 고려하여 매가를 결정한다.

(5) 매출 총이익(Gross – profit)을 이용하는 방식

매출 총이익을 기간 동안의 고객의 수로 나누어 객당 평균 매출 총이익을 구한 다음 총이익에서 식료원가만을 제외한 나머지로 제비용과 일정의 이윤을 상쇄한다.

예 1) 레스토랑 1년 동안의 손익계산서상에 식료 총매출 100,000,000원, 식료원가 40,000,000원, 1년 동안의 고객의 수가 30,000명일 경우의 계산방식?

∴평균 매출 총이익은 2,000원이다.

	총매출액		100,000,000원
−	식료원가	−	40,000,000원
=	매출 총이익	=	60,000,000원
÷	고객의 수	÷	30,000,000명
=	객당매출 총이익	=	2,000원

앞에서 계산된 2,000원의 객당 매출 총이익을 특정 아이템을 생산하는 데 요구되는 식자재의 원가에 추가로 부과하여 매가를 계산하는 방식이다.

예 2) 수프, 빵과 버터, 메인(선택), 커피로 구성되는 정식메뉴
첫째, 메인을 제외한 다른 아이템의 원가를 계산한다.

	수프	1,000원
	빵과 버터	500원
+	커피	500원
=		2,000원

메인 아이템 A	2,000원
메인 아이템 B	5,000원
메인 아이템 C	8,000원
메인 아이템 D	12,000원

둘째, 메인 아이템의 원가를 계산한다.

셋째, 메인 아이템의 매가를 계산한다.

넷째, ±a를 고려하여 매가를 결정한다.

	고객의 수준(평균 객단가)	6,000원(100%)
−	식료원가를 제외한 제비용	2,000원(33%)
−	원하는 이윤	1,000원(17%)
=	식료원가	3,000원(50%)
=	아이템 선정(3,000원에 해당하는 식재)	

(6) 매출 총이익(Gross – profit)을 이용하는 방식

고객(시장)의 수준에 따라 매가를 계산하는 방식으로 과거의 데이터를 수집·분석하여 평균 객단가를 결정하여 이용하는 방식

예 1)

첫째, 고객의 수준을 파악한다. 평균 객단가, 관리자의 판단, 중위값 등을 고려 결정

둘째, 제비용과 이윤을 설정한다. 과거의 데이터, 예산, 관리자의 판단 등을 고려 식료원가를 제외한 비용과 이윤을 결정

셋째, 식료원가를 계산한다. 고객의 수준(예상 매가) – 제비용과 이윤

넷째, 아이템을 선정한다.

A	B	C	D	E
아이템 A	2,000원	2,000원	2,000원	6,000원
아이템 B	5,000원	2,000원	2,000원	9,000원
아이템 C	8,000원	2,000원	2,000원	12,000원
아이템 D	12,000원	2,000원	2,000원	16,000원
A : 아이템명	B : 원가	C : 다른 아이템의 원가	D : GP	E : 매가

예 2) 주어진 조건 속에서 평균 객단가가 어느 정도인지를 계산할 수 있다.

〈조건〉

투자액	20,000,000원	원하는 ROI	12%
은행대출	50,000,000원	금리	10%
이자를 제외한 고정비	10,000,000원	세율	30%
변동비	50,000,000원	식료원가율	40%
좌석 수	100석	좌석회전수	2회
영업일수	313		

첫째, 원하는 ROI를 계산한다.

투자한 금액 × 원하는 수익률 = 20,000,000원 × 0.12 = 2,400,000원

둘째, 세금을 포함한 이윤을 계산한다.

순수익 / (1 − 세율) = 2,400,000 / 1 − 0.3 = 2,400,000 / 0.7 = 3,428,571원

셋째, 이자를 계산한다. 50,000,000원 × 0.1 × 1 = 5,000,000원

넷째, 이자를 제외한 고정비를 계산한다. 10,000,000원

다섯째, 변동비를 계산한다. 50,000,000원

여섯째, 식료수입을 계산한다 : (② + ③ + ④ + ⑤) / (1 − 원하는 원가율)

= 68,428,571 / 1 − 0.4 = 68,428,571 / 0.6 = 114,047,618원

일곱째, 매출량(서빙될 고객 수)을 계산한다.

영업일수 × 좌석 수 × 좌석회전율 = 313 × 100 × 2 = 62,600원

여덟째, 평균객단가를 계산한다.

총식료 수입 / 예측된 고객 수 = 114,047,618 / 62,600 = 1,822원

위와 같은 조건이라면 원하는 수익률 12%를 달성할 수 있다. 또한 모든 조건이 같더라도 좌석회전수에 따라서 원하는 수익률 12%를 달성하기 위한 객단가는 변할 수 있다. 예를 들어, 좌석회전수가 1.5회인 경우와 3회인 경우에 요구되는 객단가는 다음과 같이 차이가 난다.

1.5회인 경우 요구되는 객단가 : 2,429원(114,047,618 / 46,950)

3회인 경우는 1,215원(114,047,618 / 93,900)

좌석회전수가 높을수록 객단가는 낮아지고, 좌석회전수가 낮을수록 객단가는 높아진다.

(7) 미국레스토랑협회에서 개발한 방식을 이용

이윤율을 중요시하는 매가 계산방식으로 영업결과를 정리한 자료와 회원 레스토랑에서 제출한 이윤율에 대한 통계치로 정리한 자료가 근거

예) 레스토랑의 1년간 영업실적 결과

(%는 식료매출액 대비)

| 인건비 | 20% | 식료원가를 제외한 기타 비용 | 20% |
| 이윤 | 10% | | |

첫째, 매가는 항상 100%이다.

특정한 아이템에 매가는 인건비와 식료원가, 기타 원가, 이윤을 합하여 계산

둘째, 인건비를 산정한다.

전년도 데이터를 기준, 예상 매출에 대한 비율

셋째, 식료원가를 제외한 기타 비용을 산정한다.

전년도 데이터를 기준, 예상 매출에 대한 비율

넷째, 식료원가를 산정한다.

표준양목표상에서 특정 아이템에 대한 식료원가를 산정

다섯째, 이윤을 산정한다.

전년도 데이터를 기준, 예상 매출에 대한 비율

식료원가가 5,500원인 특정아이템의 경우 매가는 다음과 같이 계산한다.

매가	100%
− 인건비율	매출액의 20%
− 식료원가를 제외한 제비용	매출액의 20%
− 원하는 이윤	매출액의 10%
= 식료원가율	50%

매가(11,000원) = 식료원가(5,500) / 식료원가율(0.5)

※ 메뉴가격 결정의 실무포인트는 메뉴가격 결정기법들을 2개 이상 믹스하여 실무에 적용하는 것이다(예 : 프라임코스트＋경쟁기준가격이나 실제원가＋팩터 등… 업소에 맞는 다양한 믹스기법이 필요함).

3) 가격전략

가격의 목표는 원가를 커버하는 것이 아니라, 고객의 마음속에 지각된 상품의 가치만큼을 받아내는 것이다.

통합적 마케팅의 새로운 접근

❑ 기존의 4P's에서 4C's로

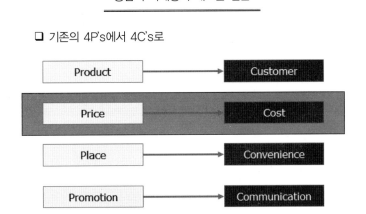

(1) 가격의 역할

가격이란 상품을 구입하고 그 대가로 지불하는 화폐가치이다.

기업의 관점	… …	제공하는 제품 또는 서비스에 부과되는 금액
소비자의 관점	… …	제품 또는 서비스를 사용하는 혜택과 교환하는 가치

가격의 전략적 역할은 시장에서 부과할 수 있는 가격에 이익을 감안하면 자사는 어느 정도까지 비용을 부담할 수 있는가? 자사 제품은 고객에게 어느 정도 가치가 있는가? 그리고 이 가치를 어떻게 잘 알려서 가격을 정당화할 것인가? 자사가 가장 높은 수익성을 달성하기 위하여 필요한 판매량 또는 시장점유율이 어느 정도인가? 등이 중요하다. 이는 기업이익을 증가시키는 데 있어 가장 강력한 수단이며, 가격 1% 개선에 따른 영업이익 개선비율이 변동비용, 판매량, 고정비용의 1% 개선보다 1.4배에서 5배까지 효과적이기 때문이다.

(2) 가격관리의 심리학적 접근

가격변화에 대한 소비자 지각, 만약 소비자가 가격상승 폭을 매우 크게 받아들이면 원가가 상승하더라도 가격인상을 재고해 보아야 한다. 즉, 원가 절감책을 강구하거나 제품, 촉진, 또는 유통의 변화로 대응해야 한다.

가격변화의 지각은 가격수준에 따라 달라진다(베버의 법칙, Weber's Law).

가격변화의 지각에는 임계치(threshold)가 있다. 즉, 가격 변화를 느끼게 만드는 최소의 가격변화 폭이 있다.

반면, 준거가격(reference price), 즉 소비자가 제시된 가격의 높고 낮음을 지각하는 데 기준으로 삼는 가격과 품질 연상심리(price-quality association)에 따라 품질을 판단할 정보가 충분치 않다면 가격이 높을수록 품질이 높을 것으로 추론하는 현상을 활용한다.

(3) 가격결정의 고려요인

기업 내부 요인은 단기이익 극대화, 시장점유율 확대, 제품 품질개선으로서 마케팅믹스 전략을 구사하면 된다. 가격은 제품, 유통, 촉진 등 타 마케팅 믹스요소와 조화를 이룰 수 있도록 결정하는 것이다.

또한 원가는 제품의 생산, 유통 및 판매 등에 소요되는 비용을 충당하고 목표이익을 제공해 주는 것으로 가격결정에 중요한 영향을 미친다. 외부 환경요인은 시장 및 고객 특성, 대체제에 대한 지각효과, 차별화 효과, 비교 가능성 효과, 가격-품질 연상 효과, 상황요인 효과, 경쟁자 특성, 경쟁사의 원가와 가격 및 반응 성향 등을 고려해야 한다.

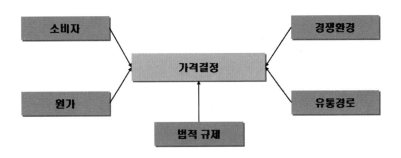

[그림 9-2] 가격결정에 영향을 주는 요인들

(4) 가격결정의 주요 고려사항

가격은 일반적으로 너무 낮아서 이익을 낼 수 없는 하한선과 너무 높아서 수요가 존재하기 어려운 상한선 사이 어느 점에 위치한다.

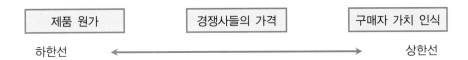

(5) 가격결정방법

- ◆ 원가중심의 가격결정
  - 원가 가산법(cost-plus pricing) : 가격 = 원가 + margin
  - 목표가격 결정법(target pricing) : 수요 예측 후 목표이익을 결정하고 목표이익이 달성되도록 가격결정
  - 평균비용법, 한계비용법, 손익분기법, 투자목표 수익률법
- ◆ 수요중심의 가격결정
  - 지각된 가치 기준방법(perceived-value pricing), 소비자들이 인식하는 가치에 따라 가격결정
  - 차별적 가격결정(discriminatory pricing), 동일한 제품/서비스를 고객 대상, 판매시간, 혹은 장소 등에 따라 다른 가격을 적용, 시기별 차별가격, 장소별 차별가격, 용도별 차별가격, 고객별 차별가격(단골고객 할인 등)
- ◆ 경쟁중심의 가격결정
  - 입찰가격 : 경쟁입찰의 방법을 통해 결정. 최저가 입찰, 적정가 입찰
  - 모방가격 : 경쟁자의 가격을 그대로 모방

• 가격 선도제 : 가격변경 시 선도

◆ 경쟁자 가격변경에 대한 대응전략

• 특정기업의 가격변경은 단기적으로 그 기업의 판매와 이익을 증대시킬 수 있지만 장기적으로 산업 전체의 가격과 수익성에 변동을 가져옴. 매번의 가격변경이 미래의 경쟁양상과 수익성에 어떤 영향을 줄 것인가를 생각해야 함

(6) 차별가격 정책(가격 차별화 정책)

수요 탄력성이 지역·계절·용도별로 상이할 때, 각각 다른 가격 설정, 총매출·이익 최대화하려는 정책이다. 차별화 요인(by)으로는 구매자의 관계, 입지조건(거리), 구매량, 결제조건, 구매시기 등이 있다.

• 계절별 차별가격 정책 : 성수기 : 고가 / 비수기 : 저가

• 지역별 차별가격 정책 : 농촌 / 도시(경제여건, 생활습관 등의 상이)

• 용도별 차별가격 정책 : 소비용품 / 산업용품 ex) 전기

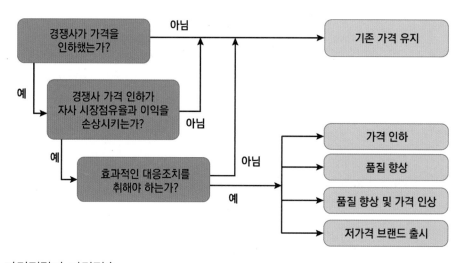

(7) 가격전략과 가격전술

경제적 가치에 대비한 가격전략으로서 고가격전략(skimming pricing), 침투가격전략(penetration pricing), 균형가격전략(neutral pricing), 가격전략의 장단기 이익효과 등을 고려한다.

◆ 고가격전략(skimming pricing) : 특정 제품에 대하여 대다수 잠재 구매자들이 지각하는 경제적 가치에 비해 가격을 높게 설정하는 것으로 신제품 출시 초기에 높은 가격, 스키밍가격은 시간에 따른 가격 차별이다. 시간이 지나면서 가격이 내려간다고 모두 스키밍가격은 아니다. 이상적인 조건은 가격을 높게 매겨도 경쟁자들이 들어올 가능성이 낮을

때, 경험효과나 대량생산으로 인한 원가절감 효과가 크지 않을 때, 잠재 구매자들이 가격-품질 연상을 강하게 갖고 있을 때이다.

◆ 침투가격전략(penetration pricing) : 경제적 가치에 비하여 가격을 낮게 설정함으로써 시장점유율 또는 판매량 증대를 통하여 이익을 얻고자 하는 가격전략으로서 신제품 출시 초기에 낮은 가격으로 진입하는 것이다. 강력한 구전 창출 및 모방행동 유도, 진입장벽 구축, 원가 우위를 확보하고자 할 때의 전략이다. 문제점은 낡은 모델이나 기술에 집착할 가능성, 낮은 품질을 연상할 가능성, 준거가격을 낮출 가능성이 있는 것이다.

◆ 균형가격전략(neutral pricing) : 가격을 경제적 가치와 일치하게 하여 마케팅 수단으로써 가격의 역할을 축소시키는 전략으로 가격 이외의 보다 효과적인 다른 수단에 주력하여 고객들이 가격대비 가치에 민감하여 고가격전략의 사용이 어려우면서 동시에 경쟁사들이 점유율에 민감하여 침투가격전략의 사용도 어려운 산업에서 많이 사용한다.

◆ 제품수명주기별 가격전략, 도입기 제품의 가격전략(잠재 구매자들에게 제품의 가치를 주지시킴), 성장기 제품의 가격전략(차별화전략 또는 원가우위전략을 선택), 성숙기 제품의 가격전략(시장점유율의 확대에 주력하는 가격이 아닌 어떤 요인이든 자사가 보유하고 있는 우위를 최대한 활용하는 가격전략 선택), 쇠퇴기 제품의 가격전략(과잉설비를 얼마나 쉽게 제거할 수 있는가에 달림)을 고려한다.

◆ 경쟁사의 진입이 예상될 때의 가격전략

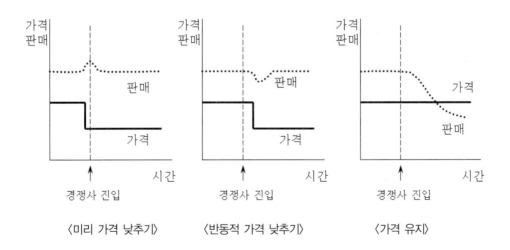

〈미리 가격 낮추기〉   〈반동적 가격 낮추기〉   〈가격 유지〉

◆ 묶음가격(bundling pricing)전략 : 한계비용이 적은 상품들을 큰 상품으로 묶어서 제공하는 가격전략으로 각각의 상품을 결합한 묶음상품에 대해 가치가 있다고 생각하는 사람의 수는 각각의 상품에 대해 가치가 있다고 생각하는 사람의 수보다 훨씬 크다는 논리

에 따라 묶음가격전략이 효과적일 수 있다. 그러나 한계비용이 매우 적어야 하고 묶음 속에 각각의 상품에 대해 가치 있다고 생각하는 소비자들이 모두 동일인이 아닐 수 있다. 또한 배달비용이 크고, 소비자들이 비교적 유사한 구매성향을 가지고 있을 때 효과가 크다. 순수묶음가격제(pure bundling price)는 통합상품만을 구매할 수 있는 가격제이고, 혼합묶음가격제(mixed bundling price)는 통합상품과 개별상품 중 선택해서 구매할 수 있게 한다. 묶음가격전략의 효과를 반감시키는 위험이 존재하지만 통합상품의 가격이 개별상품의 합보다 저렴하다는 것을 강조하는 준거가격(reference price)의 역할을 해줌으로써 고객들의 반응이 높다.

◆ 촉진가격정책
- 복수단위 가격 : 포장단위별
- 유도가격 : 촉진가치 높은 상품에 저가격 설정
- 미끼가격 : 특정 메뉴를 저가로 설정하여 고객 유도 후 고가구매로 전환
- 단수가격 : ex) 999원

◆ 할인, 수량할인은 다량 구매 시 적용받는 할인으로 대량·반복 구매를 유도하는 데 목적이 있고, 판매비가 절약된다. 누적할인은 일정기간 구매량을 달성하면 추가제품을 추가할인하는 것이다. 현금 할인은 외상(할부) 판매 시 현금 지불 시에 받는 할인이고, 거래할인은 구매자(판매자)의 마케팅 기능 수행 대가로 받는 할인이다. 계절 할인, 비수기 상품, 자금(조기)회수 목적, 공제 등이 있다.

10 주방설비

1. 섬에 갇히지 않고 고객 가까이에서 일하는 주방 만들기

음식점에서 주방은 과연 무엇일까? 1년에 수백 곳의 주방을 설계하고 장비를 설치하는 일을 업으로 삼고 있는 주방설비 전문가에게도 늘 고민되는 화두이다.

보통 주방에 장비를 배치하는 유형은 '아일랜드(섬) 방식'과 '백키친(후면주방) 방식'으로 대별할 수 있다. 아일랜드 방식은 과거에 주로 유행했던 유형인데, 주방의 한가운데 길고 넓은 작업대를 설치하고 오른쪽에는 장비를 배치하여 '조리 라인'을 구성한다. 그리고 좌측에는 세척공간을, 앞쪽에는 배식대를 배치하는 방식이다.

이와 다른 형태인 '후면주방 방식'은 중앙작업대를 아예 없애고 객석을 기준으로 제일 앞쪽에 '서비스 공간'을 배치하여 서버(홀 서빙)들이 기본 찬과 음료를 직접 가져갈 수 있게 배치한다. 그다음 라인에는 주요리를 하는 조리 라인을 배치하고, 뒤쪽에 시간제로 일하는 보조요원이 사전준비를 하는 후면주방이 배치된다.

실험에 의하면 월 매출이 약 5,000만 원인 음식점의 경우 '섬방식 주방'은 약 6명의 조리사가 필요하지만 이를 '후면주방 방식'으로 변경하면 2명을 줄여 4명만 일해도 된다고 한다. 우리도 더 이상 섬에 갇혀서 일하지 말고 고객과 더 가까이서 조리사들이 보다 편리하고 빠르게 일할 수 있는 후면주방을 만들어보자. 시간과 인력을 줄이고 회전율을 높일 수 있다.

2. 음식점 작업동선과 공간의 배치요령

1) 기능별 공간 나누기(조닝, Zoning)의 중요성

음식점은 고객과의 접점에서 고객이 주문한 음식과 서비스를 제공하는 곳으로 어떤 업종과 업태의 음식점이든지 적절한 기능별 공간의 구획과 배치가 매우 중요하다.

음식점을 맨 처음 설계할 때 기획자는 우선 적당한 공간 나누기(조닝)를 하게 된다. 공간 나누기를 할 때 중요한 것은 직원의 동작 동선이 충분히 확보되어야 하고, 전체적인 서비스 흐름을 배려하면서 객석과의 균형을 잡는 것이다.

음식점 평면을 설계할 때 대체로 점포의 미적 측면만을 강조하여 물이 흘러야 할 곳에 방해물이 설치되어 있다든지, 고객과 직원이 움직이다 부딪치게 된다면 곤란할 것이다. 특히 주방에서 홀의 이동이 불편하게 되면 점포 운영에 큰 손해가 발생하게 된다.

이러한 관점에서 음식점에서 일하는 데 좋은 기능별 조닝의 주요 사항들을 알아보자.

2) 각 부문별 조닝 사례

(1) 안내원의 경우

객석과 홀 전체가 다 보이는 곳에 있어야 하고, 입구를 마주보면서 손님이 부르기 쉬운 곳에 있어야 한다.

(2) 홀 서빙의 경우

객석에 유도된 고객을 대하는 직접적인 서비스를 담당하는 것이 주업무가 되기 때문에 주방과 준비실 및 테이블까지 신속하게 이동할 수 있는 작업동선을 확보해 주어야 한다. 서버들이 계산원(캐셔)의 작업을 겸하는 경우 카운터에 인접하고 객석의 식당 상황이 파악 가능한 위치에 배치해야 한다.

(3) 조리장의 작업

조리장은 좌우 동작이 적고, 전후 동작만으로 조리와 일이 가능한 곳과 그곳으로부터 객석과 홀의 동작이 확인 가능한 곳에 항상 위치하는 것이 중요하다. 아주 바쁠 때는 식자재나 식기 등의 보충과 처리를 신속하게 지시해야 하므로 전처리 공간과 세척공간을 잘 살펴볼 수 있는 위치가 좋다.

(4) 세척공간

객석과 팬트리 공간이 가까이 접하는 곳에 위치하는 것이 좋다. 혼자서 대량의 식기류를 세척하기 위해서는 세척라인이 직선으로 돼 있으면 이동거리가 멀어서 불편하므로 세척라인을 'L'자형으로 배치하여 이동거리를 최대한 줄여주어야 한다.

(5) 퇴식공간

홀 서빙이 테이블을 치운 후에는 퇴식 컨베이어, 퇴식박스, 왜건 등을 이용하여 세척준비대에 전달하는 방법이 가장 깔끔해 보이고 편리하다. 코스요리로 서빙하는 경우에는 전채요리 - 주요리 - 후식을 순차적으로 고객에게 가져다주고 다음 요리를 제공할 때 빈 접시를 치워 바로 세척공간에 직접 전달하는 방식이 좋다.

3. 음식점 주방시설 설계의 기본

1) 음식점 주방을 알면 돈이 보인다

음식점 오픈과 경영에서 제일 어려운 부분 중 하나가 바로 주장의 설계와 시공이다.

주방의 장비는 한번 잘못 설계된 주방의 구조나, 잘못 선택된 장비로 인해서 주방의 생산성이 크게 떨어지고, 들이지 말아야 할 비용을 지출하는 경우가 허다하다. 이것은 고스란히 업주가 가져갈 수 있는 이익을 줄어들게 만드는 원인이다.

2) 효율적인 주방설계의 원리

식음료시설 설계의 궁극적인 목적은 고객만족과 이익의 극대화에 있다. 훌륭한 설계는 빠르고 정확하게 고품질의 음식을 조리할 수 있게 해준다. 또한, 위생적이며, 안전해야 하고, 각 재료와 사람의 흐름이 마치 물 흐르듯 막힘없이 이루어지게 해야 한다. 효율적이고 효과적인 주방(또는 식음료시설) 설계의 몇 가지 원리를 살펴보자.

(1) 유연하게 그리고 규격화하자

외식사업에도 유행이 있다. 고객의 취향이 변하면 우리는 이에 맞춰 메뉴를 바꾸거나, 서비스나 운영방법을 신속하게 바꿀 수 있어야 한다. 또한, 매장 내 모든 기구 및 기기들은 규격화하여 설계하고 배치하는 것이 비용을 최소화하면서 재배치하는 방안이 될 것이다.

(2) 단순화시켜라

모든 장비의 배치는 간단명료하여야 한다. 가장 빈번한 작업이 이루어지는 가스레인지 주변은 깔끔하고, 반듯한 선이 나오도록, 기름이나 오물이 나오는 스팀솥과 같은 장비는 벽에 매달아 설치하는 것이 사용 및 청소가 쉽다. 각종 배관과 결선은 관리하기 어려운 바닥보다는 장비 뒤 벽쪽으로 모아주고 이동통로를 충분히 확보해야 한다.

(3) 관리하기 쉽게

약 120cm 높이의 반(半) 벽을 치거나 아예 벽을 제거한 개방형 구조를 하고, 주방 내부와 홀 간에도 바닥의 높이를 같게 하고 턱을 없애 원활한 이동과 소통을 가능하게 하는 추세이다.

(4) 공간을 효율적으로 활용하자

식음료시설 설계는 공간의 효율적인 배치와 활용이 그 전부라고 해도 과언이 아니다. 작업공간, 세정공간, 저장공간, 통로 등 반드시 존재해야 할 주방의 필수공간에 대한 적정한 할당이야말로 좌석 몇 개가 더 늘어나 그만큼 고객이 채워지는 것보다 훨씬 큰 이익을 준다는 사실을 잊어서는 안 될 것이다.

4. 외식업 매장의 주방도면

음식점 주방의 경우에는 보통 주방기구회사의 전문 설계사들이 캐드 등의 프로그램을 활용하여 우선 레이아웃(기구배치도) 설계부터 진행한다. 우선 점포의 업종과 업태를 정확히 파악해야 한다. 어떤 음식점인가에 따라 주방의 생산방식이 다르고, 객단가 및 서비스 수준에 따라 장비의 수준 또한 달라지는 것이 일반적이다.

다음으로 점포에서 판매하고자 하는 메뉴를 분석해야 한다. 즉 어떤 음식을 주방에서 어떤 방식으로 조리할 것인지에 대한 파악이 중요하다. 그다음에는 각 상품을 조리하기 위해 필요한 조리기구들을 어떤 것으로 할 것인지를 정해야 한다.

이런 사전 검토를 바탕으로 몇 명의 주방인력이 어떻게 역할을 나누어 일할 것인지를 머릿속에 그리면서 기구의 배치를 하게 된다. 설계사가 1차로 그려놓은 배치도를 갖고 해당 점포의 조리책임자들과 수차례의 모의실험(시뮬레이션)을 통해 수정 보완하여 완성도를 높이게 된다. 기구배치도가 완성되면 설계사들은 다음 단계로 '설비 배치도'를 설계하게 된다. 주방의 기구배치도와 설비도가 만들어지고 나면 이제부터는 진짜 실물을 만들기 위한 '기구제작도의 시방서'를 그려야 한다.

그런데 기구배치도는 평면에 배치되어 있어 실물 모양을 연상해 내기가 쉽지 않다. 심벌들은 대부분의 경우 실물을 위에서 내려다본 모양을 가능한 이해하기 쉽게 그려놓은 것으로 보면 되겠다. 이처럼 실물과 심벌을 비교 연상하는 훈련을 조금만 해보면 주방도면을 보기가 한결 수월해질 것이다.

5. 인체공학과 주방

주방이야말로 점포의 이익을 비약적으로 향상시킬 수 있는 핵심공간이다. 이제부터라도 음식점의 주방을 '따스한 애정과 과학적 관심'의 시각으로 바라보기 바라며, 인체공학 주방공간의 중요성에 대해 알아보자.

1) 효율적인 주방공간 확보의 중요성

효율적인 작업공간을 구성할 때는 인력, 장비의 구조와 높이 및 배열, 청소 시 여유공간 확보, 메뉴 구성, 식재료, 도구 등을 고려하여 설계해야 한다.

2) 철저히 계산된 조리작업 공간 설계의 필요성

주 통로의 폭은 대략 1.5m 내외로 확보하며 저장창고에서 조리대까지 또는 조리된 음식을 서비스공간까지 이동하기 위해 사람과 물자가 가장 많이 이동하는 공간이다. 평면을 설계한 다음 그곳에서 발생하는 상황을 가상연구하여 가장 적절한 통로의 넓이를 확정하기 위해서는 2·3차원으로 설계하여 보는 것이 크게 도움이 될 것이다.

6. 음식점 전처리 시설공간의 설계

음식점은 '식재의 반입 및 저장공간', '전처리 공간', '조리공간', '배식공간', '퇴식 및 세척공간' 등 이상 5곳의 핵심공간이 존재한다고 보아도 무방할 것이다. 여기서는 이른바 '전처리 공간'의 구성과 그 특성에 대해서 알아보고자 한다.

일반적으로 전처리 공간은 창고형 냉장냉동고와 같은 저장시설과 바로 맞닿아 있어 고객이 주문한 메뉴를 준비하기 위한 사전 처리작업을 위한 공간이라고 볼 수 있다. 전처리실에서 식재를 씻고, 다듬고, 자르고, 다지는 작업이 이루어진다.

이 공간에서 특히 주의할 것 중 하나가 위생과 안전이다. 전처리 공간은 외부 오염구역과 맞닿아 있기 때문에 이들 오염원을 차단하고 안전하게 식재를 가공할 수 있는 장치를 구비해야 한다. 위생도구를 설치하여 운영하고, 충분한 이동통로를 확보하도록 늘 유지·관리해야 한다.

7. 낭비를 줄이는 주방시설 설계 : 린시스템

양적인 비용의 축소보다는 오히려 '시스템을 더 좋게 하여 효율을 높이는 것'이 중요하다.

이러한 시스템을 소위 '린(Lean)시스템'이라고 부른다. 린시스템은 세계 최고의 자동차회사로 질주하고 있는 일본의 도요타자동차의 생산관리체제로부터 나온 경영기법이다. (식)자재 구매에서부터 생산(조리), 재고관리, 서비스에 이르기까지 모든 과정에 낭비를 최소화하여 최적화한다는 개념이다. 즉 불필요한 것들을 찾아내 제거하고 개선하는 '낭비제거 경영'인 것이다.

8. 냉동, 냉장기구에 대하여

아직까지 음식점에서 사용하는 주방기구들은 여러 사람이 공통으로 사용하는 정확한 명칭이 없어서 헷갈릴 때가 많았다. 따라서 필자 나름대로 용어를 정리하여 설명해 보고자 한다. 상자형 냉장고는 손으로 문을 열어서 식재를 저장하거나 꺼낼 수 있는 냉장고를 통칭하는데 냉각방식에 따라 '간접냉각식(송풍기)', '직접냉각식(냉각파이프)' 냉장고가 있다.

구조물의 방향에 따라서는 '직립형(Upright) 냉장고'와 '탁상형(Table, chest) 냉장고'가 있다. 직립형(Upright) 냉장고는 보통의 업소용 냉장고로 불리는 가장 흔히 보는 것으로 통상 180cm 높이와 80cm의 폭으로 되어 있다. 냉각효율이 다소 떨어지나 바닥면적을 적게 차지하고 사용이 용이, 해동하기 좋다. 탁상형(Table, chest) 냉장고는 수평으로 길게 놓을 수 있고, 상판은 작업대로 활용하는 것으로 바닥면적을 넓게 차지하나 상부공간 활용이 용이해 조리열에 배치하여 활용한다.

문을 열 수 있는 방향에 따라 '한 문형(One door)'과 '양문형(Pass-throughs)'으로 분류할 수 있고, 큰 분류기준에 상응하는 유형으로는 소위 '창고형(Walk-ins) 냉장고'가 있다.

9. 고기구이 로스터의 선택과 관리법

어떤 업태의 음식점이든지 고기를 구워 먹는 경우라면 가장 신경쓰이는 기구가 바로 '로스터'이다. 〈표 10-1〉은 로스터의 종류와 구분기준이다.

〈표 10-1〉 로스터의 종류

구분 기준	종 류
사용하는 열원(熱源)	가스식, 숯불식, 가스착화숯불식, 전기식 로스터
배기방식	무배관 로스터, 하향덕트식, 상향덕트식 로스터
굽는 면의 특성	망석쇠방식(가스식의 경우 석쇠 아래 열판을 가열하여 그 복사열로 구움), 세라믹식, 돌판식, 철판식
겸용방식	원형 로스터는 전골, 샤브샤브 등의 냄비를 함께 사용할 수 있음

로스터는 가스나 숯불을 점포 내 탁자에서 사용하기 때문에 화재나 화상, 일산화탄소 중독의 위험이 늘 있어 안전장치가 얼마나 잘 되어 있는지를 반드시 보아야 한다. 또 냄새와 연기를 외부로 얼마나 잘 배출시킬 수 있는지 확인해야 한다. 이는 소위 '공조시스템'의 문제인데 좋은 공조시스템이 되기 위해서는 덕트 소재가 좋아야 하며 1년에 1회 정도는 내부청소를 해야 한다. 가장 중요한 부분은 급·배기의 균형(밸런스)을 맞추는 것이다.

10. 주방기구와 스테인리스, 그 비밀의 열쇠

음식점 주방에서 사용하는 주방기구류는 '스테인리스' 재질로 만든 것들이 대부분이다. 작업대, 세정대, 냉장고, 가스레인지, 오븐, 선반, 세척기 등 조리사들의 땀과 손길이 닿는 조리기구들은 도대체 왜 스테인리스로만 만들어져 있는 것일까?

주방에서는 온종일 많은 불과 물을 사용하고, 다양한 식재료와 소스를 보관하고, 무거운 물건을 올려놓기도 하며, 칼질과 다듬질이 번개처럼 행해지기도 한다.

따라서 주방은 늘 안정되고, 청결해야 하며, 물에 젖거나 불에 타서 변형되거나 녹이 슬면 큰일이다.

1) 주방기구에 가장 많이 사용되는 스테인리스 304

스테인리스강이란 '스테인(Stain, 녹) + 리스(Less, 적다) + 강(Steel, 鋼)'을 합친 말로 '녹이 적게 스는 철'의 뜻을 가지고 있다. 철(Fe)에 상당량의 크롬(Cr, 보통 12% 이상)과 니켈(Ni) 등을 넣어서 만든다. 하지만 크롬과 니켈 및 기타 성분의 함유량에 따라 그 튼튼함과 열에 강한 정도 및 녹이 슬지 않는 정도에도 큰 차이가 있다. 주방기구에 사용되는 대표적인 스테인리스강은 크롬 18%와 니켈 8%를 함유한 스테인리스(STS) 304이다.

2) 판의 종류에 따라 가격 천차만별

최근 스테인리스 값은 하늘 높은 줄 모르고 치솟고 있는데 가장 큰 이유는 스테인리스 값의 80%를 차지하는 니켈의 값이 2배 이상 올랐기 때문이다. 이에 따라 최근 304 대신 430이나 202판을 사용하는 저가의 제품이 등장하고 있는데 〈표 10-2〉를 참고하여 주의해서 사용해야 한다.

〈표 10-2〉 주방기구에 사용하는 스테인리스판의 분류

판의 종류	성분	특징	가격
STS 304(27종)	니켈 8% 크롬 18%	튼튼함, 열에 강함, 녹슬지 않음, 자석에 안 붙음	비쌈
STS 430(24종)	크롬 18%	열에 강함, 충격 및 침식에 다소 약함, 자석에 붙음	저렴
STS 202	니켈 4% 크롬 18%	침식에 약함, 성형성 떨어짐, 자석에 안 붙음	저렴

11 개업홍보 판촉[1]

제1절 CI / BI 디자인 업무 내용

1. 기본 디자인

로고(Logo)	심벌(Symbol)	캐릭터(Character)
한글, 영문	한글, 영문	

2. 응용 디자인

간판류	전면(메인 간판), 스탠딩간판, 유도간판, 돌출간판, 유리창사인, 출입구 유리사인, 유도안내 간판
포장류	캐리어백, 포장지, 우산커버, 도시락박스
서식류	명함, 메모지, 편지봉투(대, 소), 팩스지, 기안지
메뉴류	메뉴커버, 테이블 매트 겸용 메뉴, 벽면부착메뉴, 메뉴용지
차량류	승용차, 봉고, 미니버스, 탑차
유니폼	안내직, 웨이트리스, 웨이터, 지배인, 캐셔, 주방직, 관리직
기물류	그릇, 재떨이, 컵류, 빌꽂이, 냅킨꽂이, 예약표시판, 수저집, 소독저, 이쑤시개, 냅킨

---

1) 김헌희 · 이대홍(1999), 『외식창업실무론』, 백산출판사, pp. 286-314 ; 박형희, 외식경제신문, 한국외식정보(주)

제**2**절 개업날짜와 개업일 매출

개업일은 주말을 선택하는 것이 가장 무난하며, 황금연휴 직전과 이틀 이상의 연휴 첫날은 피해야 한다. 또 명절 직전과 직후의 개업 역시 명절의 부담과 지출을 고려해야 하므로 약간의 시간을 두는 편이 좋다. 그러나 포장을 할 수 있거나 가족적인 분위기에서 즐길 수 있는 업종이라면 명절 직전의 개업도 괜찮다. 영업을 해보지 않은 상태에서 예상매출 물량을 잡는다는 것이 어렵긴 하지만, 불상사가 생겨서는 안 된다. 초대장을 발송한 숫자의 절반 수와 평일 예상매출의 2배 정도의 분량을 잡으면 거의 맞아떨어진다. 부족할 경우에 대비해서 거래처의 비상연락처를 알아두고 수급을 부탁해 놓아야 하며 지나치게 많이 잡으면 재료보관도 힘들 뿐 아니라 재료 사용량이 정확하게 파악되지 않는다는 점에도 유의해야 한다.

제**3**절 개업홍보 판촉

식당은 개업 때 고객들에게 어떤 이미지를 심어주느냐가 아주 중요하다. 이때 점포 개점을 알리기 위해 어떤 형태로든 홍보 판촉활동이 필요하다.

신나는 음악, 재미있는 캐릭터 인형들의 멘트, 그리고 현수막, 풍선 등등으로 축제분위기를 이끌어낸다. 일반적인 개업일 매출과 이벤트했을 때를 비교해 보면 이벤트의 경우, 그 비용만큼 추가매출이 발생하는 것이 대부분이다.

개점 초기의 판촉내용을 보면 거의 대동소이하다.

여러 가지 홍보 판촉방법 중에서 어떤 방법을 선택하던 그것은 사업자의 의지에 달려 있다. 자기점포 여건에 맞고 자기점포 개성을 연출하는 것이 창업판촉의 기준이 돼야 한다. 대부분의 식당들은 현수막, 전단지, 시식회, 할인권 정도는 실시하고 있다.

1. 현수막

현수막은 보통 개업 예정일 20~30일 전에 점포에 부착해 점포 인근을 지나는 행인 또는 자동차 운전자들에게 알리기 위하여 설치한다.

현수막의 내용을 만들 때 개업 일자를 확실히 예측할 수 없을 때는 '○월 ○일'에 해당하는 숫자를 매일매일 붙일 수 있도록 제작하는 것이 편리하다. 또한, 대표적인 메뉴를 표시하고, 상호표시, 개점예정일, 전화번호 등을 삽입한다. 로고체와 캐릭터가 있으면 처음부터 사용하여 점포를 고객에게 인지시키는 것이 좋다. 제작비용은 크기에 따라 차이가 있지만 5~10만 원 정도이다. 신규개점 점포의 개점 전에 고지물로 반드시 활용하여야 한다.

2. 웰컴 폴(Welcome pole)

깃발형 고지물로 여러 형태의 점포에서 사용되고 있는데, 바람에도 깃발이 펄럭이면서 시각적 유인효과가 크다. 도심지라도 주차장 전체에 사방으로 설치하든가, 교외 점포인 경우 50m 전방부터 좌우로 이 깃발을 설치해 두면 자동차 운전자의 눈에 쉽게 보일 수 있으므로 많이 사용되고 있다.

3. 전단지와 리플릿

식당에서 개업 때나 영업이 잘 되지 않을 때 가장 많이 활용하는 것이 전단지이다. 이때 자기점포 개성을 살려서 기획되어야 한다. 판촉의 캐치프레이즈, 판촉의 내용, 특전 등 판촉 기간, 점포이름, 점포콘셉트(메뉴, 분위기, 서비스, 가격), 점포위치 표시, 점포영업시간, 전화 번호, 추천메뉴, 기타 배달, 포장판매, 연회, 파티, 회원제 등이 포함돼야 한다.

식당을 개업할 때 또는 식당영업이 부진할 때 거의 대부분의 점포에서 행하는 판촉업무가 전단지 제작배포다.

① 전단지 제작 시 주의사항
- 전단지는 그 내용을 간단명료하게 작성해야 한다.
- 전단지는 원칙적으로 점포인근 50~100m 반경의 지하철역이나 버스정류장에서 승하차 하는 고객이나 점포 앞을 지나는 행인에게 직접 전달하는 방법이 가장 효과적이다. 점포 전후방 500m 혹은 100m 떨어진 곳에서 배포하는 것이 효과적이다.
- 전단지 배포 시 계속해서 10일 또는 15일간 사장부터 전 직원이 참가해서 배포해야 하며, 배포 전에 전달하는 방법에 대한 교육을 철저히 해야 한다.
"저희 ○○○ 점포가 ○월 ○일 개점합니다. 한 번 들러주시면 고맙겠습니다."
통행객이 전단지를 받아주면 "고맙습니다. 안녕히 가십시오"라고 인사를 한다.
즉 인사 연습부터 세일즈 용어, 단정한 몸가짐 등 몇 가지를 교육한 후 전단지 배포에 임해야 한다.

② 전단지 배포에 있어 또 하나의 방법
점포 주변 반경 0.5km 이내를 1차 공략대상, 반경 1km 이내를 2차 공략대상으로 정한 뒤 공략지역을 순위별로 정하고 직접 조사한 시장분석 내용을 기초로 하여 대상고객, 잠재고객

에게 직접 방문하여 전단지를 배포하는 롤러 작전을 펼치면 효과가 더욱 크다.

이때 조그마한 선물이나 떡을 해서 방문하면 더욱 효과적이다. 방문시간은 오후 3시에서 5시까지가 적당하다. 이때가 졸음도 오고 나른해지며 출출할 때로서 간식시간이기 때문이다.

4. 무료시식권, 상품권, 초대권

낮은 회수율을 높이기 위한 판촉기법이 무료시식권, 상품권, 초대권 등을 개점 안내 팸플릿과 함께 보내는 방법이다. 물론 이 세 가지를 한꺼번에 보내지 말고 대상 고객에 따라 한 가지만 실시하든가, 단계별로 실시할 필요가 있다.

① 무료시식권

한 사람이 시식권 한 장을 가지고 오거나 두 사람이 두 장의 시식권을 가지고 오는 것은 어쩐지 낯간지럽고 어색할 수 있으므로, 시식권은 막 뿌리는 것이 아니라 특별한 고객에게만 증정하여 이를 지참하고 오는 고객들이 점포 입구에서부터 어색하지 않도록 분위기를 만들어주어야 한다.

개업 때에는 1~3개 품목 중 택일하는 내용, 아예 품목을 정해서 발생하는 방법 등이 있는데, 품목선정의 기준은 조리가 간편한 메뉴, 간판메뉴, 재고관리가 원활한 메뉴, 그리고 동시에 많은 양을 빨리 조리할 수 있는 메뉴를 선택하는 게 유리하다.

개업 때 무료시식권 배포기간(유효기간)은 길어도 30일 이내로 해야 한다. 개업 초기 여러 가지 판촉전략이나 홍보전략을 실시하면 1개월 정도 후에는 점포의 성공가능성 여부를 알 수 있다.

② 상품권

상품권은 무료시식권과 유사한 내용이지만, 메뉴를 지정하지 않고 고객 스스로가 선정토록 하여 고객입장을 보다 배려한 판촉수단이 될 수 있다. 무료시식권보다 유효한 수단이며 패밀리레스토랑이나 파인다이닝 고급레스토랑에서 활용하기 좋은 판촉방법이다.

이 상품권은 사용기간을 1년 정도 장기화해도 큰 문제는 없다. 상품권 발행은 유가로 판매할 경우 큰 이익을 낼 수 있다. 판매에 자신이 있으면 적당한 양을 제작하는 것이 좋다.

5. 시식회와 앙케이트

무료시식권 배포와는 별개로 개업 전 훈련과정의 하나로 활용하는 판촉방법이다. 점포개업은 복잡하고 어려우므로 그리고 개업 때 손님에게 불편을 주게 되면 다시는 그 손님이 오지 않기 때문에 철저한 준비가 필요하다. 이러한 문제점을 예방하고 공사로 인하여 불편을 끼친 주변 인근 주민이나 설비관계자들을 대상으로 시식회를 열어 앙케이트조사를 실시하는 것이다.

점포시설 중에 흔히 발생하는 이웃과의 마찰 등 불화를 해소하는 기회로 활용하기 위해 점포 주변 이웃들을 초청해서 시식하도록 한 뒤 메뉴에 대한 의견을 듣는 것도 좋다. 또 친구나 친지, 외식업 관련 전문가를 초청해서 '요리맛에 대한 구체적 평가'를 듣는 기회로 시식회를 활용해야 한다.

기탄없이 의견을 제시할 수 있도록 하는 분위기 조성이 필요하고, 각자가 의견을 간단히 기록할 수 있는 앙케이트 설문을 사전에 준비하면 좋다. 구체적인 질문에 대답도 구체적으로 나올 수 있도록 설정하여 5~7개 항목 정도를 설문하면 적당하다.

6. 극장 CF와 TV CF

개업 초기 점포 인근 극장에 극장용 CF를 방영하는 것도 좋은 홍보방법이다. CF 제작비가 높기는 하지만, 젊은 층을 타깃으로 하는 점포는 그 효과가 크다. 시각적인 효과가 큰 CF 상영은 강력한 무기가 된다. 비용 때문에 극장 CF를 제작할 때에는 추후 TV에도 방영될 수 있도록 설정함이 좋다.

왜 이런 전략을 구사하는 것일까? 그것은 최소한 해당 지역에서만은 타의 추종을 불허하는 유명점포, 실력 있는 점포, TV에 선전할 만큼 경영을 잘하는 점포로서 경쟁력을 갖추게 되는 것이기 때문이다. 방송시간에 구애받지 말고 방영해도 관계없다.

7. 이벤트

개점에 대한 주목률을 높이고 이벤트를 통해 타점과의 차별화를 목적으로 최대한 홍보효과를 극대화시키기 위해서는 어떤 형태든 오픈 이벤트가 필수적이다.

대체로 오픈 이벤트를 확실하게 하려면 적어도 3일간은 지속해서 행사를 진행해야 한다는 것이 업계 관계자들의 의견이다. 2~3일간 행사를 했을 때 이 기간에 15일간의 손님을 모을 수 있다는 것이 평균적인 분석이다.

① 적은 비용으로 높은 효과의 이벤트

기본적인 사양만을 택해서 가장 효율성을 높이는 방안으로 외식업체 오픈 이벤트를 주로 하는 회사에서 추천하는 내용이다.(1일 기준)

- 시선을 집중시킬 수 있는 댄싱 도우미를 포함한 도우미 5명, 업소 이름과 전화번호가 기입된 컬러 풍선 1천 개, 입구 풍선 아치, 음향 – 1백만 원
- 도우미 2명, 피에로 1명, 인쇄 풍선아치, 폴, 현수막, 음향 – 1백만 원
- 도우미 2명, 풍선아치, 폴, 현수막, 음향 – 80만 원
- 도우미 2명, 인쇄풍선 1천 개, 풍선아치, 음향 – 50만 원

한편, 이벤트 업체들도 외식업소에 맞는 더욱 획기적인 새로운 게임과 도구, 분위기 연출 장치들을 개발하는 데 관심을 기울이고 있다. 1회성에 그치는 행사일지라도 그 효과가 상당히 높은 이벤트 방법은 시각과 청각에 의해 고객을 동원하는 것이 좋다.

인근 파출소에 사전 신고하고, 이웃사무실을 방문해 개점인사와 초청장 등을 배포하면서 개점일 몇 시부터 개최하는 행사를 이해시키는 등의 준비가 필요하다. 점포 규모나 돈, 고객의 수준 등에 의해 그 실시여부를 판단해야 할 것이다.

8. 개업선물

점포개업에서부터 일정 기간 내점하는 모든 고객에게 개업선물을 제공하는 경우, 일정구매단액 이상의 고객에게만 특별한 선물을 제공하는 경우, 신년 초에 개점하는 경우에는 해당 연도 출생자 모두에게 선물을 제공하는 경우 등 여러 가지 방법이 있다.

일반적으로 제공되는 개업선물은 여러 가지가 있지만, 개점 시 꼭 개업선물을 제공할 필요는 없다. 점포개업에 의미를 줄 수 있는 물품, 저가 제품이지만 고가품의 이미지가 있는 제품 등을 선택해야 한다. 고객이 당연한 것으로 받아들인다면 선물제공의 의미는 없다.

9. POP(Point of purchase) : 구매시점광고

POP로 메뉴를 어필할 경우 다음과 같은 2가지 작업을 생각해야 한다. 어떠한 것을 이용하여 내용으로 표현할 것인가, 그 내용을 정한다. 정해진 내용을 어떻게 표현할 것인가, 그 표현방법에 따라, POP로 강조할 요소는 3가지이다. 즉 고객이 상품을 구매하는 곳(업소 내외), 고객에게 정보를 알릴 수 있는 곳, 상품을 선택할 수 있도록 업소의 정보를 용이하게 알리는 광고를 말한다.

POP 광고는 입점을 촉진하고, 상품(메뉴)설명, 점포홍보, 메시지 게시판의 역할을 한다.

① POP의 종류

- 점두 POP : 점두에 설치된 POP. 다양한 소재를 사용하며 최근에는 고객의 눈길을 끌기 위해 사인보드가 많이 등장하였다.
- 벽면 POP : 벽면에 붙여서 사용하는 POP. 벽면포스터가 주종을 이루며 디자인하여 업소만의 개성을 자랑할 수 있을 것이다.
- 윈도 POP : 업소의 외부 유리에 부착하는 POP
- 플로어 POP : 점두에서 점내 플로어까지 여유공간이 있다면 활용해 봄직한 POP
- 실링 POP : 천장공간에 매달아 사용하는 POP. 우드락 소재에 실크 인쇄하여 사용한다.
- 카운터 POP : 카운터 위나 POS 옆에 주로 설치한다. 패스트푸드 업태 외에는 메뉴 판촉으로 적합하지 않지만, 메시지 전달을 위해 실시한다면 주목률은 높다.
- 테이블 POP : 메뉴선택에 가장 영향을 주는 POP. 다양한 소재를 활용할 수 있다.

② POP 광고의 조건

POP 광고를 시의적절하게 활용하면 최소의 비용으로 최대의 효과를 누릴 수 있다.

이런 POP 광고를 효과적으로 이용하기 위해서 아래의 몇 가지 포인트를 검토한다면 지속적인 광고효과를 볼 수 있다.

- 소비자에게 구매의욕을 일으키는가.
- 소비자에게 충동구매를 일으키는가.
- 시각적인 효과가 충분한가.
- 계절감각이나 지역특성을 충분히 반영하고 있는가.
- 메뉴의 개성 및 특성을 인상 깊게 주는가.
- 점두나 점내에서 고객의 눈길을 충분히 끄는가.
- 디자인이 참신한가.
- 제작비는 적절한가.

제4절 초대장과 초대 손님 모시기

예쁜 초대장을 제작, 초대 글은 쉽고 재미있게, 알고 있는 모두에게 동네 이웃에게도 초대장을 발송, 개업 일주일 전쯤 도착하도록 발송한다. 초대장의 글을 받는 사람이 부담을 느끼지 않고 축하하러 올 수 있도록 쉬우면서도 간결하고 재미있게 쓸 필요가 있다.

또한 "바쁘신 가운데서도⋯ 빛내주시면 감사하겠습니다"보다는 "⋯자리를 빛내주시지 않으시겠어요?" 하는 식으로 친근한 구어체를 사용해서 직접 말로 하듯 글을 쓰는 것도 괜찮다. 이웃에게도 초대장을 주면 훨씬 기억에 남고 고객 이상의 대접으로 받아들인다. 또한, 초대장을 받으면 개업 다음날이라도 찾아온다.

제5절 CR활동

지역사회와의 좋은 관계유지를 위한 활동이 CR활동이다. 인근 사무실 방문, 노인정 방문, 공공단체 방문, 주부클럽과의 연합이벤트 실시, 조기축구회 참가, 지역장학회 참가, 방범활동 등 여러 가지 CR활동은 확실히 지역기반을 확립하는 좋은 판촉행위가 된다. 이것을 단순히 판촉전략으로 생각하기보다는 지역에서 사랑받는 점포로서 생존을 위한 방법이라고 생각해야 한다. 대학 인근점포는 대학동아리회를 적극 지원하는 방법도 CR활동의 하나이다. 영업과 직결되는 CR활동은 인근 500m 이내의 각종 사무실을 정기 방문해 할인권, 초청권, 쿠폰, 떡 등을 전달하는 것도 해당된다. 앉아서 기다리는 자세가 아닌 적극적인 점포 활성화 전략을 세워 사장과 간부가 솔선해서 하루 5개사를 방문해 명함과 초청장을 같이 제시하는 것은 아주 사소한 것처럼 보이나 1개월 150처 연간 1,700곳 방문이라는 커다란 거래집단을 만들어갈 수 있는 전략이다.

제6절 온라인 홍보

외식산업에서도 SNS의 발달과 함께 고객들의 외식정보에 대한 공유, 탐색 및 전달 방식이 새로운 양상으로 진화하고 있으며 상당 수의 외식업체들이 고객과의 커뮤니케이션 마케팅 채널로 SNS를 활용하는 사례가 늘어나고 있다[1].

지난 10년간 외식업 마케팅의 가장 큰 변화는 온라인 홍보 마케팅이다. 온라인 마케팅은 공간 제약 없이 많은 사람과 소통할 수 있어 바이럴 마케팅에 용이하다. 그래서 SNS로는 고객을 유입하고 블로그로는 정보를 제공하여 구매전환을 유도하는 방식을 취한다. 또한, 스마

---

1) 이혜성(2015), 외식소비자의 소셜네트워크서비스(SNS) 이용동기가 이용자 참여와 구매의도에 미치는 영향(경희대학교)

트폰 사용의 증가로 모바일 마케팅이 활성화되고 있다. 이렇듯 업장을 홍보하기 위해서는 한 가지 온라인 수단만을 이용하기보다는 고객 특성에 맞는 방법을 찾아 전략적으로 블로그나 인스타그램, 페이스북 등에 홍보해야 할 것이다[2].

1. 블로그 마케팅이란

블로그란 개인의 관심사 같은 것을 자유롭게 게재할 수 있도록 만든 웹사이트이다. 개인적인 용도로 이용되어 온 블로그가 요즈음은 기업에서의 홍보수단으로 많이 이용되고 있다. 선진국에서는 이미 블로그 마케팅을 통해 성공적인 결과를 많이 거두었다. 이에 많은 기업들이 블로그 마케팅에 관심을 보이는 것이다. 블로그는 최신정보를 발 빠르게 교환할 수 있고, 소비자의 needs를 잘 파악할 수 있으며 소비자의 반응도 즉각적으로 확인할 수 있다. 그중 가장 큰 장점이라면 스크랩이라는 기능을 통해 자사의 정보 같은 것을 무한대로 퍼뜨릴 수 있는 파급효과라고 할 수 있다.

2. 인스타그램(Instagram)

인스타그램(Instagram)은 온라인 사진 공유 및 소셜 네트워킹 서비스이다. 사용자들은 인스타그램을 통해 사진 촬영과 동시에 다양한 디지털 필터(효과)를 적용하며 페이스북이나 트위터 등 다양한 소셜 네트워킹 서비스에 사진을 공유할 수 있다.

사용자들은 사진을 올릴 수 있고 사용자들의 인스타그램 계정을 소셜 네트워킹 서비스와 연동할 수 있으며, 다른 사용자들과 피드백할 수 있다.

3. 페이스북

페이스북(영어: Facebook)은 2015년 2분기 기준, 전 세계 14억 9천만 명 이상의 월 활동 사용자(MAU: 최근 한 달 동안 그 사이트를 적어도 한번 방문한 사용자)가 활동하는 세계 최대의 소셜 네트워크 서비스 중 하나이다.

사용자들이 서로의 개인정보와 글이나 동영상 등을 상호 교류하는 온라인 인맥 서비스(소셜 네트워크 서비스)의 대표 격이다. 활발한 사용자 중 절반 이상은 모바일 기기에서도 페이스북을 이용하고 있다.

페이스북과 트위터의 가장 큰 차이점 중 하나는 트위터는 회사 이름, 사물 등 다양한 주제를 이름으로 하여 가입하는 것이 가능하지만 페이스북은 가입 시 성별, 생년월일을 반드시 입력해야 하며 이는 사람만이 가입할 수 있다는 것을 의미한다. 따라서 페이스북 내에서 기

2) 외식경영, 2015년 3월호

업체의 홍보 등을 하기 위해서는 페이지를 만들어야 한다. '좋아요' 수나 게시글 수 등의 일정 기준을 넘는 페이지들은 사용자의 프로필에 등록 가능하며 @기호를 이용하여 하이퍼링크를 생성할 수 있다.

4. 유튜브

당신(You)과 브라운관(Tube, 텔레비전)이라는 단어의 합성어인 유튜브(YouTube)는 구글이 운영하는 동영상 공유 서비스로 매일 1억 개의 비디오 조회 수를 기록하는 세계 최대의 동영상 사이트이다. 2015년 기준 54개 언어를 지원하는 다국어 서비스이며, 일부 서비스를 제외하고는 기본적으로 무료로 이용할 수 있다.

사용자들은 다양한 전자기기를 이용하여 동영상을 촬영 및 업로드하고, 시청하며 공유할 수 있으며 나아가 댓글을 달아 소통할 수도 있는 소셜 미디어 서비스이다.

국내에서는 2009년 인터넷 실명제와 관련하여 국가 설정이 한국인 경우 동영상 업로드가 제한되기도 하였으나 2012년 이후 인터넷 실명제가 위헌 판정을 받으면서 이러한 제한은 사라졌다.

유튜브에 업로드하는 사용자의 대부분은 개인이지만, 방송국이나 비디오 호스팅 서비스들 또한 유튜브와 제휴하여 동영상을 업로드하고 있다.

12 개업 전후 체크와 컨트롤

1. 개업 전 체크와 컨트롤

- 입지조사는 완료했는가.
- 입지주변가의 특성은 파악했는가.
- 상권인구, 연령구성비 등 인구동태 확인은 했는가.
- 주변의 경쟁음식점에 대한 상황은 파악했는가.
- 외식산업 이외의 상업시설(상점·레저시설 등)의 경합상태도 조사했는가.
- 상권의 위치에 대한 성격은 파악하고 있는가.
- 상권 전체에 몰려드는 사람들의 이동수단과 성격을 파악하고 있는가.
- 영업전략이 입안되어 있는가.
- 개업사업 자체의 의의, 목적, 회사 내에서의 위치가 설정되어 있는가.
- 업종·업태의 설정 중 업계 내에서 점포의 지위가 정해져 있는가.
- 주력상품과 상품구성은 결정되어 있는가.
- 객단가의 설정 및 그와 관련된 단가설정은 되었는가.
- 대상고객의 이미지는 확립되었는가.
- 영업시간·정기휴일은 결정되었는가.
- 각 영업시간에 따른 소비자의 요구를 파악하고 있는가.
- 점포규모와 객석 수는 결정했는가.
- 각 영업시간에 따른 소비자의 요구를 파악하고 있는가.
- 점포의 이미지는 완성되었는가.
- 점포명은 지어졌는가.
- 유니폼·식기·인테리어 등 각종 시각적인 요소는 결정되었는가.

- 수치계획은 완성되었는가.
- 영업전략 · 입지조건으로 판단할 수 있는 매상고의 예상은 되어 있는가.
- 이번 개업에 소요되는 총비용의 목표는 정해져 있는가.
- 인건비, 원료비, 각종 경비 등 영업비용의 범위가 영업전략에서 나온 것인가.
- 월차단계에서 손익계산서의 검토가 행해지고 있는가.
- 월차단계에서 차입금 반제, 투자채산성이 확인, 사업으로 성립되는 것을 알고 있나.
- 최저 5년 동안의 자금조달방법이 마련되어 있는가.
- 프로젝트 팀이 편성되어 있는가.
- 프로젝트 구성원 모두가 이번 프로젝트의 목적과 의의를 확인하고 있는가.
- 각종 프로젝트 팀에게 영업전략을 설명했는가.
- 프로젝트 팀 구성원의 작업을 통합 관리하는 담당책임자는 임명되어 있는가.
- 점포의 로고 캐릭터의 디자인은 완료되어 있는가.
- 유니폼을 어떻게 할 것인지 결정은 내렸는가, 그리고 발주체제에 들어갔는가.
- 식기를 어떻게 할 것인지 결정은 내렸는가, 그리고 발주체제에 들어갔는가.
- 메뉴북의 형태는 결정했는가, 제작일수는 확인했는가.
- 각종 매입업자와 연락을 하면서 협상을 벌이기 시작했는가.
- 하드웨어로서의 점포계획이 완성되었는가.
- 점포 평면도는 완성되었는가.
- 주방 레이아웃(평면도 계획)은 완성되었는가.
- 주방 레이아웃과 조리가 예정된 상품과의 균형이 맞는지 확인했는가.
- 점포 평면상에서 실제 영업활동을 가상한 작업체크를 했는가.
- 요원계획은 다 되었는가.
- 주방책임자는 결정되었는가.
- 주방책임자와 보조가 주방레이아웃을 이해하고 작업방법을 시작했는가.
- 메뉴기준표 작성을 하고 있는가.
- 홀 책임자(지배인, 매니저)가 결정되었는가.
- 각종 매뉴얼 관계(특히 교육에 관한 시스템)가 작성되었는가.
- 개업까지 운영계획표가 완성되었는가.
- 대강의 개점날짜가 정해져 있는가.
- 계획표 중에 프로젝트 팀의 일정관리까지 종합적으로 입안되어 문서화되어 있는가.

2. 개업 당일 준비와 체크

1) 점포 설비

- 간판, 네온, 샘플케이스 등에 전원스위치는 완비되었는가.
- 샘플케이스의 확인(진열방법, 가격표, 소품장식법 등)
- 영업 시 간판이 '영업 중'의 상태로 되어 있는가.
- 필요한 경우 우산꽂이는 설치되어 있는가.
- 개점, 화분 등이 어지럽혀 있지 않는가. 다른 점포에게 폐를 끼치지 않는가.
- 입구매트의 설치 확인
- 꽃꽂이나 화분 등은 깨끗하게 장식했는가, 또 물은 충분히 주었는가.
- BGM이 시간대에 맞는 곡으로 음향도 적절히 설정했는가.
- 점내 장식소품(그림 등)이 적절하게 배치되어 있는가.
- 점내 온도는 좋은가. 냉난방기 상태의 확인
- 화장실 주변의 확인(타월, 비누, 매트 등 비품이 완비되어 있는가) 또는 청소는 구석구석 고루 했는가.
- 청소도구의 확인. 품목과 수량이 갖춰져 있는가.
- 어제까지의 공사흔적은 정리되었는가, 또 청소는 했는가.

2) 주변정리

- 개점 당일부터 며칠간의 업무스케줄은 짜여져 있는가.
- 각 기기류의 스위치 조작확인의 실시와 종업원의 교육은 했는가.
- 사무용품은 갖추어져 있는가.
- 각종 업자관계 연락처는 일람표로 작성했는가.

3) 식기 저장소

- 은식기류 및 식기가 정위치에 적정개수가 정돈되어 있는가.
- 찬장, 창고에 팻말이 붙어 있는가.
- 음료상품의 식재 구입은 파악했는가.
- 테이블 위치도가 게시되어 있는가.
- 소스, 샐러드 등의 확인
- 테이블번호를 알기 쉽게 붙여놓았는가.

4) 홀

- 테이블 배치 및 정리는 조정되어 있는가.
- 서비스 준비단계에 있어 찬물·집기 등이 준비되어 있는가.
- 물수건 사용 전의 놓는 장소, 사용 후의 놓는 장소 확인은 했는가.
- 휴지통은 준비되어 있는가, 또 재떨이는 각 테이블에 완비되어 있는가.

5) 금전출납

- 금전출납기의 작동확인 및 날짜확인은 했는가.
- 잔돈은 준비되었는가.
- 영수증과 수입인지에 날인이 되어 있는가.

6) 비품류

- 유니폼 수량의 확인, 또한 청결체크
- 명찰은 준비되어 있는가.
- 메뉴북은 적당히 준비되어 있는가, 또 정위치에 보관되어 있는가.
- 주문전표는 완비되어 있는가.
- 세탁물 보관장소의 위치는 설정되어 있는가.

7) 조리, 난방

- 조리기구가 정위치에 놓여 있는가.
- 난방기기 온도설정이 정확히 실시되고 있는가.
- 발주식재의 납품현황은 확인했는가.
- 판매예상에 맞는 적정한 재료구입이 행해졌는가.
- 현장에서 메뉴기준표의 변경에 대한 확인은 했는가.
- 시간대 메뉴 및 개업기념 특별메뉴의 유무는 확인했는가, 또 그 결과를 종업원에게 철저히 주지시켰는가.
- 주방 내 업무진행표의 변경은 없는가.
- 조리관계 집기비품의 수량은 확인했는가.
- 냉장고·냉동창고 내의 식재가 정위치에 놓여 있는가를 체크
- 식재 재고량 확인과 동시에 정리정돈도 체크
- 주방 내의 식기가 정위치에 적정량 수납되어 있는가를 확인

- 조리용구의 수량은 부족하지 않은가, 또 청소는 깨끗이 되어 있는가.

8) 주위

- 주위 사람들에게 개점인사를 했는가.
- 개점을 알릴 만한 간판과 광고는 어떤가.
- 개점으로 발생하는 혼란이 주위사람들에게 폐가 되면 안 된다.

3. 개업 후 체크와 컨트롤

음식점 개업이나 경영은 '이익을 올리는 일'이 최종 목적이라고 할 수 있다. 적정이익을 얻지 못하는 음식점은 개장을 위한 재투자 비용의 저축은 물론, 참신한 인재를 육성할 교육비조차 마련하기 어렵다. 따라서 경영자와 종업원은 의욕을 잃게 된다. 개점하고 나서 생각대로 이익을 올릴 수 없을 때, 그 이유를 어떻게 할 수 있으며 또 그 방법은 무엇인지에 대해 앞으로 설명해 보겠다(원래 개점 직후에는 매상이 안정되지 않는 법이므로, 3~4개월 지난 뒤 이 체크 리스트를 활용해 보자).

이익을 낼 수 없는 이유는 우선 크게 나누어 다음 2가지를 들 수 있다.

첫째, 매상이 절대적으로 적은 경우

둘째, 매상은 충분히 확보할 수 있으나, 너무 경비가 많이 들어 이익을 낼 수 없는 경우, 특히 신장개업에 있어서 전자인 '매상부채의 절대적 부족'이 부진의 원인이 되는 경우가 많다. 매상이 부진한 이유를 정확하게 알려면 다음 사항을 확인할 필요가 있다.

① 손님들에게 점포의 존재 및 영업에 대한 홍보가 충분히 전달되었는가.

- 손님 수는 계획대로 순조롭게 모이고 있는가.
- 서비스권과 개업광고지에 대한 반응은 어떠한가.

② 손님들에게 영업에 대한 이미지를 올바르게 이해시켰는가.

- 가격은 당초 계획대로 되고 있는가.
- 팔고 싶은 상품이 팔리고 있는가(ABC 분석표).
- 시간대별 매상이 계획대로 실행되고 있는가(시간대별 매출관리표).
- 객석 회전수는 적절한 수준을 유지하고 있는가(시간대별 매출관리표).

③ 현장 영업수준은 적절히 유지되고 있는가.

- 상품 제공시간이 늦지는 않은가.
- 상품 품질이 낮지는 않은가.

• 서비스 수준은 업종·업무와 일치하는가.

위에서 살펴본 ①, ②, ③의 '매상액 부족'이 이유가 아니라면 ④사항을 확인할 필요가 있다.

④ 원가가 너무 높은 것은 아닌가 : 이유

• 오버 포션이 되지는 않았는가.

• 준비단계에서 음식재료의 손실이 많지 않은가.

• 주문실수로 인해 원가율이 높은 것은 아닌가.

• 준비단계에서 비싼 음식재료를 사는 것은 아닌가.

• 아르바이트생을 많이 쓰는 것은 아닌가.

• 임금체계가 잘못된 것은 아닌가.

• 교대에 대한 관리를 정확하게 하고 있는가.

• 고임금 노동자를 쓰고 있지 않은가.

부록

<부록 1> 편의음식점 시장조사 Manual(예시)

1. 조사의 목적

외식시장의 성숙화에 동반해 기업 간 경쟁도 업종·업태를 막론하고 더욱 심각해져 가고 있는 상태에서 세밀한 상권상황의 파악이 절실히 요구되고 있다.

이 상권조사는,
① 점포에서 영업전략을 수립하기 위한 목적으로 수행하는 것이다.
② 독자적인 조사에 따른 최신정보의 입수
③ 같은 형태의 상권자료와의 비교 분석에 따른 자기점포의 상황파악을 목적으로 하는 것이다.

따라서 이제부터는 마케팅 활동의 지침이 되는 중요한 자료를 만들기 위해 조사를 하고 점포근무자 간의 협력은 물론 인근 점포와의 협력체제를 만들지 않으면 안 된다.

2. 조사의 내용

이상의 항목을 작업별로 분류하면,
① 자료의 수집항목(상권지도 작성, 인구·세대주 조사, 사무실, 종업원 수 조사, 각종 시설·단체 조사, 외식지출 조사)
② 점포 자체 조사항목(경쟁점 조사, 점포 앞 통행량 조사, 점포 입점자 수 조사, 고객 앙케이트 조사)으로 나눈다.

조사의 Point는 통행량, 고객 수 체크 및 앙케이트의 스케줄화, 거기에 따른 시프트(근무시간)의 조정, 추가로 인근 점포근무자와의 협력에 따른 기존자료의 수집에서 작업분담을 하면 시간의 단축은 가능하다.

3. 조사일정 및 보고

3가지 자체조사(통행량, 고객 수 체크, 고객 앙케이트)는 동시에 실시하는 것이 자료 분석상 이상적이지만, 시간표의 조정 등 곤란한 부분이 있기에 각각 실시해도 좋다.
기존자료의 수집 및 자체조사의 집계는 자체조사 종료 후 2주간 이내에 완료시키고 담당 S.V에게 제출한다.

4. 조사항목별 실시요령

1) 상권지도의 작성

점포 주변의 광역상권을 알기 위한 '광역지도'

점포 주변의 세부사항을 파악하기 위한 '세부지도'

이상의 두 종류를 작성한다. 지난 분기 작성을 마친 점포는 점포 주변의 변화가 없는 경우 새로 작성할 필요가 없다.

(1) 목적

- 상권으로 설정된 범위의 지리적 조건 파악/고객이 유입되는 지역 파악

(2) 작성순서

먼저 지도를 준비한다.

- 시중 판매되는 15,000분의 1~20,000분의 1 지도를 준비한다.
- 점포 주위 세부지도의 작성을 위한 주택지도를 준비한다.

① 광역도

- 시중에 판매되는 지도에 반경 0.5km, 1km, 2km의 원을 그린다.
- 반경 2km 부분이 중앙에 자리 잡도록 B4 사이즈(가로)로 복사한다.

② 세부도

- 점포를 중심으로 해서 반경 500m 내의 세부도를 준비한다.
- 주택지도의 필요 부분을 복사하고 나서 점포가 중앙에 있도록 용지 크기를 조정한다.
- 목적점포와 관계있는 각종 시설, 매출에 영향 있는 경쟁점은 굵은 사인펜으로 표시한다.
- 점포 앞 통행량(차량)을 통행 방향별로 기입한다(유통인구의 흐름은 굵은 선).

2) 인구·세대수 조사

동별로 인구를 조사해서 상권거리별 거주인구를 파악하는 것이다.

(지난 분기 조사를 마친 점포는 업데이트한다.)

(1) 목적

- 목적점포의 고객이 될 가능성이 있는 인구를 명확히 나타낸다.
- 거주인구의 남녀별(연령별)로 고객계층을 파악한다.

(2) 작성순서

- 데이터 입수는 동사무소에 의뢰한다.

  (불명확점은 구청, 민원실 상담창구를 이용하여 확인, 연령구분은 5세 단위로 기입)

- 먼저 입수한 지도에서 각 원내(0.5km, 1km, 2km)에 포함된 통, 반별로 면적비를 산출한다.

- 인구세대 수의 통·반별로 실수 '나'로 산출한 면적비를 곱하여 각 1km마다의 인구·세대 수를 산출한다.

- 최종적으로 집계표에 기준한 각 1km마다의 합계치를 산출한다.

3) 사무실 · 종업원 수 조사

사무실 수와 종업원 수를 조사한다. (지난 분기 조사를 마친 점포는 업데이트한다.)

(1) 목적

상권 내의 타깃인구를 파악하는 것이다(타깃인구＝주거인구＋사무실 종업원 수)

(2) 작성순서

- 동별 사무실, 종업원 수의 통계수치를 입수한다.
- 2개의 거리별 상권에 속하는 동의 경우 면적비를 곱하여
- 상권 내의 사무실, 종업원 수를 산출한다.
- 최종합계를 각 상권 거리별로 산출한다.

4) 각종 시설장치

사람이 모이는 데 커다란 영향을 미치는 각종 시설의 상황을 파악하는 것이다.
(지난 분기 조사를 마친 점포는 업데이트한다.)

(1) 목적

각종 시설의 세부상황을 파악함에 따라 판촉 등의 계획, 실행 타이밍을 맞추는 구체적 데이터로써 활용한다.

(2) 작성순서

① 교육기관

각 km마다의 각종 학교에 대해서 ① 학생 수, ② 책임자 수, ③ 전화번호를 조사한다. 이 데이터의 수집은 도서관에서 전국 학교총람을 보면 된다. 단, 거리구분은 점포에서의 거리에서 대상거리에 ○표를 한다.

② 대규모 상업시설 리스트

매출에 영향을 주는 '대형 쇼핑센터'를 중심으로 그 시설명, 매장면적, 연매출, 주차 대
수, 정기 휴일(영업시간) 등을 조사한다.
- 거리구분은 해당거리 구분에 ○표를 한다.
- 기입순서는 인근부터 시작한다.(직업별 전화번호부에서 상세히 확인할 수도 있다.)
③ 점포 주위 정류장(지하철) 승강객 수 데이터표
- 평일, 토요일, 일요일에 구분하여 승강객 수 데이터를 입수한다.(요일별로 구분하여
평균 숫자를 기록하는 경우 평균란 끝에 수치를 기입한다.)
- 데이터 입수 불가능 점포는 담당 SV에게 문의한다.

5) 각종 단체조사

CR활동의 대상으로서 반드시 파악할 필요가 있는 어머니회, 교회, 스포츠 단체 등을 조사
하는 것이다(지난 분기 조사를 마친 점포는 업데이트한다.).

(1) 작성순서
- 어머니회 : 조사항목은 단체명, 책임자명, 전화번호, 회원 수, 활동개요 등
- 스포츠클럽 : 단체에 등록되어 있는 스포츠 단체 조사

6) 경쟁점 조사

(1) 목적
같은 상권 내 경쟁점의 정보를 입수함과 동시에 경쟁점 대책에 활용할 수 있다.

(2) 작성순서
- 경쟁점의 리스트 UP
- 외면적 조사(객수, 레지객 수) / 내면적 조사(Open 연월일, 추정 연매출)
단, 연매출의 추정방법은
① 입점자의 카운트
② 쓰레기통 및 폴리백 카운트, 빵 케이스 카운트 등을 기초자료로써 활용한다.

7) 점포 앞 통행량 조사

① 시가지점 : 보행자 통행량
② 교외점 : 차량의 통행량을 원칙으로써 구분한다.
단, 점포의 대상구분이 어려운 경우는 담당 SV와 상의 후 2가지 중 어떤 형태인지를 판단

해야 한다.

(1) 목적

점포의 매출에 가장 영향 있는 점포 통행량을 카운트해서 '흡입상황', '입점객과의 상관관계' 등을 명확히 나타낸다.

(2) 작성순서

〈보행자 통행량〉

• 점포 앞 보행자 통행량의 흐름을 나타낸다.

• 요일별, 시간대별, 고객계층 단위로 통행량을 조사한다. 고객계층은 상세하게는 구분하기 어렵기 때문에 다음과 같이 크게 3등분한다.

  ① 어린이, 주부 / ② 학생(중, 고, 대) / ③ 직장인(샐러리맨, 직장여성)

• 측정 장소는 점포 앞에서 하고 기본적으로는 2방향을 측정한다. 점포형태에 따른 측정 장소, 통행흐름의 선정은 어려움이 다소 따르지만, 마지막 페이지의 조사패턴을 참고로 해서 통행량 조사지점 설명서에 기입한다.

• 시간대마다 모든 차량을 카운트할 필요는 없고, 다음과 같이 3회 측정으로 무방하다.

차량통행 조사표에 따라

① 10~15분까지 카운트 기입

② 30~45분까지 카운트 기입

③ (1+2)×2의 계산으로 1시간당 통행량이 된다.

또한, 차량 구분은 차종별 차량 조사표에 따라 100대 실측에 의한 차량 구분비에 기초해서 산출할 것

100대 실측은 매시간 행할 필요가 없다. 한번 계측한 배분비로 응용이 되는 시간대가 있다. 예를 들어,

09:00~10:00에 측정한 배분비는 12:00의 시간대까지 유효

12:00~13:00   〃   18:00   〃

18:00~19:00   〃   폐점까지 유효

• 점포의 위치에 따라 점포 앞의 보행자, 차량통행을 같이 카운트해서 '흡입상황'을 체크하는 것 등은 현장여건에 따라 측정 장소라든가 측정대상 등을 검토 후 실시한다.

8) 점포 입점자 수 조사

점포로 들어오는 고객 수를 조사하는 것이다.

(1) 목적

- 통행량과의 상관관계(유입률)를 알 수 있게 된다.

(2) 작성순서

- 점포 출입구에서 매시간대마다 카운트한다.
- 고객계층 구분은 눈어림에 의한 비율로 계산해도 된다.
- 측정요령은 입점자 수 조사표에 의해 15분마다 카운트해서 기입한다. 점포 입점자 수 조사는 판매분석상 중요한 조사이기에 확실한 자료가 되도록 확인해야 한다.

9) 입점객 앙케이트 조사

(1) 목적

목적점포의 손님이,

- 어디에서 오는가(거주지, 근무지, 통학지).
- 어느 때 오는가(이용시간, 동반인 수, 동반형태, 입점동향).
- 왜 오는가(점포 선택이유는 점포의 사전 결정도).
- 어떤 의도로 오는가(내점 의도).
- 어떤 고객인가(성별, 연령, 직업) 등에 대해서 파악한다.

(2) 작성순서

- 조사의 방법은 내점시간마다 무작위 추출로 손님에 의한 자기회답방식으로 실시한다.
- 고교생 이상을 대상으로 실시한다.
- 시간마다 샘플수에 대해 플로어 앙케이트 조사표를 건네주고 앙케이트 회답을 의뢰한다.
- 회답은 객석에서 기입하게 하고 카운터에서 회수하는 방법을 취한다.

10) 외식 지출조사

(1) 목적

점포가 위치하는 동네의 1세대당 소비지출, 식품지출 및 외식지출을 파악하고 상권 내의 외식상황을 나타내는 것이다.

(2) 작성순서

- 인구 세대수 조사와 같이 구청이나 동사무소에 의뢰할 것
  동사무소에 따라서는 가계조사를 실시하고 있지 않는 경우가 있는데, 이 경우에는 인근

구청의 데이터를 입수할 것

- 입수한 데이터에서 1세대당 1개월 평균 소비지출, 식료품지출 및 외식 지출의 금액을 파악할 것

5. 타깃인구

거리별 거주인구, 세대수, 종업원 수, 사무실 수, 타깃 인구를 작성한다.

6. 교육기관

거리별 학교를 구분하여 몇 개교가 있는지 작성한다.

7. 대규모 상업시설

시설명별 거리와 연매출을 측정하여 작성한다.

8. 레저 · 스포츠시설

시설명별 거리와 수용(입장)인원 등을 작성한다.

9. 승강객 수(버스 · 지하철)

역, 선명 거리와 승강객 수를 작성한다.

10. 경쟁점(동일업종)

점포별 거리와 연간 추정매출을 작성한다.

11. 통행량

1) 조사의 범위 : 해당항목에 ○표 할 것

① 보행자 통행량 조사
② 차량 통행량 조사
③ 보행자 · 차량 동시조사

2) 통행량 데이터

연령, 날짜별 보행자, 차량 이용자 수를 작성한다.

12. 입점자 수 · 통행자(수) · 유입률

날짜별 입점자 수, 통행자(수), 유입률(%)을 조사하여 작성한다.

※ 유입률 = 입점자 수 ÷ 동행자(수) × 100

13. 외식지출 상황

① 조사지역 : (   )

② 소비지출(금액) : (   )천 원/월

③ 식품지출(금액) : (   )천 원/월

④ 외식지출(금액) : (   )천 원/월

⑤ 외식비율(%) = (4) ÷ (3) × 100

<부록 2> 사업계획서 목차(예시)

≪사업계획서 목차≫

1. 사업의 방향
2. 영업계획
3. 메뉴계획과 메뉴설명
    ① 메뉴계획   ② 메뉴설명
4. 인력운영계획
    ① 인원계획   ② 조직구성 계획   ③ 채용계획   ④ 교육계획
5. 시설 및 구매계획
    ① 점포계획   ② 인·허가사항의 체크
    ③ 점포 기본 Lay-out   ④ 설비업체 일람표
    ⑤ 설비 및 비품리스트   ⑥ 식재리스트
    ⑦ 점포운영에 필요한 수배사항 ⑧ 오픈 반입 스케줄
6. 운영관리계획
    ① 주방 일일운영 매뉴얼   ② 홀 일일운영 매뉴얼
    ③ Q.S.C 체크표   ④ 영업일보
    ⑤ 품목별 판매 현황표   ⑥ 식재발주표
    ⑦ 사입집계표   ⑧ 영업효율표
    ⑨ 식재보관 매뉴얼   ⑩ 주문전표
7. 판매촉진계획
    ① 준비사항   ② 판매촉진 스케줄표   ③ OPEN 직후의 판촉
8. 투자예산 및 수지계획(안)
    ① 투자비용 분석   ② 고정비용의 분석   ③ 손익분기 매출의 계산
    ④ 매출계획   ⑤ 월차손익계획(月次損益計劃) 표준형 P/L

〈별첨〉
    ① 오픈 스케줄표   ② 메뉴별 Recipe   ③ 소스별 Recipe
    ④ 원가계획(메뉴, 식재소스)   ⑤ 교육교재

참고문헌

- (재)일본외식산업총합조사연구센터
- (통계청)국민계정(한국은행); 전국사업체조사(통계청); 직종별 사업체노동력조사(고용노동부); 도소매업·서비스업조사(통계청)
- 2017년 중 베이징시 기준(자료 : 베이징시 통계국), 환구시보(2018년 3월)
- 2018 국내외식트렌드조사보고서
- 2018 한국외식산업 Mega Trends
- 2019 NH투자증권보고서
- 2019 농림축산식품부, 한국농촌경제연구원, aT한국농수산식품유통공사, 삼정KPMG 경제연구원
- 2019 식품외식통계 해외편 재작성
- aT농식품유통교육원, 공공부문 단체급식 확대를 위한 현황조사 및 신규시장 진출방안
- CENSUS, County business patterns, aT한국농수산식품유통공사
- KOTRA 해외시장뉴스(2018), 변화하는 중국 외식산업 트렌드 및 유의사항
- KOTRA(2017), 세계시장 뉴스 : 일본 소비트렌드의 변화, 집중과 단일화
- KOTRA, 2018 Research, 텐진무역관 재정리
- NRA(2019), Restaurant industry trends for 2019, Entrepreneur
- 경제총조사(통계청), 도소매업·서비스업조사(통계청), 전국사업체조사(통계청) 재정리
- 국제경제리뷰, 한국은행, 2018
- 김동승(1998), 외식창업마케팅, 백산출판사, p. 15
- 김혜련, 단체급식의 현황과 영양관리 개선 과제, 보건·복지 Issue & Focus, 제30호, p. 6
- 나정기·조춘봉(1999), 한국 외식업 발전사에 관한 소고
- 농림축산식품부, aT한국농수산식품유통공사, 삼정KPMG 경제연구원 재구성
- 농림축산식품부, 한국농촌경제연구원, 2018년 외식산업 경영형태 및 식재료 구매현황 조사
- 농산물품질관리원 배포자료, 2017원산지표시제도 변경내용(일반음식점)
- 농식품부, at센타 주관 : 전국 3,000명 대상 소비형태 분석, 전문가 인터뷰(20인 이상), 2019.1
- 딜로이트 안진회계법인(2019), 불황기에 대비한 소비산업
- 서울시 공공급식 식재료 품질조달기준 및 절차
- 소상공인시장진흥공단(www.semas.or.kr)
- 식약처, 2017 공공급식을 위한 제도기반 마련
- 신재영·박기용(1999), 외식산업개론, 대왕사, pp. 34-35
- 이진희(2017), 한국과 일본의 소비문화트렌드 비교(일본문화학회)
- 전희정 외, 단체급식관리, 파워북
- 조혜영 외(2016), 학교급식지원센터의 현황 및 발전을 위한 제언
- 중국 국가통계국, China Statistical Yearbook
- 중소벤처기업부 소상공인정책과(www.mss.go.kr)
- 총무성, 가계조사연보
- 한국외식사업연구원(한국외식산업통계연감, 2018), 한국외식신문(2019), http://www.kfoodtimes.com/news/articleView.html?idxno=6277
- 한국은행 국제경제부 중국경제팀(2018), 중국소비시장의 변화의 특징과 시사점

■ 저자소개 ─────────────────────────────────

신봉규
• 현, ㈔한국외식산업연구소장
　　㈜식품외식연구소 대표이사
• 전, 2013 - 동반성장위원회 음식점업협의체 위원
　　2010 - 식품의약품안전처 식품위생심의위원
　　2008 - 농림수산식품부 한식세계화 TFT
　　1988 - 월간식당 편집장 겸 대표이사
　　2011 - 중소기업청 최우수교육기관상
　　2009 - 소상공인컨설팅 대상

변광인
• 현, 영남대학교 식품경제외식학과 교수
　　㈔치유농업연구회 회장
　　농촌융복합산업 심사위원
　　중소벤처진흥공단 컨설턴트
　　기술보증기금 컨설턴트
　　㈔한국외식업중앙회 대구지회 강사
　　경북농식품유통진흥교육원 전문위원
　　나다만 인생학교 학교장
　　경북농민사관학교 책임교수

김혜숙
• 현, 수원여자대학교 호텔외식조리과 교수
• 상명대학교 호텔외식조리과(박사)
• 부엌쟁이(대표)

저자와의
합의하에
인지첩부
생략

외식산업현황과 창업실무매뉴얼

2013년 2월 25일 초 판 1쇄 발행
2023년 2월 25일 개정3판 1쇄 발행

지은이 신봉규 · 변광인 · 김혜숙
펴낸이 진욱상
펴낸곳 백산출판사
교 정 성인숙
본문디자인 이문희
표지디자인 오정은

등 록 1974년 1월 9일 제406-1974-000001호
주 소 경기도 파주시 회동길 370(백산빌딩 3층)
전 화 02-914-1621(代)
팩 스 031-955-9911
이메일 edit@ibaeksan.kr
홈페이지 www.ibaeksan.kr

ISBN 979-11-6639-314-3 93980
값 31,000원